本书精彩案例欣赏

26
Loading...
Active
In between
Inactive
ON
OFF
72%
100Hz
+12db
MIN
MAX
0Hz
Volume
-12db
Preamp

本书精彩案例欣赏

焕颜新生
美妆节
开始你的【美丽计划】
跳过 >

春分
Spring equinox
s p r i n g
传统二十四节气
跳过 3S

跳过 3S
教师节
老师，您辛苦了

跳过 >
SMARTPAY
便捷 安全
支持多种支付方式
CREDIT CARD
1234 5678 9876 5421
CARD HOLDER
VISA

NEW
移动办公，高效轻松
随时随地，轻松实现文件存储共享与协作

NEW
超大存储空间
文件安全储存，多种文件随时预览，云端文件便捷分享

NEW
多人在线编辑
多人实时编辑，让协作更高效，创作更轻松

NEW
精细权限设置
权限系统三员管理制度，数据安全有保障
立即体验

温馨愉悦
师生零距离交流

贴心便捷
教学辅助帮手

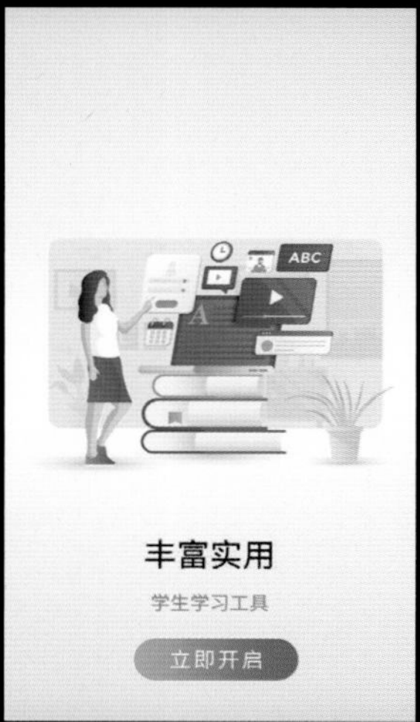
ABC
丰富实用
学生学习工具
立即开启

中国移动
10:01
100%
审核资料
404
ERROR
页面好像走丢了，再试一下~
重试

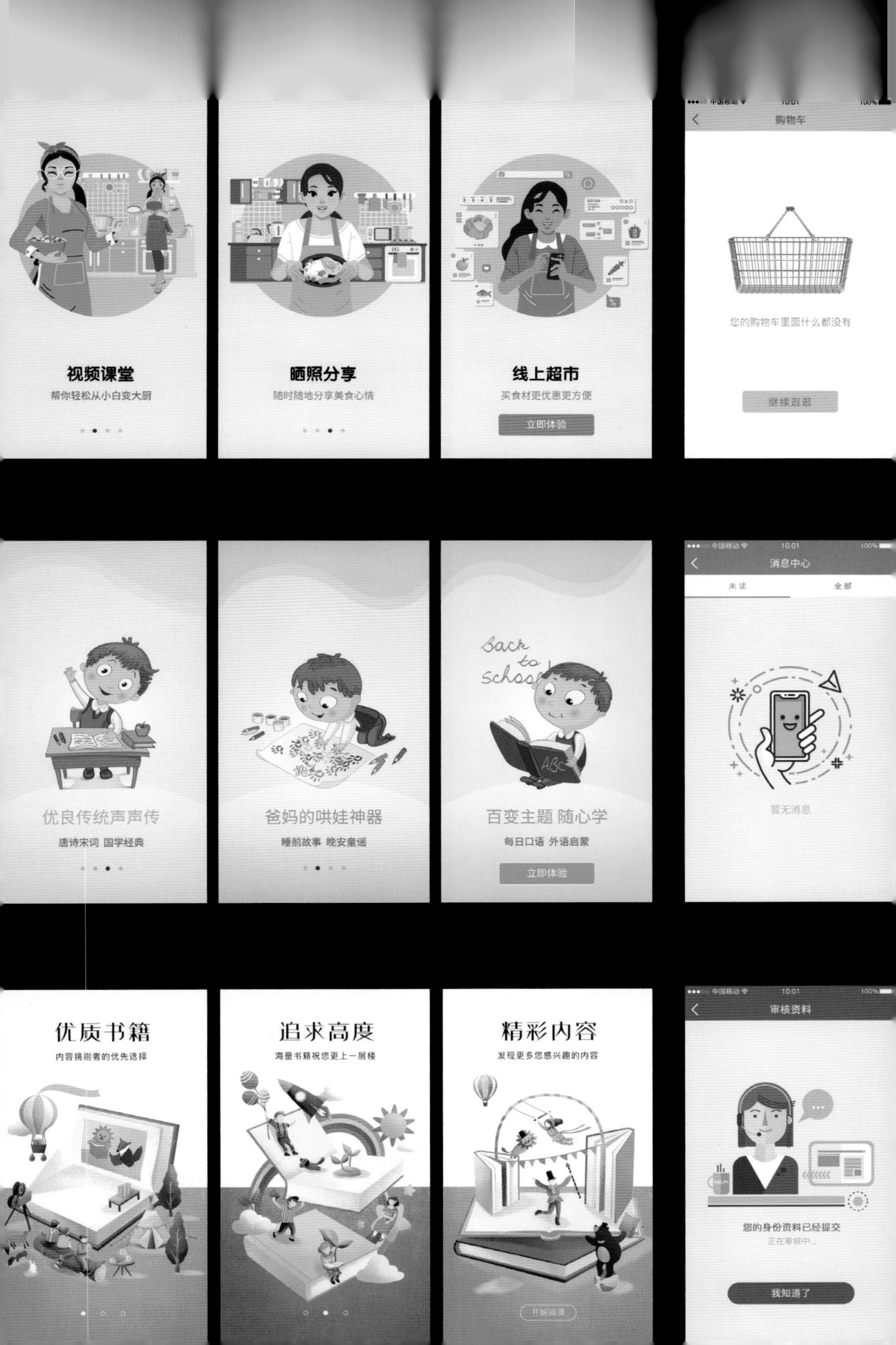
视频课堂
帮你轻松从小白变大厨
晒照分享
随时随地分享美食心情
线上超市
买食材更优惠更方便
立即体验
购物车
您的购物车里面什么都没有
继续逛逛
优良传统声声传
唐诗宋词 国学经典
爸妈的哄娃神器
睡前故事 晚安童谣
Back to School
百变主题 随心学
每日口语 外语启蒙
立即体验
中国移动 10:01 100%
消息中心
未读
全部
暂无消息
优质书籍
内容挑剔者的优先选择
追求高度
海量书籍祝您更上一层楼
精彩内容
发现更多您感兴趣的内容
开始阅读
中国移动 10:01 100%
审核资料
您的身份资料已经提交
正在审核中...
我知道了

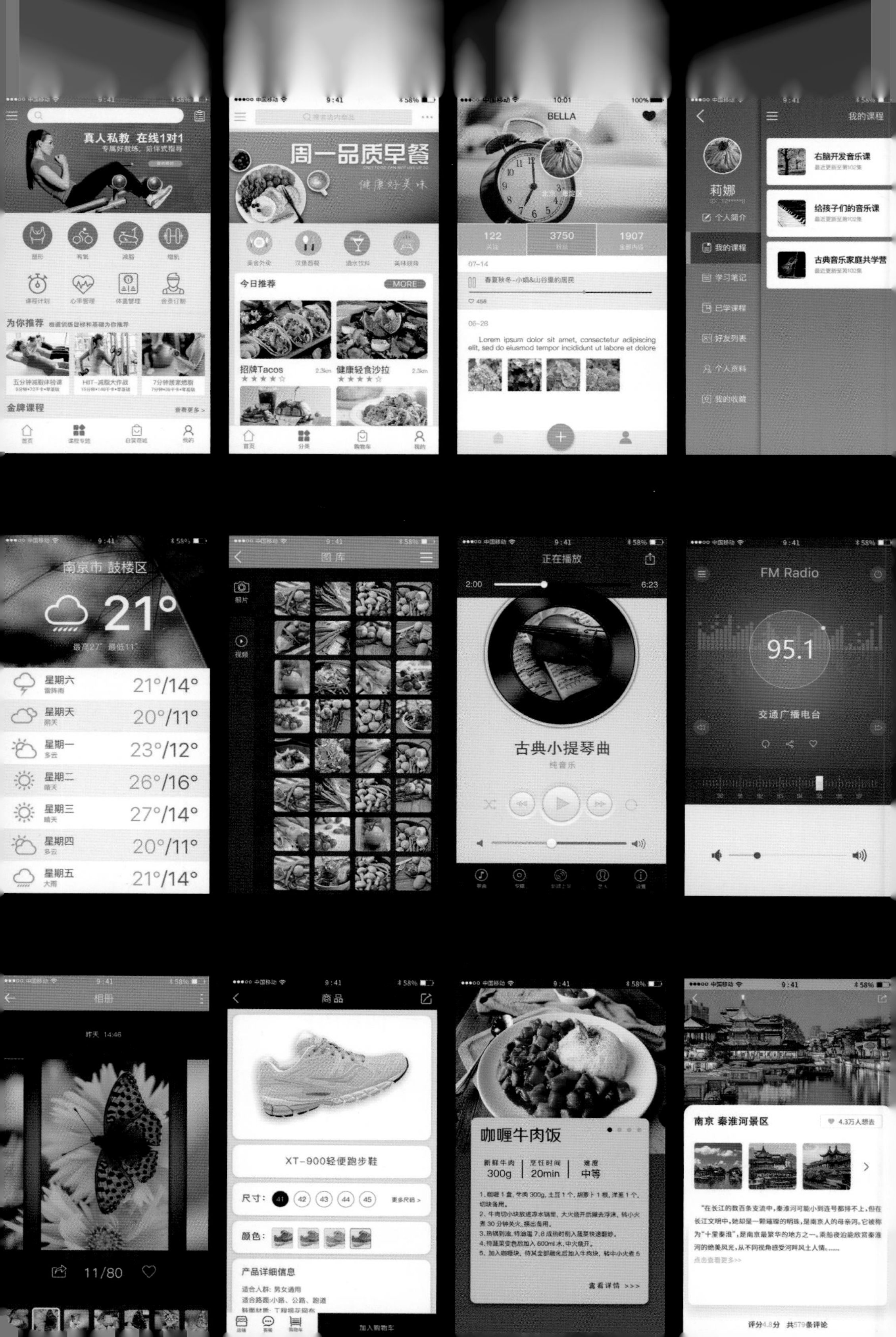

真人私教 在线1对1
专属好教练，陪伴式指导
为你推荐
五分钟减脂体验课
HIIT-减脂大作战
7分钟居家燃脂
金牌课程
查看更多 >
首页
周一品质早餐
健康好美味
今日推荐
MORE
招牌Tacos
健康轻食沙拉
分类
购物车
我的
BELLA
122
3750
1907
07-14
06-28
Lorem ipsum dolor sit amet, consectetur adipiscing elit, sed do eiusmod tempor incididunt ut labore et dolore
莉娜
个人简介
我的课程
学习笔记
已学课程
好友列表
个人资料
我的收藏
右脑开发音乐课
给孩子们的音乐课
古典音乐家庭共学营
南京市 鼓楼区
21°
星期六
21°/14°
星期天
20°/11°
星期一
23°/12°
星期二
26°/16°
星期三
27°/14°
星期四
20°/11°
星期五
21°/14°
图库
正在播放
2:00
6:23
古典小提琴曲
纯音乐
FM Radio
95.1
交通广播电台
相册
昨天 14:46
11/80
商品
XT-900轻便跑步鞋
尺寸：
41
42
43
44
45
颜色：
产品详细信息
适合人群：男女通用
适合路面：小路、公路、跑道
加入购物车
咖喱牛肉饭
新鲜牛肉
300g
烹饪时间
20min
难度
中等
查看详情 >>>
南京 秦淮河景区
4.3万人想去
"在长江的数百条支流中，秦淮河可能小到连号都排不上，但在长江文明中，她却是一颗璀璨的明珠，是南京人的母亲河。它被称为"十里秦淮"，是南京最繁华的地方之一。乘船夜泊能欣赏秦淮河的绝美风光，从不同视角感受河畔风土人情……
点击查看更多>>
评分4.8分 共579条评论

移动APP UI设计与制作

（微课版）

李荣彬　周毅勇　主编

清華大学出版社
北京

内容简介

本书以通俗易懂的语言、翔实生动的案例全面介绍了移动 App UI 设计理论和各种界面元素的设计方法。全书共分 13 章，内容涵盖 UI 设计的基础理论，App UI 设计的要点，设计原则和规范，图标、基础 UI 控件、闪屏页、引导页、空白页、首页、个人中心页、列表页、播放页和详情页的设计方法等，力求为读者带来良好的学习体验。

与书中内容同步的案例操作教学视频可供读者随时扫码学习。本书具有很强的实用性和可操作性，可作为从事 App UI 设计工作初学者的自学用书，也可作为平面设计师快速提升设计水平的首选参考书，还可作为高等院校和培训机构平面设计及相关专业的教材。

本书配套的电子课件和实例源文件可以到 http://www.tupwk.com.cn/downpage 网站下载，也可以扫描前言中的二维码获取。扫描前言中的视频二维码可以直接观看教学视频。

本书封面贴有清华大学出版社防伪标签，无标签者不得销售。

版权所有，侵权必究。举报：010-62782989，beiqinquan@tup.tsinghua.edu.cn。

图书在版编目(CIP)数据

移动APP UI设计与制作：微课版 / 李荣彬，周毅勇主编. —北京：清华大学出版社，2023.9

ISBN 978-7-302-64518-4

Ⅰ. ①移… Ⅱ. ①李… ②周… Ⅲ. ①移动电话机－应用程序－程序设计 Ⅳ. ①TN929.53

中国国家版本馆CIP数据核字(2023)第166615号

责任编辑：胡辰浩
封面设计：高娟妮
版式设计：妙思品位
责任校对：成凤进
责任印制：沈　露
出版发行：清华大学出版社
网　　址：http://www.tup.com.cn，http://www.wqbook.com
地　　址：北京清华大学学研大厦A座　　邮　　编：100084
社 总 机：010-83470000　　邮　　购：010-62786544
投稿与读者服务：010-62776969，c-service@tup.tsinghua.edu.cn
质 量 反 馈：010-62772015，zhiliang@tup.tsinghua.edu.cn
印 装 者：三河市铭诚印务有限公司
经　　销：全国新华书店
开　　本：185mm×260mm　　印　　张：18　　彩　　插：2　　字　　数：449千字
版　　次：2023年9月第1版　　印　　次：2023年9月第1次印刷
定　　价：108.00元

产品编号：086814-01

前言

PREFACE

随着移动互联网的发展，UI 设计应用越发广泛。UI 设计不仅仅是单纯的平面设计，还要考虑产品的定位、用户的需求，在设计的同时让应用界面满足用户的交互需求。本书不仅讲解了 UI 设计的基础理论知识，还讲解了各种界面元素的设计方法和操作技巧。

本书主要内容

本书内容丰富、信息量大，文字通俗易懂，讲解深入透彻，案例精彩、实用性强。通过本书，读者不但可以系统全面地学习移动 App UI 设计的基本概念和设计要素，还可以通过大量精美案例拓展设计思路，掌握 App 图标、基础 UI 控件和各种页面元素的设计方法和操作技巧，轻松完成各类设计工作。

第 1 章主要讲解 UI 设计基础知识，包括 UI 设计的基本概念，UI 设计的组成，UI 设计原则，移动 App 操作平台和 UI 设计流程等内容。

第 2 章主要讲解 App UI 设计要点，包括 UI 设计的常用构图类型，布局设计的要素和 UI 设计中的色彩等内容。

第 3 章主要讲解 iOS 设计原则及规范，包括 iOS 设计原则，iOS 界面尺寸与控件的设计规范等内容。

第 4 章主要讲解图标设计的方法，包括图标概述，图标的类型，应用图标的设计风格，App 中功能图标的风格，图标绘制方法等内容。

第 5 章主要讲解基础 UI 控件制作的方法，包括 UI 控件的概念，UI 控件的交互分类，常见的基础控件及控件的制作方法。

第 6 章主要讲解闪屏页设计的方法，包括闪屏页的基本概念，闪屏页的常见类型及不同类型闪屏页的制作方法。

第 7 章主要讲解引导页设计的方法，包括引导页的基本概念，引导页的常见类型及不同类型引导页的制作方法。

第 8 章主要讲解空白页设计的方法，包括空白页的基本概念，空白页的常见类型及不同类型空白页的制作方法。

第 9 章主要讲解首页设计的方法，包括首页的基本概念，首页的常见类型及不同类型首页的制作方法。

第 10 章主要讲解个人中心页设计的方法，包括个人中心页的基本概念，个人中心页的常见形式及不同类型个人中心页的制作方法。

第 11 章主要讲解列表页设计的方法，包括列表页的基本概念，列表页的常见类型及不同类型列表页的制作方法。

第 12 章主要讲解播放页设计的方法，包括播放页的基本概念，播放页的常见分类及不同类型播放页的制作方法。

第 13 章主要讲解详情页设计的方法，包括详情页的基本概念，详情页的常见类型及不同类型详情页的制作方法。

本书主要特色

图文并茂，内容全面，轻松易学

本书涵盖移动 App UI 设计必备的基础知识和界面设计要点、设计原则和规范，包括图标、基础 UI 控件、闪屏页、引导页等各种界面元素的设计方法。本书采用 UI 设计行业中实际工作情景的编写模式，结合各类典型案例，便于读者在练习过程中模仿学习，熟悉实战操作流程，达到触类旁通的效果。

案例精彩，实用性强，随时随地扫码学习

本书在进行案例讲解时配备相应的教学视频，详细讲解操作要领，便于读者快速领会操作技巧。案例中的各个知识点在关键处会给出提示和注意事项，从理论的讲解到案例完成效果的展示，都进行了全程式的互动教学，让读者真正快速地掌握软件应用实战技能。

配套资源丰富，全方位扩展应用能力

本书提供电子课件和实例源文件，读者可以扫描二维码或通过登录本书信息支持网站(http://www.tupwk.com.cn/downpage)下载相关资料。扫描下方的视频二维码可以直接观看本书配套的教学视频。

扫一扫，看视频

扫码推送配套资源到邮箱

本书共 13 章，由闽南理工学院的李荣彬和周毅勇合作编写完成，其中，李荣彬编写了第 1、2、3、4、7、12、13 章，周毅勇编写了第 5、6、8、9、10、11 章。由于作者水平有限，本书难免有不足之处，欢迎广大读者批评指正。我们的邮箱是 992116@qq.com，电话是 010-62796045。

作　者

2023 年 6 月

目录

CONTENTS

第 4 章 图标设计

第 5 章 基础 UI 控件制作

第 6 章 闪屏页设计

第 12 章　播放页设计

第 13 章　详情页设计

第 1 章

UI 设计知识讲解

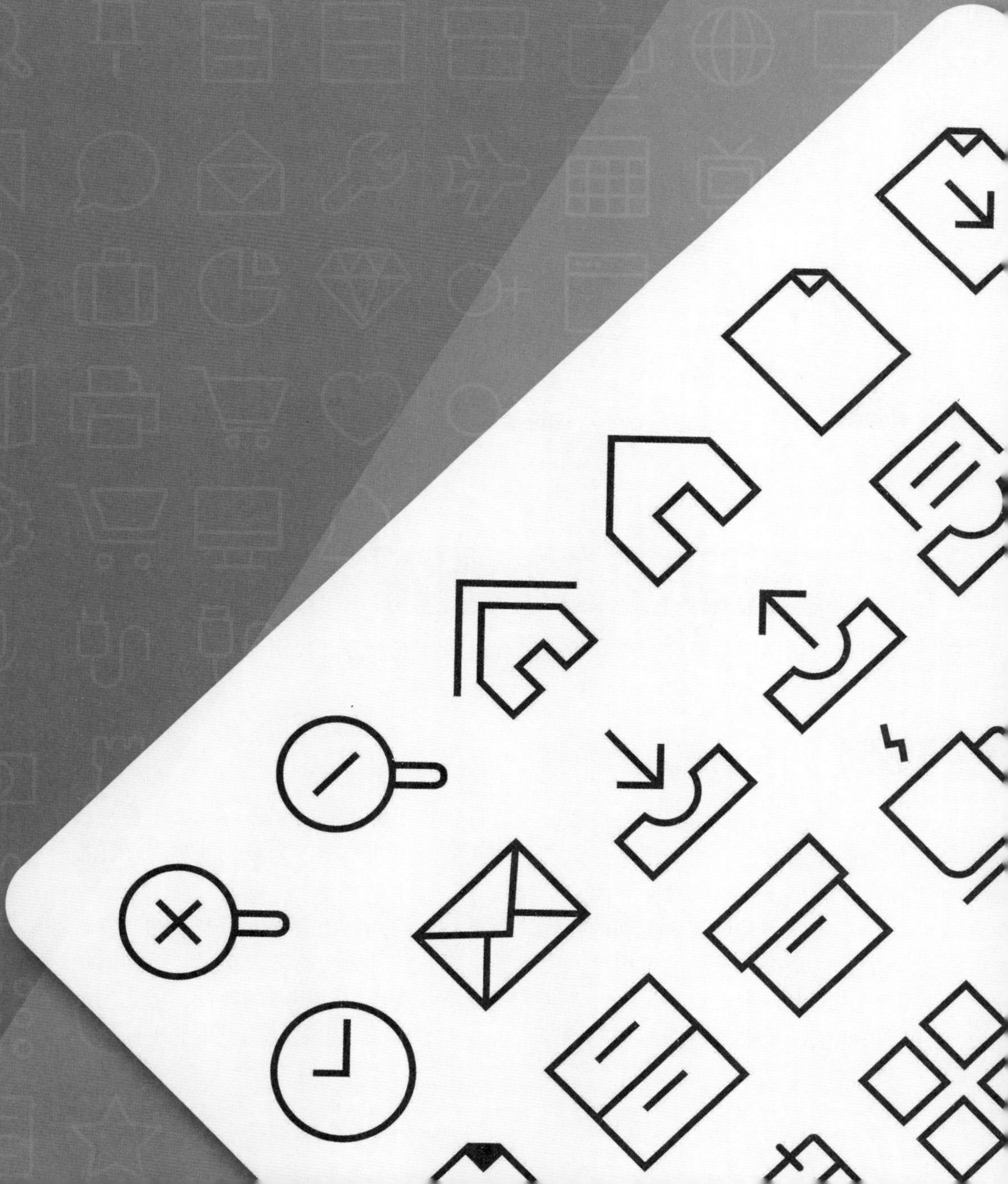

1.1 UI 设计的基本概念

UI是User Interface的缩写，即用户界面的简称。可以说所有有屏幕的工业产品上的界面都算UI设计，如手机App、电脑端的网页、智能电视的界面、智能家居的屏幕等，如图1-1所示。传统的平面设计基本上只有看的功能，而UI设计不仅仅是让用户看，还能方便用户与互联网设备进行交互操作。因此，UI设计是在对用户的使用习惯、操作逻辑等进行深入研究后，对界面的交互和视觉进行的全方位设计。

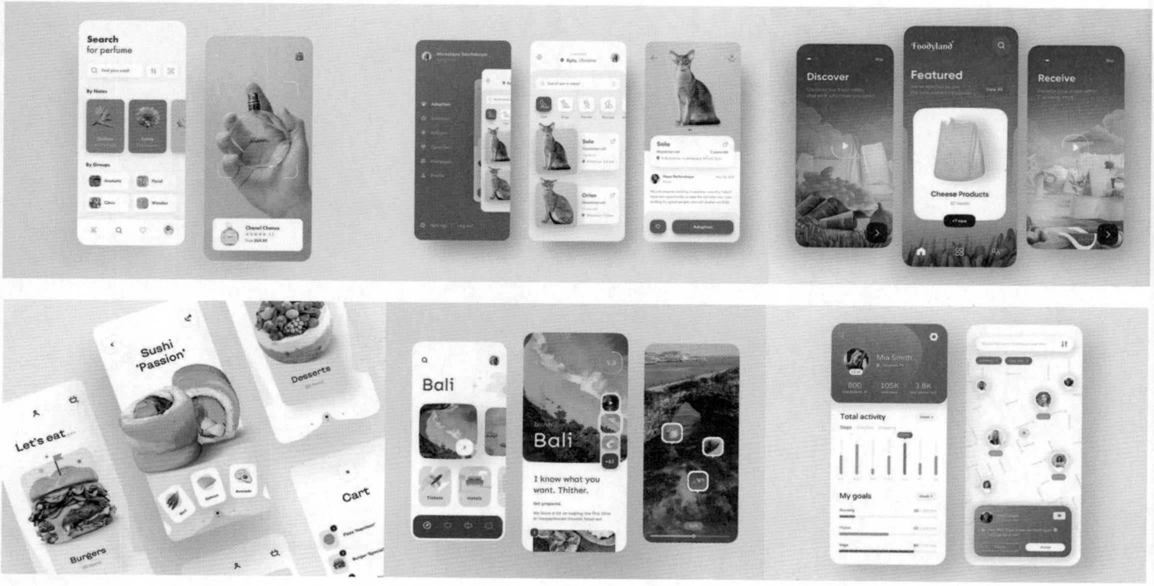

图1-1

1.2 UI 设计的组成

UI设计包括用户研究、交互设计和界面设计三部分，我们在此处探讨的是应用程序的界面设计。

1.2.1 用户研究

我们在产品开发的前期，需要通过调查研究了解用户的工作性质、工作流程、工作环境、工作中的使用习惯，挖掘出用户对产品功能的需求和希望，为我们的界面设计提供有力的思考方向，设计出让用户满意的界面。

用户研究不是设计者主观的行为，而是站在用户的角度去探讨产品的开发设计。它最终要达到的目标是提高产品的可用性，使设计出来的产品更容易被人接受、使用并记忆。

当产品发行到市场后，设计者还应该主动收集用户使用后的反馈。因为用户反馈是用户使用后的想法，是检验界面与交互设计是否合理的标准，也是经验积累的重要途径。

1.2.2 交互设计

交互设计指人机之间的交互工程，一般由软件工程师来制作。交互设计师的工作内容是设计软件的操作流程、树状结构、软件的结构与操作规范等。一个软件产品在编码之前需要做的就是交互设计，并且确立交互模型、交互规范。人机交互设计的目的在于加强软件的易用、易学、易理解，使其真正成为方便地为人类服务的工具。

1.2.3 界面设计

界面设计不是单纯意义上的美术工作，而是软件产品的信息界面设计，是屏幕产品设计的重要组成部分。因此，界面设计要易于用户控制，减少用户的记忆负担，保持界面的一致性，如图1-2所示。

图1-2

1.3 UI设计原则

设计UI时应遵守以下几个原则。

- 简洁性：界面简洁是为了让用户便于使用、便于了解产品，并减少用户发生错误选择的可能性，专注于核心的用户体验，如图1-3所示。
- 清晰性：清晰应该是所有界面都具备的基本属性。保持清晰的UI设计并不难，首先要保证按钮和操作的标签文字指向性明确，保持清晰的信息传递，让用户能够快速明白交互的指向性。尽量不要在UI中使用冗长、复杂、难以记住的文本标签，越复杂就越会影响整体的用户体验。

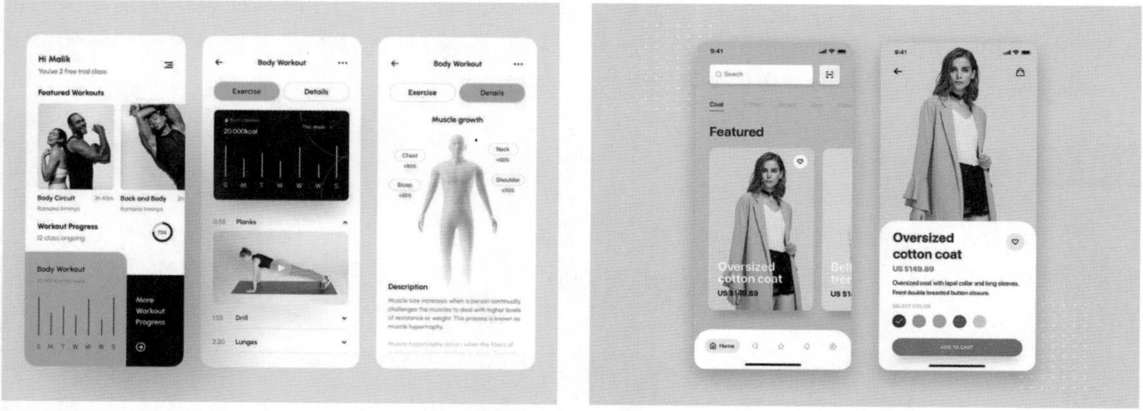

图1-3

- 一致性：整个UI设计中保持一致的语言、布局和设计规律能够让用户对于应用程序的设计模式更快认知、熟悉，并且在此基础上快速适应整体的体验，如图1-4所示。

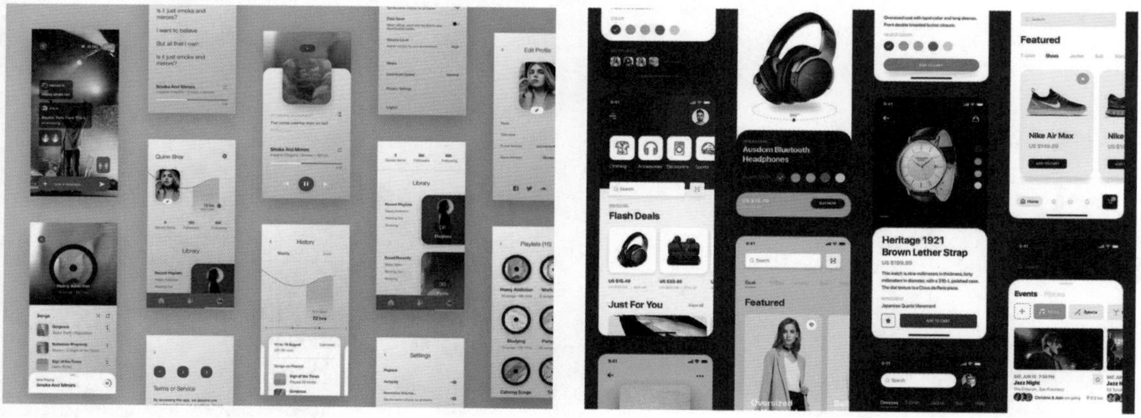

图1-4

- 熟悉感：用户体验设计的一个重要目标是让用户能够凭借直觉来操作UI。用户要能够自然地理解其中的内容，操作自然就不难了，也就是说，要让用户对界面产生“熟悉感”。当用户对界面有熟悉感时，通常意味着他们对于这个设计有所了解，甚至知道怎么交互，他们明白操作之后大概会发生什么，也知道哪些事情不应该做。所以，如果能利用好用户对于交互和界面模式的熟悉来进行设计，就能让用户更快上手操作。
- 层次：UI的视觉层次是非常重要且常常被忽视的一个属性，它能够帮助用户专注于重要的内容。如果你想让界面中的每个内容都看起来很重要，那么只会单纯地让信息过载，让每个元素都分摊用户的注意力，最终只会让整个设计显得混乱不堪。不同尺寸的字体、不同的色彩和不同的控件最终应该是相互搭配，构成层次，有轻重缓急地呈现给用户，将复杂的结构简单化，帮助用户完成任务。

- 高效性：优秀的UI设计有一个共同的特征就是高效。提升界面效率最有效的方法是进行任务分析。熟悉用户的流程，了解用户的目标，然后在此基础上尽量简化操作流程，使得用户能够便捷快速地达成目标。在此过程中，还应仔细考虑每个功能的细节，规避可能存在的漏洞，帮助用户快速完成相关流程。
- 响应：UI响应涉及体验的方方面面。首先，UI的响应应该是迅速的，否则不够快速的响应会让用户感到沮丧，缓慢的网页加载过程会令人抓狂。其次，要考虑UI的响应是否合理，是否足够“人性化”。当用户点击界面元素的时候，用户希望知道他们的操作是否成功，而这个时候，合理而快速的界面反馈就显得很重要了。例如，当用户点击一个按钮后按钮的状态变化，又或者界面加载时的加载进度条，都能够让用户明白状态的改变，以及其操作的结果。

1.4　了解移动 App 操作平台

移动应用软件与传统桌面软件不同，它运行于手机、平板电脑等移动设备上，近几年开始出现在智能手表、电视、汽车终端、家电等设备上。根据2022年的一项市场调查报告显示，Android和iOS是目前主流的两大移动终端平台。

1.4.1　苹果 iOS 系统

iOS是由苹果公司专门为其硬件创建和开发的移动操作系统，也是苹果公司后续推出的其他三个操作系统(即iPadOS、tvOS 和watchOS)的基础。iOS的主要版本每年发布一次。自2007年第一代iPhone推出以来，它就是许多苹果移动设备(包括iPhone、iPod touch)的操作系统。以iOS为基础的许多苹果产品，以其使用流畅、应用丰富等特点受到了很多用户的青睐。

1.4.2　Android 系统

Android系统是一个基于Linux内核和其他开源软件的修改版移动操作系统，主要为智能手机、平板电脑等触摸屏移动终端设备而设计。Android系统于2007年被正式推出，谷歌公司于2008年9月推出了首款商用Android手机。Android的发展也得到了开源社区的大力支持，如作为Android系统核心的Linux内核。

Android移动操作系统是免费的开源软件，除了用于传统智能手机终端，也被用于其他电子设备，如游戏机、数码相机、个人计算机(PC)等。

1.5　UI 设计流程

UI设计的过程是思维发散的过程，想要设计出符合用户需求的设计，就必须遵循设计流程。在实际工作中，设计流程并不是绝对的。有的流程可能会被跳过或忽略，如调研与讨论；有的流程会反复停留，如修改与扩展。下面介绍UI设计的流程，为大家提供一个关于设计流程的思路，也为日后的设计工作奠定基础。

- 需求分析和梳理。在App产品的设计中，UI设计师需要进行市场和用户调查分析：市场定位(用户定位、产品定位、技术定位)、市场需求分析(目标客户群分析、竞争对手分析)。在之前的产品需求分析会上，UI设计和技术工程师都会参加。在这个过程中，UI设计师要对用户定位、产品定位、竞争对手分析有清晰的认识，为后期的素材收集和风格控制做好准备。
- 清晰的细节。识别需求后，产品经理会给出详细的描述，以便交互、UI、开发、测试等，并要清楚地描述产品需求和项目细节。这个阶段是最关键的，涉及需求和产品的对接。
- 确定界面风格。在这个阶段，UI设计师会对关键界面进行整体视觉设计，尝试搭配不同的风格和颜色，使用UI元素，最终确定产品的视觉设计风格。
- 再次交流切图。设计完成后，设计师与产品经理进行第二次沟通。确认产品经理提出的所有要求是否在设计稿中有所体现。一般在看完设计稿后，设计师会根据产品经理提出的修改建议进行微调修改。最后如果设计确认，就可以大胆地切图。

提示：

切图是指把效果图中有用的部分剪切下来作为页面制作时的素材。当切图完成之后，就可以配合开发团队制作实际页面效果，保证视觉效果高度还原及小细节修改。

第 2 章

App UI 设计要点

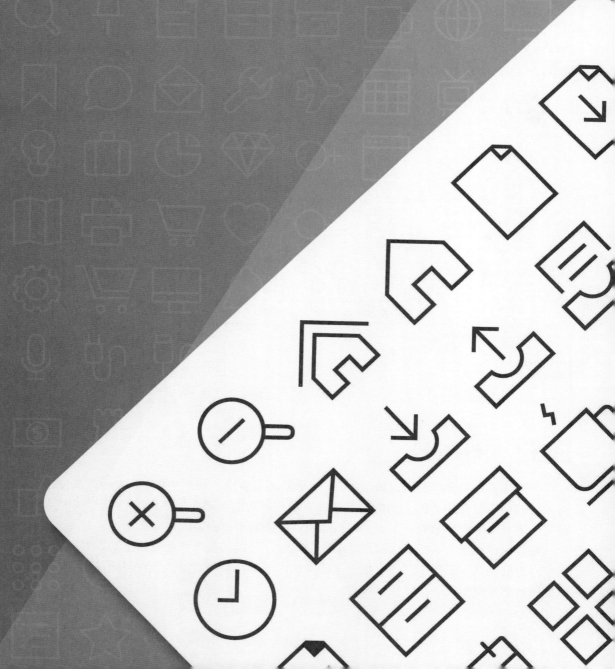

2.1 UI 设计的常用构图类型

本节将介绍常见的5种界面构图类型，不同功能的页面需要采用不同的构图类型。

2.1.1 网格构图

网格构图是将画面分成均匀的网格，将界面元素规律地放置在网格中。这种类型的构图非常规范，只要在版面中以横向和纵向的辅助线做划分，就能很好地进行设计，如图2-1所示。网格构图的最大特点是操作简便，功能突出，非常适用于功能分类类型的页面，让用户对页面类别一目了然。

网格构图不仅可以将每个格子对应一个内容，还可以将多个格子组合为一个整体，打破平均分割的框架，如图2-2所示。通过组合，用户能很快掌握界面信息，且让版面看起来更生动活泼，给用户带来不同的体验。

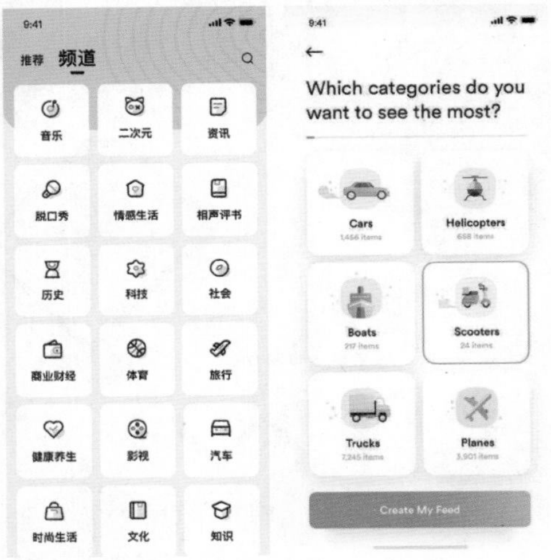

图2-1

图2-2

提示：

网格构图的组合方式非常灵活，且每个格子的大小也不需要完全一致。

2.1.2 环形构图

环形构图是将重要的内容放在中心，以凸显其重要性，环形构图常以圆形的方式进行排列，将重要的内容放在中心的大圆中，其他内容放在周边的小圆中，如图2-3所示。中心的大圆会将用户的视线聚集在此处，大圆中的内容就是页面的重要内容。

在界面设计中，灵活运用圆形和动画的结合，可以让整个画面鲜活生动。界面中的圆形能集中用户的视线，引导用户进行接下来的操作，突出功能和数据。软件界面使用环形设计，可以让用户感觉更智能。

图2-3

2.1.3 三角形构图

三角形构图可以让画面显得平衡、稳定，常用于文字和图标的版式设计。三角形构图大多是图标在上、文字在下，从上而下的构图方式，能将信息展示得更加整齐和明确。这样用户在阅读页面时，会觉得有重点，且较为舒适。

在个人信息界面的设计中，三角形构图是比较常见的一种类型。上方的头像和用户名明确页面的内容，下方的常用工具图标则是快捷设定相关信息的通道，如图2-4所示。

在登录界面中，将Logo或图标放在界面的上方，而输入框则作为核心放在界面的下方，其也是整个界面的中心，加强了用户对产品的理解，方便用户操作，如图2-5所示。

图2-4

图2-5

2.1.4 折线形构图

在设计页面时，对用户视觉移动方向的预设是非常重要的。如果一个页面的视线轨迹做得不好，不仅会让用户找不到需要看的重点，还会使用户产生厌烦情绪，减少对页面的浏览量。如果页面中的构图可以流畅地引导用户的浏览视线，则能让更多的用户观察到核心产品的卖点。

用户的浏览习惯多数是从上到下或从左到右，如果按照这个规律去安排视线轨迹，用户在阅读页面时就不会觉得吃力。

折线形构图能够很好地引导读者的视线，将需要表现的内容放在转角位置，这个位置用户的视线会停留得更久一些，这样用户就能更多地了解产品的信息。很多产品展示类的页面都采用折线形构图，将图片和描述形成双排折线形构图，如图2-6所示。这种排列方式增强了画面的穿插感和灵动感，让图片处于视线的转折处，增强了画面的节奏感。

2.1.5 列表型构图

根据图文版式布局，我们还可以演变出列表型构图，这种类型的构图常运用在图文左右搭配的页面和Banner设计中，如图2-7所示。使用列表型构图能让图文搭配更有张力、更大气，也可以让产品信息的显示更为简单和明确。

图2-6

图2-7

> **提示：**
> 列表型构图的基本规律如下，图片为版面的主干，用于引导用户视线；右侧文字为辅，帮助用户快速了解信息。设计时要注意合理分配图片和文字的占比。

2.2 布局设计的要素

好的布局设计能让App界面看起来整齐且有层次，也能让用户在使用时更快地找到重点信息，提高页面的转化率。

2.2.1 界面的留白

设计界面布局时，由于内容和页面都比较多，为了保证页面与页面的统一性，首先需要设定页面内容四周的边距，即俗称的“留白”，如图2-8所示。设定完页面的边距后，相应的内容、图像等都可以依次确定。这样的顺序可以使调整出来的页面条理清晰。

图2-8

根据页面的内容和功能的不同，适当调整界面的留白非常重要。在界面四周增加留白，可以将用户视线集中到中心的内容上，这样更容易突出重点。反之，减少留白或不留白，页面会显得更丰富，更充满张力。

2.2.2 界面内容的对齐方式

在界面设计中，最常用的对齐方式主要有3种：齐行、居左和居中。

- 齐行：在阅读文本的界面中最为常见，适用于较长的文本，呈现左右两边对齐的效果，如图2-9所示。
- 居左：这种对齐方式比较常见，常用在一些信息列表的展示页中，如图2-10所示。这种方式比较容易阅读，可以很好地区分文本的主次关系。

图2-9

图2-10

- 居中：主要运用在信息流动的文本中，如图2-11所示。由于文本较短，使用居中对齐可以让页面平衡感增强。在页面中，除了文字部分需对齐，图标元素等也需要对齐。图标元素和文字之间基于中心线对齐，可以有效地加强二者之间的联系，文字和图标可以一一对应，如图2-12所示。

图2-11

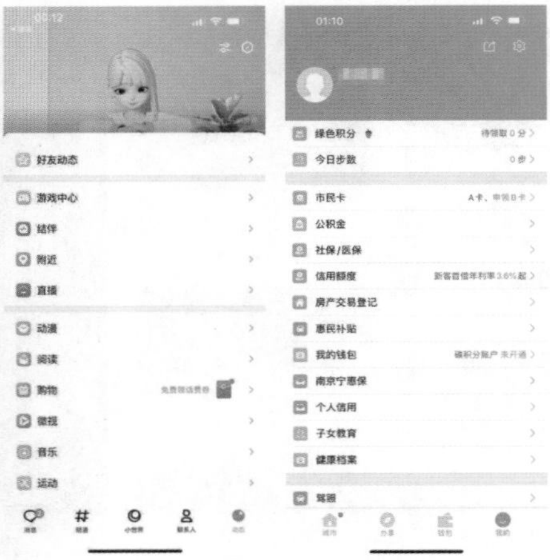

图2-12

2.2.3 界面内容的间距

利用间距可以有效区分页面的层次关系，增强阅读性。在iOS和Android系统的界面间距设计中，一般会以10px为单位进行设计，这样更便于统计和规范。

以文字为主的阅读类App一般会设定页面的左右间距为30px。保持四周间距的一致性，可以让界面看起来更加规整。同时，利用间距将相同类别的文字或图像划分在一个区域中，还能直接划分内容的层级，如图2-13所示。

图2-13

2.2.4 界面内容的层次

界面内容的层次是指界面元素的前后关系。当页面中的信息量较大时，就需要在设计页面时区分层次，方便用户找到感兴趣的部分，从而留住用户。增强信息的层次关系，可以从大小对比、冷暖对比、明暗对比、视线规则和中心引导线等方面实现。

- 大小对比：在设计元素时，面积越大的元素越应该放在前面作为主要信息，如图2-14所示。
- 冷暖对比：当需要通过冷暖对比突出主要元素时，暖色的元素靠前，冷色的元素在后。暖色可以用在主视觉和按钮上，次要的信息和元素使用冷色，如图2-15所示。

图2-14

图2-15

- 明暗对比：当页面出现一些弹窗时，弹窗颜色鲜亮显示，而底部背景页面灰暗显示。通过亮度上的对比可以快速区分可操作和不可操作的区域，如图2-16所示。
- 视线规则：用户在阅读信息时，一般会按照从左到右或从上到下的顺序进行阅读。按照这个规律，在设计页面时，一般会将图标放在左侧，描述性文字放在右侧，而排列顺序则是从上到下，如图2-16所示。另外，中心线的位置也是用户最容易注意到的位置。将重要元素放在页面中心线位置，可以快速向用户传递信息。

图2-16

2.3 UI 设计中的色彩

不同的颜色会带给人们不同的心理感受，这种视觉感受也会影响用户在使用App时的感受。因此，不同类型的App会使用不同色彩的界面。

2.3.1 主色 / 辅助色 / 点缀色

在运用色彩进行设计时，色彩的主次关系决定了作品的设计风格。一个页面中的颜色最好不要超过3种，否则整个画面会显得杂乱，用户也很难抓住页面的重点信息。优秀作品的颜色一般由三部分组成，分别是主色、辅助色和点缀色。

1. 主色

在设计中，色彩充当了重要的情感元素，而主色能体现App的定位方向，如图2-17所示。设计师需要对项目有明确了解，然后提炼出最为贴切的主色进行定位。在界面设计中，通常会将品牌的颜色定为主色，并且在不同的界面中，主色出现的面积也会随之产生变化。

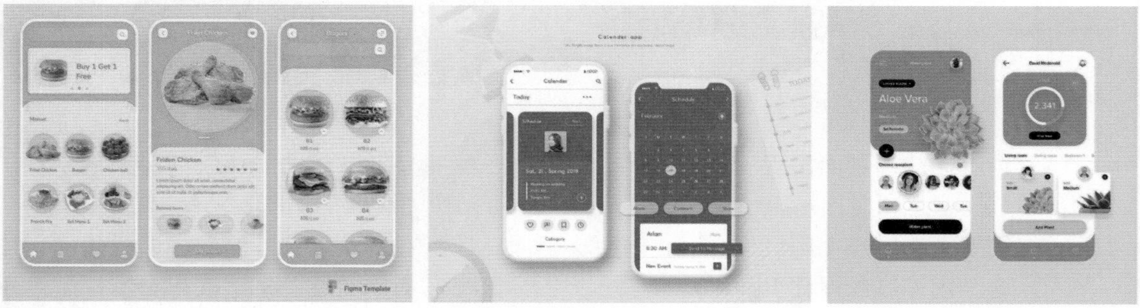

图2-17

2. 辅助色

辅助色通常指的是补充主色的颜色，起到辅助的作用，主要用来平衡画面，让主色更有层次感和突出性。例如，使用暖色作为主色的时候可用冷色进行辅助，从而平衡颜色；用亮色作为主色时，可以使用暗色来压住整体画面，如图2-18所示。

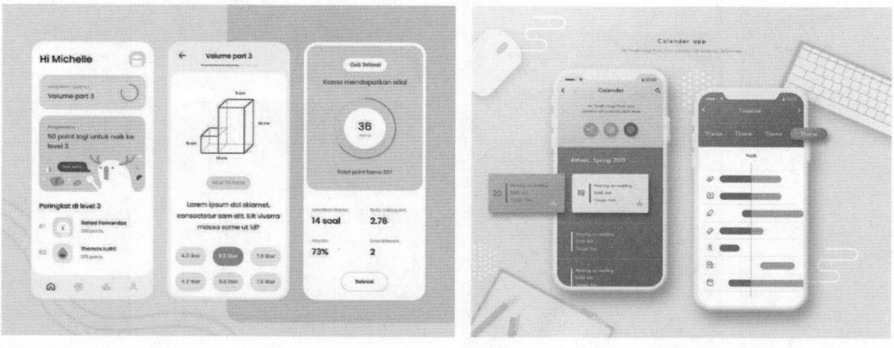

图2-18

3. 点缀色

点缀色使用的比例很小，但视觉效果很醒目。点缀色相对于主色而言更为明亮，饱和度更高，与主色的对比很分明，能起到活跃气氛、丰富画面的作用，如图2-19所示。

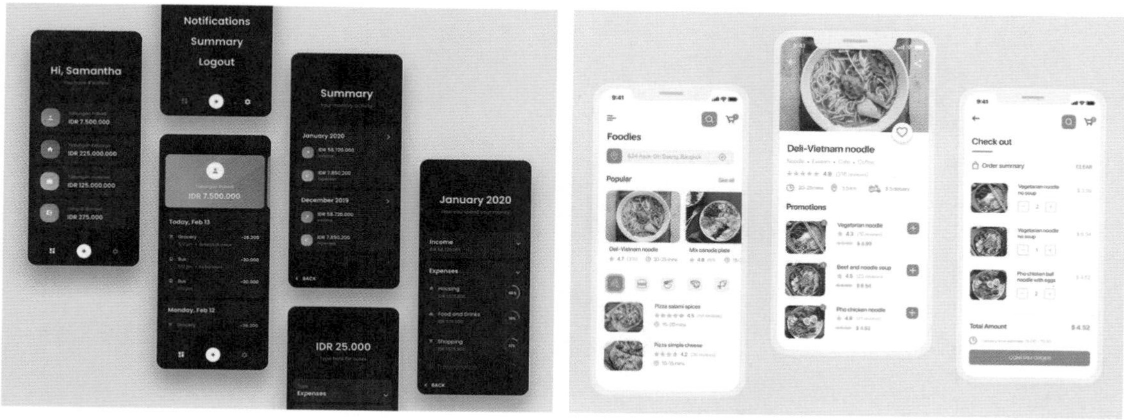

图2-19

2.3.2 如何配色

在一个界面中会存在一种主色，其余的颜色则是辅助色。在界定界面主色时要选择饱和度较高的颜色作为主色，这样设计的界面会比较稳定。那么，选择合适的辅助色可以从主色的互补色和冷暖色入手。

1. 互补色搭配

互补色在色彩搭配中是最突出的，会给用户留下强烈而鲜明的印象，但这种配色运用过多会造成视觉疲劳。在UI设计中，常用的互补色有3组，分别是蓝橙、紫黄和红绿。一些App会用这种互补色的配色吸引用户点击，如图2-20所示。互补色的搭配会让整个界面显得更平衡。界面中互补色的搭配可以很好地区分界面的信息分界，按钮也会更加突出，整体页面的冲击力很强。

图2-20

2. 相邻色搭配

相邻色是色环中离得最近的两种颜色，如红色与橙色、橙色与黄色、黄色与绿色、绿色与蓝色等。因为相邻色色相比较接近，所以用相邻色搭配的画面能够营造出统一、协调的感觉，如图2-21所示。

图2-21

3. 间隔色搭配

间隔色是指在色环上相隔了一个或两个色系的颜色。间隔色搭配在视觉冲击力上强于相邻色，在色彩的表现上会更加明快、时尚，如图2-22所示。

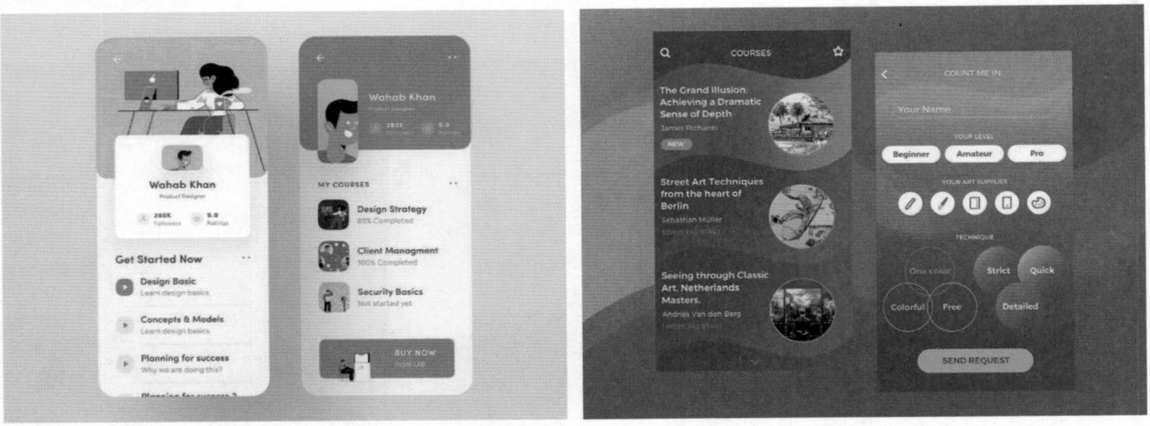

图2-22

第3章

iOS 设计原则及规范

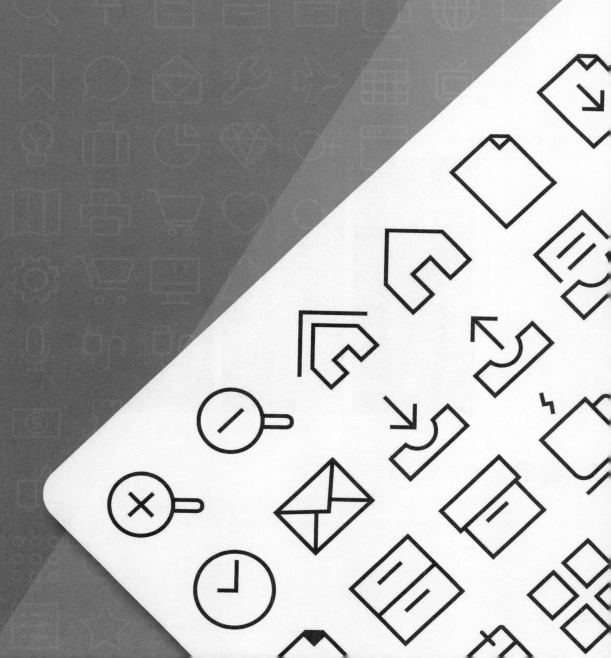

3.1 iOS设计原则

iOS(iPhone OS)是由苹果公司为其移动设备开发的移动操作系统，支持设备包括iPhone、iPad、iPod touch。2013年，苹果公司推出了“扁平化”UI设计，并迅速普及到其他操作系统的UI设计中，各类App也纷纷采用，推出全新的界面。至今，“扁平化”设计仍然是UI设计的主流风格。针对iOS，在设计时需要遵循以下5个原则。

3.1.1 统一化

统一化是指UI设计时的视觉统一和交互统一。视觉统一是指字体、颜色和元素的统一化，如标题字号的统一、主色调和辅助色的统一，以及图标的风格统一等。交互统一是指使用的一致性，在软件中保持交互形式的一致性可以降低操作难度，减少用户的操作时间。

图3-1所示为苹果手机“时钟”App中的计时器、秒表和闹钟界面。这些界面的操作方式都是通过点击按钮进行开启，而且在设置时间时，都是通过拨动数字进行设置。

交互设计还要遵循的一点是保持路径的统一化。在iOS中，当用户点击App的图标时，系统会弹出相应的页面，当用户退出App时，系统会返回到点击的App图标所显示的桌面位置。这种交互方式可以更好地体现页面与App之间的关系。

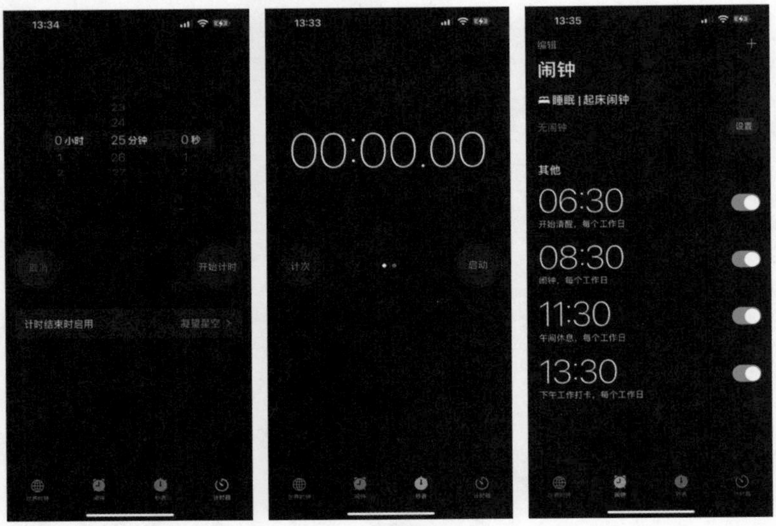

图3-1

3.1.2 凸显内容

凸显内容是指在设计时去除多余的元素，保留主要功能。在iOS中，经常会将整个屏幕背景进行简化，着重凸显页面所要传达的信息内容，如图3-2所示。在iOS 7.0以后的版本界面中，按钮设计也进行了简化，去除了边框，只用颜色和高亮进行区分即可实现信息传达。

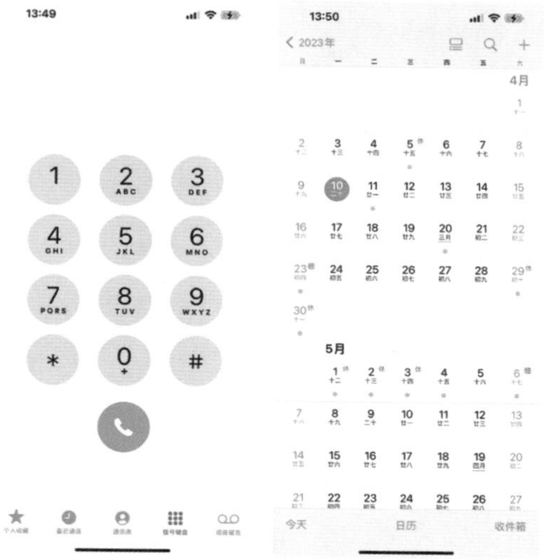

图3-2

3.1.3 适应化

适应化是指场景适应和屏幕适应。场景适应表示App在运行时，会按照系统的设定显示不同的界面效果，如天气类App会根据不同的天气实时显示相对应的界面，如图3-3所示。

屏幕适应表示App可以切换显示阅读模式，如一些阅读类App会设计日夜模式切换功能，以保证用户在夜晚关灯的情况下可以舒适地进行阅读，如图3-4所示。

图3-3

图3-4

提示：

iOS不仅用于手机，还用于iPad。在iPad界面设计时要考虑横屏和竖屏两种界面效果，需要设置其适配性，有效地保证视觉上的统一性。图3-5所示为设置界面左侧的菜单栏保持宽度不变，右侧随屏幕宽度的不同进行延展适应。

图3-5

3.1.4 层级性

在设计界面时，一定要注意画面的主次关系，使整体页面有聚焦点，不能杂乱无章。将用户的视觉集中在主要的区域是设计层级关系的重点。有层级的设计能引导用户更高效地阅读页面，阅读的顺序一般是从左到右、从上到下，因此层级信息也会按照这样的方式进行排列。例如，类别筛选会放在上方，下方显示筛选后的内容；图片放在左边，描述性文字和按钮放在右边，这些是在UI设计时经常会使用的形式，如图3-6所示。

图3-6

3.1.5 易操作性

易操作性体现在以下几方面。按钮间要有足够的距离，这样可以避免误操作，如图3-7所示。一般情况下，界面中一排按钮不要超过5个。遇到错误页或空白页面，可以使用图文搭配的形式进行提醒，如图3-7所示。这些页面最好搭配用户反馈按钮，并指引用户找到目标。

图3-7

3.2 iOS 界面尺寸与控件的设计规范

互联网应用的开发者、产品经理、体验设计师，都应当理解并熟悉平台的设计规范。这有利于提高工作效率，保证用户良好的体验。

3.2.1 界面尺寸

每一代的iPhone手机在屏幕尺寸和分辨率上都有区别，因此手机端的iOS在设计时也不同。为了让用户在不同的机型上都能看到相同效果的界面信息，则需要进行屏幕适应。目前使用iOS的主流iPhone设备的详细屏幕尺寸、分辨率和倍率如表3-1所示。其中iPhone 6/7/8的设备分辨率(750×1334像素)通常作为基准尺寸，可向上或向下适配。

表 3-1

手机型号	屏幕尺寸 / 英寸	逻辑分辨率 /pt	设备分辨率 /px	倍率
6/7/8	4.7	375×667	750×1334	@2x
6/7/8 Plus	5.5	414×736	1080×1920	@3x
X/Xs/11 Pro	5.8	375×812	1125×2436	@3x
Xr/11	6.1	414×896	828×1792	@2x
Xs Max/11 Pro Max	6.5	414×896	1242×2688	@3x
12/13 mini	5.4	375×812	1080×2340	@3x
12/13/14	6.1	390×844	1170×2532	@3x
14 Plus	6.7	428×926	1284×2778	@3x
12/13/14 Pro	6.1	393×852	1179×2556	@3x
14 Pro Max	6.7	430×932	1290×2796	@3x

提示：

逻辑分辨率的单位是pt，它是按照内容的尺寸计算的单位。如iPhone 4的逻辑分辨率是480×320pt。但是由于每个逻辑的点因为视网膜屏密度增加了一倍，即1pt=2px，那么其实iPhone 4的物理分辨率是960×640px。

物理分辨率又称设备分辨率，它是按照像素计算的，在同一个设备上，它的物理分辨率是固定的，这是厂商在出厂时就设置好了的，即一个设备的分辨率是固定的。物理分辨率的单位就是我们常说的pixel，简写成px，它是按照像素计算的单位。

3.2.2 界面三大要素

大多数iOS应用由UI Kit中的组件构建。UI Kit是一种定义通用界面元素的编程框架，这个框架不仅让App在视觉外观上保持一致，同时为个性化设计留有很大空间。UI Kit提供的界面组件有三类：栏(bars)，视图(views)，控件(controls)。

- 栏(bars)可以告诉用户在App中当前所在的位置、提供导航，还可能包含用于触发操作和传递信息的按钮或其他元素。形式有6种：导航栏、搜索栏、侧边栏、状态栏、标签栏、工具栏。
- 视图(views)包含用户在App中看到的基本内容，例如文本、图片、动画及交互元素。视图可以具有滚动、插入、删除和排列等交互行为。
- 控件(controls)用于触发操作并传达信息，例如按钮、开关、文本框和进度条都属于典型的控件。

3.2.3 栏

除了界面尺寸与显示规格，iOS的界面对状态栏、导航栏、搜索栏、筛选框、标签栏、工具栏、开关、提示框、弹出层、控件配色和交互手势等控件也有相应的设计规范。

1. 状态栏

状态栏位于界面最上方，主要用于显示当前时间、网络状态、电池电量、SIM运营商。不同型号设备的状态栏高度不同，例如，iPhone 6/7/8等非全面屏设备的状态栏高度通常为40px或60px，而iPhone 12、iPhone 11、iPhone X等全面屏型号的手机界面状态栏高度通常为88px或132px，如图3-8所示。

图3-8

状态栏为iOS固定版式，会根据App界面背景色自动调节为深色或浅色两种模式。

2. 导航栏

导航栏位于状态栏之下，主要用于显示当前页面的标题。目前，iOS的导航栏主要包括128px和264px两种高度，如图3-9所示。除当前页标题外，导航栏还能用于放置功能图标，如

图3-10所示。左侧通常是后退跳转按钮，点击左箭头则跳转回上页。右侧通常包括针对当前内容的操作，如设置、搜索、扫一扫、个人主页等，全屏浏览界面下导航栏会自动隐藏。

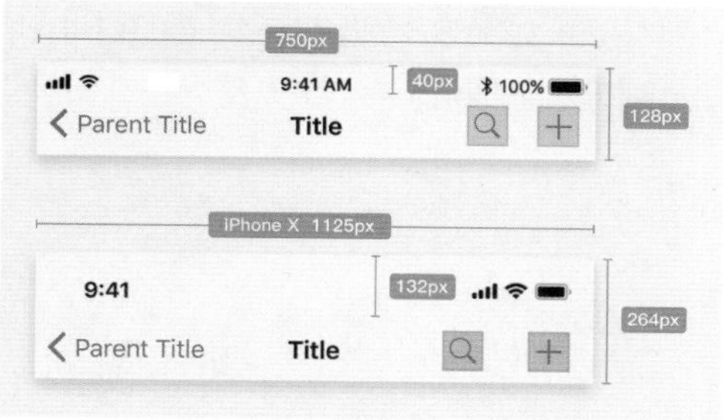

图3-9

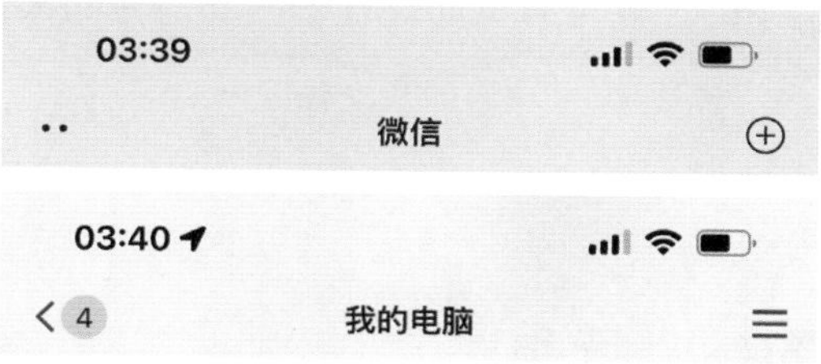

图3-10

提示：

从iOS 7开始，导航栏和状态栏通常会选择统一的颜色。在iPhone 6的设计规范中，导航栏的整体高度为128px，标题大小为34px，如果以文字表示导航栏按钮，如“返回”，则选用32px的字号。除此之外，还有一种导航栏的标题是由主标题和副标题结合在一起表现的情况。这时，通常主标题字号为34px，副标题字号为24px。

3. 搜索栏

搜索栏分为普通搜索栏和带按钮的搜索栏2种，如图3-11所示。在一般情况下，搜索栏输入框的背景栏高度为88px，输入框高度为56px，输入框内的文字字号为30px，圆角大小为10px。

图3-11

4. 标签栏

标签栏通常位于界面底部，也有少部分标签栏位于状态栏之下、导航栏之上。标签栏主要包括App的几大主要板块，通常由3~5个图标和注释文字组成，如微信标签栏内容为“微信”“通讯录”“发现”“我”4个板块，如图3-12所示。

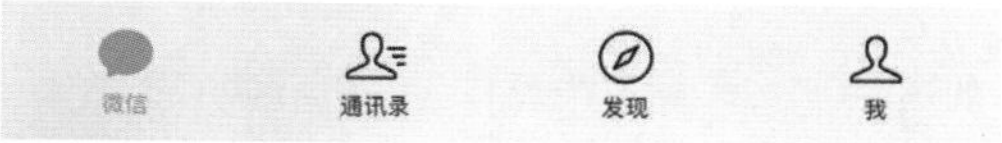

图3-12

标签栏用于全局导航，通常会保持显示状态不隐藏。不同类别的软件根据其自身功能的不同，标签栏内容页会有相应的变化，但基本会包含首页、个人主页、消息与发现这些主要功能板块，如图3-13所示。

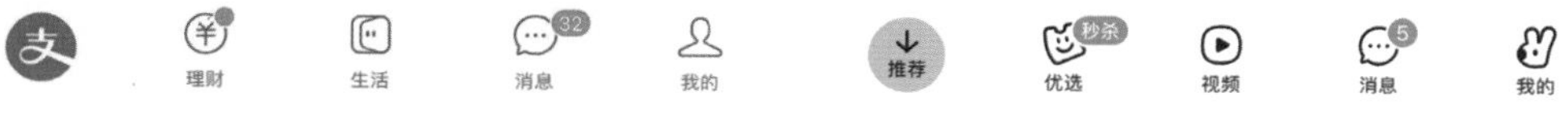

图3-13

5. 工具栏

工具栏可以出现在页面的顶部，也可以出现在底部，其整体高度为88px，功能的控件可以用图标表示，也可用文字表示。图标大小为44×44px，文字字号为32px，如图3-14所示。工具栏中的控件可对页面进行一些功能性的操作，如删除、编辑等。

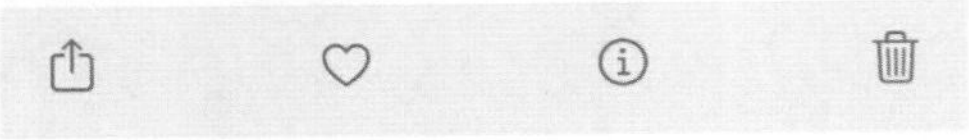

图3-14

3.2.4 字体规范

文字是UI设计中的一个重要元素。字体、字号、颜色和字间距等都是文字设计的重要组成部分。

1. 文字设计要点

在进行UI的文字设计时，字体种类、背景和风格会直接影响整个版面的视觉效果。

在同一界面中，切忌使用过多的字体种类，否则会使界面杂乱。在设计时，最好选择同一系列的字体，以保证整体风格的统一，如图3-15所示。

图3-15

提示：

在同一App设计中，使用的字体种类最好不要超过3种。通过文字的大小和颜色就可以区分标题的层级和正文内容。

文字的颜色和背景的颜色要有一定的区别，这样用户在阅读时才能够清楚地看见重点文字，如图3-16所示。否则，光线条件不足的情况则会影响用户阅读信息。

字体风格要与整体设计风格相匹配。通常来说，App界面有固定的字体，而在界面的闪屏页、引导页设计中，字体风格可以多种多样，如图3-17所示。

图3-16

图3-17

2. 常用字体类型

界面设计中常用的字体按风格可以分为平稳型、刚劲型和可爱型3种，在不同类型的设计中需要使用不同风格的字体。

平稳型字体常见的有微软雅黑、苹方字体、华文细黑和方正正中黑等，这些字体在设计时都比较常用，如图3-18所示。另外，方正兰亭系列的字体也是比较稳重的字体，且具有细腻感和科技时尚感，在网页设计中比较常见。

刚劲有力的字体可以让画面整体更清晰明了，常见的字体类型有张海山锐线、造字工房版黑和造字工房明黑等，如图3-19所示。

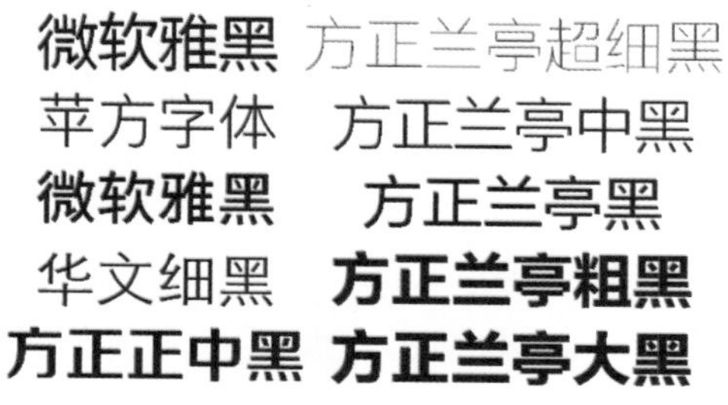

图3-18

图3-19

我们常用的方正和汉仪字库中有一些手写字体和创意字体，如方正字迹、方正稚艺、汉仪小麦、汉仪跳跳等字体都是可爱型字体。这类字体不像前两种风格的字体般规整，而是透露出一种活泼、可爱的感觉，如图3-20所示。

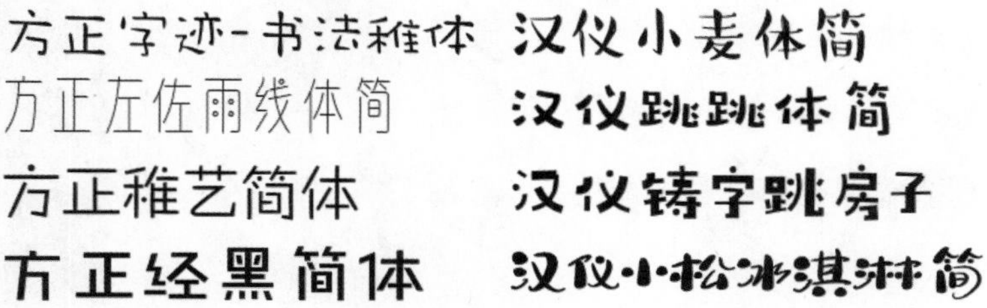

图3-20

提示：

这类字体大多有版权，需要付费后才能够商业使用。

3. 界面字体规范

iOS中英文字体使用的是San Francisco(SF)和New York(NY)，中文字体使用的是Ping Fang SC(苹方黑体)。SF是一种无衬线类型的字体，与用户界面的视觉清晰度相匹配，使文字信息清晰易懂；NY是一种衬线字体，旨在补充SF字体，各自效果如图3-21所示。

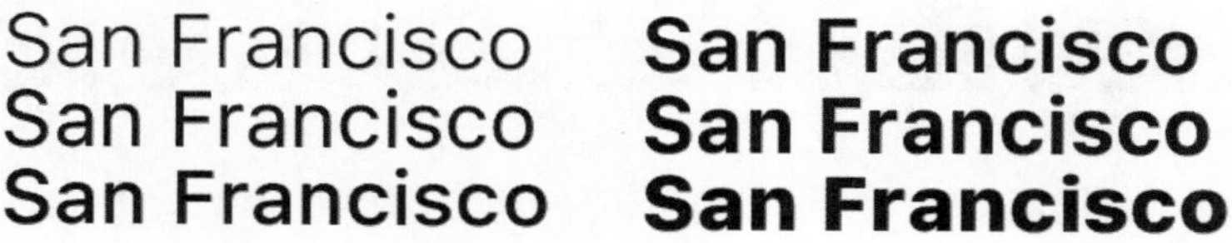

图3-21

4. 字号规范

在iOS中，用户可自行选择文本大小，从而提高文本的灵活性。表3-2主要汇总了默认字体字号。

表3-2

信息层级	字体样式	字号	强调
大标题(Large Title)	Regular	34	41
标题一(Title 1)	Regular	28	34
标题二(Title 2)	Regular	22	28
标题三(Title 3)	Regular	20	25
头条(Headline)	Semi-Bold	17	22
正文(Body)	Regular	17	22
标注(Callout)	Regular	16	21

(续表)

信息层级	字体样式	字号	强调
副标题(Subhead)	Regular	15	20
注解(Footnote)	Regular	13	18
注释一(Caption 1)	Regular	12	16
注释二(Caption 2)	Regular	11	13

提示：

各应用软件中的字号并不是绝对的，如“微博”中正文和评论的字号都为34px，描述性文字的字号为28px。

5. 字体颜色

界面中的文字分为主文、副文和提示文案3个层级。在白色背景下，文字颜色的层次分别为黑色、深灰色和浅灰色，如图3-22所示。

图3-22

3.2.5 色彩控件规范

统一界面的色彩，需要先将界面的主色、辅助色和点缀色罗列出来。这样，设计界面就可以围绕这些颜色进行设计，避免造成界面颜色的混乱。

色彩控件可以用一串颜色代码或字母调取一个样式，如图3-23所示为色彩控件在白天和夜晚模式下的状态。将所有需要用到的颜色罗列出来，按照字体、线条和色块进行分类，并标注颜色色块、色值和控件代号，这样更有助于设计师之间的协作。

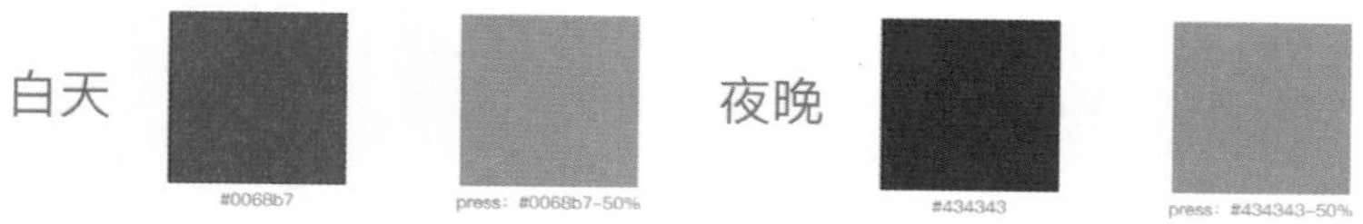

图3-23

3.2.6 按钮控件规范

在移动设备中，有3种按钮状态，分别是Normal(常态)、Pressed(点击)和Disable(不可用)。通常，点击状态的按钮颜色为常态状态按钮颜色的50%，不可用状态时，按钮呈现灰色，如图3-24所示。在一款产品中，按钮的大小不尽相同，需要将所有的按钮都罗列出来制定统一规范。按钮的尺寸、字号、描边(一般为1px)、圆角(一般为8px)等都要统一，如图3-25所示。

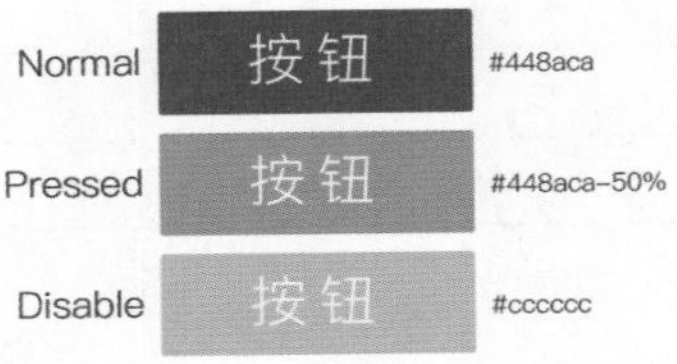

图3-24

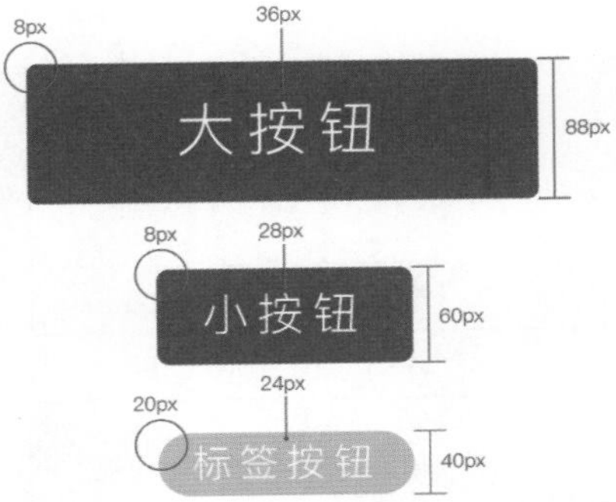

图3-25

3.2.7 分割线规范

分割线的颜色需要根据背景颜色确定。一般情况下，在白色背景下，分割线颜色为浅灰色(R:225 G:225 B:225)，线粗为1px；在灰色背景下，分割线颜色为深灰色(R:204 G:204 B:204)，如图3-26所示。

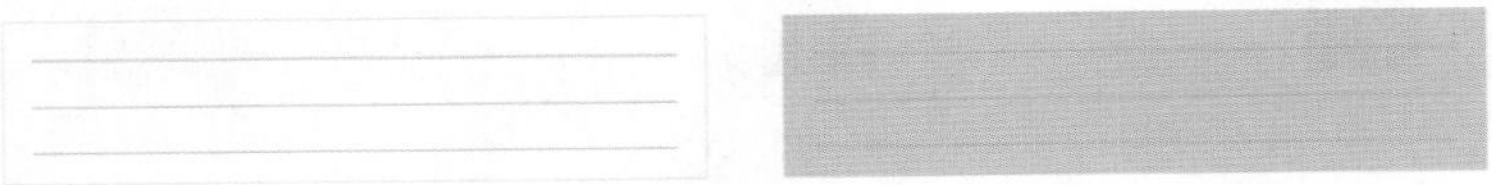

图3-26

3.2.8 头像规范

常见的用户头像边框有带圆角的方形或圆形两种。为了保持产品的统一性，在不同场景页面中的头像设计也应该统一，如图3-27所示，社交类产品运用头像的时候比较多，在个人中心页中，头像大小为120×120px；个人资料页中，头像大小为96×96px；在消息列表中，头像大小为72×72px；在详情页、导航页中，头像大小为60×60px；在帖子列表页中，头像大小为40×40px。方形的头像边框边缘看起来会比较明显，容易造成视觉干扰，而圆形的头像边框则会将视线引导到画面中心位置，减少用户的阅读时间。

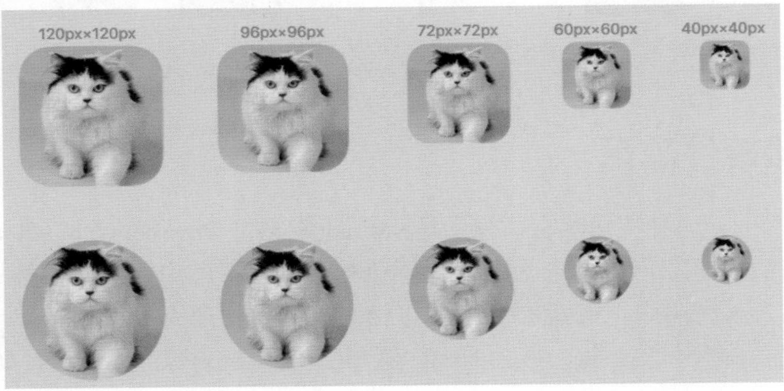

图3-27

3.2.9 提示框规范

提示框的类型可分为带按钮、不带按钮、进度提示和加载提示4种。带按钮的提示框可呈现单独按钮或多个按钮，若出现两个按钮，则要区分主次，引导用户完成操作。提示框的主标题字号为34px，副标题字号为26px，具体参数如图3-28所示。

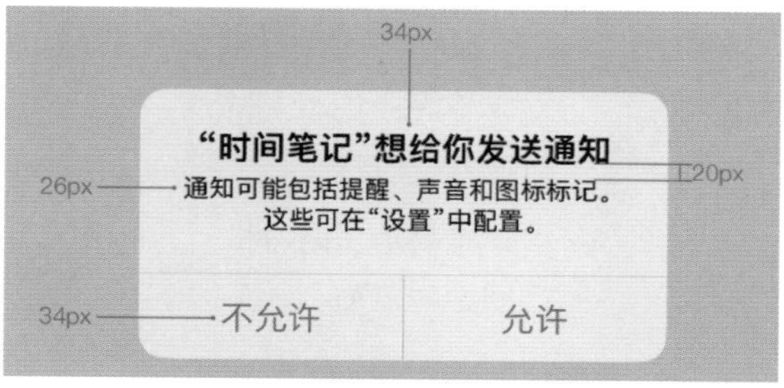

图3-28

3.2.10 输入框规范

输入框是比较常用的元素之一，它和按钮有接近的外形。最常见的就是登录账号、密码输入框，以及搜索框等。输入框的使用高度尺寸通常为36~56pt。

搜索框中的文字字号、颜色和输入完成后的文字字号、颜色也要进行规范，如图3-29所示。应将这些元素都进行标注，以便统一设计。

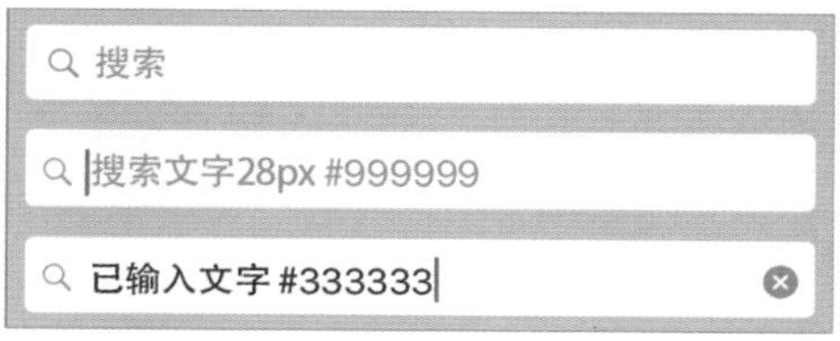

图3-29

当需要输入文字时，必须使用输入框。输入框可以出现在导航区域或页面底部的评论区域。当输入的文字过多时，还需要规范文字输入框的文字显示个数、文字与边框的间距等信息，如图3-30所示。

在一些聊天界面中会出现消息对话框，可以发送文字或图片。文字发送会以气泡效果呈现，自己说的话和对方说的话的气泡方向相反。发送中和发送失败时，会在气泡的前方出现相应的图标样式，如图3-31所示。

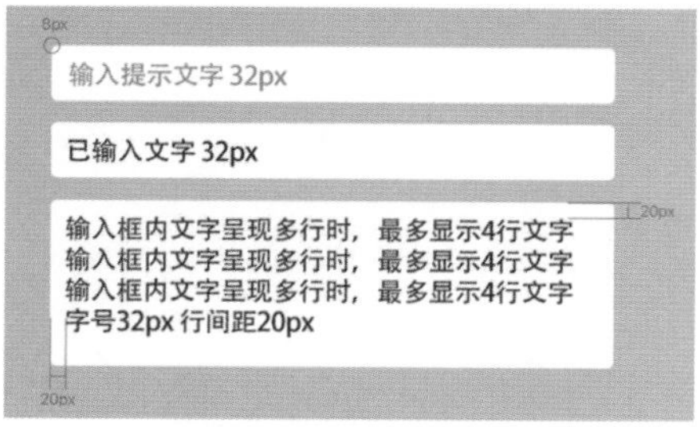

图3-30

图3-31

3.2.11 间距规范

当使用不同的文字字号时，其行间距也不同。当文字字号为34px时，其行间距为20px；当文字字号为32px时，其行间距为18px，如图3-32所示。

在阅读类App的页面中，为了保证页面的统一性，会在页面四周留出一定的间距，从而保证整个页面的规整。一般情况下，在页面的四周会留出30px的距离，这个数值不是绝对的，可以适当扩大，最大不超过40px，否则会降低页面使用率，浪费版面，如图3-33所示。

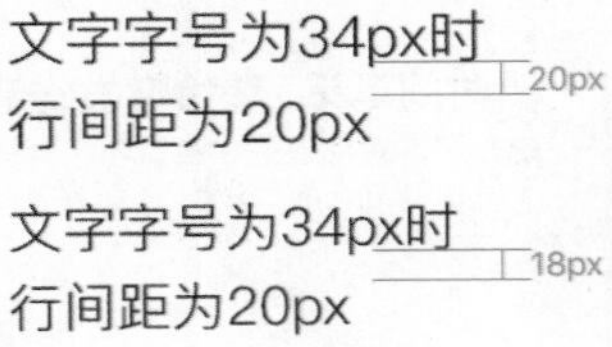

图3-32

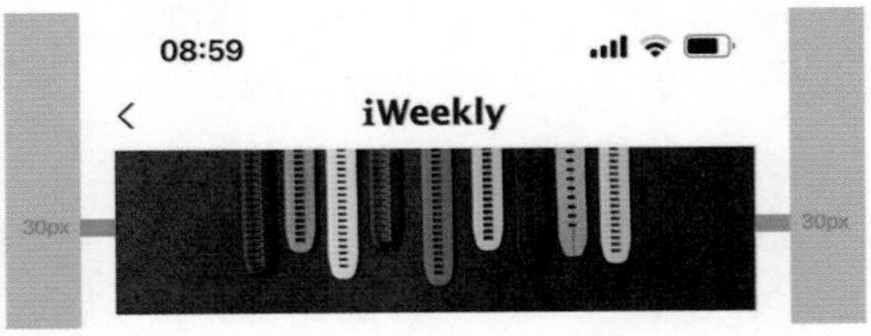

图3-33

3.2.12 图标规范

在同一款应用程序中，经常会用到许多图标，而这些图标在不同的页面中有不同的设计要求。图标按功能可以分为两类，分别是可点击图标和描述性图标。可点击图标的最小范围为40×40px，其中最常见的是48×48px的图标，点击之后可以跳转到相应的页面或产生反馈，此外还有32×32px的图标。描述性图标的大小一般为24×24px，其目的是增强易读性，并不具备独立操作性，如图3-34所示。

48×48px的图标通常用在顶部导航栏和底部菜单栏中，如图3-35所示。在一些分享页面中也会将图标设定为48×48px，这样会显得整个页面很整齐。

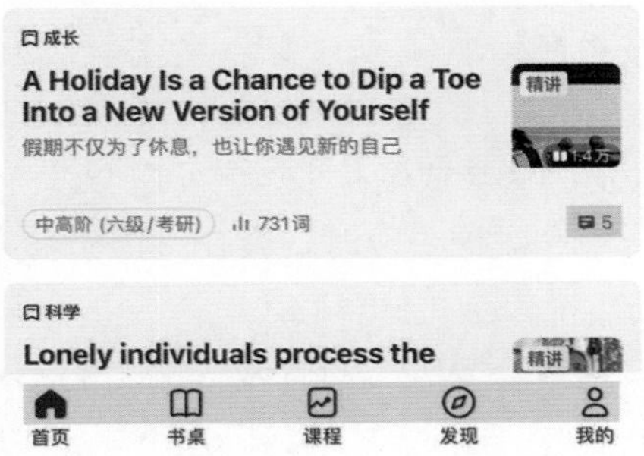

图3-34

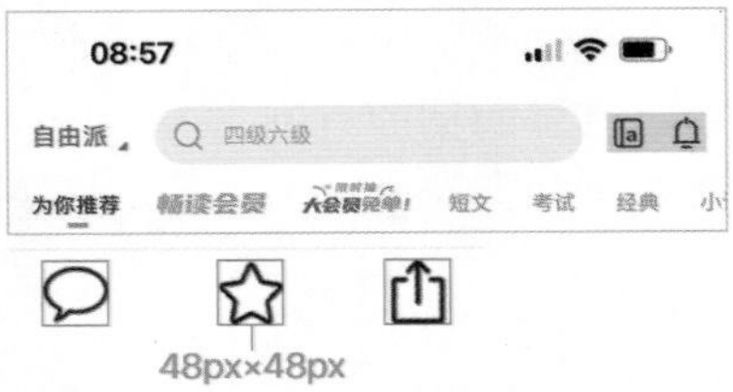

图3-35

第 4 章

图标设计

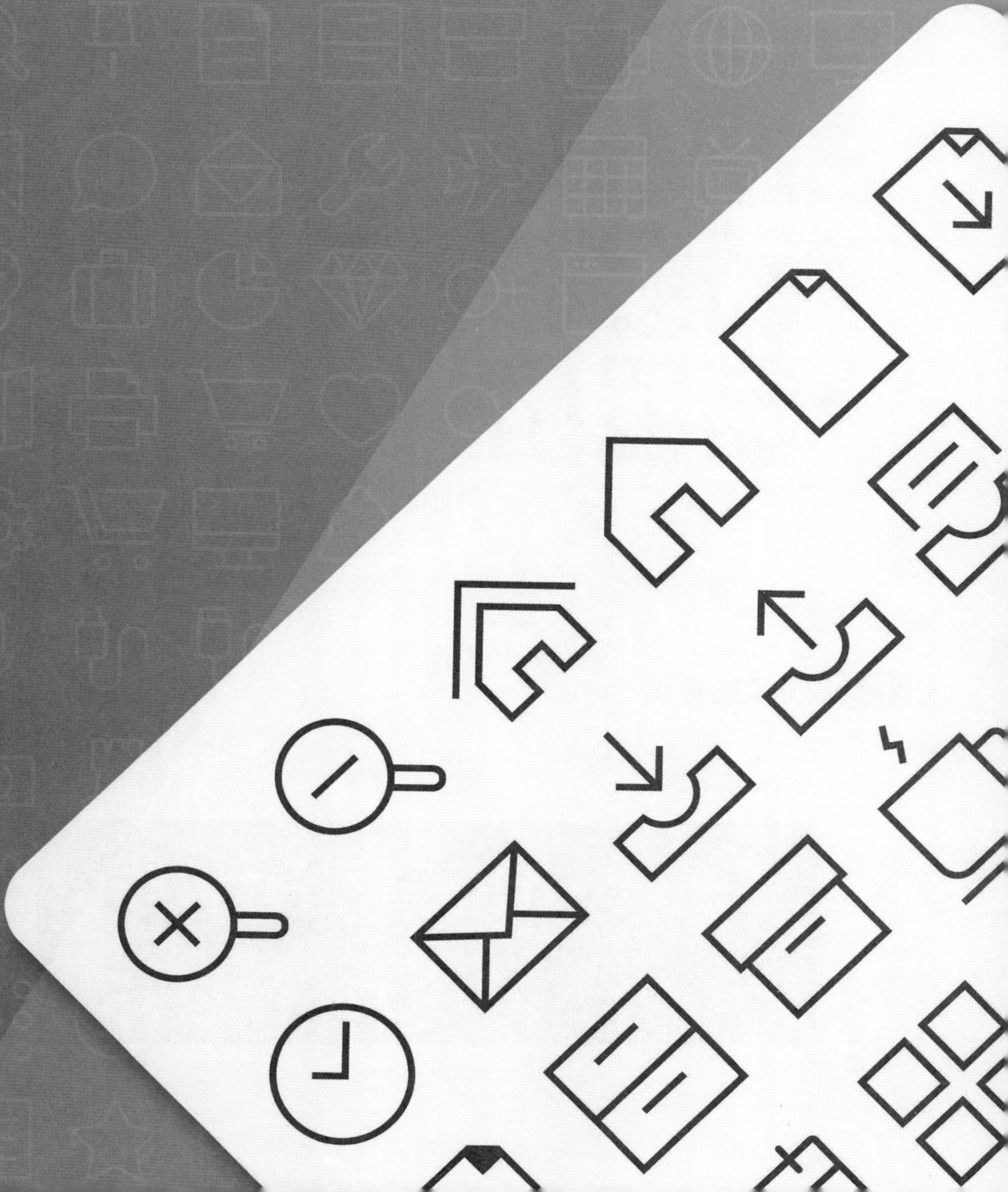

4.1 图标概述

图标是UI设计中除文字外最不可或缺的视觉元素。在设计中看似只占很小的区域，可它却是考验设计师基本功的重要标准。了解图标相关的概念，以及正确绘制的方法，是UI设计入门的必备条件。

4.1.1 图标的定义

图标也称为icon，它的本质是一种符号，用来指代功能、含义、用途等。图标作为国际通用性语言，生活中随处可见，例如，商场导视中的收银台图标、出口图标、卫生间图标等；手机中使用的App图标，如微信、电话、短信等，如图4-1所示。

图4-1

UI设计中常见的图标大致分为2大类，第一类为“标志性图标”，如手机中应用启动图标；第二类为“功能性图标”，这类图标经常出现于App或网站中，用于功能的指示引导或操作。

4.1.2 图标的重要性

对于UI设计而言，图标可以说是整个产品页面的点睛之笔，它可以直接影响一款产品的视觉体验和产品调性，如图4-2所示。

图4-2

提示：

图标具有以下两大特点。

通用性强：不管是什么操作系统，中文版、英文版或各种语言版本，都可以使用相同的图标表示同一种操作或功能。

节约空间：使用一个图标就能够清楚表述操作或功能，如用一个叉就可以表示“关闭”操作。

4.2　图标的类型

图标的形式有很多种，它可以应用在很多场景中，并且表现方式非常丰富，有线的、有面的，还有拟物的等。

4.2.1　拟物图标

人们都是通过以往的认知来理解新事物，基于这一点，早期应用界面图标多采用拟物风格，以便人们理解和操作，如图4-3所示。这是一个由实物转换为符号的发展历程。例如，“保存”图标就是将软盘符号化之后形成的图形，软盘是“保存”图标的实体。随着时间的推移，人们逐渐将长期接触的符号习惯性地默认为对应的功能或操作。

图4-3

拟物图标设计主要追求模拟现实物品的造型和质感，通过叠加高光、纹理、材质、阴影等各种效果对实物进行艺术再现，如图4-4所示；而后期演变的扁平化设计就是摒弃以上对高光、阴影等造成的透视感效果的追求，转而通过抽象、简化、符号化的设计元素来表现。

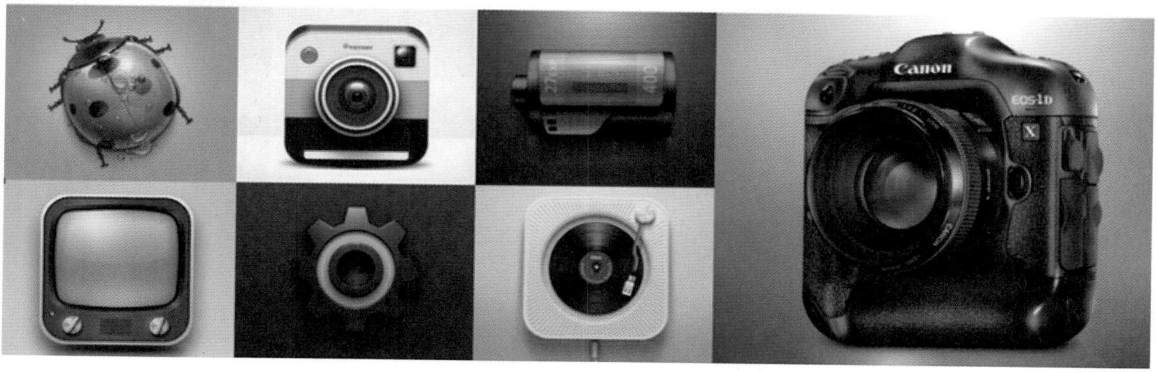

图4-4

提示：

随着ICON的发展，拟物图标也带来了一些问题。因为用户关注的核心永远都是信息本身，拟物图标太过华丽的视觉元素对用户获取信息形成了一种干扰。再者，随着App的不断创新进步，拟物图标设计带来了局限性的问题，很多创新的产品本身在现实世界中没有参照物。因此，这也决定了拟物图标势必会慢慢被其他形式的图标取代。

4.2.2 扁平图标

拟物化更加接近于真实的物体，扁平化则是简化真实的物体，进行平面化的表现。2013年，苹果推出的iOS 7开启了拟物向扁平转变的风潮。扁平化的概念最核心的地方就是：去掉冗余的装饰效果，让信息本身重新作为核心被凸显出来，并且在设计元素上强调抽象、极简、符号化的概念，如图4-5所示。扁平化图标的缺点是表现形式太过于抽象，缺乏情感的传递。

图4-5

4.2.3 微扁平、轻拟物

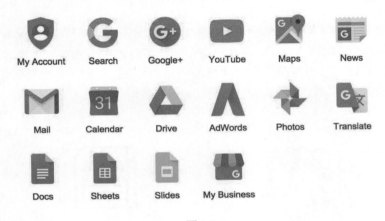

从扁平风格发展到现在，图标慢慢开始向“突出内容”的本质靠拢，即“认知简约”。表现形式上发展到微扁平、轻拟物的方向，相较于拟物风格不会有太多复杂的视觉元素，与扁平风格又有了更丰富的情感内容。所以现在的界面中，我们经常会在面积比较小的区域使用扁平图标或线性图标；在面积比较大的区域会使用加入渐变或轻质感的图标，如图4-6所示。

图4-6

4.2.4 线性图标

线性图标是由直线、曲线、点在内的元素组合而成的图标样式，通过线来塑造轮廓，如图4-7所示。线性图标具有辨识度高、清晰、简约易识别等优点，不会对页面造成太多的视觉干扰。它的缺点是：线性图标的创作空间较少，太复杂的线性图标会对识别性产生较大的困扰。

图4-7

在图标设计中使用的线有粗细之分，常用的App图标设计线的粗细一般有2px或者3px。不同的线条粗细ICON所带来的视觉感受也不同，细线显得精致，粗线视觉面积大，显得厚重。直角线条的ICON显得专业严谨，圆角粗线条的ICON显得饱满而可爱。

4.2.5 面性图标

面性图标是通过面来塑造形体的图标，采用了剪影的设计形式，通过线或者面来切割基础轮廓面，通过分型来塑造图标的体积感，如图4-8所示。不同的切割手法造成了面性图标设计感的差别。

面性图标具有表意能力强，细节丰富，情绪感强，视觉突出，创作空间大等优点。面性图标可以让用户迅速定位图标位置，预知点击后的状态。但是面性图标在页面中不可过多出现，否则会造成页面臃肿，难分主次，用户视觉疲劳。

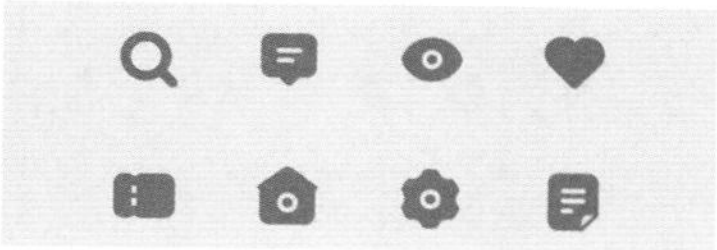

图4-8

4.2.6 文字图标

文字图标是指用文字直接表示特定含义的图标符号，如图4-9所示。由于文字本身就是一种演化而来的符号，英文的首字母或者词语关键字本身也具备很强的信息浓缩性，因此在某些场景下，采用文字或字符作为图标，是一种很不错的表现手法。

如“提示”图标，使用一个圆圈包裹一个英文字母i，表示information，即“注释信息”的含义；停车场直接使用Parking中的首字母P，这些都是比较约定俗成的使用方式。

图4-9

4.2.7 “新拟物”风格图标

“新拟物”风格图标设计的要点在于对光线的运用，进而打造一种全新的视觉体验。

不同于传统的拟物风格，“新拟物”是将真实光线效果用于虚拟对象，还原实际物品在特定光照下的效果，如图4-10所示。

图4-10

4.3 应用图标的设计风格

产品应用图标有不同的风格，这些风格可能偏拟物，也可能很扁平；可能很抽象，也可能很具象。通过不同的设计风格可以更加标新立异，从而被用户一眼记住。因此，能在第一时间赢得用户的好感度和记忆非常重要，将产品图标设计得好看且容易被人记住就成了非常重要的任务。应用图标的风格主要有以下几种。

4.3.1 中文文字图标

每一个中文字符都令人记忆深刻，文字是最直白的信息，而且不容易被曲解，所以国内的很多App产品都会使用中文作为自己的产品图标。中文设计即字体设计，提取应用名称中的一个或多个汉字，进行设计变形，变形后的字体图形具有产品属性特有的外貌特征。常见中文图标又分为单字、多字和字加图形这些类型。

1. 单字图标

提取产品名称中最具代表性的文字，通过对笔画及整体骨架进行字体设计，以达到符合产品特性和视觉差异化的目的，如图4-11所示。其优点是可以直截了当地传递产品信息，识别性强。

图4-11

2. 多字图标

多字图标设计要注意的是整体的协调性和可读性，一般为2或3个字，最多两行(4个字)排列，如图4-12所示。其优点是更加直接地告诉用户产品名称，达到品牌推广的目的，减轻用户的记忆成本。其缺点是如果图标上的文字和下面的辅助文字完全一样，会显得重复啰嗦，仿佛介绍了自己两遍。

图4-12

3. 字加图形组合图标

文字加辅助图形的组合，也是常见的产品图标设计方法，相比纯文字图标，它显得更加丰富，更有独特的产品气质和属性，如图4-13所示。需要注意的是，应做好文字和辅助图形间的平衡。

图4-13

4.3.2 英文字母图标

英文设计与中文设计的设计模式相似，通常是提取应用名称的首字母融合产品的功能卖点或行业属性进行创意加工，新的字母图形依旧保持本身的识别性。

1. 单字母图标

单字母图标通常提取英文首字母进行设计，由于英文字母本身结构简洁，故而稍加改动就很容易达到设计感，如图4-14所示。需要注意的是，英文字母数量较少，都用字母很容易创意雷同，难以形成差异化。

图4-14

2. 多字母图标

多字母图标由设计师提取产品全称或几个单词的首字母组合而成，从而形成独有的产品简称，方便用户记忆，如图4-15所示。

图4-15

3. 字母加图形组合图标

字母加图形组合的图标设计形式比较多样，图形分为几何图形和通过提炼的图形。通过字母与图形进行创意加工，可以使应用图标的视觉表现更加饱满，如图4-16所示。

图4-16

4.3.3 数字图标

直接用数字做应用图标的相对较少，但是数字识别性强，有易于传播的特点，如图4-17所示。利用数字进行设计能给人以亲切感，但难点是怎样与品牌形成强关联性。

图4-17

4.3.4 特殊符号图标

由于符号本身的含义会对产品属性有一定限制，因此特殊符号在应用图标的设计案例中相对较少。如货币符号可代表与金钱有关联性的产品，可以很好地诠释关联的产品属性，如图4-18所示。

图4-18

4.3.5 图形图标

除了中英文图标，图形类图标也比较常见。这种类型的设计模式的优点是直观醒目和简洁大方，视觉冲击力强。常见的有以下几种。

1. 几何图形

几何图形的设计模式给人简约、现代、个性等视觉感受，从单个具象图形到复杂的空间感营造，几何图形的表现形式非常丰富，如图4-19所示。不同的形状给人的情感表达不同，如三角形给人传达个性、稳定、现代、时尚等感觉，添加圆角后又会更加亲民、可爱。我们可以结合产品特征，合理地选择适合的形状图形进行创意。此类型设计非常考验设计师的图形创意能力。

图4-19

2. 单双形

单双形是指应用图标只展示单个或两个剪影图形，如图4-20所示。通常有两种设计方式，在深色背景上使图形反白，背景可以是单色也可以是渐变色；在浅色的背板上让图形填充颜色，图形可以是单色也可以是渐变色。这种设计模式的优点是简洁明确，易于用户在众多的应用图标阵列中快速找到目标。

图4-20

3. 线形

线形的设计模式分为两种设计方式，在深色的背板上让图标反白，背景可以是单色也可以是渐变色；在浅色的背板上让图标填充颜色，图标可以是单色也可以是渐变色，或是其他视觉效果，如图4-21所示。

纤细的线框图形能传递出简洁轻快的气质，适合文艺、清新的应用，在进行界面设计时保持这种干净明快的风格，才能与应用图标设计表里如一。线性风格一定注意不可太细，如果做得太细，在手机上看会非常尖锐，显得不易点击。

图4-21

4．动物图形

动物作为图标设计元素是比较常见的方式之一，通常提取动物整体形象或者局部特征部位作为设计元素，背景填充单色或渐变色，简洁明了，如图4-22所示。动物给人的印象比较可爱，有助于加深用户对产品的印象。常见的表现形式有剪影、线性描边风格、面性风格等。

图4-22

5．卡通形象

卡通风格的产品图标会让用户更有好感，一个可爱的卡通形象有助于加深用户对产品的印象，如图4-23所示。很多决策者会认为卡通是一种低龄的审美，这种想法其实是错误的。卡通其实是一种各年龄层都能接受的风格，如腾讯就以企鹅为品牌形象。

图4-23

6．正负形

以正形为底突出负形特征，以负形表达产品属性、传递产品信息，如图4-24所示。如NPR One，图标中的负形图形是对话气泡，从而告诉用户这是一个媒体或社交的应用，而正形图形强调产品气质。

图4-24

7. 渐变

白色渐变的设计模式与透明白色相似，都是通过白色不透明度来构建出图形的立体空间感，它比单纯的剪影图形更具有质感，这种质感带给了用户视觉上的享受，如图4-25所示。

图4-25

色彩比任何图形都更能抓住用户的注意力，同时色彩更具有情绪，能传递出应用的产品气质。比起白色渐变图形，彩色渐变图形的色彩表现更加丰富。多种颜色进行渐变衔接的时候要注意色相的对比，营造空间感。应用图标的背景和图形的色彩要拉开对比，如图4-26所示。

图4-26

8. 无

无即没有设计，除了背景的设计，其他什么也没有，如图4-27所示。虽然这类设计模式比较独特，但用户很难从一个颜色上得到有用的信息。例如，“黄油相机”的图标设计成一块黄油的样子已深入人心。

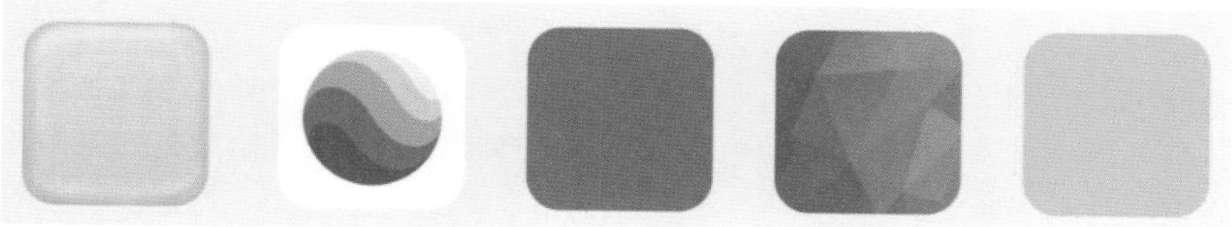

图4-27

案例——绘制日历工具图标

视频名称	绘制日历工具图标
案例文件	案例文件 \ 第 4 章 \ 绘制日历工具图标

01 启动Illustrator，选择【文件】|【新建】命令，打开【新建文档】对话框。在对话框中，输入文档名称，设置【宽度】和【高度】均为600像素，【画板】数值为1，然后单击【创建】按钮，如图4-28所示。

02 选择【视图】|【显示网格】命令。选择【圆角矩形】工具，按Alt键在画板中心单击，打开【圆角矩形】对话框。在对话框中，设置【宽度】和【高度】均为512px，【圆角半径】为90px，然后单击【确定】按钮创建圆角矩形，如图4-29所示。

图4-28

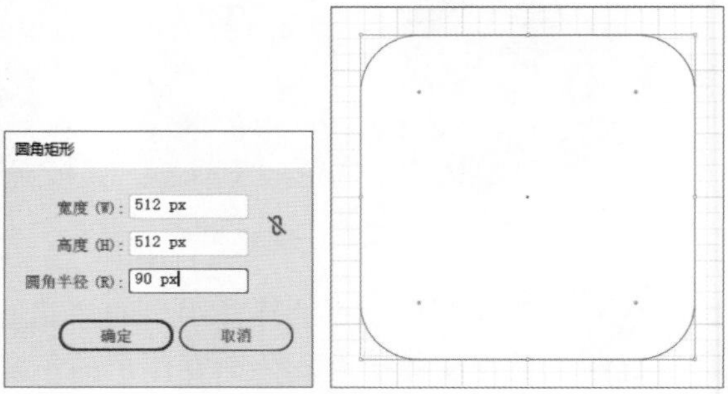

图4-29

03 按Ctrl+C键复制刚绘制的圆角矩形，并按Ctrl+F键粘贴在前面。选择【刻刀】工具，按住Shift+Alt键拖动工具切割圆角矩形，如图4-30所示。

04 选中切割后圆角矩形的上半部分，在【渐变】面板中设置填色为R:205 G:57 B:72至R:255 G:76 B:72，【角度】为90°，如图4-31所示。

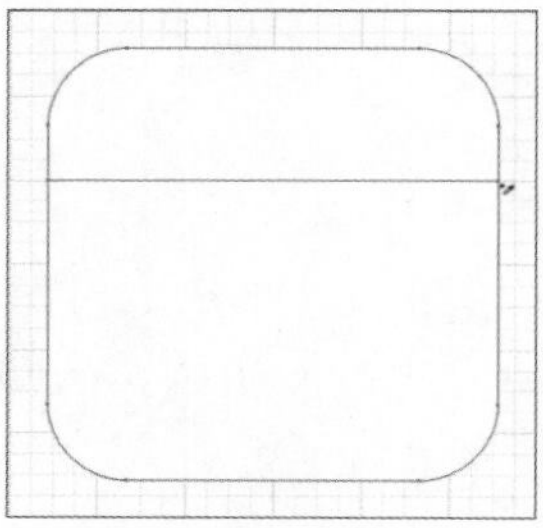

图 4-30

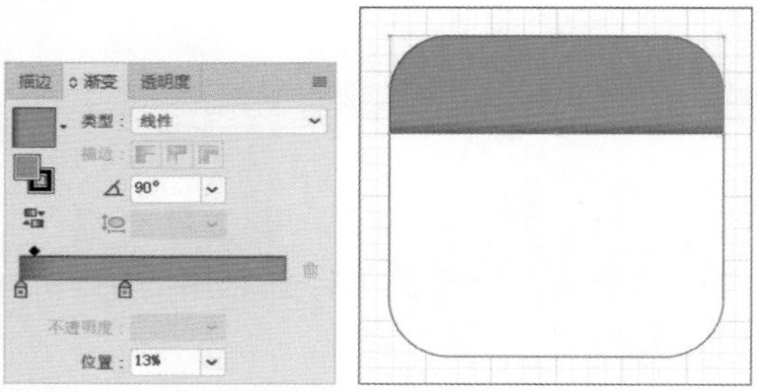

图4-31

05 继续保持选中图形，在【描边】面板中设置【粗细】为3pt，【对齐描边】为【使描边内侧对齐】；在【渐变】面板中设置描边填色为R:255 G:155 B:155至R:255 G:76 B:72至R:218 G:62 B:72，【角度】为-90°，如图4-32所示。

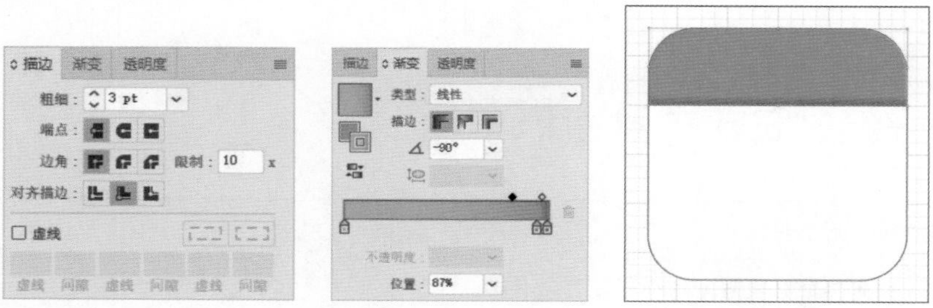

图4-32

06 选中切割后圆角矩形的下半部分，在【渐变】面板中设置填色为R:240 G:215 B:200至R:253 G:249 B:246，【角度】为90°，如图4-33所示。

07 继续保持选中图形，在【描边】面板中设置【粗细】为 3pt，【对齐描边】为【使描边内侧对齐】；在【渐变】面板中设置描边填色为R:255 G:155 B:155 至R:255 G:76 B:72 至R:218 G:62 B:72，【角度】为-90°，如图 4-34 所示。

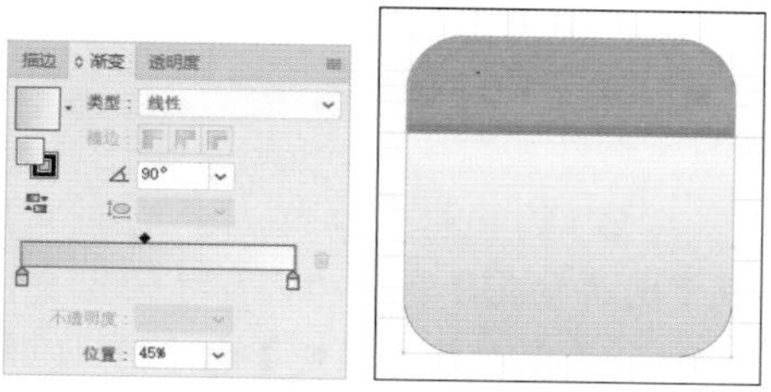

图4-33

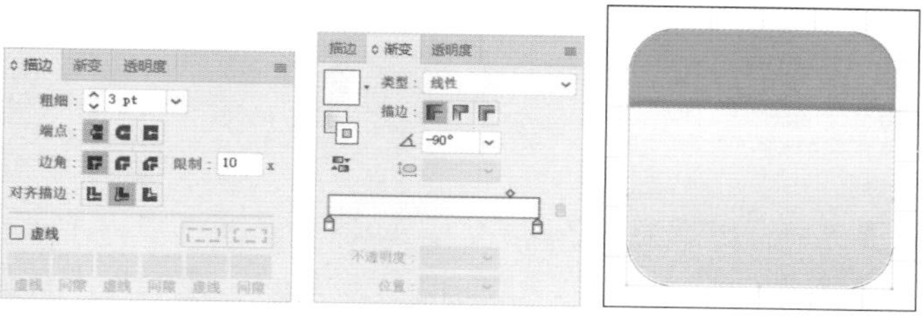

图4-34

08 选择【刻刀】工具，按住Shift+Alt键拖动工具切割圆角矩形，如图 4-35 所示。

09 选中切割后的圆角图形，按Ctrl+C键复制图形，并按Ctrl+F键将其粘贴在前面。取消切割后的圆角图形的描边色，在【渐变】面板中设置渐变填色为R:35 G:24 B:21 至R:255 G:255 B:255，【角度】为-46°。在【透明度】面板中设置【混合模式】为【颜色加深】，如图 4-36 所示。

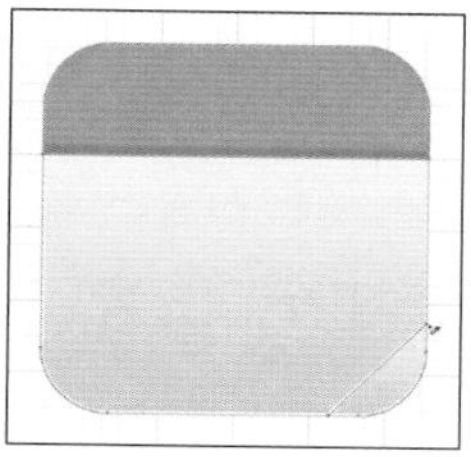

图4-35

图4-36

10 右击圆角图形，在弹出的快捷菜单中选择【变换】|【镜像】命令，打开【镜像】对话框。在对话框中，选中【角度】单选按钮，单击【复制】按钮复制图形，如图 4-37 所示。

11 在【透明度】面板中，将复制图形的【混合模式】更改为【正常】。在【颜色】面板中，设置填色为R:249 G:235 B:230，如图 4-38 所示。

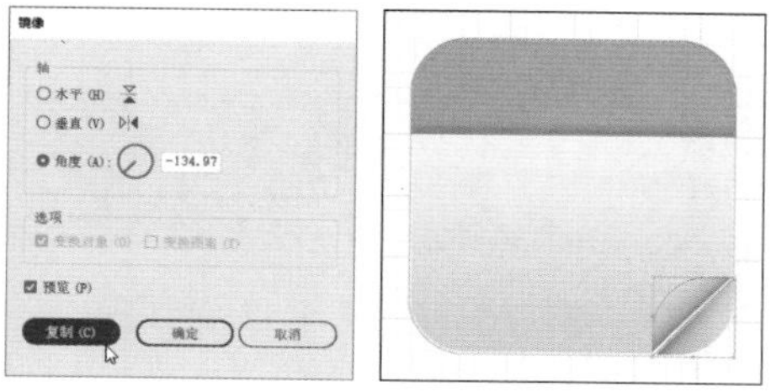

图4-37

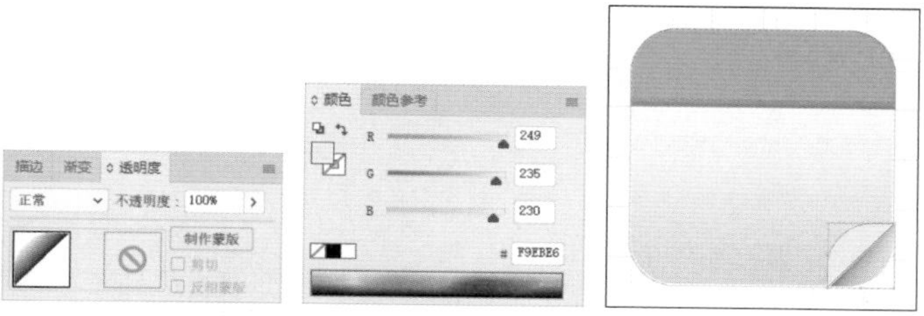

图4-38

12 继续保持选中图形，在【描边】面板中设置【粗细】为 3pt；在【渐变】面板中设置描边填色为R:253 G:249 B:246 至R:255 G:255 B:255，如图 4-39 所示。

13 选择【直线段】工具，在画板中绘制直线段。在【描边】面板中设置【粗细】为 4pt，选中【虚线】复选框，设置【虚线】为 5pt。在【颜色】面板中设置描边色为R:229 G:211 B:194，如图 4-40 所示。

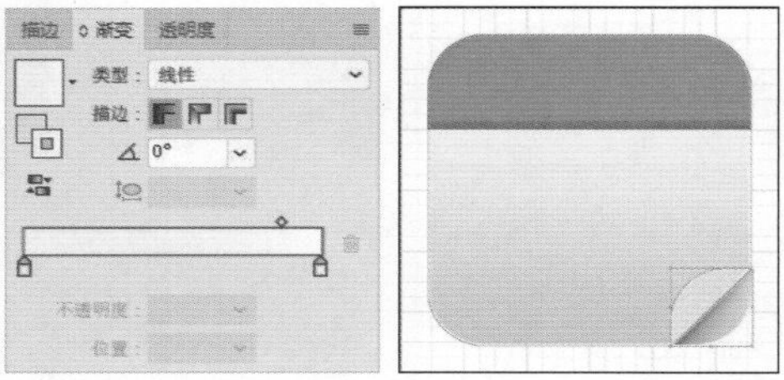

图4-39

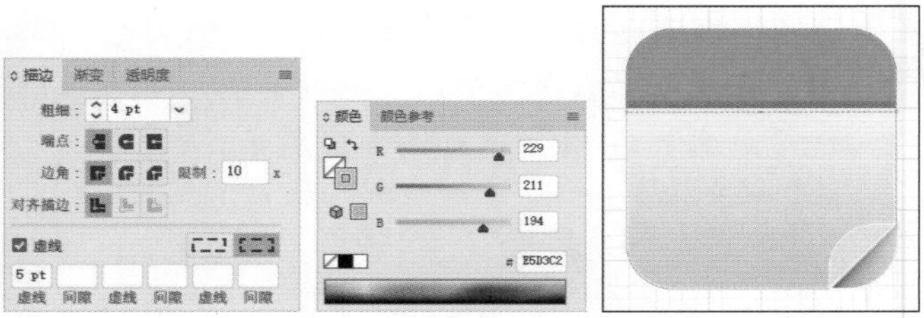

图4-40

14 选择【圆角矩形】工具，按Alt键并在画板中心单击，打开【圆角矩形】对话框。在对话框中，设置【宽度】为14px，【高度】为74px，【圆角半径】为7px，然后单击【确定】按钮创建圆角矩形。在【渐变】面板中，设置渐变填色为R:193 G:193 B:193至R:165 G:165 B:165至R:255 G:255 B:255至R:48 G:48 B:48至R:114 G:114 B:114至R:50 G:50 B:50至R:121 G:121 B:121，如图4-41所示。

15 按Ctrl+C键复制上一步创建的圆角矩形，并按Ctrl+F键将其粘贴在前面。在【渐变】面板中，设置渐变填色为R:26 G:26 B:26至R:255 G:255 B:255至R:26 G:26 B:26，【角度】为90°。在【透明度】面板中，设置【混合模式】为【正片叠底】，【不透明度】为70%，如图4-42所示。

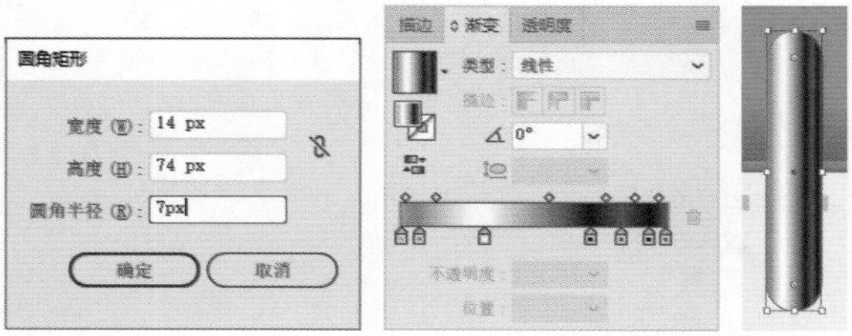

图4-41

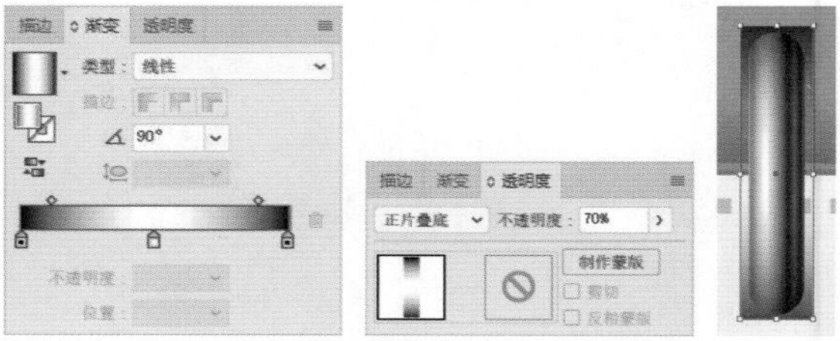

图4-42

16 选择【矩形】工具，在圆角矩形右侧绘制矩形。在【透明度】面板中，设置【混合模式】为【正片叠底】。在【渐变】面板中设置渐变填色为R:180 G:90 B:70至【不透明度】为0%的R:255 G:255 B:255，【角度】为-10°，如图4-43所示。

17 连续按Ctrl+[键将矩形放置在圆角矩形下方，并使用【直接选择】工具选中矩形右侧的锚点，然后调整其位置，如图4-44所示。

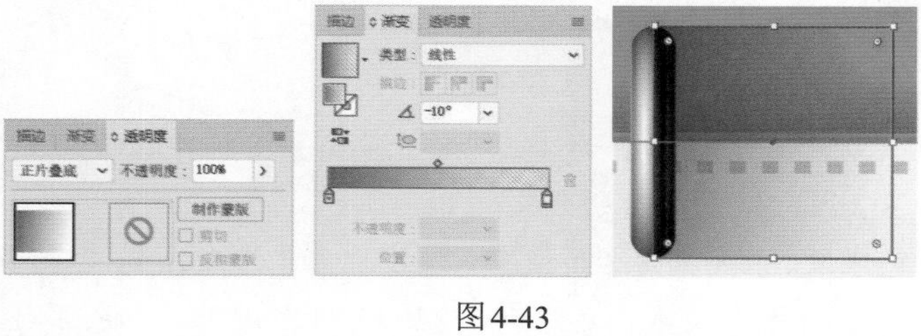

图4-43

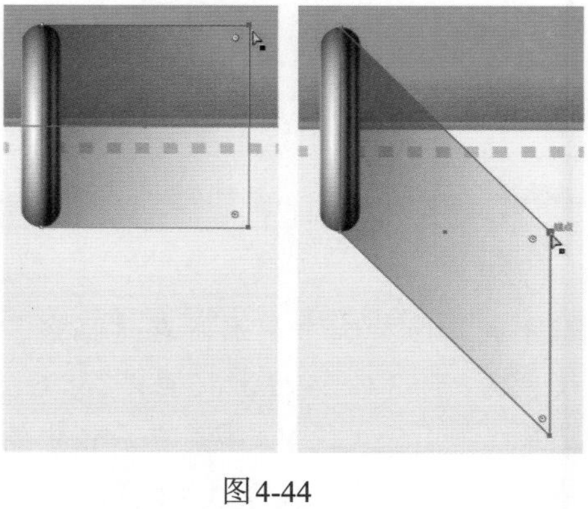

图4-44

18 选中步骤14至步骤17创建的对象，按Ctrl+G键进行编组。然后移动并复制编组后的对象，如图4-45所示。

19 使用【文字】工具在画板中输入文字内容，然后在【字符】面板中设置字体系列为Consolas，字体样式为Bold，文字大小为280pt。在【颜色】面板中设置字体颜色为R:255 G:197 B:77，如图4-46所示。

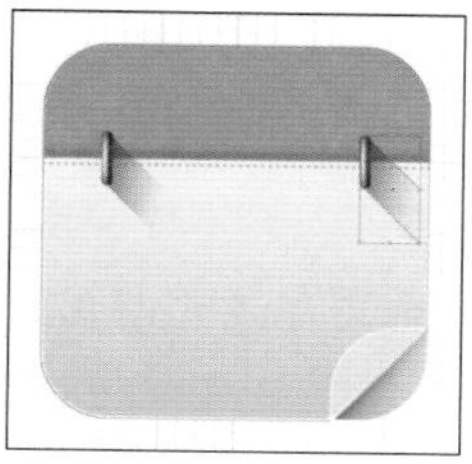

图4-45

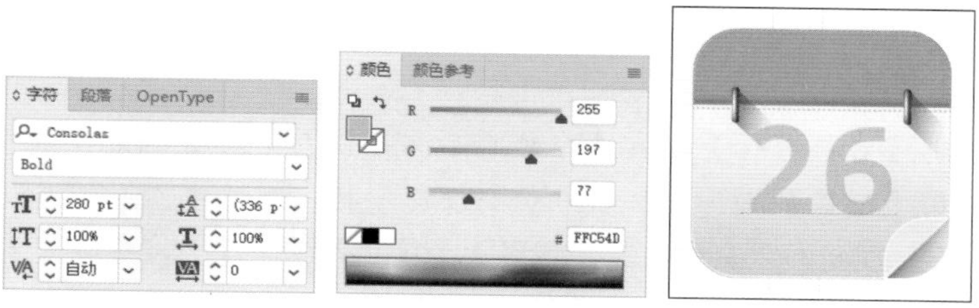

图4-46

20 在【描边】面板中，设置【粗细】数值为2pt。在【颜色】面板中，设置字体描边颜色为R:255 G:212 B:99，如图4-47所示。

21 按Ctrl+C键复制刚创建的文字，按Ctrl+B键将其粘贴在后面，并调整其位置。按Shift+Ctrl+O键应用【创建轮廓】命令，将文字转换为形状，然后在【颜色】面板中设置字体颜色为R:255 G:122 B:0，如图4-48所示。

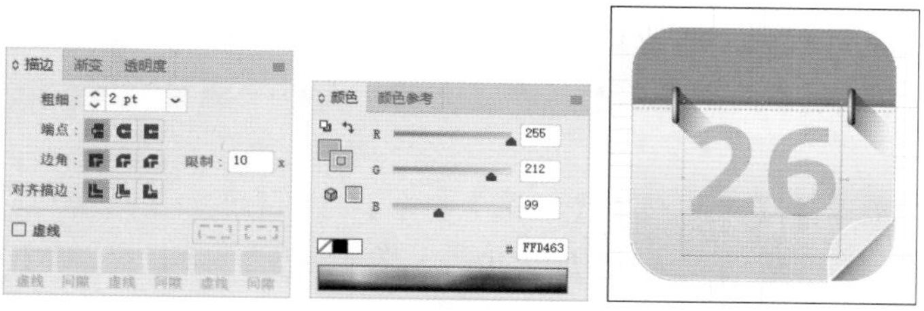

图4-47

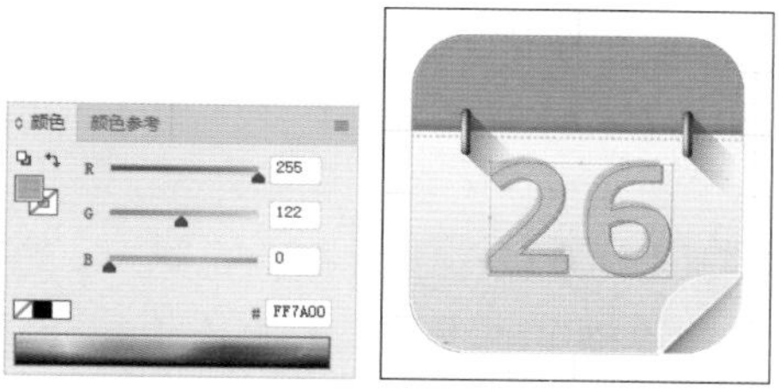

图4-48

22 再次选中文字，按Ctrl+C键复制刚创建的文字，按Ctrl+B键将其粘贴在后面，并按Shift+Ctrl+O键应用【创建轮廓】命令，将文字转换为形状，如图4-49所示。

23 锁定文字图层，选中两个文字图形图层，右击鼠标，在弹出的快捷菜单中选择【取消编组】命令。然后使用【选择】工具选中左侧数字部分，在【路径查找器】面板中单击【减去顶层】按钮，效果如图4-50所示。

图4-49

图4-50

24 使用【选择】工具选中右侧数字部分，在【路径查找器】面板中单击【减去顶层】按钮，效果如图4-51所示。

25 选中文字图形裁剪后的部分，选择【效果】|【风格化】|【内发光】命令，打开【内发光】对话框。在对话框中，设置【模式】为【正片叠底】，【不透明度】为40%，【模糊】为4px，然后单击【确定】按钮，如图4-52所示。

图4-51

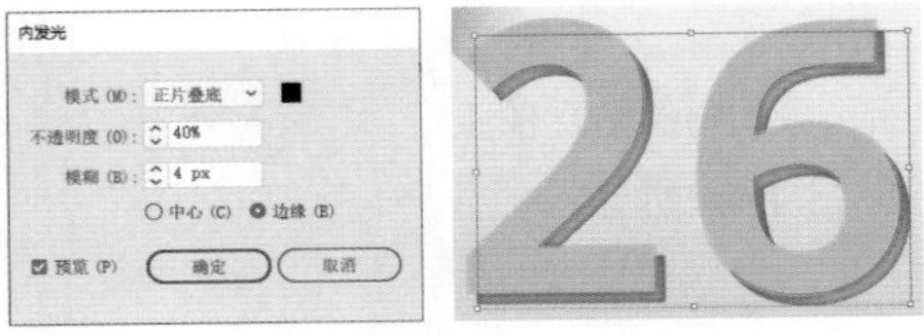

图4-52

26 使用【直接选择】工具选中裁剪后文字图形的部分锚点，调整其细节，如图4-53所示。

27 使用【钢笔】工具在画板中绘制投影形状，连续按Ctrl+[键将其后移至文字图形后方。并在【透明度】面板中，设置【混合模式】为【正片叠底】。在【渐变】面板中设置渐变填色为R:180 G:90 B:70至【不透明度】为0%的R:255 G:255 B:255，【角度】为-50°，如图4-54所示。

图4-53

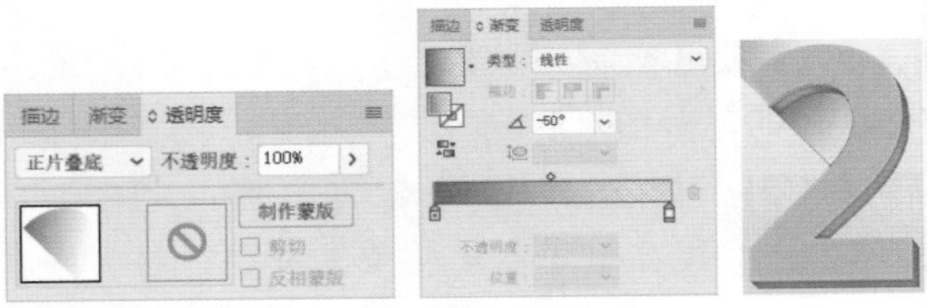

图4-54

28 继续使用【钢笔】工具在画板中绘制投影形状，连续按Ctrl+[键将其后移至文字图形后方。并在【透明度】面板中，设置【混合模式】为【正片叠底】。在【渐变】面板中调整渐变中点位置为45%，如图4-55所示。

29 选中步骤02创建的圆角矩形，选择【效果】|【风格化】|【投影】命令，打开【投影】对话框。在对话框中，【模式】为【正片叠底】，【不透明度】数值为70%，【X位移】和【Y位移】均为7px，【模糊】为8px，然后单击【确定】按钮应用投影效果，完成如图4-56所示的日历图标效果。

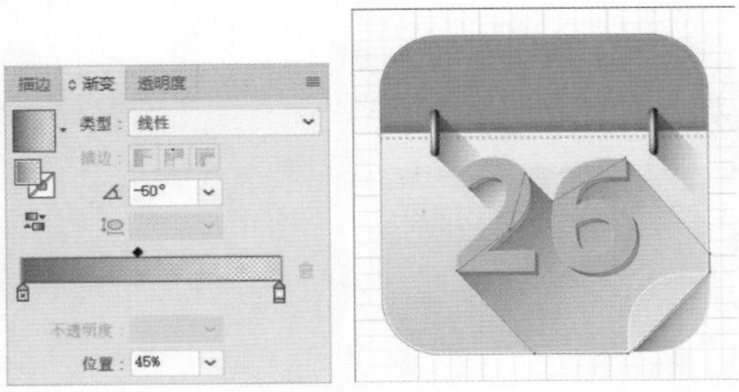

图4-55

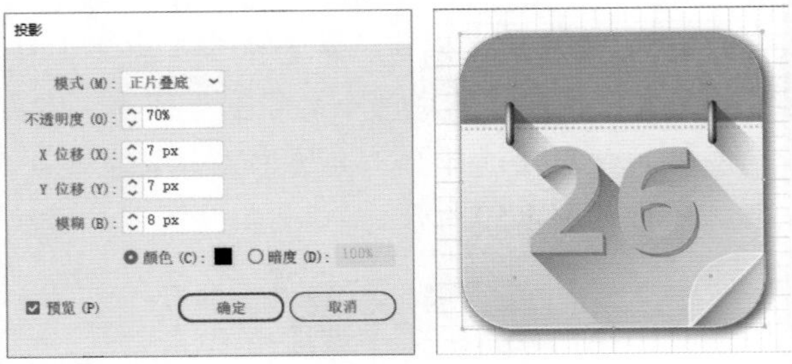

图4-56

案例——绘制计算器工具图标

视频名称	绘制计算器工具图标
案例文件	案例文件\第4章\绘制计算器工具图标

01 启动Photoshop，选择【文件】|【新建】命令，打开【新建文档】对话框。在对话框中，输入文档名称，设置【宽度】和【高度】均为600像素，【分辨率】为300像素/英寸，【颜色

模式】为【RGB颜色】，然后单击【创建】按钮，如图4-57所示。

02 选择【视图】|【显示】|【网格】命令，显示网格。选择【矩形】工具，在选项栏中设置工具工作模式为【形状】，【填充】为R:204 G:204 B:204，然后在画板中心单击，打开【创建矩形】对话框。在对话框中，设置【宽度】和【高度】均为512像素，【圆角半径】为90像素，选中【从中心】复选框，然后单击【确定】按钮创建圆角矩形，生成【矩形1】图层，如图4-58所示。

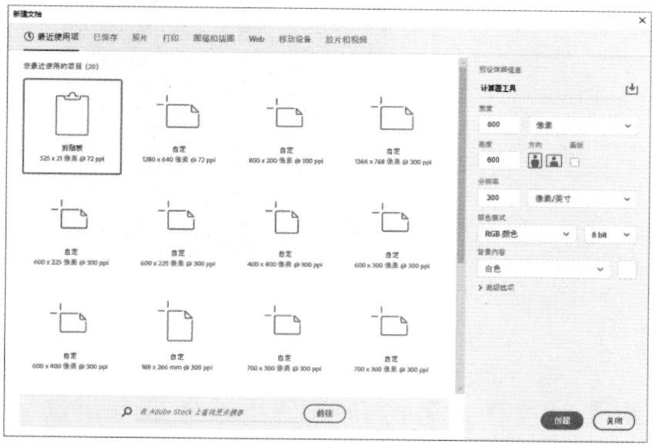

图4-57

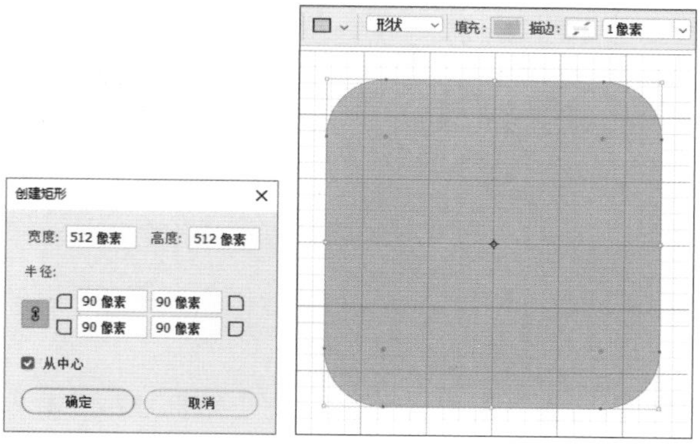

图4-58

03 在【图层】面板中，双击【矩形1】图层，打开【图层样式】对话框。在对话框中，选中【渐变叠加】选项，设置【混合模式】为【叠加】，【不透明度】数值为50%，设置渐变填色为【不透明度】为20%的R:0 G:0 B:0至R:255 G:255 B:255，【缩放】数值为120%，如图4-59所示。

04 继续在【图层样式】对话框中，选中【投影】选项，设置【混合模式】为【正片叠底】，投影颜色为R:0 G:0 B:0，【不透明度】数值为80%，【距离】为9像素，【大小】为9像素，如图4-60所示。

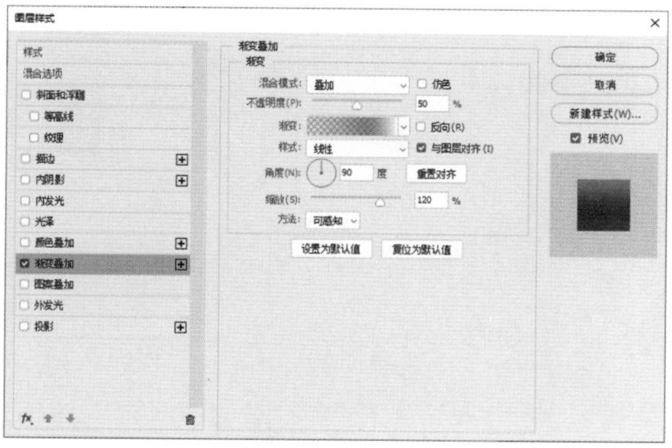

图4-59

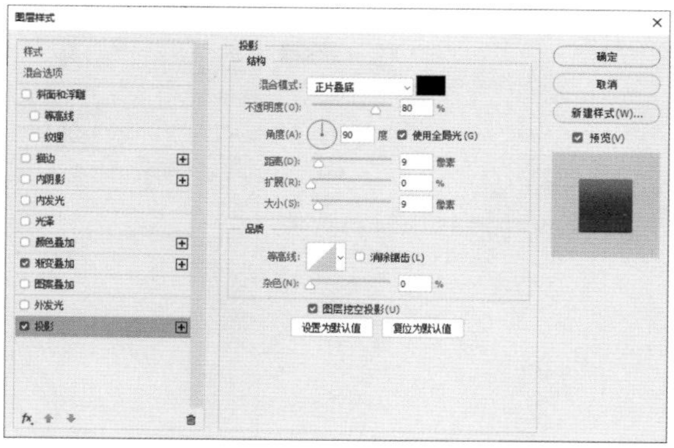

图4-60

05 继续在【图层样式】对话框中，选中【内阴影】选项，设置【混合模式】为【线性减淡(添加)】，内阴影颜色为R:255 G:255 B:255，【不透明度】数值为10%，取消选中【使用全局光】复选框，设置【角度】为-90度，【距离】为3像素，然后单击【确定】按钮应用图层样式，如图4-61所示。

06 继续选择【矩形】工具，在选项栏中设置工具工作模式为【形状】，【填充】为R:44 G:44

B:44，然后在画板中心单击，打开【创建矩形】对话框。在对话框中，设置【宽度】和【高度】均为460像素，【圆角半径】为70像素，选中【从中心】复选框，然后单击【确定】按钮创建圆角矩形，如图4-62所示生成【矩形2】图层。

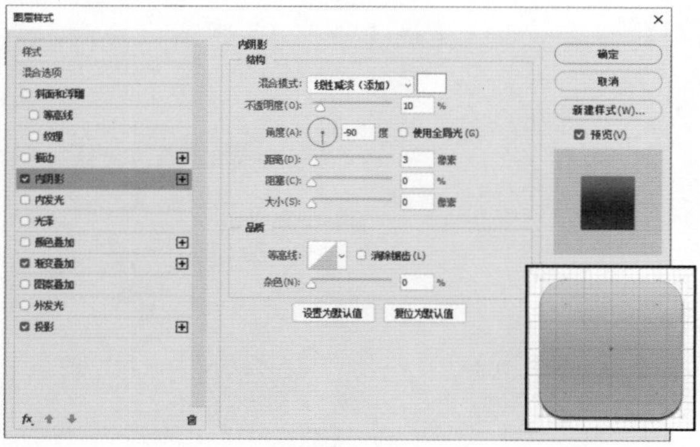

图4-61

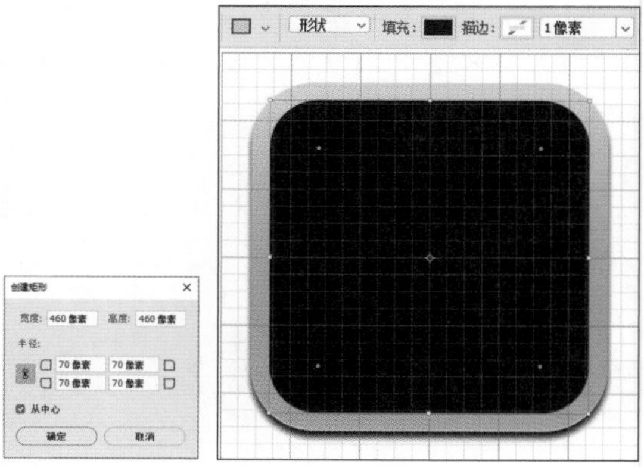

图4-62

07 在【图层】面板中，双击【矩形2】图层，打开【图层样式】对话框。在对话框中，选中【渐变叠加】选项，设置【混合模式】为【正常】，【不透明度】数值为15%，【样式】为【对称的】，设置渐变填色为R:0 G:0 B:0至R:255 G:255 B:255，选中【反向】复选框，如图4-63所示。

08 继续在【图层样式】对话框中，选中【描边】选项，设置【大小】为2像素，【位置】为【内部】，【混合模式】为【正常】，【填充类型】为【颜色】，颜色为R:0 G:0 B:0，如图4-64所示。

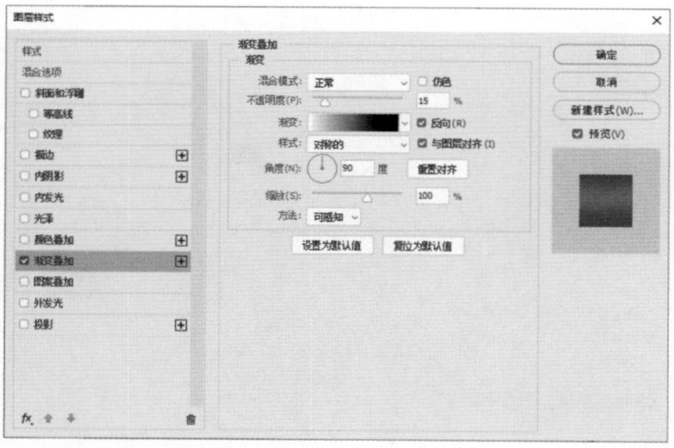

图4-63

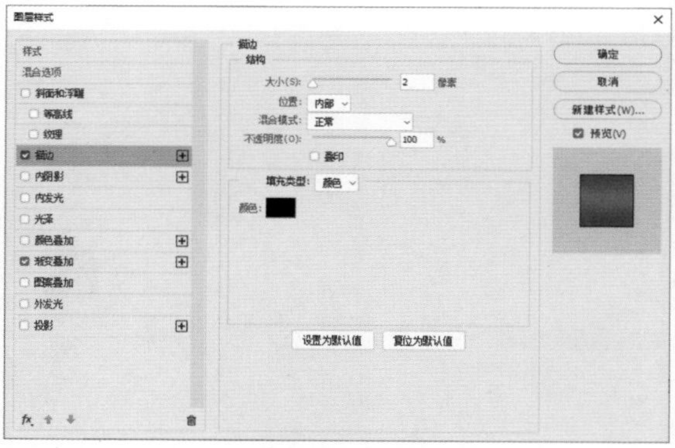

图4-64

09 继续在【图层样式】对话框中，选中【投影】选项，设置【混合模式】为【正常】，投影颜色为R:255 G:255 B:255，【不透明度】数值为75%，【距离】为3像素，如图4-65所示。

10 继续在【图层样式】对话框中，选中【内发光】选项，设置【混合模式】为【正常】，【不透明度】为5%，内发光颜色为R:255 G:255 B:255，选中【居中】单选按钮，如图4-66所示，单击【确定】按钮，应用图层样式。

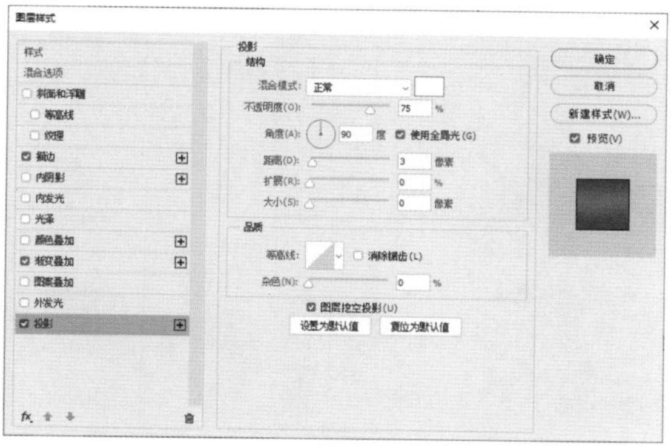

图4-65

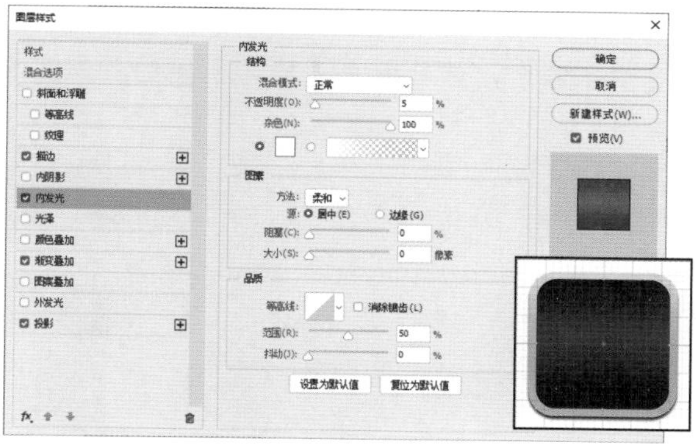

图4-66

11 选择【矩形】工具，在选项栏中设置工具工作模式为【形状】，【填充】为R:190 G:190 B:190，然后在画板中心单击，打开【创建矩形】对话框。在对话框中，设置【宽度】和【高度】均为150像素，【圆角半径】数值为30像素，取消选中【从中心】复选框，然后单击【确定】按钮创建圆角矩形，如图4-67所示，并生成【矩形 3】图层。

12 在【图层】面板中，双击【矩形 3】图层，打开【图层样式】对话框。在对话框中，选中【描边】选项，设置【大小】为3像素，【位置】为【外部】，【填充类型】为【颜色】，颜色为R:209 G:209 B:209，如图4-68所示。

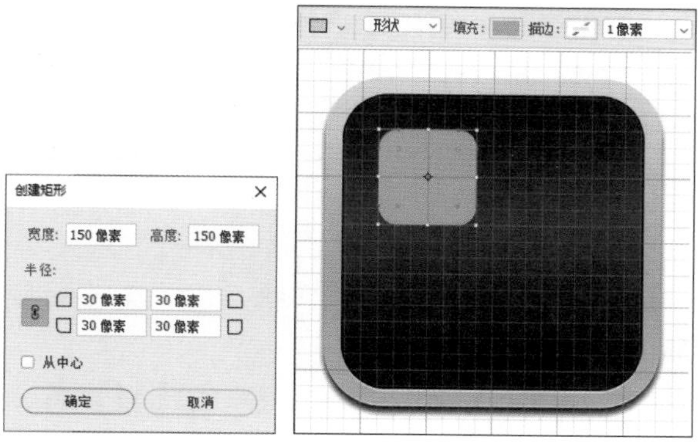

图4-67

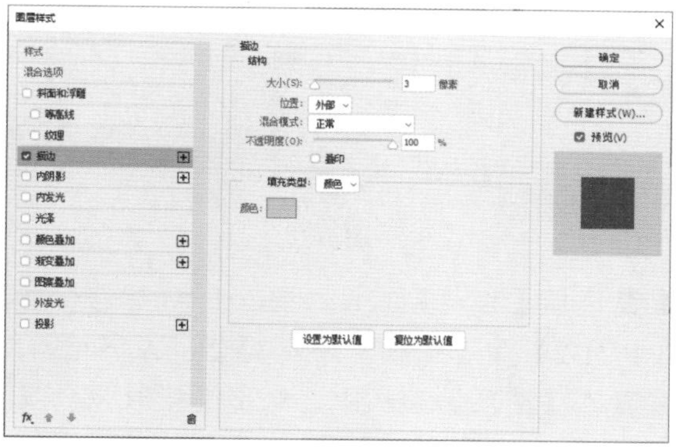

图4-68

13 在【图层样式】对话框中，选中【内发光】选项，设置【混合模式】为【正常】，【不透明度】数值为40%，内发光颜色为R:255 G:255 B:255，选中【边缘】单选按钮，设置【大小】为8像素，如图4-69所示。

14 在【图层样式】对话框中，选中【内阴影】选项，设置【混合模式】为【正常】，【不透明度】数值为80%，【距离】为20像素，【大小】为20像素，如图4-70所示。

15 在【图层样式】对话框中，选中【外发光】选项，设置【混合模式】为【正常】，【不透明度】数值为75%，外发光颜色为R:0 G:0 B:0，【扩展】数值为100%，【大小】为5像素，如图4-71所示。

16 在【图层样式】对话框中，选中【投影】选项，设置【混合模式】为【正常】，投影颜色为R:255 G:255 B:255，【不透明度】数值为30%，【距离】为5像素，【扩展】数值为100%，【大小】为5像素，然后单击【确定】按钮，如图4-72所示。

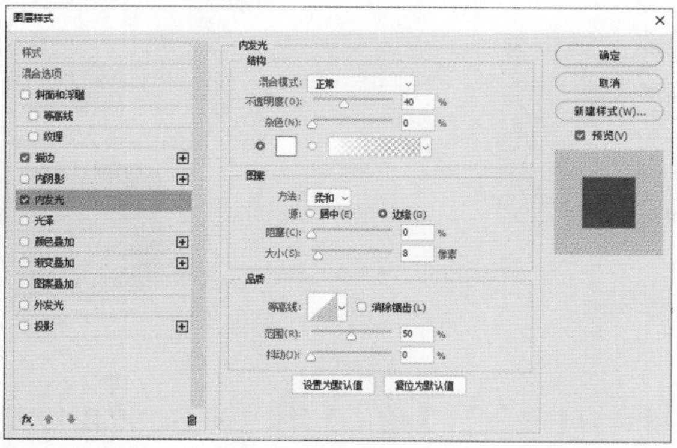

图4-69

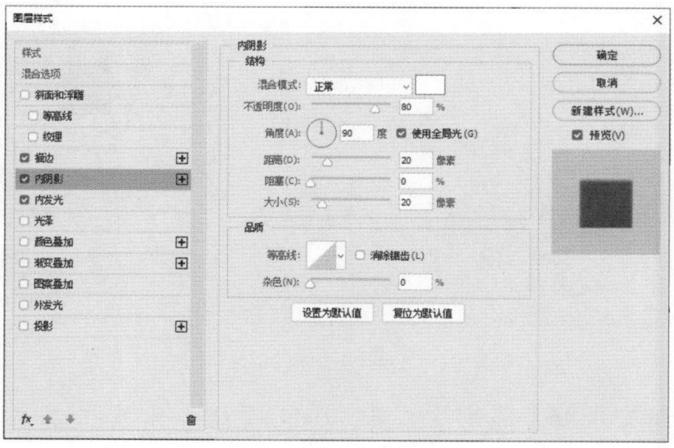

图4-70

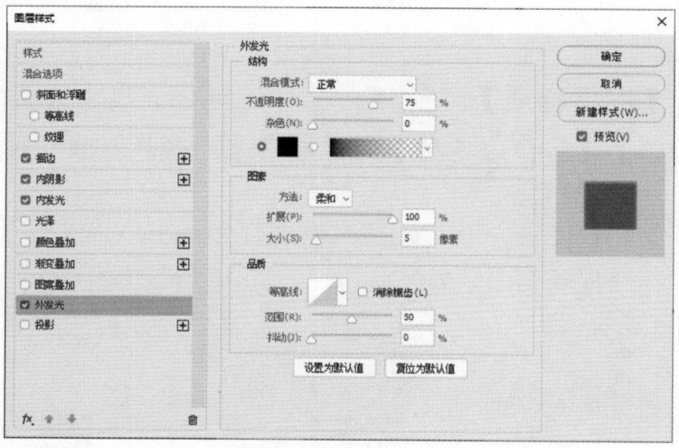

图4-71

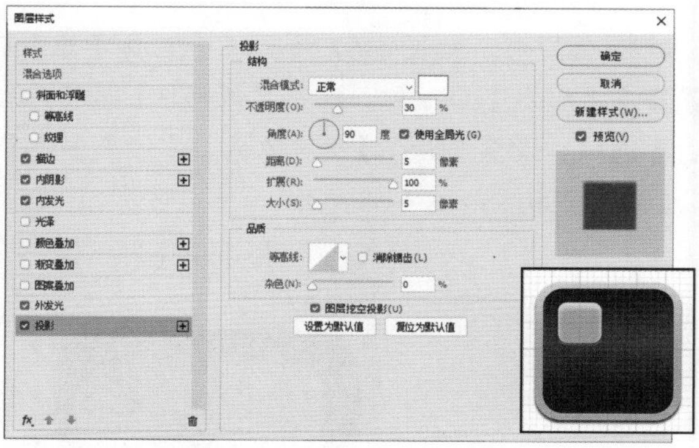

图4-72

17 选择【移动】工具，按Ctrl+Alt键移动并复制【矩形 3】图层，生成【矩形 3 拷贝】【矩形 3 拷贝 2】和【矩形 3 拷贝 3】图层，如图4-73所示。

18 在【图层】面板中，双击【矩形 3 拷贝 3】图层缩览图，打开【拾色器(纯色)】对话框，更改填色为R:244 G:159 B:24，如图4-74所示。

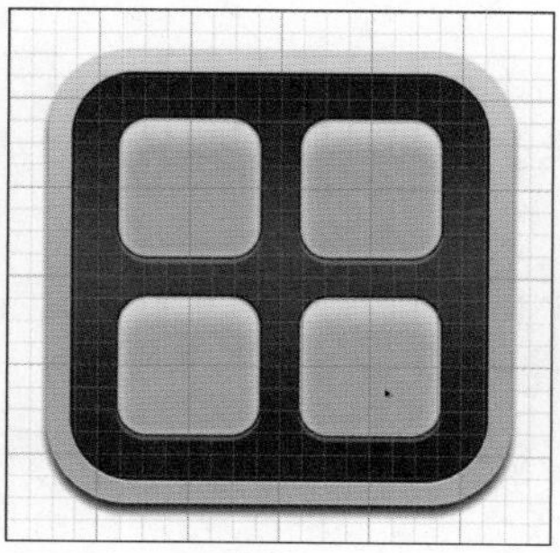

图4-73

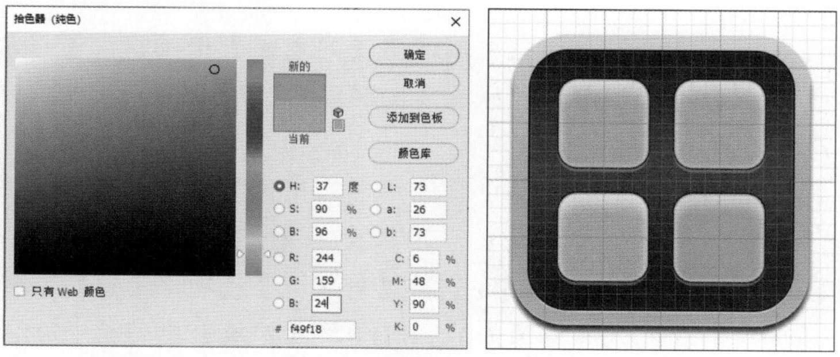

图4-74

19 在【图层】面板中，双击【矩形 3 拷贝 3】图层，打开【图层样式】对话框。在对话框中，选中【渐变叠加】选项，设置【混合模式】为【线性加深】，【不透明度】数值为20%，如图4-75所示。

20 在【图层样式】对话框中，选中【内阴影】选项，设置【混合模式】为【正常】，【不透明度】数值为50%，【距离】为6像素，【大小】为6像素，如图4-76所示。

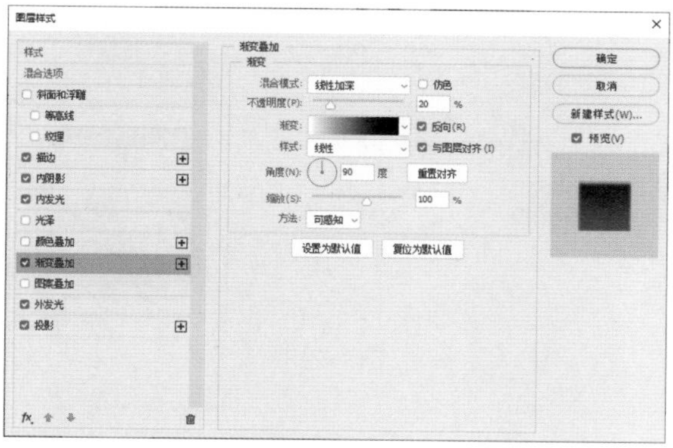

图4-75

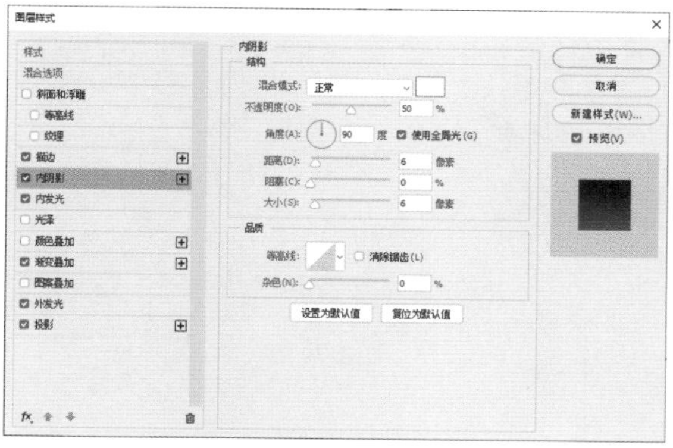

图4-76

21 在【图层样式】对话框中，选中【描边】选项，设置【大小】为3像素，【位置】为【外部】，颜色为R:244 G:159 B:24，然后单击【确定】按钮应用图层样式，如图4-77所示。

22 选择【文件】|【置入嵌入对象】命令，置入所需的等号图标文件，并在选项栏中选中【保持长宽比】按钮，设置W数值为50%，如图4-78所示。

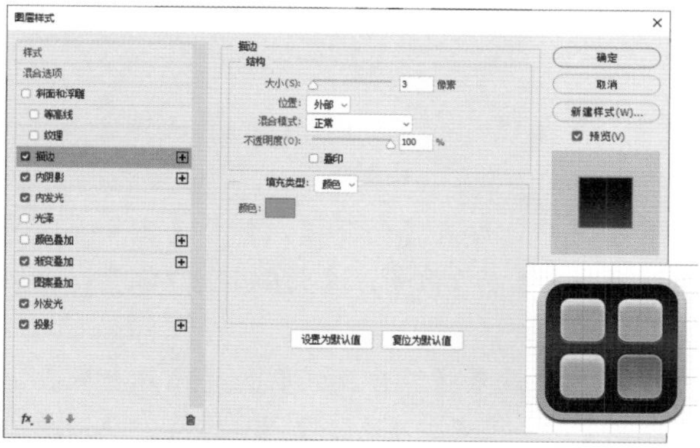

图4-77

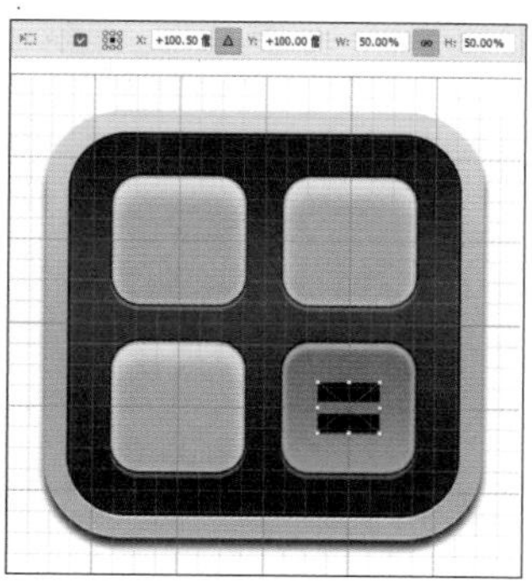

图4-78

23 在【图层】面板中，双击刚置入的等号图标图层，打开【图层样式】对话框。在对话框中，选中【颜色叠加】选项，设置【混合模式】为【正常】，叠加颜色为白色，如图4-79所示。

24 在【图层样式】对话框中，选中【投影】选项，设置【混合模式】为【正片叠底】，投影颜色为黑色，【不透明度】数值为40%，【距离】为4像素，【大小】为4像素，然后单击【确定】按钮应用图层样式，如图4-80所示。

25 在【图层】面板中，选中【矩形 3】图层。选择【文件】|【置入嵌入对象】命令，置入所需的加号图标文件，并在选项栏中选中【保持长宽比】按钮，设置W数值为50%，如图4-81所示。

26 在【图层】面板中，双击刚置入的加号图标图层，打开【图层样式】对话框。在对话框中，选中【颜色叠加】选项，设置【混合模式】为【正常】，叠加颜色为R:129 G:129 B:129，如图4-82所示。

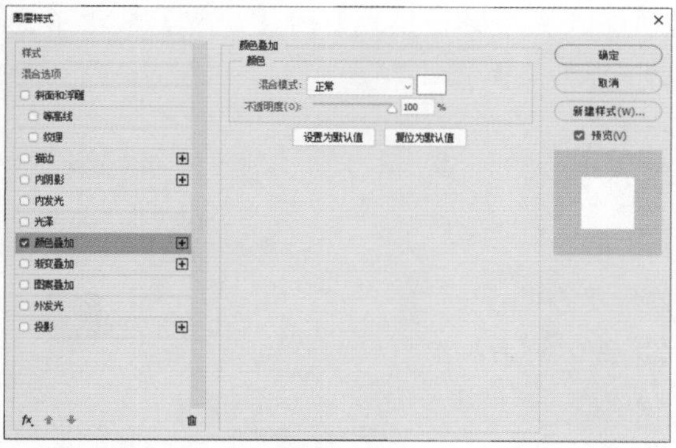

图4-79

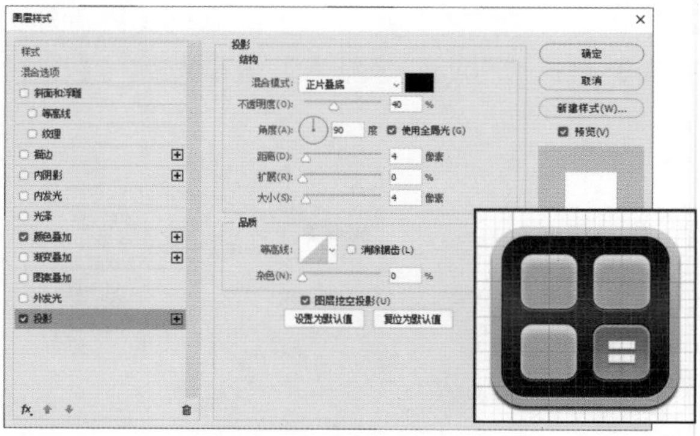

图4-80

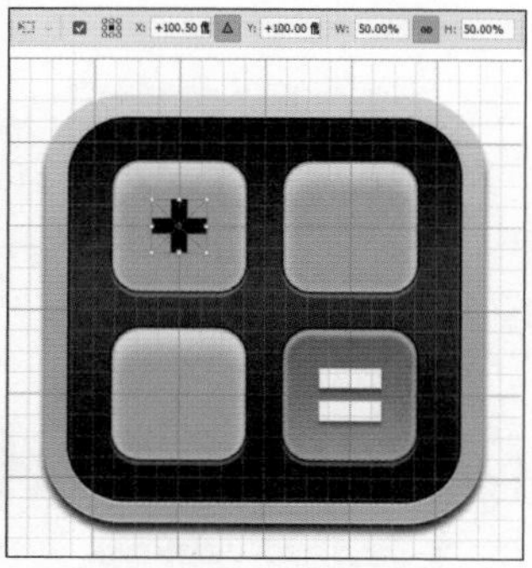

图4-81

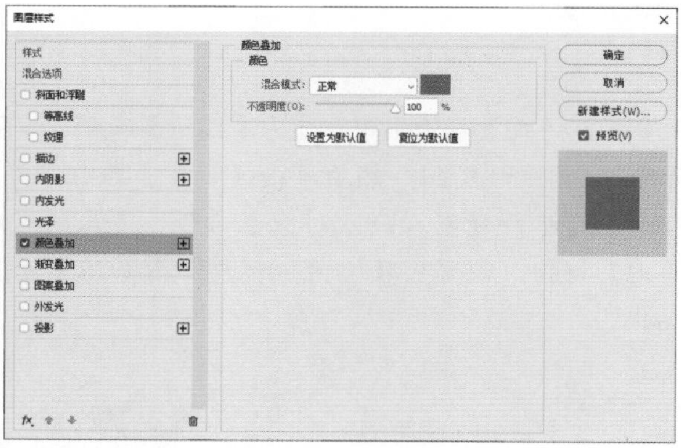

图4-82

27 在【图层样式】对话框中，选中【内阴影】选项，设置【混合模式】为【正片叠底】，内阴影颜色为黑色，【不透明度】数值为35%，【距离】为7像素，【大小】为7像素，如图4-83所示。

28 在【图层样式】对话框中，选中【投影】选项，设置【混合模式】为【正片叠底】，投影颜色为黑色，【不透明度】数值为40%，【距离】为4像素，【大小】为4像素，然后单击【确定】按钮应用图层样式，如图4-84所示。

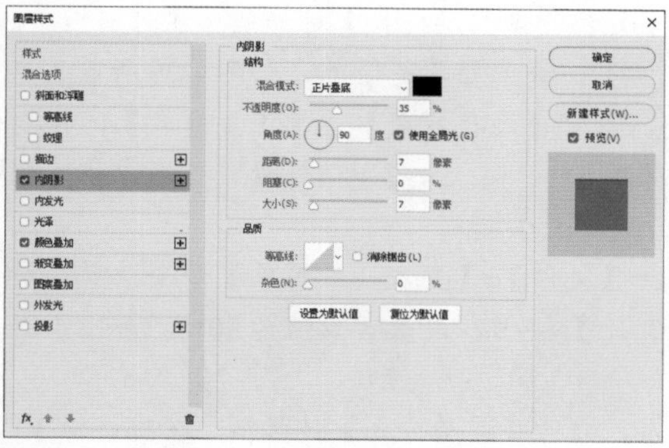

图4-83

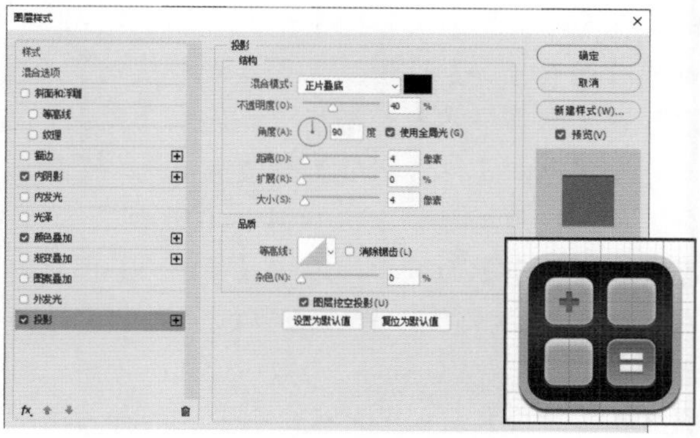

图4-84

29 在【图层】面板中，选中【矩形 3 拷贝】。选择【文件】|【置入嵌入对象】命令，置入所

需的减号图标文件，并在选项栏中选中【保持长宽比】按钮，设置W数值为50%。然后在【图层】面板中，右击【加号】图层，在弹出的快捷菜单中选择【拷贝图层样式】命令，再在【减号】图层上右击，在弹出的快捷菜单中选择【粘贴图层样式】命令，效果如图4-85所示。

30 在【图层】面板中，选中【矩形 3 拷贝 2】。选择【文件】|【置入嵌入对象】命令，置入所需的除号图标文件，并在选项栏中选中【保持长宽比】按钮，设置W数值为50%。然后在【图层】面板中的【除号】图层上右击，在弹出的快捷菜单中选择【粘贴图层样式】命令，结果如图4-86所示，完成计算器工具图标的绘制。

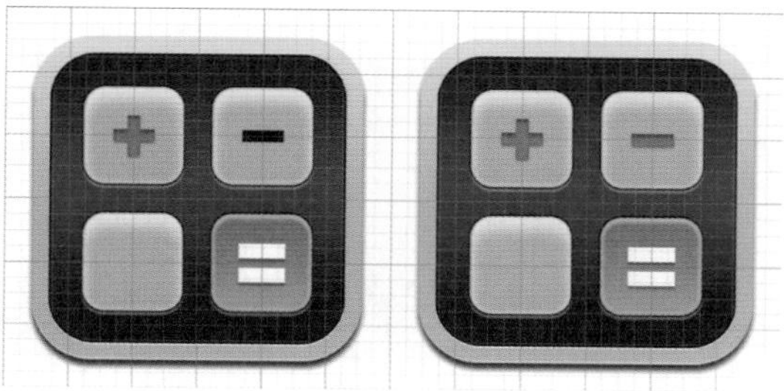

图4-85

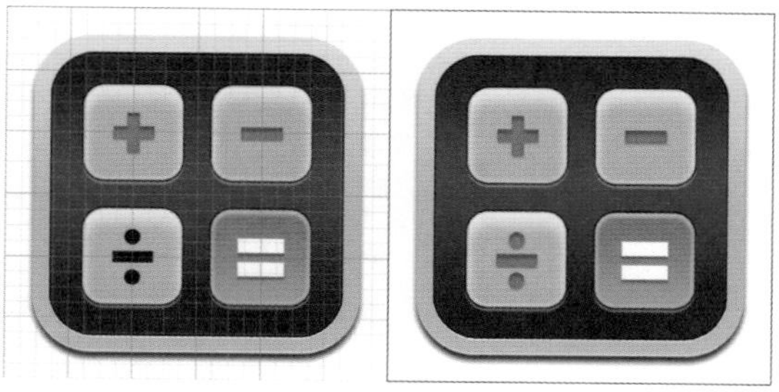

图4-86

案例——绘制绘图工具图标

视频名称	绘制绘图工具图标
案例文件	案例文件 \ 第 4 章 \ 绘制绘图工具图标

01 启动Photoshop，选择【文件】|【新建】命令，打开【新建文档】对话框。在对话框中，输入文档名称，设置【宽度】和【高度】均为600像素，【分辨率】数值为300像素/英寸，【颜色模式】为【RGB颜色】，然后单击【创建】按钮，如图4-87所示。

02 选择【视图】|【显示】|【网格】命令，显示网格。选择【矩形】工具，在选项栏中设置工具工作模式为【形状】，【填充】为R:204 G:204 B:204，然后在画板中心单击，打开【创建矩形】对话框。在对话框中，设置【宽度】和【高度】均为512像素，【圆角半径】为90像素，选中【从中心】复选框，然后单击【确定】按钮创建圆角矩形，如图4-88所示生成【矩形 1】图层。

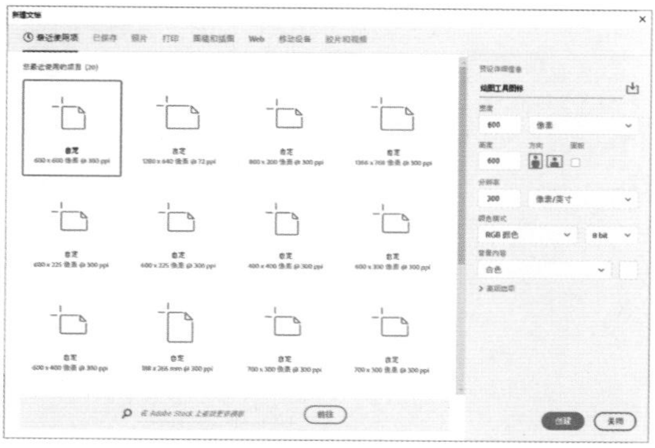

图4-87

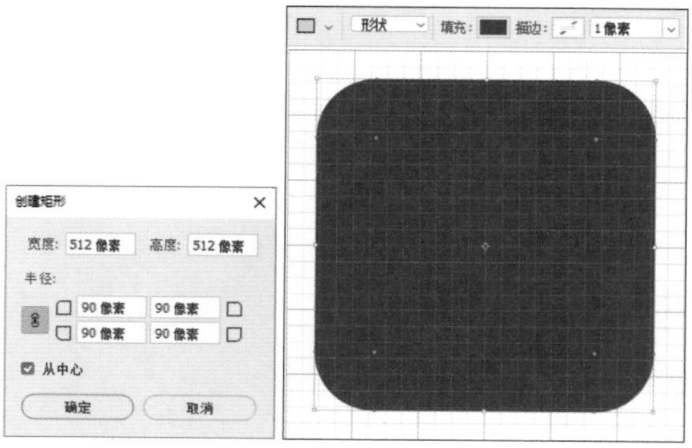

图4-88

03 在【图层】面板中，双击刚创建的【矩形 1】图层，打开【图层样式】对话框。在对话框中，选中【内阴影】选项，设置【混合模式】为【正常】，内阴影颜色为白色，【不透明度】数值为15%，取消【使用全局光】复选框，设置【角度】为-90度，【距离】为4像素，【大小】为2像素，然后单击【确定】按钮，如图4-89所示。

04 选择【移动】工具，按Ctrl+J键复制【矩形 1】图层，生成【矩形 1 拷贝】图层，并向上偏移【矩形 1 拷贝】图层。在【图层】面板中，双击【矩形 1 拷贝】图层缩览图，打开【拾色器(纯色)】对话框。在对话框中，设置填充色为R:64 G:123 B:204，然后单击【确定】按钮更改图形颜色，如图4-90所示。

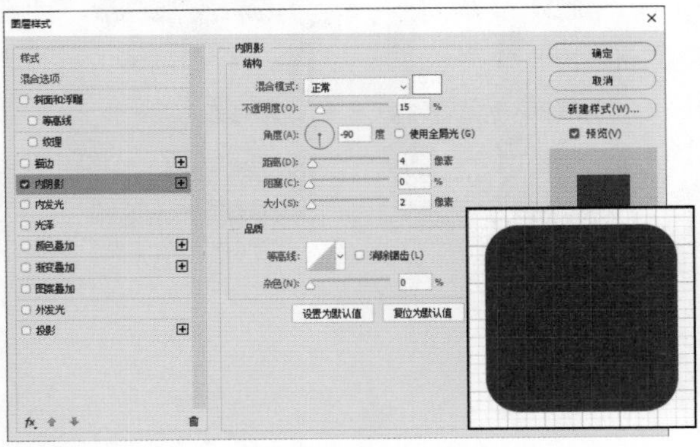

图4-89

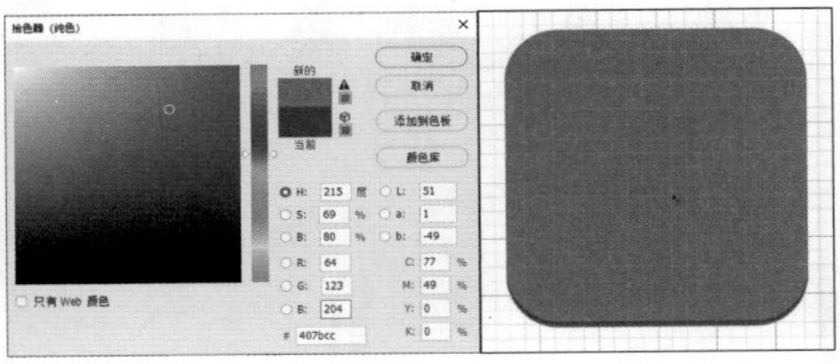

图4-90

05 在【图层】面板中，双击【矩形 1 拷贝】图层，打开【图层样式】对话框。在对话框中，选中【渐变叠加】选项，设置【混合模式】为【叠加】，【不透明度】数值为30%，【样式】为【径向】，渐变填色为黑色至白色，选中【反向】复选框，设置【缩放】数值为150%，如图4-91所示。

06 在【图层样式】对话框中，选中【描边】选项，设置【大小】为3像素，【位置】为【外部】，【混合模式】为【正常】，【填充类型】为【渐变】，设置渐变填色为R:22 G:70 B:136至R: 64 G:123 B:204，如图4-92所示。

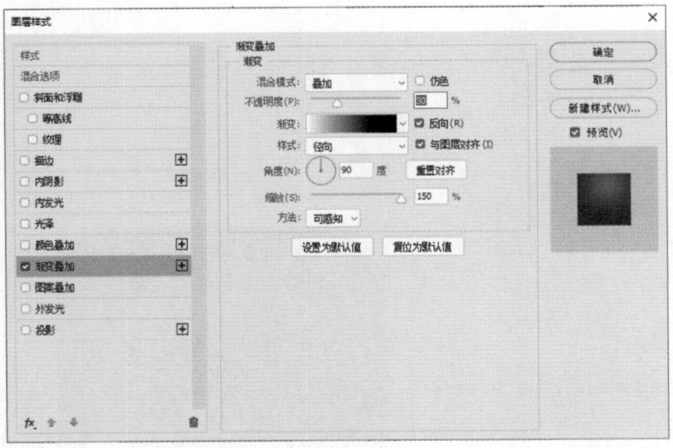

图4-91

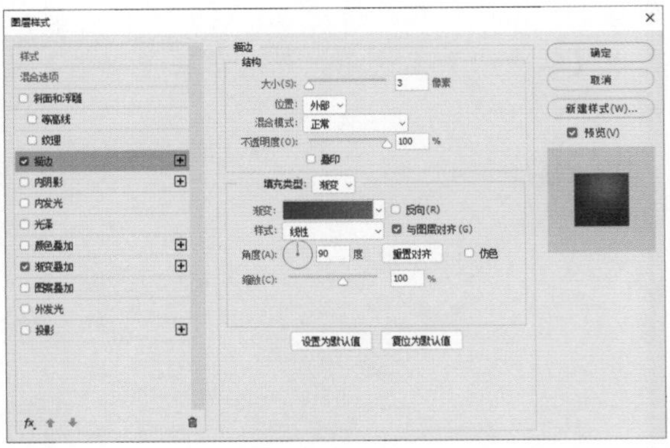

图4-92

07 在【图层样式】对话框中，选中【内阴影】选项，设置【混合模式】为【正常】，内阴影颜色为白色，【不透明度】数值为35%，【角度】数值为90度，【距离】为2像素，【大小】为1像素，如图4-93所示。

08 在【图层样式】对话框中，选中【内发光】选项，设置【混合模式】为【柔光】，【不透明度】数值为17%，【杂色】数值为94%，内发光颜色为白色，选中【居中】单选按钮，然后单击【确定】按钮应用图层样式，如图4-94所示。

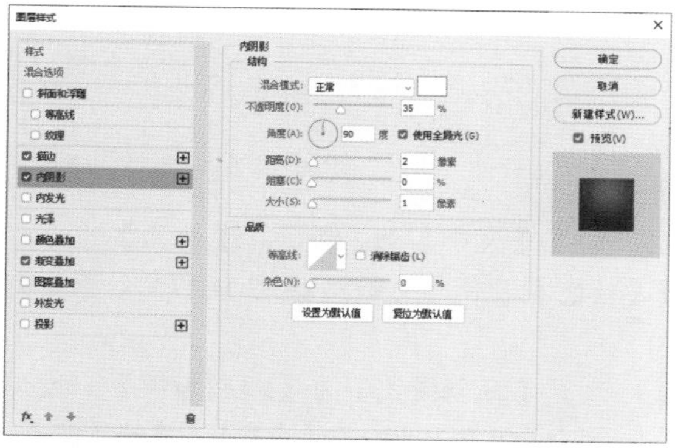

图4-93

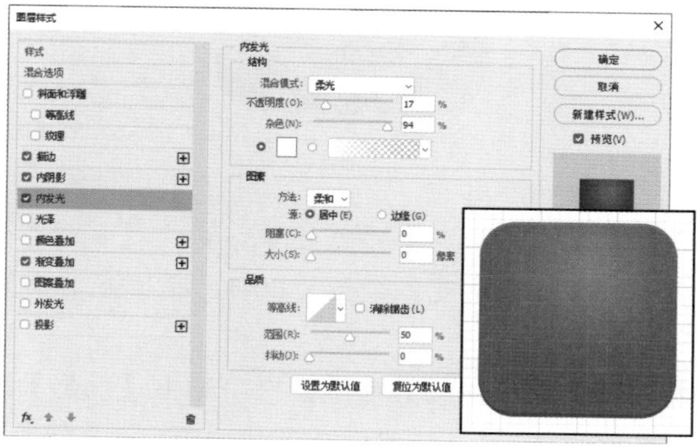

图4-94

09 继续按Ctrl+J键，复制【矩形 1 拷贝】图层，生成【矩形 1 拷贝 2】图层。在【图层】面板中删除【矩形 1 拷贝 2】图层的图层样式，设置【填充】数值为0%。再双击【矩形 1 拷贝 2】图层，打开【图层样式】对话框，在对话框中，选中【内阴影】选项，设置【混合模式】为【正常】，内阴影颜色为白色，【不透明度】数值为15%，取消选中【使用全局光】复选框，设置【角度】为-90度，【距离】为3像素，【大小】为1像素，单击【确定】按钮应用图层样式。然后向上偏移【矩形 1 拷贝 2】图层，如图4-95所示。

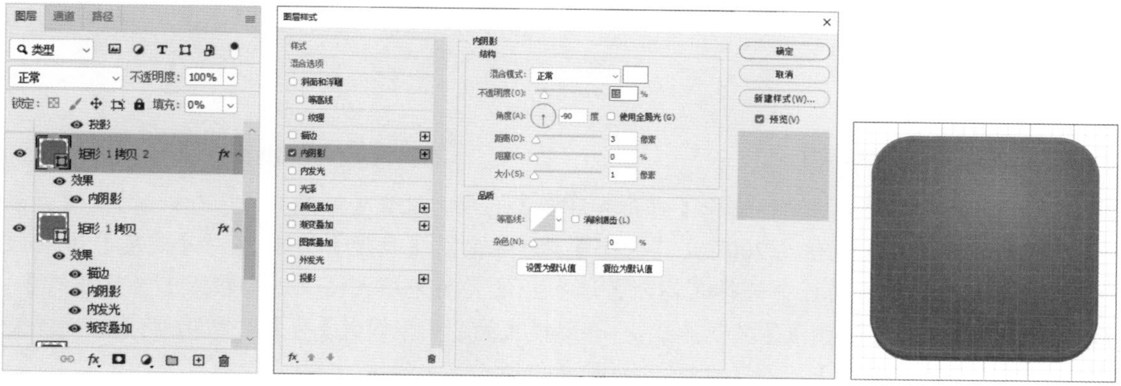

图4-95

10 选择【文件】|【置入嵌入对象】命令，置入所需的绘图工具图标文件。然后在【图层】面板中，双击图标文件图层，打开【图层样式】对话框。在对话框中，选中【渐变叠加】选项，设置【混合模式】为【颜色加深】，【不透明度】数值为80%，渐变填色为黑色至白色渐变，如图4-96所示。

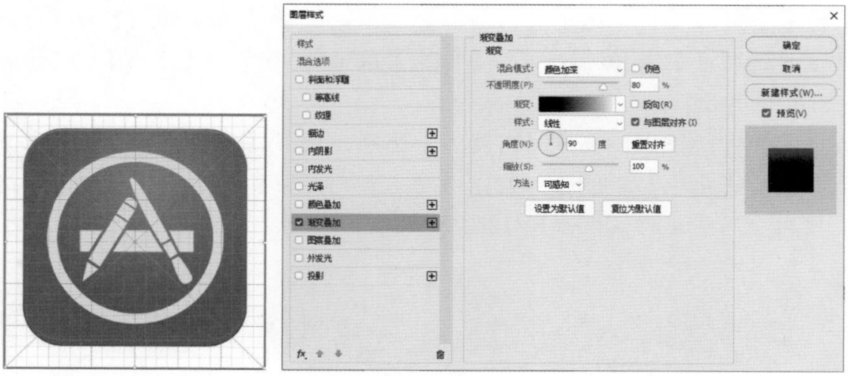

图4-96

11 在【图层样式】对话框中，选中【描边】选项，设置【大小】为1像素，【位置】为【外部】，【不透明度】数值为60%，【填充类型】为【颜色】，颜色为R:20 G:33 B:47，如图4-97所示。

12 在【图层样式】对话框中，选中【投影】选项，设置【混合模式】为【颜色加深】，投影颜色为黑色，【不透明度】数值为35%，【角度】为80度，【距离】为6像素，【大小】为9像素，如图4-98所示。

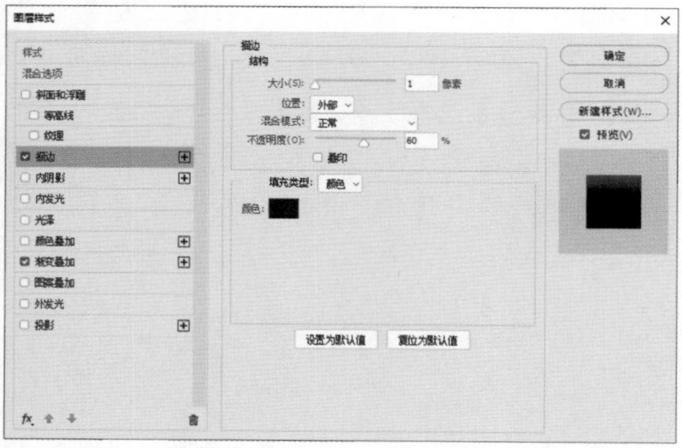

图4-97

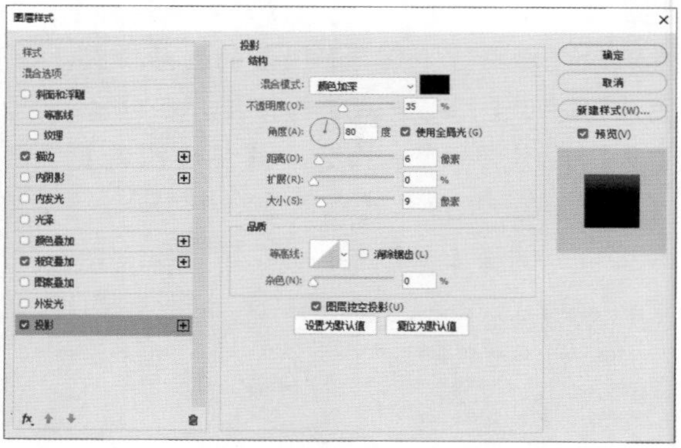

图4-98

13 在【图层样式】对话框中，选中【斜面和浮雕】选项，设置【样式】为【内斜面】，【方法】为【平滑】，【深度】数值为200%，【大小】为5像素，【角度】为80度，【高度】为30度，在【光泽等高线】下拉面板中选择【高斯】选项，设置高光模式的【混合模式】为【正常】，高光颜色为白色，【不透明度】数值为0%；阴影模式的【混合模式】为【正常】，阴影颜色为R:0 G:30 B:128，【不透明度】数值为25%，如图4-99所示。

14 在【图层样式】对话框中，选中【内阴影】选项，设置【混合模式】为【正常】，内阴影颜色为白色，【不透明度】数值为75%，【角度】为80度，【距离】为2像素，【大小】为1像素，如图4-100所示。

15 在【图层样式】对话框中，选中【内发光】选项，设置【混合模式】为【滤色】，【不透明度】数值为75%，内发光颜色为白色，选中【边缘】单选按钮，设置【大小】为3像素，如图4-101所示。

16 在【图层样式】对话框中，选中【外发光】选项，设置【混合模式】为【滤色】，【不透明度】数值为75%，【杂色】数值为8%，外发光颜色为R:18 G:45 B:86，【大小】为18像素，然后单击【确定】按钮应用图层样式，如图4-102所示。

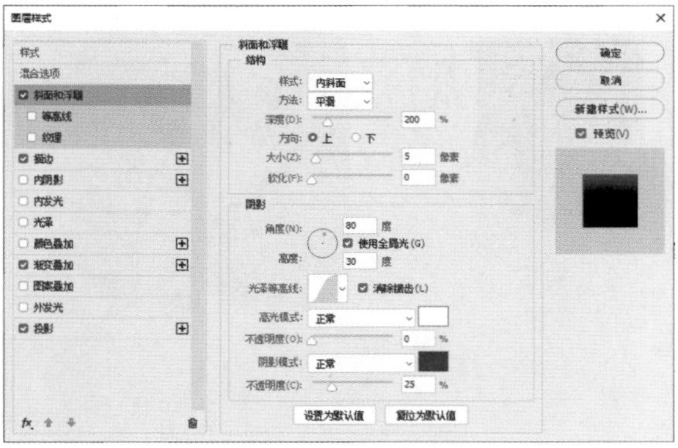

图4-99

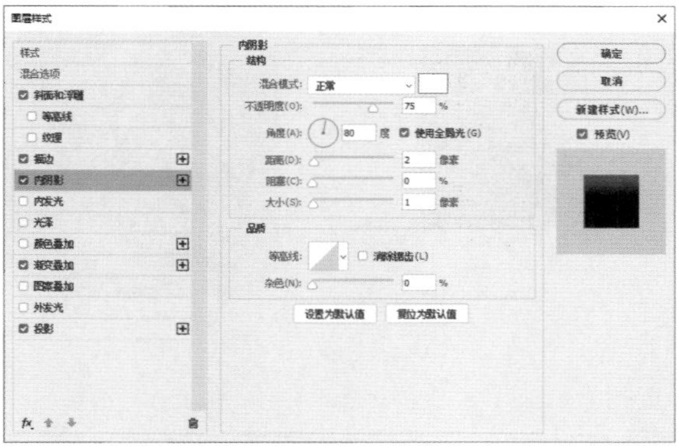

图4-100

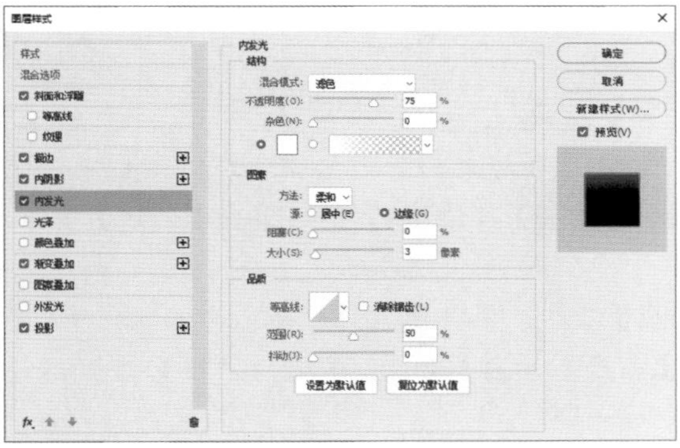

图4-101

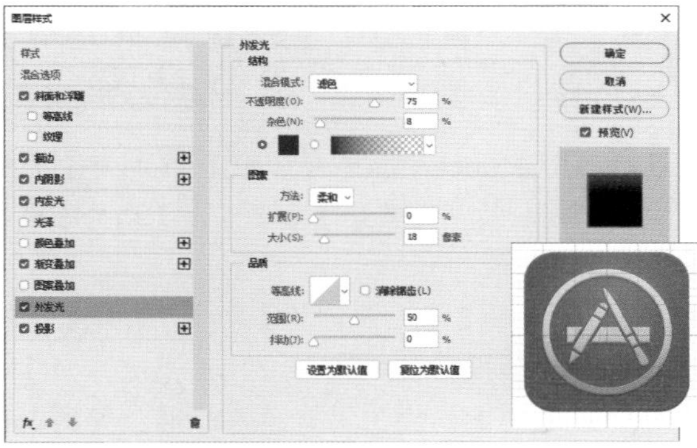

图4-102

17 在【图层】面板中，按Ctrl键单击【矩形 1】图层缩览图载入选区，并单击【创建新图层】按钮，新建【图层1】。然后按Alt+Delete键使用前景色填充选区，按Ctrl+D键取消选区，并向下偏移图层内容，如图4-103所示。

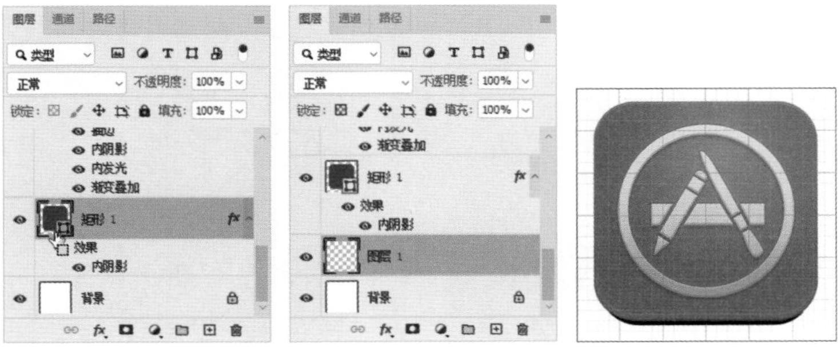

图4-103

18 选择【滤镜】|【模糊】|【高斯模糊】命令，打开【高斯模糊】对话框。在对话框中，设置【半径】为10像素，然后单击【确定】按钮，如图4-104所示。

19 选择【滤镜】|【模糊】|【动感模糊】命令，打开【动感模糊】对话框。在对话框中，设置【角度】为90度，【距离】为80像素，然后单击【确定】按钮，如图4-105所示，完成绘图工具图标的绘制。

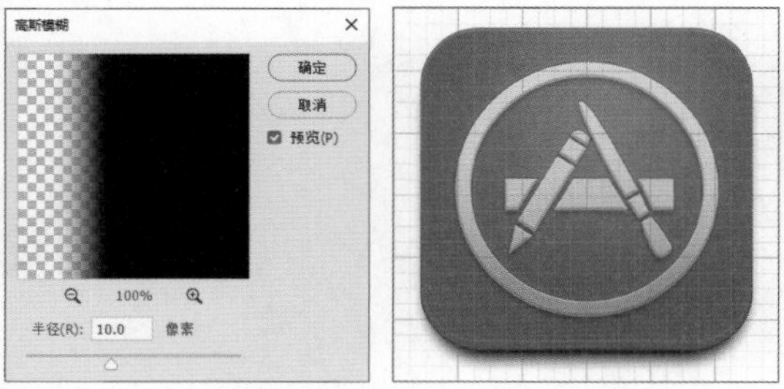

图4-104

图4-105

案例——绘制音乐播放工具图标

视频名称	绘制音乐播放工具图标
案例文件	案例文件 \ 第 4 章 \ 绘制音乐播放工具图标

01 启动Illustrator，选择【文件】|【新建】命令，打开【新建文档】对话框。在对话框中，输入文档名称，设置【宽度】和【高度】均为600像素，【画板】数值为1，然后单击【创建】按钮，如图4-106所示。

02 选择【视图】|【显示网格】命令。选择【圆角矩形】工具，按Alt键在画板中心单击，打开【圆角矩形】对话框。在对话框中，设置【宽度】和【高度】均为512px，【圆角半径】为90px，然后单击【确定】按钮创建圆角矩形，如图4-107所示。

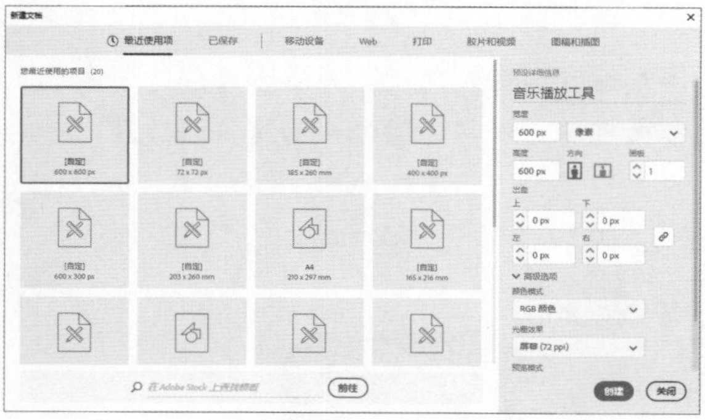

图4-106

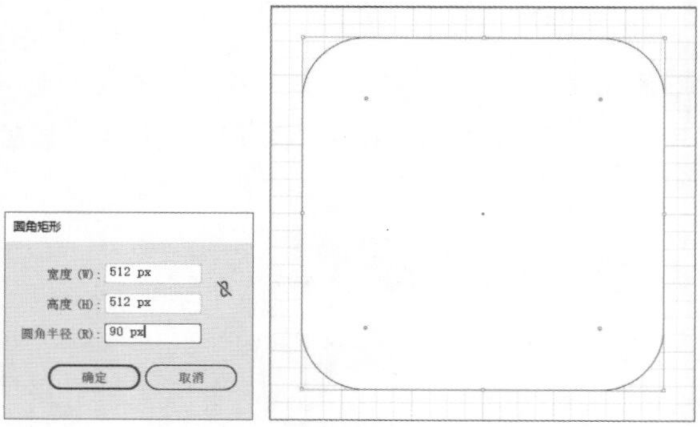

图4-107

03 取消圆角矩形的描边色，在【渐变】面板中设置渐变填色为R:92 G:90 B:115至R:49 G:51 B:64，设置【角度】为138°，如图4-108所示。

04 按Ctrl+C键复制刚创建的圆角矩形，按Ctrl+F键将其粘贴在前面。在【变换】面板中，更改【宽】和【高】均为490px，如图4-109所示。

05 保持选中刚复制的圆角矩形，在【渐变】面板设置【类型】为【径向】，渐变填色为R:92 G:90 B:115至R:49 G:51 B:64，然后使用【渐变】工具在圆角矩形中单击并拖动添加渐变色，如图4-110所示。

06 再次选中步骤02绘制的圆角矩形，选择【效果】|【风格化】|【投影】命令，打开【投影】对话框。在对话框中，设置【模式】为【正片叠底】，【不透明度】数值为75%，【X位移】为1px，【Y位移】为7px，【模糊】为5px，投影颜色为黑色，然后单击【确定】按钮，如图4-111所示。

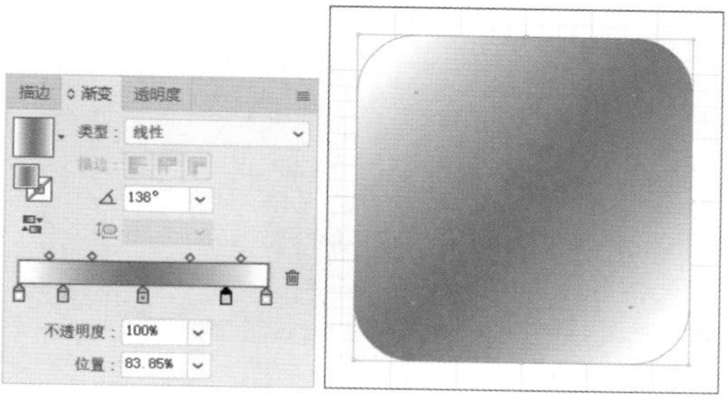

图4-108

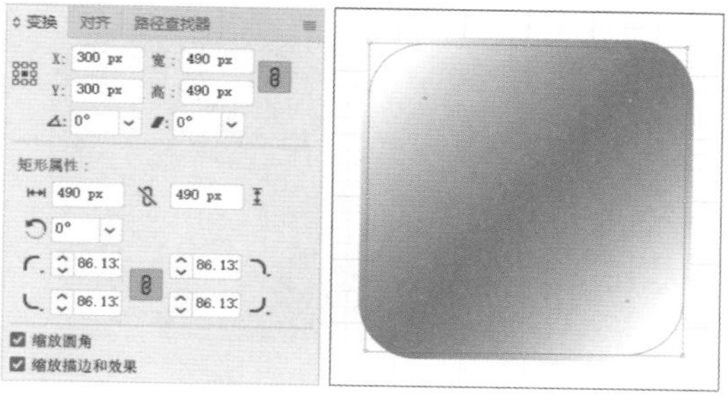

图4-109

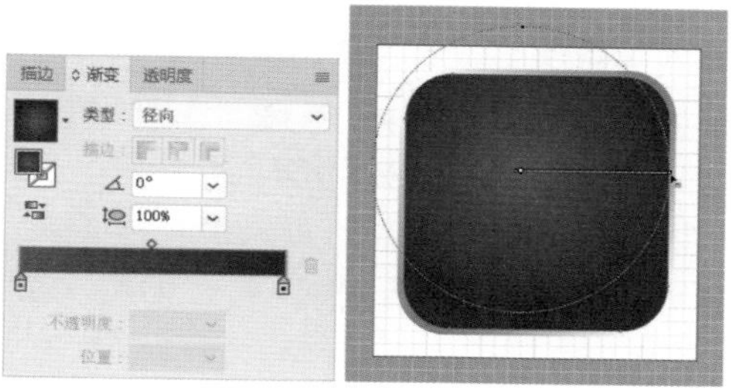

图4-110

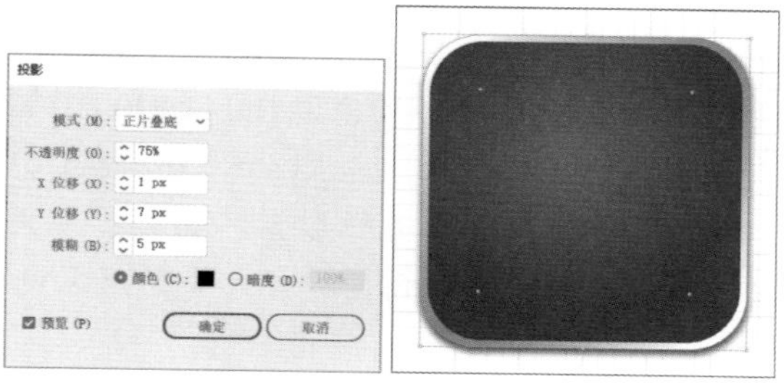

图4-111

07 选中上两步创建的圆角矩形，按Ctrl+2键锁定对象。选择【编辑】|【首选项】|【参考线和网格】命令，打开【首选项】对话框。在对话框中，取消选中【网格置后】复选框，然后单击【确定】按钮。选择【椭圆】工具，按Alt键并在画板中心单击，打开【椭圆】对话框。在对话框中，设置【宽度】和【高度】均为266px，然后单击【确定】按钮绘制图形。在【渐变】面板中设置渐变填色为R:133 G:133 B:133至R:255 G:255 B:255，【角度】为90°，如图4-112所示。

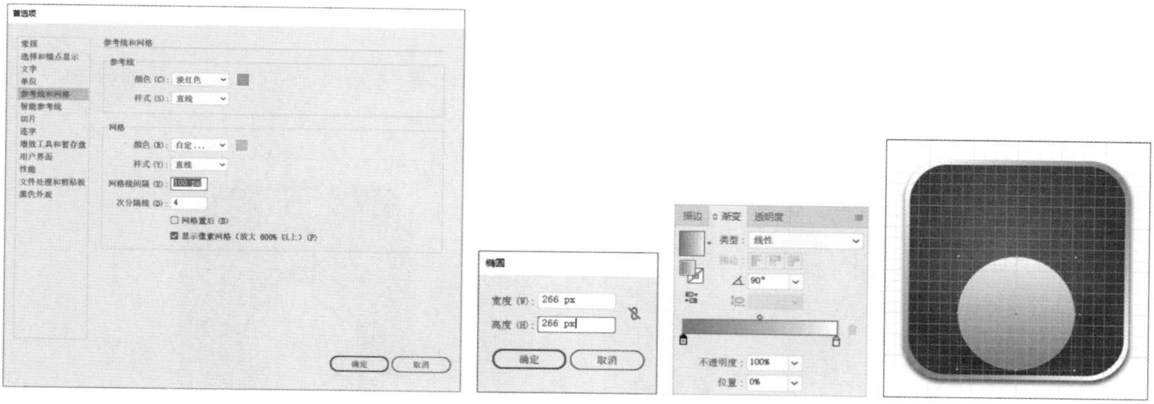

图4-112

08 按Ctrl+C键复制刚绘制的圆形，按Ctrl+F键粘贴在前面，并设置其填色为白色。然后在【变换】面板中，更改【宽】和【高】均为179px，如图4-113所示。

09 保持选中刚复制的圆形，选择【效果】|【风格化】|【内发光】命令，打开【内发光】对话框。在对话框中，设置【模式】为【正片叠底】，内发光颜色为黑色，【不透明度】数值为40%，【模糊】为6px，选中【边缘】单选按钮，然后单击【确定】按钮应用内发光效果，如图4-114所示。

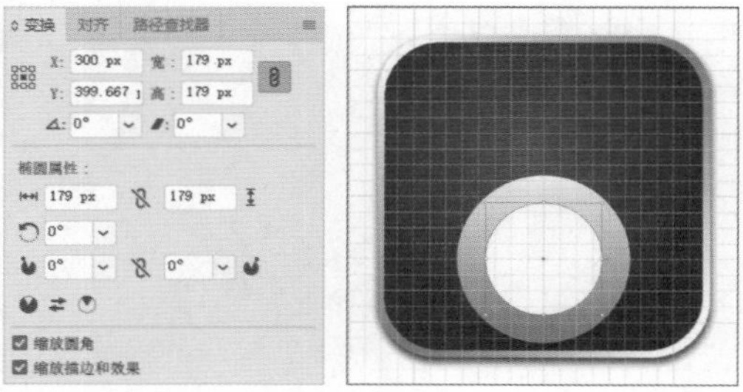

图4-113

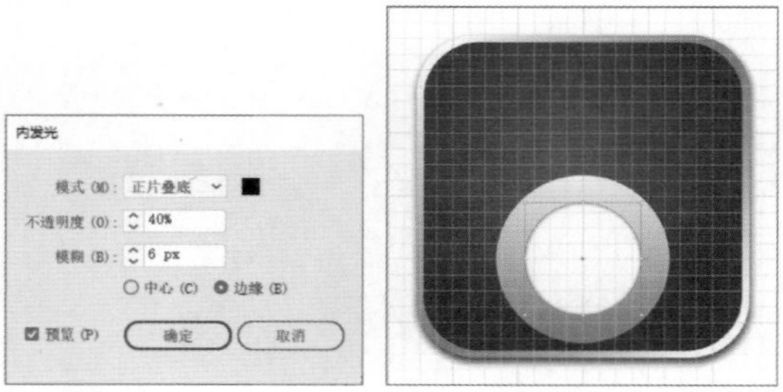

图4-114

10 选择【矩形】工具，按Alt键并在画板中单击，打开【矩形】对话框。在对话框中，设置【宽度】为135px，【高度】为160px，单击【确定】按钮创建矩形。然后在【渐变】面板中，设置填色为R:230 G:230 B:230至R:190 G:190 B:190，【角度】数值为-90°，如图4-115所示。

11 选中步骤07至步骤10创建的对象，按Ctrl+2键锁定对象。选择【矩形】工具，按Alt键并在画板中单击，打开【矩形】对话框。在对话框中，设置【宽度】为78px，【高度】为150px，单击【确定】按钮创建矩形。然后在选项栏中设置填色为无，描边色为黑色，描边粗细为10pt，如图4-116所示。

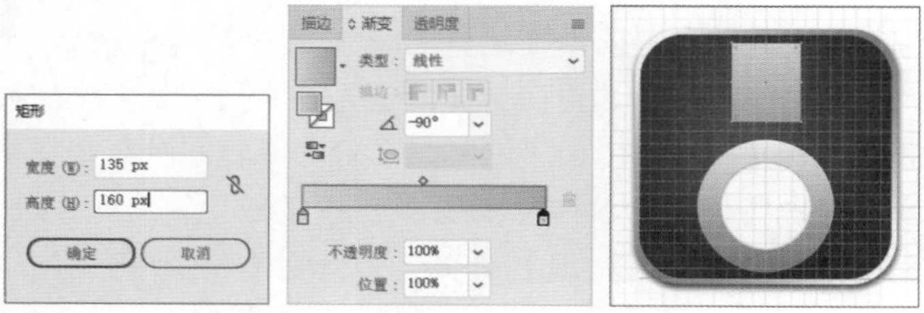

图4-115

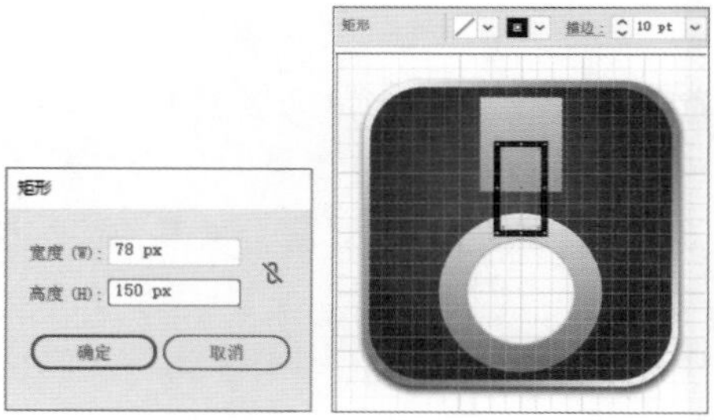

图4-116

12 选择【椭圆】工具，按Alt+Shift键拖动绘制圆形。然后使用【选择】工具选中刚绘制的矩形和圆形，在【路径查找器】面板中单击【联集】按钮合并图形，如图4-117所示。

图4-117

13 选择【刻刀】工具，按Shift+Alt键在绘制的圆形中拖动切割图形。然后删除切割后图形的下半部分。选择【直接选择】工具，选中图形上的部分锚点，并调整圆角半径效果，如图4-118所示。

图4-118

14 使用【添加锚点】工具在图形路径上单击添加锚点。然后使用【直接选择】工具选中添加的锚点，在选项栏中单击【在所选锚点处剪切路径】按钮，并按Delete键删除创建锚点间的路径段，如图4-119所示。

15 选择【钢笔】工具，在画板中绘制路径。然后使用【直接选择】工具选中拐角锚点，并调整圆角半径效果，如图4-120所示。

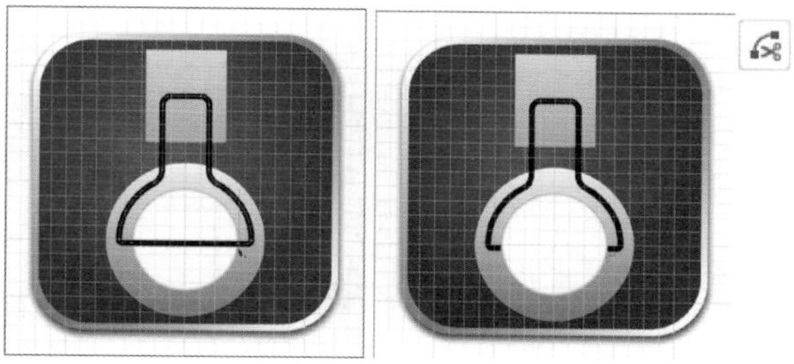

图4-119

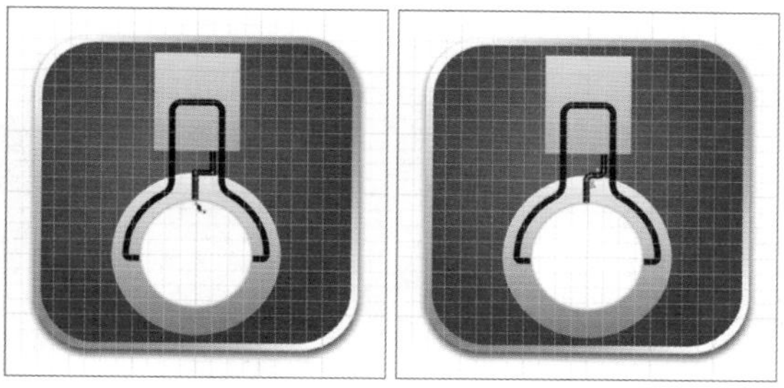

图4-120

16 选中两条路径，选择【对象】|【路径】|【轮廓化描边】命令，将两条路径转换为图形。然后在【渐变】面板中，设置渐变填色为R:199 G:199 B:199至R:175 G:175 B:175至R:255 G:255 B:255，【角度】数值为90°，如图4-121所示。

17 选择【效果】|【风格化】|【内发光】命令，打开【内发光】对话框。在对话框中，设置【模式】为【正片叠底】，【不透明度】数值为40%，【模糊】为5px，选中【边缘】单选按钮，然后单击【确定】按钮，如图4-122所示。

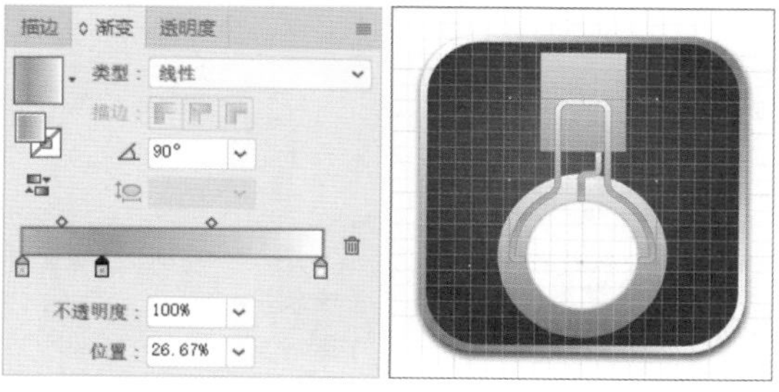

图4-121

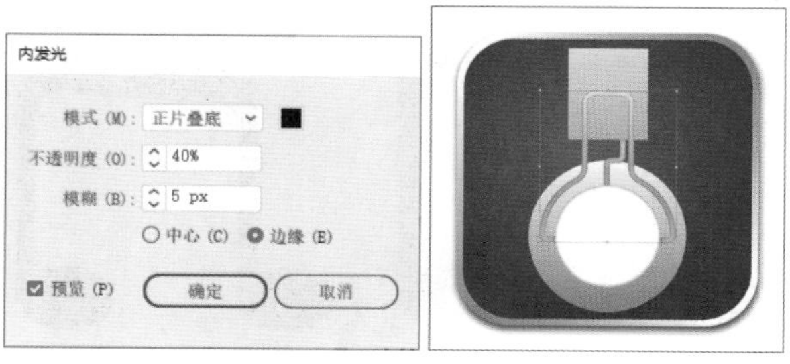

图4-122

18 继续选择【效果】|【风格化】|【投影】命令，打开【投影】对话框。在对话框中，设置【模式】为【正片叠底】，【不透明度】数值为60%，【X位移】为0px，【Y位移】为1px，【模糊】为3px，投影颜色为R:40 G:40 B:40，然后单击【确定】按钮，如图4-123所示。

19 选择【矩形】工具，在画板中拖动绘制矩形，并在【颜色】面板中设置填色为R:226 G:227 B:222。然后在【透明度】面板中，设置【不透明度】数值为45%，如图4-124所示。

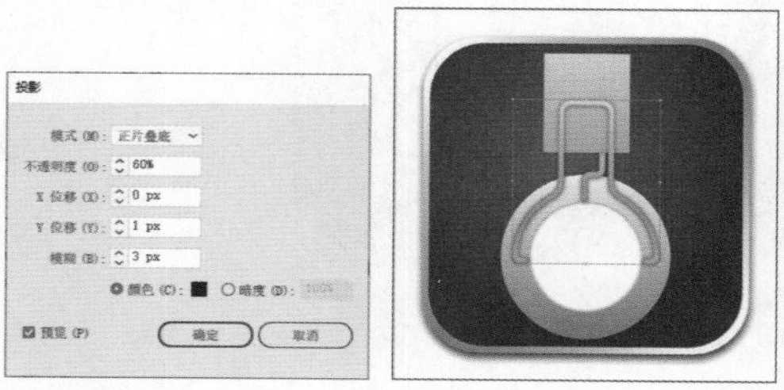

图4-123

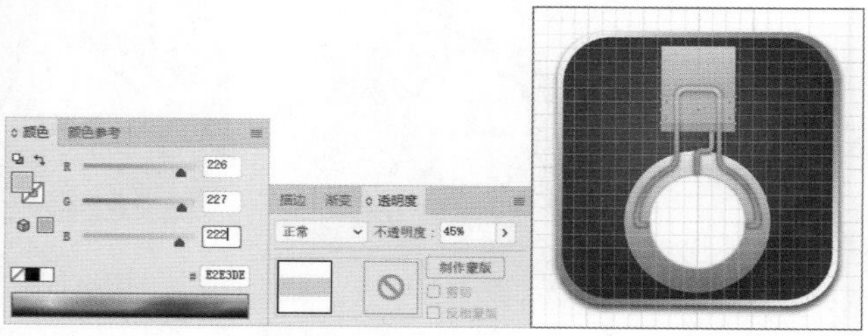

图4-124

20 保持选中刚绘制的矩形，选择【效果】|【风格化】|【内发光】命令，打开【内发光】对话框。在对话框中，设置【模式】为【叠加】，内发光颜色为白色，【不透明度】数值为75%，【模糊】为3px，选中【边缘】单选按钮，然后单击【确定】按钮，如图4-125所示。

21 使用【钢笔】工具绘制直线段，在【描边】面板中设置【粗细】为6pt。然后选择【对象】|【路径】|【轮廓化描边】命令，将绘制的直线段转换为形状，如图4-126所示。

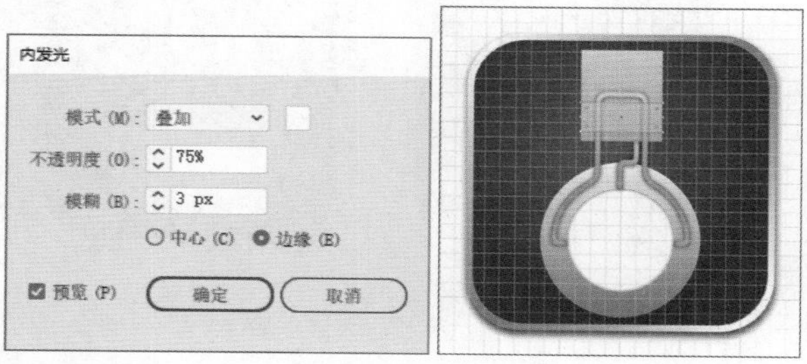

图4-125

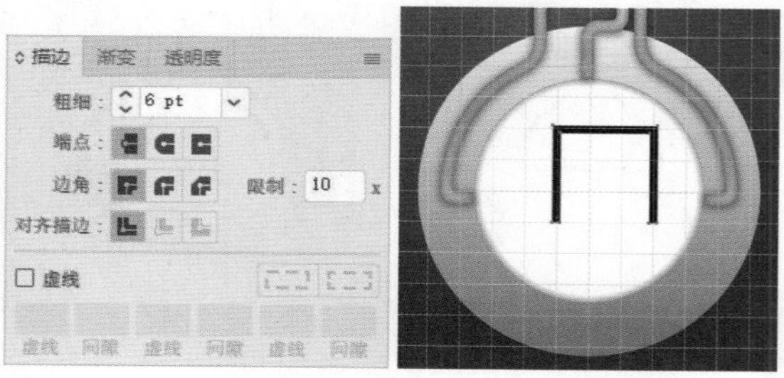

图4-126

22 使用【椭圆】工具绘制椭圆形，并移动复制刚绘制的椭圆形。选中上一步绘制的直线段和刚创建的两个椭圆形，在【路径查找器】面板中单击【联集】按钮合并图形。然后选择【直接选择】工具，调整合并后图形的外观如图4-127所示。

23 保持选中上一步创建的图形，在【渐变】面板中，设置渐变填充色为R:236 G:0 B:68至R:248 G:0 B:129，【角度】为90°，如图4-128所示。

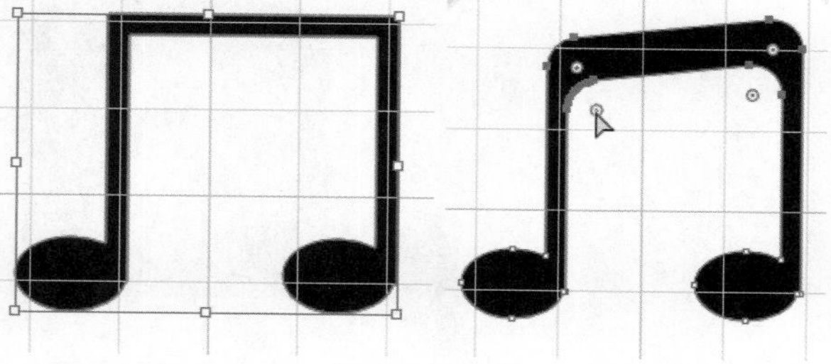

图4-127

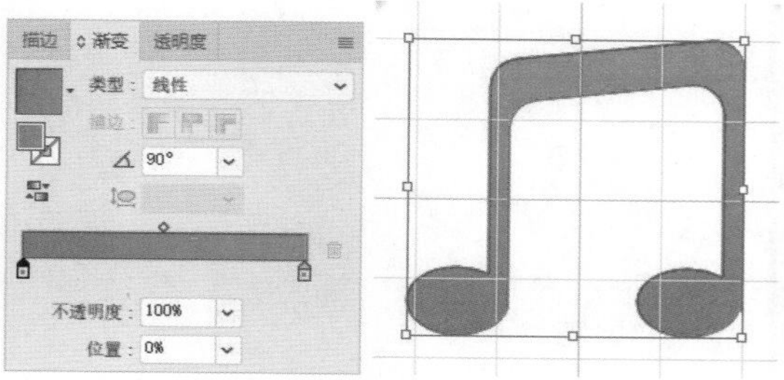

图4-128

24 选择【效果】|【风格化】|【投影】命令，打开【投影】对话框。在对话框中，设置【模式】为【正片叠底】，【不透明度】数值为60%，【X位移】为0px，【Y位移】为0.8px，【模糊】为0.8px，然后单击【确定】按钮，如图4-129所示。

25 按Alt+Ctrl+2键，解锁先前锁定的对象。选中步骤07至步骤24创建的对象，按Ctrl+G键进行编组。然后按Ctrl+A键全选图形对象，并按Ctrl+2键锁定，如图4-130所示。

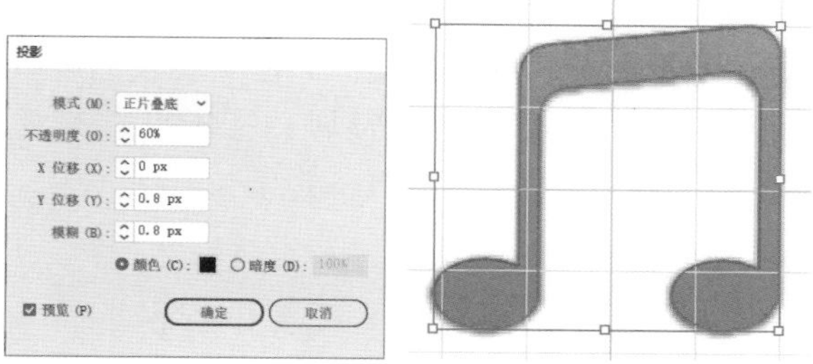

图4-129

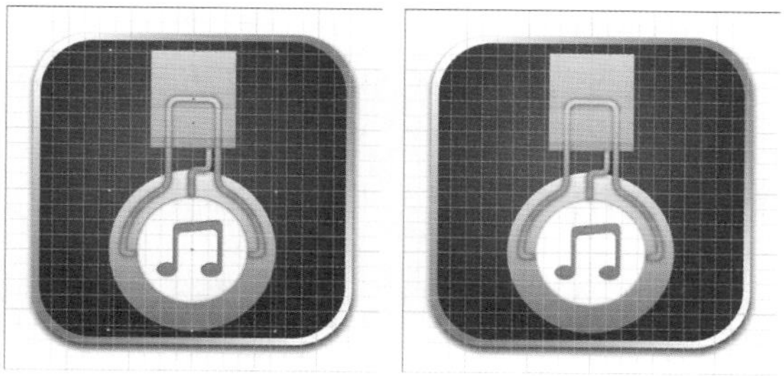

图4-130

26 使用【椭圆】工具在画板中绘制圆形，并填充黑色。然后选择【效果】|【风格化】|【投影】命令，打开【投影】对话框。在对话框中，设置【模式】为【正常】，【不透明度】数值为60%，【X位移】为0px，【Y位移】为0.8px，【模糊】为0px，然后单击【确定】按钮，如图4-131所示。

27 使用【选择】工具移动并复制刚绘制的圆形。按Ctrl+G键编组刚绘制的圆形，然后按Shift键旋转编组后的图形。再次选择【视图】|【隐藏网格】命令，结果如图4-132所示，完成音乐播放工具图标的绘制。

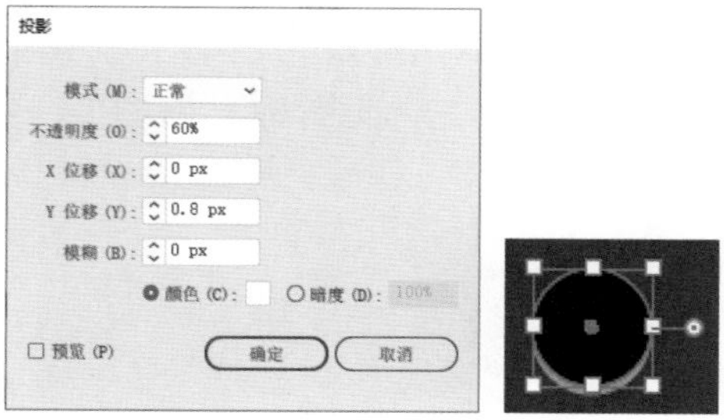

图4-131

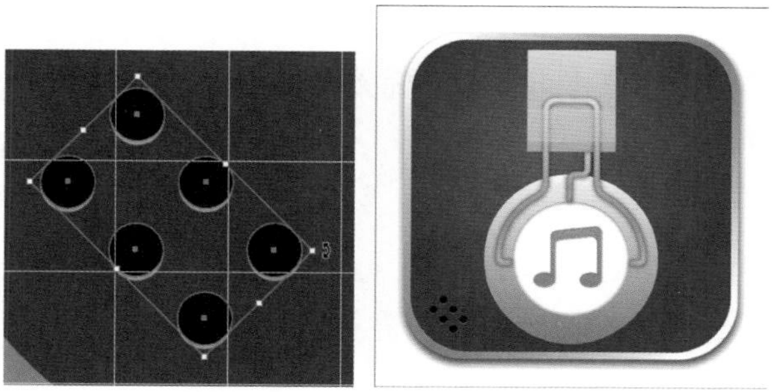

图4-132

4.4　App中的功能图标

除了产品图标，还有一种图标被称为功能(或系统)图标，功能图标指的是担负一定功能和含义的图形。一般来说，功能图标需要快速被人理解，所以表达方式上不宜复杂，如微信底部的四个系统图标就使用了比较简洁的线性风格。

功能图标在UI设计中占据非常重要的作用，几乎存在于每一个应用界面，无论是在导航栏、工具栏或标签栏，还是在首页、详情页或个人中心页，都随处可见功能图标的身影。功能图标具有明确的表意功能，其作用在于替代文字或辅助文字来指引用户进行快速导航。它具有图形化的符号，比文字更加直观，符合大众的认知习惯，有助于用户形成记忆思维，提高应用的易用性。同时，设计精致、风格统一的功能图标提升了产品视觉效果，不仅给用户带来视觉上的愉悦感，还带来了良好和谐的使用体验。

4.5 功能图标的风格

常见的功能性图标风格大致有三种：线性图标、面形图标和扁平化图标。但其实我们可以将“扁平化图标”看作“线性图标”和“面形图标”的一种组合形式，所以归根到底，基础的图标风格有两大类，即“线性图标”和“面形图标”。

4.5.1 线性图标

线性图标通过线条来表现物体的轮廓，它比面形图标更能塑造优美的外观。贯穿图标绘制的线条本身就是一种设计语言，因此绘制整套线性图标会更加统一，更具有整体感，如微信和美团底部的图标等。一个场景中几个同等重要的图标，如果线条粗细不一致，会给人一种权重上存在差异的感觉。所以，在绘制线型图标时，通常会使用统一粗细的线条。

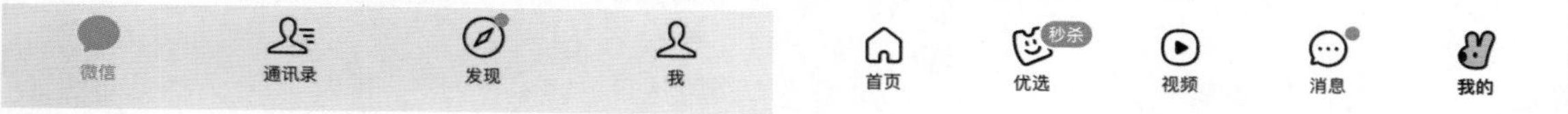

图4-133

常用的App图标设计线的粗细一般有2px或者3px，不同的线条粗细ICON所带来的视觉感受也不同，细线显得精致，粗线视觉面积大，显得厚重。圆角粗线条的ICON显得饱满而可爱，个别App的底部标签栏图标采用粗线条设计，但粗线条的ICON图形较为极简才适用。线性图标根据样式还可以分为双色线性图标、线面填充图标和线性渐变图标，如图4-134所示。

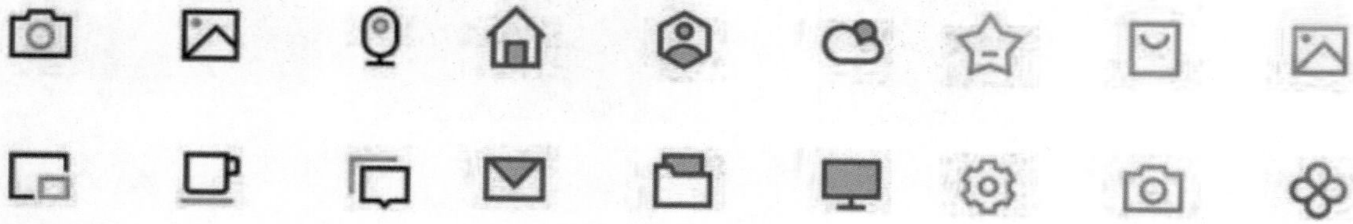

图4-134

4.5.2 面形图标

面形图标是以面为主要表现形式的图标。如在QQ底部标签栏中，未选中的图标是线性图标，而选中的图标则是面形图标，同时颜色会变成微信的品牌绿色再次暗示用户选中状态，如图4-135所示。面形图标占用的面积要比线性图标多，所以更加显眼。

图4-135

面性图标根据不同的配色样式可以分为单色饱和度填充图标，纯色渐变图标和多色渐变图标，如图4-136所示。

图4-136

4.5.3 MBE 图标

MBE风格的图标可以说是剪影图标的延伸，图形圆润可爱、简洁，色彩鲜艳。MBE风格图标的主要特点是使用粗线条及重色描边，并采用非连续性线条制造间隔的节奏感，有效打破封闭沉闷的视觉感受，如图4-137所示。断线的位置和数量并不固定，可根据图标的整体情况进行处理。线条端点一般采用圆头，使图标看上去更加可爱。

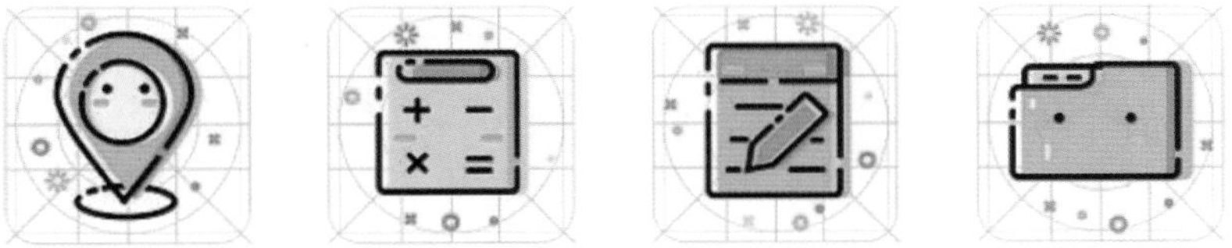

图4-137

MBE风格图标除了断线描边，最大的特点就是色块偏移，使用错位填色的方式来塑造物体的投影和高光部分。另外，MBE风格图标还常用一些彩色小元素，如“烟花”“圆点”“十字”“圆圈”等进行装饰，制造活泼有趣的效果，如图4-138所示。

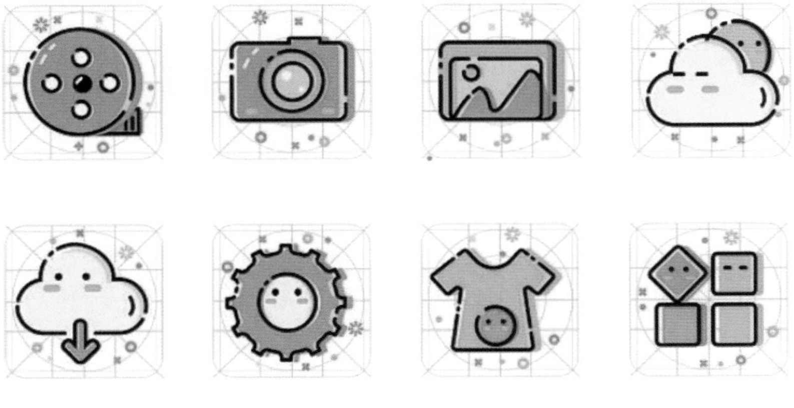

图4-138

4.6 图标绘制方法

图标的绘制方式主要有两种：布尔运算和贝塞尔曲线。

4.6.1 布尔运算

布尔指的是乔治·布尔，是19世纪的一位数学家。为了纪念布尔在符号逻辑运算中的杰出贡献，于是将这种运算称为布尔运算。

布尔运算听起来比较难，但其实非常简单。布尔运算采用的数字逻辑推演法，主要有数字逻辑的联合、相交、相减。设计师在使用软件过程中引用了这种逻辑运算方法，对应到设计软件中，就有合并形状、减去顶层形状、与形状区域相交、排除重叠形状，如图4-139所示。例如，两个圆形相减可以得到一个月亮的造型，这就是布尔运算。

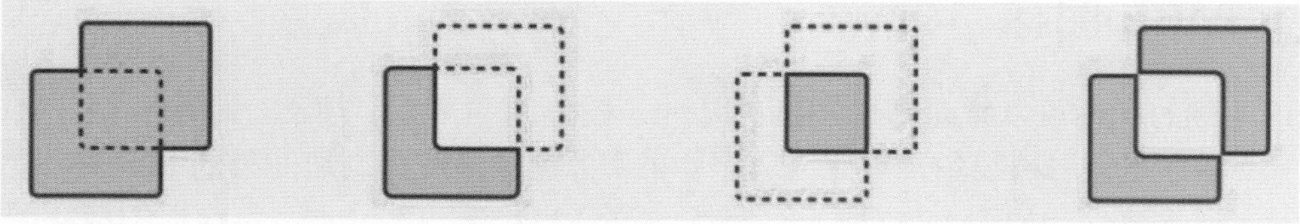

图4-139

- 合并形状：将两个形状合并为一个，取的是交集。
- 减去顶层形状：用底层图形减去顶层图形所得最终图形。
- 与形状区域相交：得到的形状是两个图形重叠的部分，取的是交集。
- 排除重叠形状：简单理解就是减去两个图形重叠的部分，与“与形状区域相交”的效果相反。

4.6.2 贝塞尔曲线

基本上通过布尔运算，我们能绘制出常见的大部分图标，但有时我们需要针对某些线条进行单独的调整，又或者我们需要打造一套手绘风的矢量图标，这个时候则需要用到贝塞尔曲线。

贝塞尔曲线是绘制矢量图形时的重要工具，使用钢笔工具画出的所有图形一般来说由贝塞尔曲线组成。贝塞尔曲线包括节点、控制点、控制线、曲线这些基本概念。矢量图形便由这几个基本概念构成。图形由基础节点作为支撑构成，控制点和节点之间的线段称为控制线，控制线就像橡皮筋一样，调整控制点的位置，可以改变曲线的形状，就像被皮筋(控制线)拉扯一样。

贝塞尔曲线上的节点包括4种基础属性类型，如图4-140所示。一种是没有控制点和控制线的“尖角节点”；另一种是“镜像关联节点”，这种节点控制其中一侧的控制点，另一侧的控制点会发生镜像变化，适合绘制对称结构的曲线；再有一种是“无关联节点”，即节点两侧的控制点可以各自自由控制，而不互相影响；最后一种是“不对称关联节点”，这种类型节点两侧的控制点和节点会永远保持在同一条直线上，但是不会对称控制线的长度。

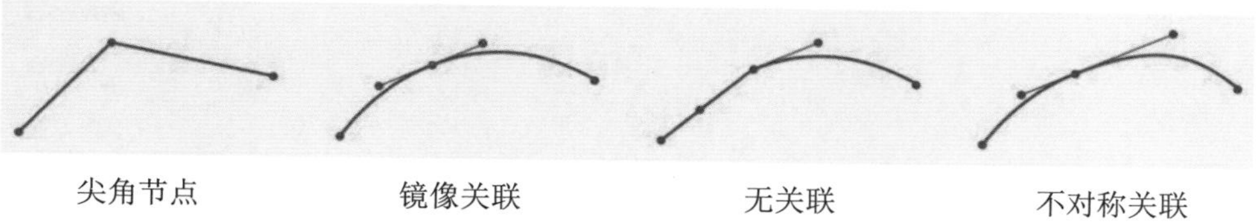

图4-140

案例——制作 keyline 线

视频名称	制作 keyline 线
案例文件	案例文件 \ 第 4 章 \ 制作 keyline 线

01 启动Illustrator，选择【文件】|【新建】命令，打开【新建文档】对话框。在对话框中，输入文档名称，设置【宽度】和【高度】均为24px，【画板】数值为1，然后单击【创建】按钮，如图4-141所示。建议每个图标用一个画板，以方便后期操作。

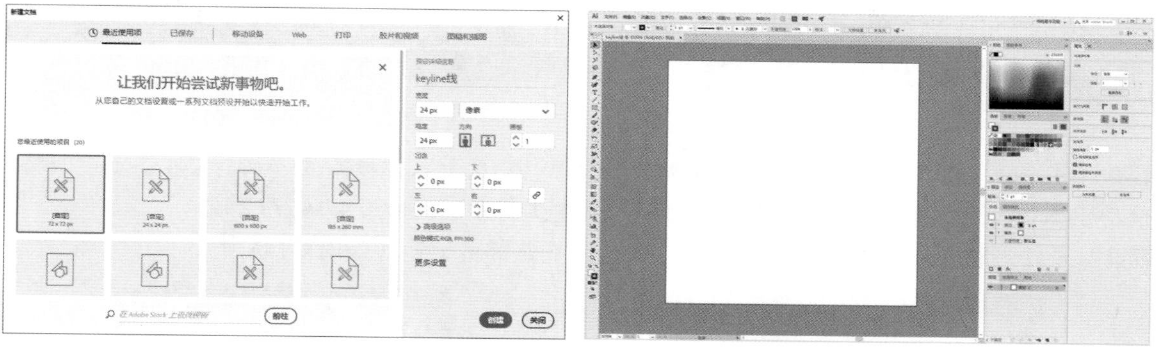

图4-141

02 在【属性】面板中，单击▦按钮，显示网格。选择【编辑】|【首选项】|【参考线和网格】命令，打开【首选项】对话框。在对话框中，设置参考线【颜色】为【淡红色】，【网格线间隔】为2px，【次分隔线】数值为1，然后单击【确定】按钮设置网格线。此时每一格为2×2px，横竖各12格，如图4-142所示。

03 选择【矩形】工具，依据网格，在画板四周留出一格，画一个矩形，这个尺寸就是图标最大的绘制区域，如图4-143所示。

04 选择【视图】|【参考线】|【建立参考线】命令，把矩形转换为参考线，如图4-144所示。

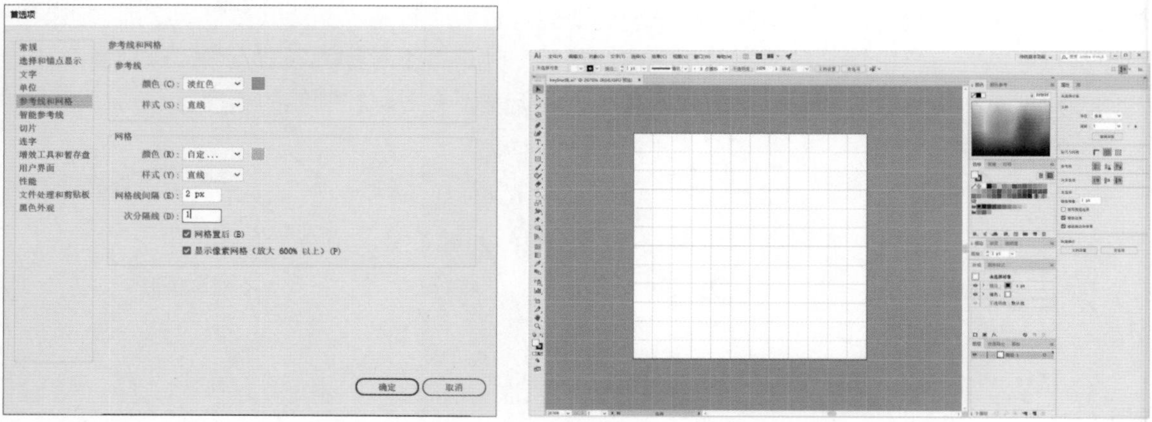

图4-142

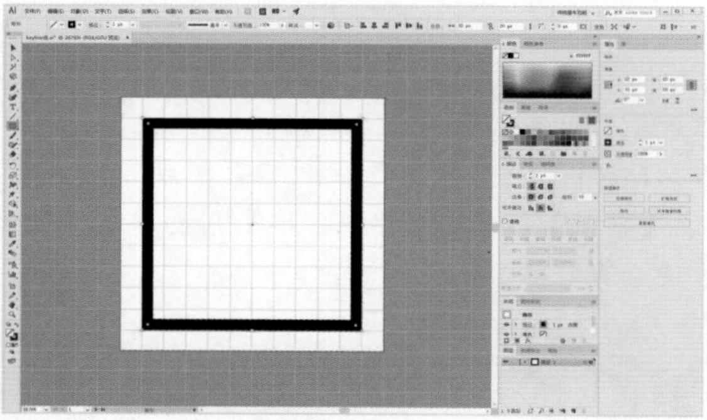

图4-143

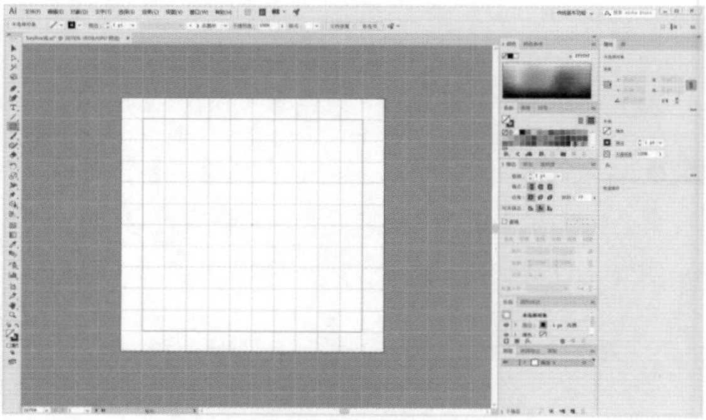

图4-144

05 以这个正方形为基准，绘制纵向矩形。纵向矩形高度和正方形高度一致，左右各空出一格。使用步骤03至步骤04的操作方法绘制矩形，并建立参考线，如图4-145所示。

06 接着绘制横向矩形，宽度和正方形一致，上下各留出一格，如图4-146所示。

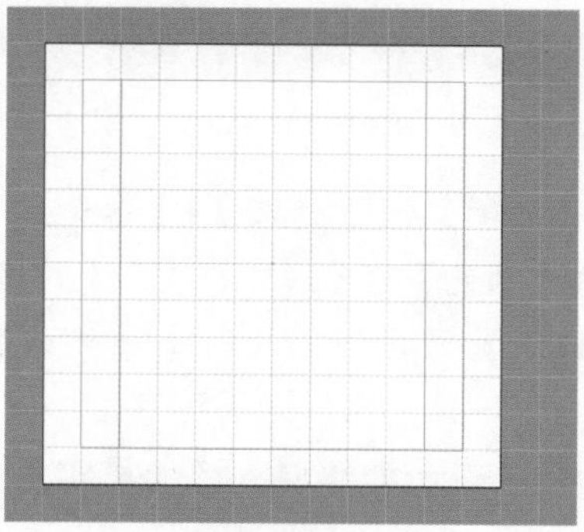

图4-145

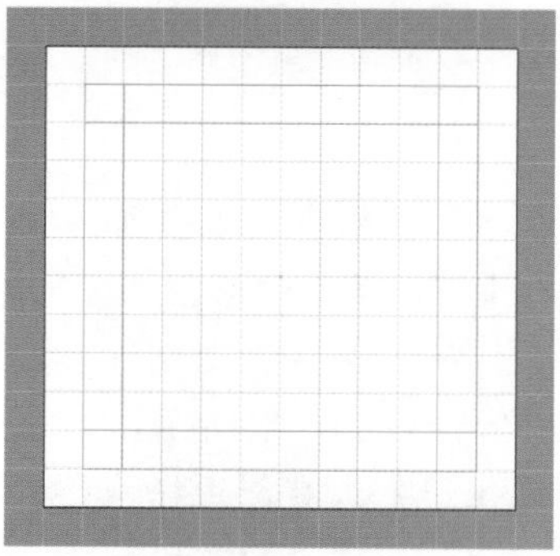

图4-146

07 圆形就很简单了，直接画一个和正方形一样大小的圆，然后转换成参考线。选择【椭圆】工具，在网格线中央单击，并按住Alt+Shift键拖动绘制圆形，然后按Ctrl+5键转换成参考线，如图4-147所示。

08 接着画对角线，使用【直线段】工具在正方形中绘制对角线，然后按Ctrl+5键转换成参考线，如图 4-148 所示。

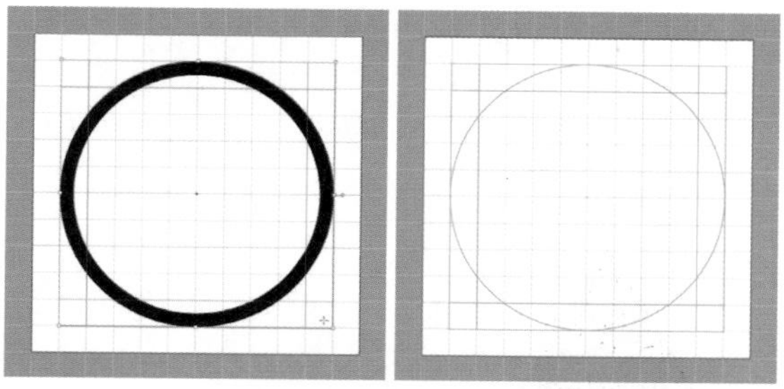

图 4-147

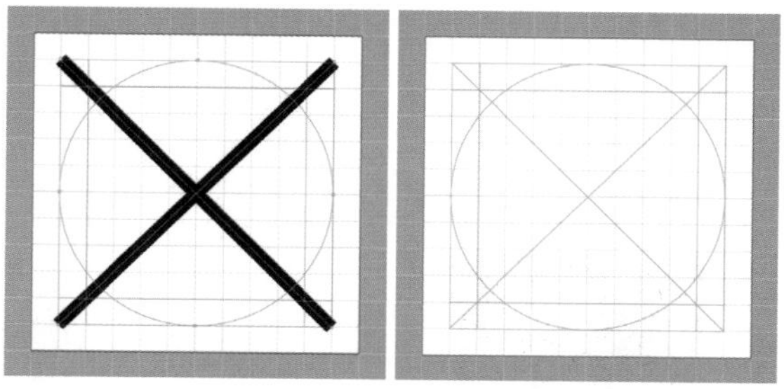

图 4-148

09 继续使用【直线段】工具在正方形中绘制十字线，然后按Ctrl+5键转换成参考线，如图 4-149 所示。

10 接下来画里面的小正方形和小圆形，这个小正方形是画一些小图标时的参考线，如【返回】小箭头。选择【矩形】工具，依据网格画一个矩形，如图 4-150 所示。

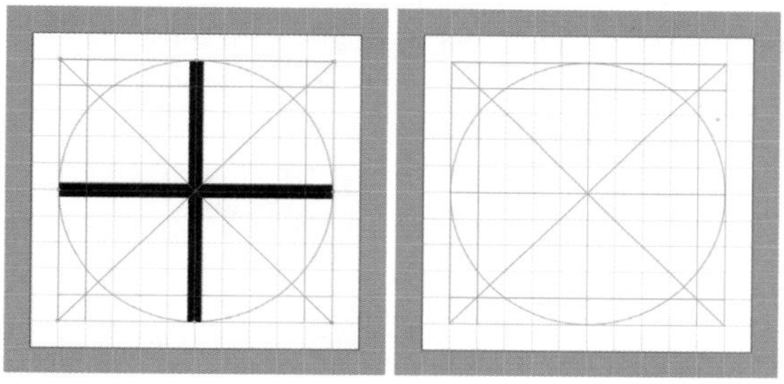

图 4-149

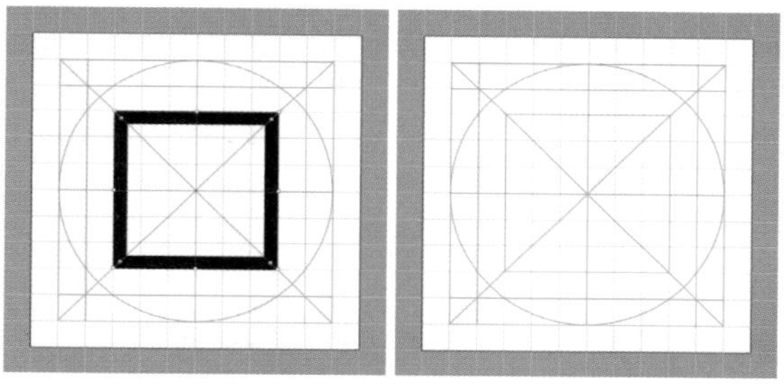

图 4-150

11 选择【椭圆】工具，依据网格在刚绘制的正方形中绘制一个圆形，如图 4-151 所示。

12 选择【编辑】|【首选项】|【参考线和网格】命令，打开【首选项】对话框。在对话框中，设置【网格线间隔】为 1px，然后单击【确定】按钮，如图 4-152 所示。此时每一格的大小就是 1px，标准的 24 个格子。

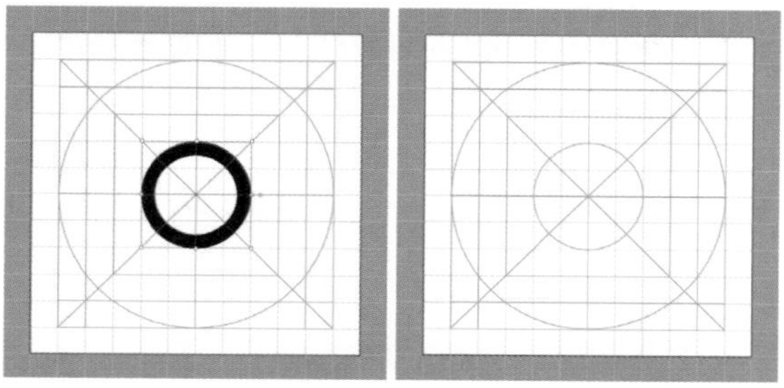

图 4-151

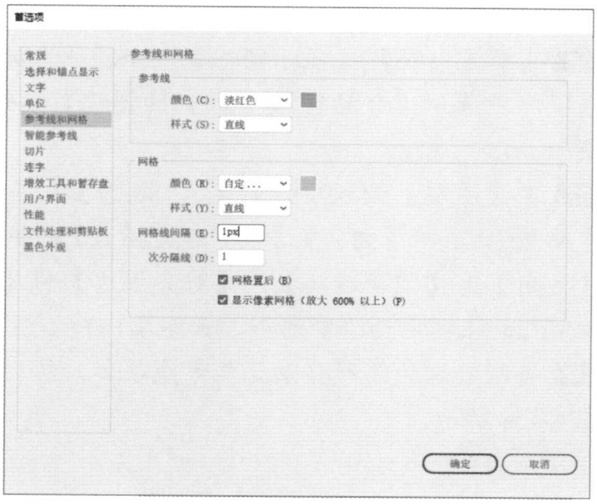

图 4-152

13 要绘制正方形参考线，依据最大的正方形往里缩小1格就能得到正方形，如图4-153所示。

14 要绘制三角形，则利用【钢笔】工具画出三角形，顶部与圆形对齐，底部与正方形对齐，画板左右各留出1px，如图4-154所示。至此，已画出所有基本形，包括正方形、竖矩形、横矩形、圆形、三角形，以及一个小矩形。

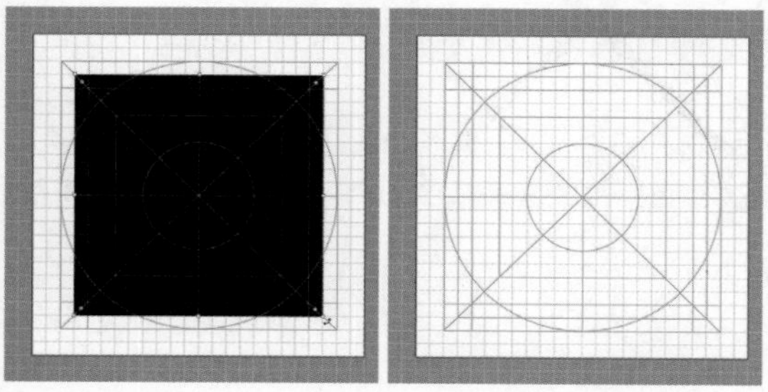

图4-153

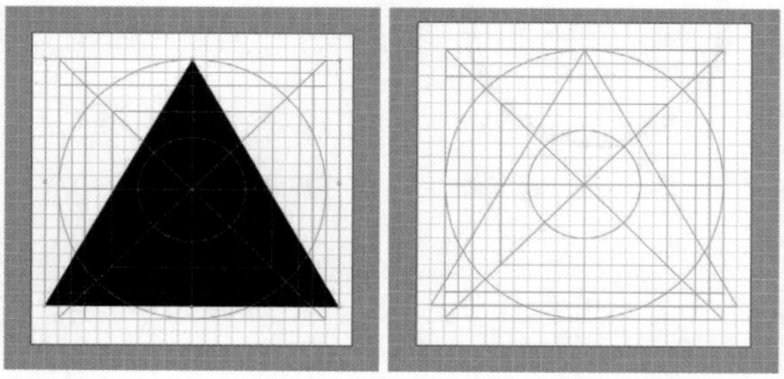

图4-154

提示：

以上是24px×24px图标的keyline线画法。48px×48px图标的keyline线画法只需第一次修改【参考线和网格】参数，把【网格线间隔】数值设置为4px，画板网格数12×12。接下来的步骤和基本形的比例与上面24px尺寸的一样。画完基本构形线框后，再把【网格线间隔】由4px改为2px，画正方形和三角形。其他尺寸的keyline线都可以此类推。

案例——绘制线性图标

视频名称	绘制线性图标
案例文件	案例文件 \ 第 4 章 \ 绘制线性图标

01 打开Illustrator，选择【文件】|【新建】命令，打开【新建文档】对话框。在对话框中，输入文档名称，设置【宽度】和【高度】均为72px，【画板】数值为1，然后单击【创建】按钮，如图4-155所示。建议每个图标用一个画板，以方便后期操作。

02 选择【视图】|【显示网格】命令，并添加keyline线作为绘制参考。选择【画板】工具，在选项栏中选中【移动/复制带画板的图稿】按钮，并按住Ctrl+Alt键移动复制画板1，如图4-156所示。

03 在【图层】面板中，锁定【图层1】，再单击【创建新图层】按钮，新建【图层2】。选中画板1，选择【椭圆】工具，在【描边】面板中设置【粗细】为3pt，【端点】为【圆头端点】，【边角】为【圆角连接】，【对齐描边】为【使描边内侧对齐】，然后在参考线中心单击，并按Shift+Alt键拖动绘制圆形，如图4-157所示。

04 将刚绘制的圆形移动至参考线顶部，然后使用【直线段】工具在圆形底部绘制直线段，如图4-158所示。

图4-155

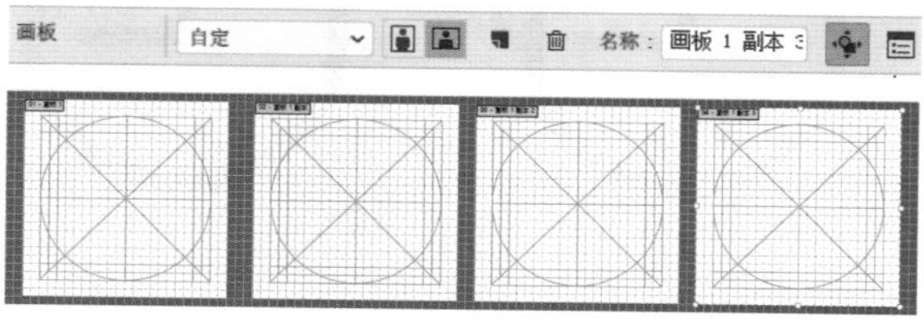

图4-156

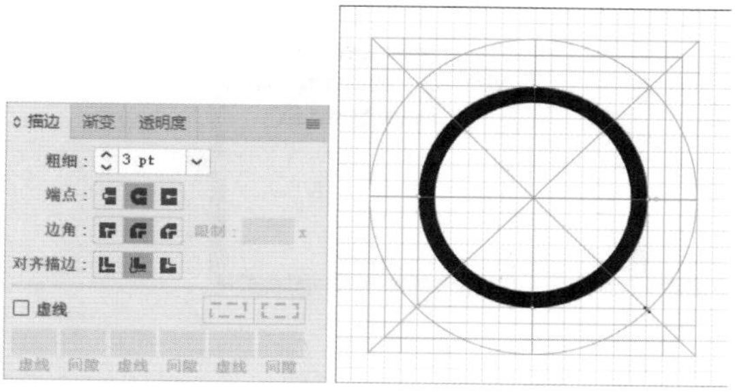

图4-157

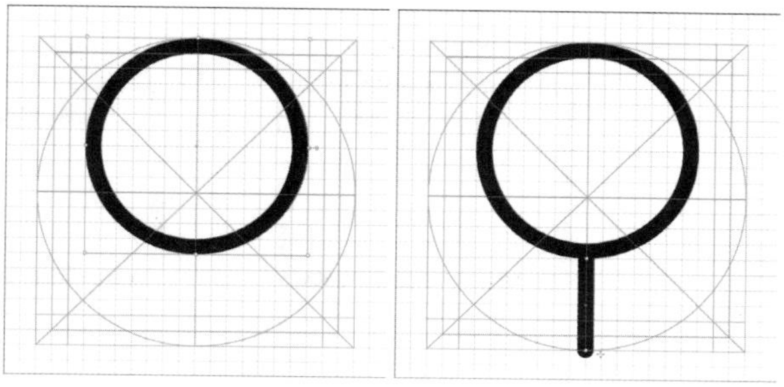

图4-158

05 选中绘制的圆形和直线段，按Ctrl+G键编组对象，然后按Shift键旋转编组对象，如图4-159所示完成放大镜图标绘制。

06 选中画板2，选择【椭圆】工具在参考线中心单击，并按Shift+Alt键拖动绘制圆形。然后选择【矩形】工具，并按Shift键拖动绘制正方形，如图4-160所示。

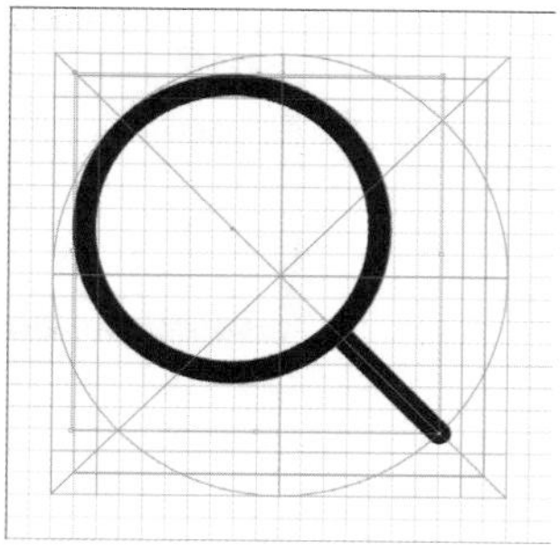

图4-159

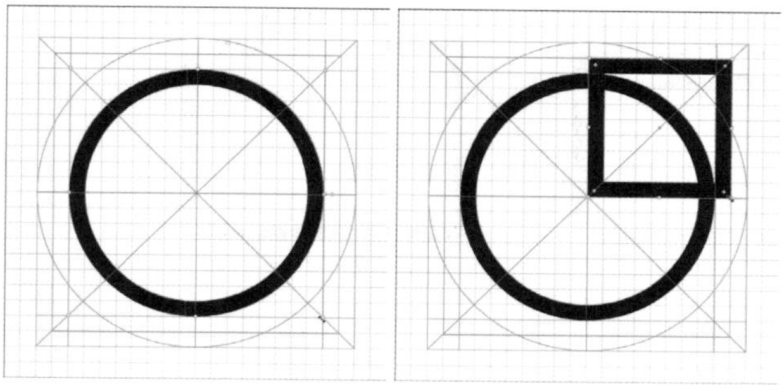

图4-160

07 选择【剪刀】工具，在刚绘制的正方形上根据需要单击剪切路径，并删除多余部分，如图4-161所示完成时钟图标的绘制。

08 选中画板3，使用【矩形】工具绘制矩形，并在【变换】面板的【矩形属性】窗格中设置圆角半径为3px，如图4-162所示。

09 继续使用【矩形】工具绘制矩形，并使用【直接选择】工具调整矩形顶部锚点位置。然后选中顶部两个锚点，向内拖动圆角半径控制点，如图4-163所示。

图4-161

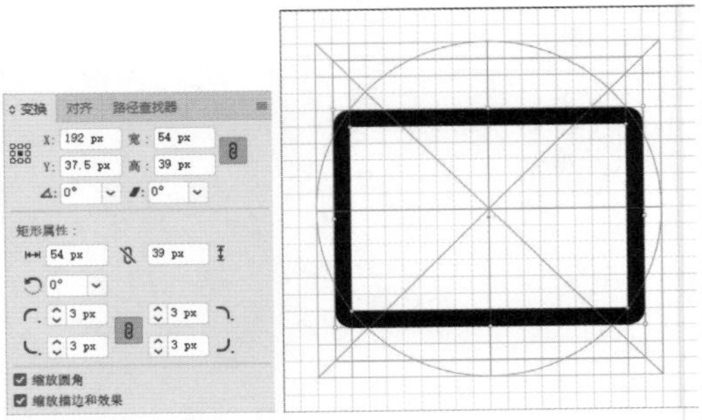

图4-162

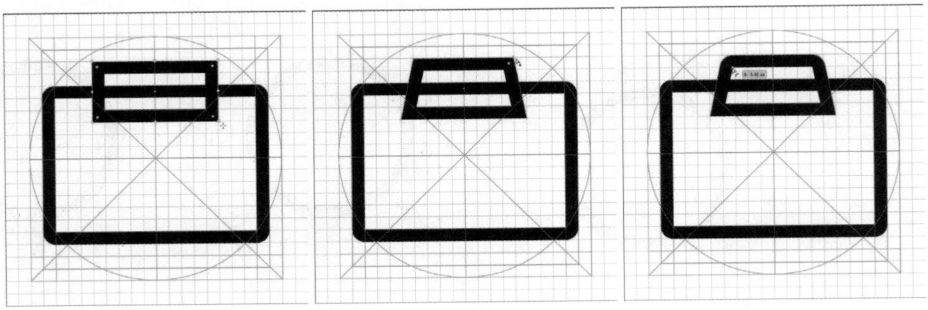

图4-163

10 选中上两步创建的图形，在【路径查找器】面板中单击【联集】按钮，结果如图4-164所示。

11 使用【直接选择】工具选中路径上需要改变边角状态的锚点，在【描边】面板中，设置【边角】为【斜接连接】，如图4-165所示。

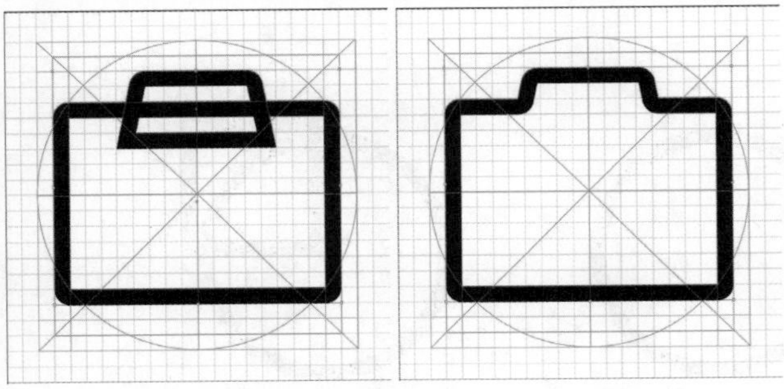

图4-164

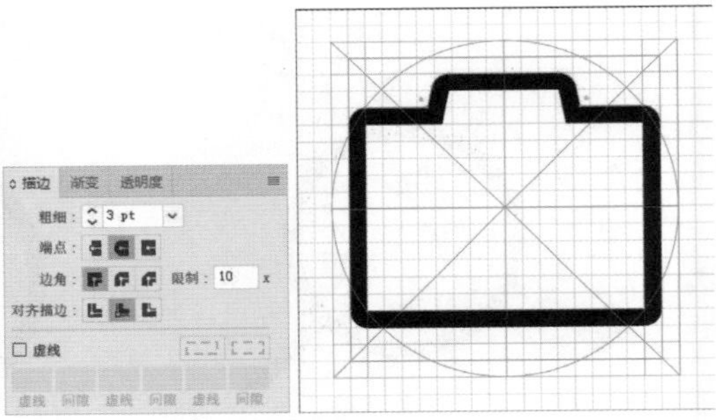

图4-165

12 选择【椭圆】工具，在画板中单击，并按Shift+Alt键拖动绘制圆形，结果如图4-166所示，完成相机图标的绘制。

13 选中画板4，选择【椭圆】工具，在画板中绘制两个正圆形，如图4-167所示。

14 选择【矩形】工具，绘制一个与圆形相切的正方形。再选中绘制的圆形和正方形，在【路径查找器】面板中单击【联集】按钮，结果如图4-168所示。

15 在【变换】面板中，设置【旋转】为315°，旋转合并后的图形。然后移动并按Alt+Shift键缩小图形，结果如图4-169所示，完成爱心图标的绘制。

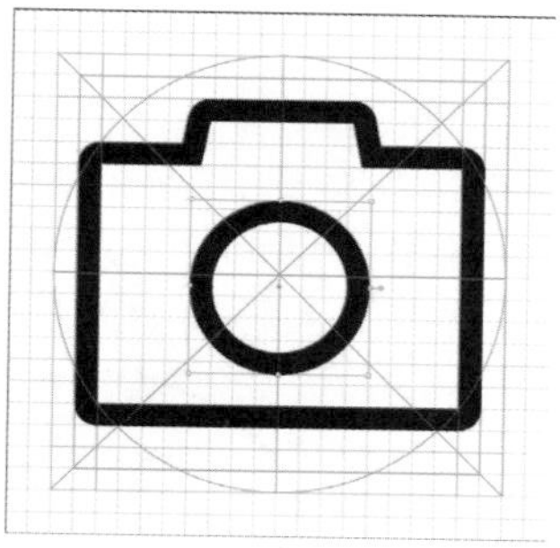

图4-166

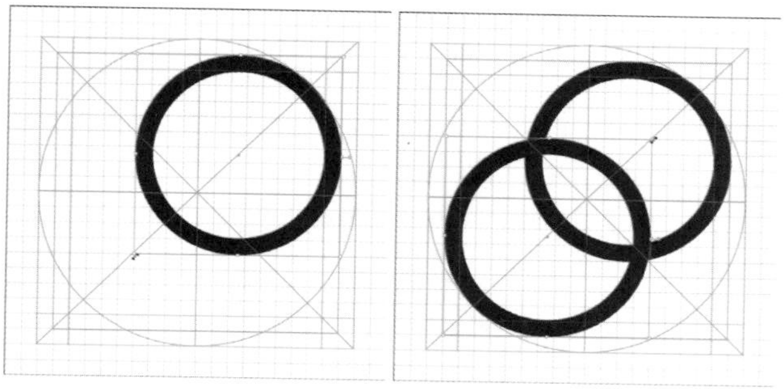

图4-167

图4-168

图4-169

案例——绘制剪影图标

视频名称	绘制剪影图标
案例文件	案例文件 \ 第 4 章 \ 绘制剪影图标

01 打开Illustrator，选择【文件】|【新建】命令，打开【新建文档】对话框。在对话框中，输入文档名称，设置【宽度】和【高度】均为72px，【画板】数值为1，然后单击【创建】按钮，如图4-170所示。建议每个图标用一个画板，以方便后期操作。

02 选择【视图】|【显示网格】命令，并添加keyline线作为绘制参考。选择【画板】工具，在选项栏中选中【移动/复制带画板的图稿】按钮，并按住Ctrl+Alt键移动复制画板1，如图4-171所示。

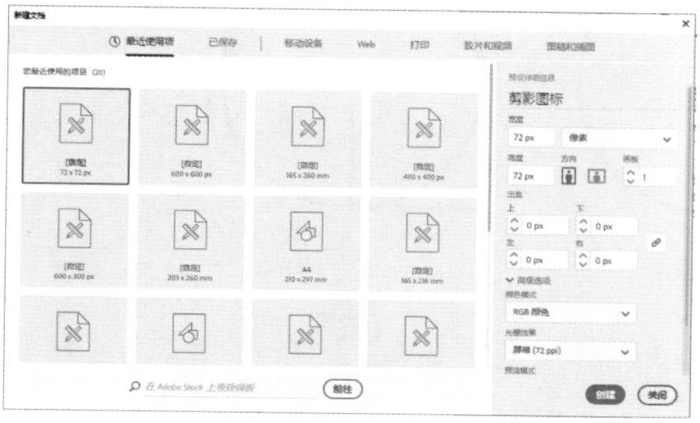

图4-170

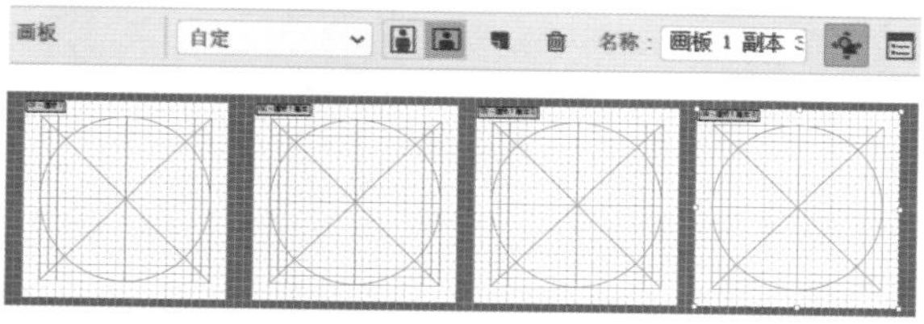

图4-171

03 在【图层】面板中，锁定【图层1】，再单击【创建新图层】按钮，新建【图层2】。选中画板1，选择【椭圆】工具，绘制两个相交的圆形，如图4-172所示。

04 选中绘制的两个圆形，在【路径查找器】面板中单击【交集】按钮裁剪图形，如图4-173所示。

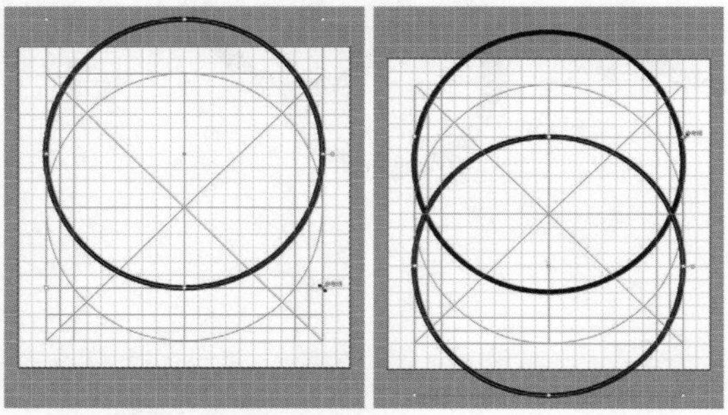

图4-172

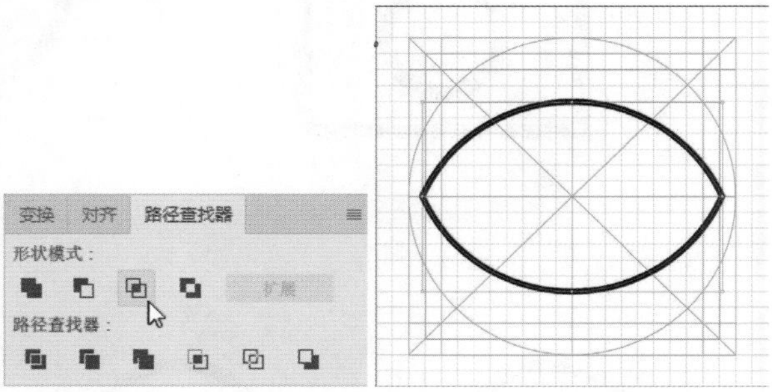

图4-173

05 选择【椭圆】工具，在画板中心绘制一个圆形，如图4-174所示。

06 选中刚绘制的圆形和步骤04创建的图形，在【路径查找器】面板中单击【减去顶层】按钮，并在工具面板中单击【互换填色和描边】图标填充图形，如图4-175所示。

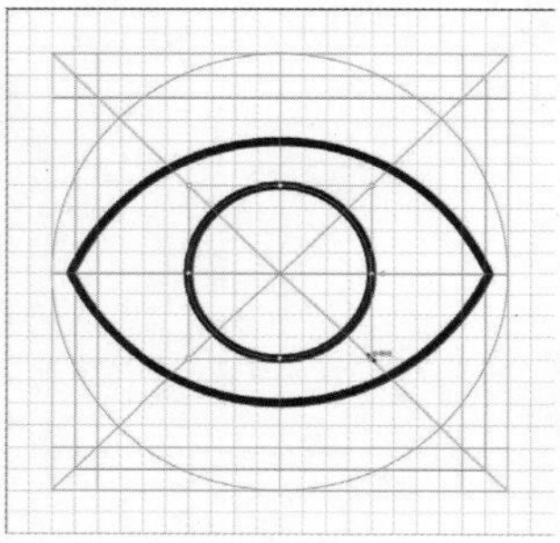

图4-174

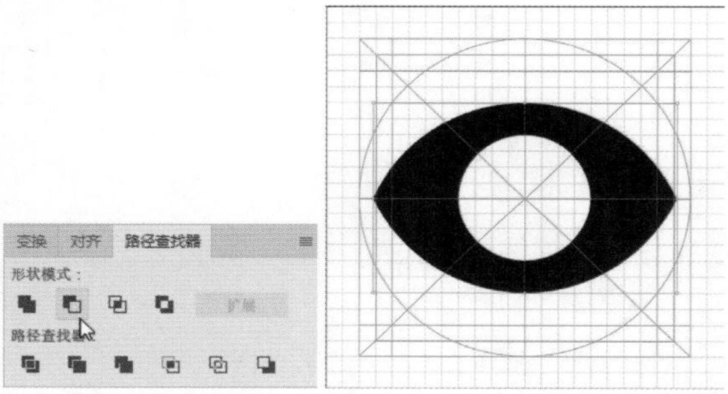

图4-175

07 选择【椭圆】工具，在画板中心绘制一个圆形，如图4-176所示，完成眼睛图标的绘制。

08 选中画板2，选择【椭圆】工具，在画板中心绘制一个圆形。再选择【矩形】工具，在圆形的左下角绘制一个正方形，如图4-177所示。

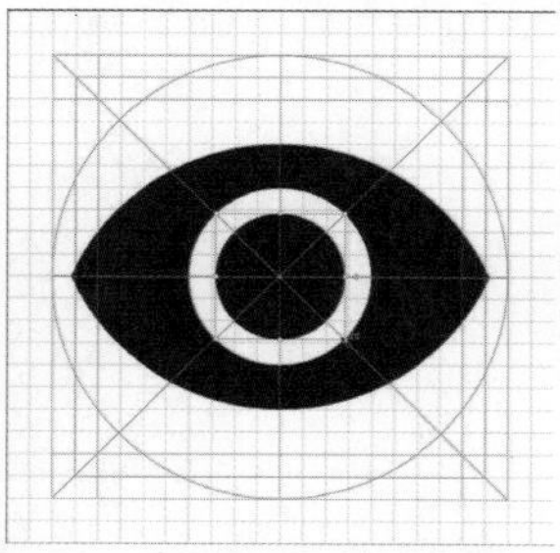

图4-176

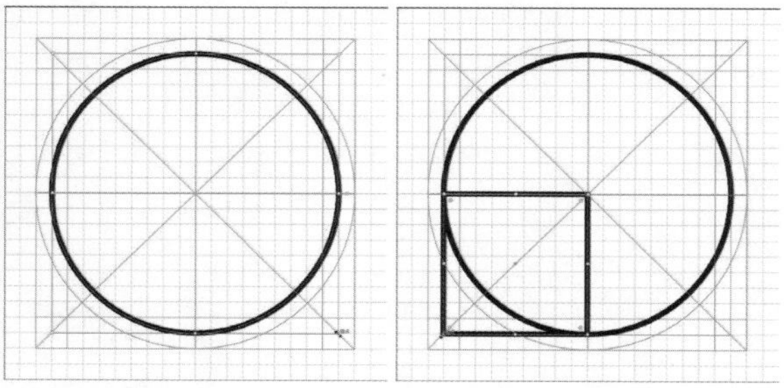

图4-177

09 选中刚绘制的圆形和正方形，在【路径查找器】面板中单击【联集】按钮合并图形，结果如图4-178所示。

10 选择【椭圆】工具，在画板中心绘制一个圆形，如图 4-179 所示。

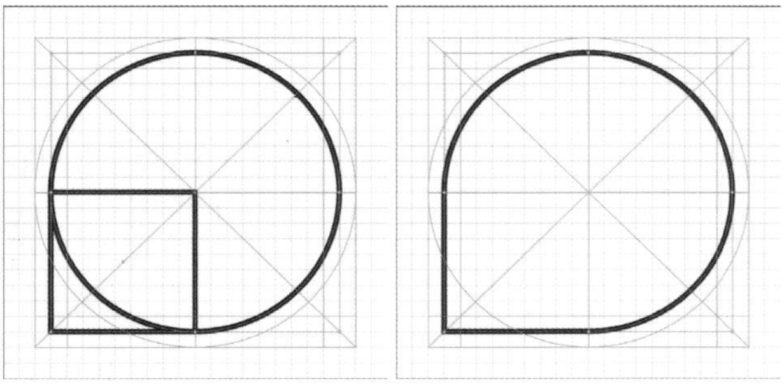

图 4-178

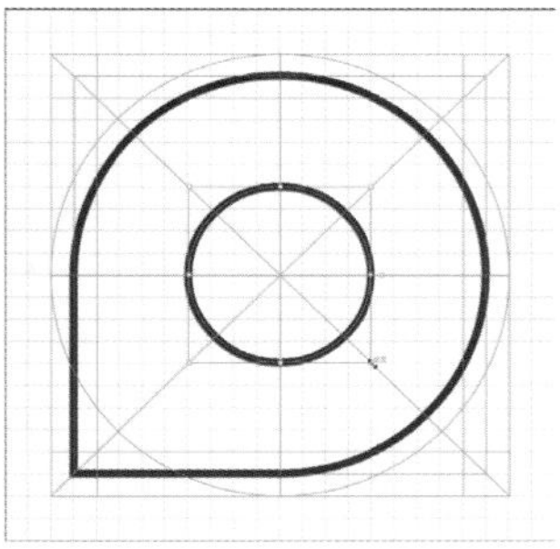

图 4-179

11 选中上两步中创建的图形，在【路径查找器】面板中单击【减去顶层】按钮，并在工具面板中单击【互换填色和描边】图标填充图形，效果如图 4-180 所示。

12 在【变换】面板中，设置【旋转】为45°，旋转剪切后的图形。然后移动并按Alt+Shift键缩小图形，如图 4-181 所示，完成位置图标的绘制。

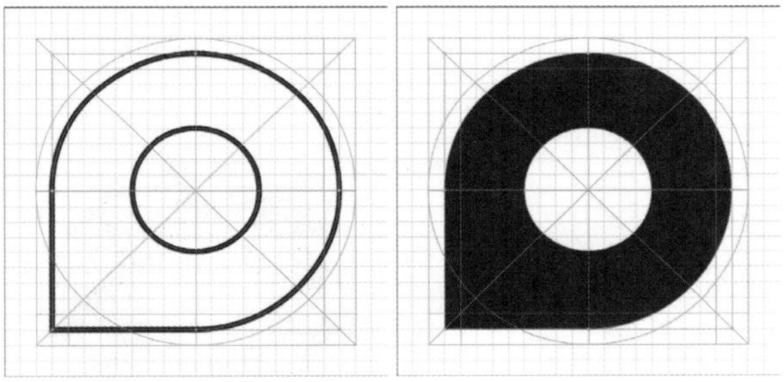

图 4-180

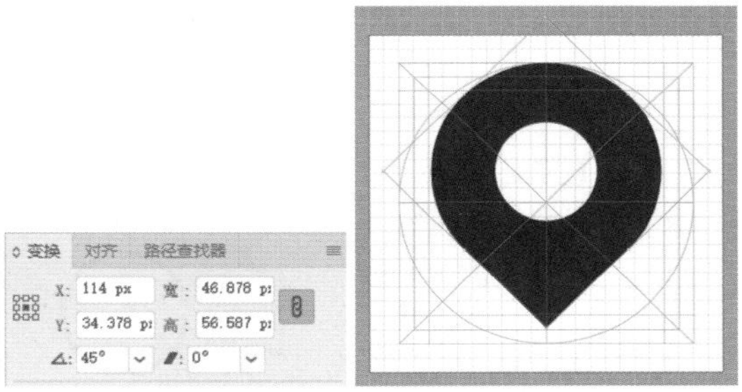

图 4-181

13 选中画板3，选择【椭圆】工具，在画板中心绘制一个圆形，如图 4-182 所示。

14 选择【矩形】工具，在圆形上方绘制一个正方形。然后选择【直接选择】工具，调整矩形上方锚点的位置，如图 4-183 所示。

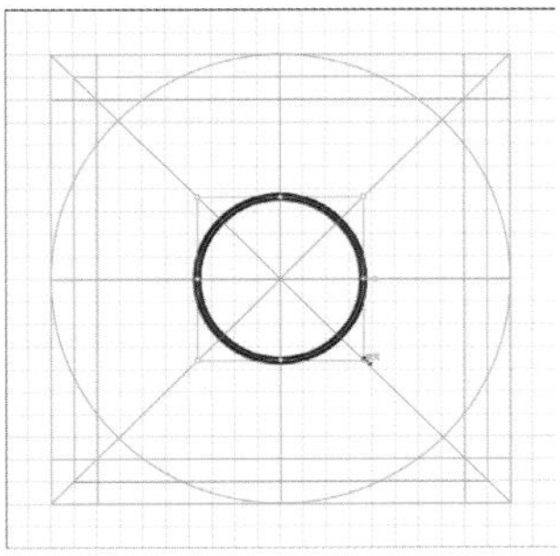

图 4-182

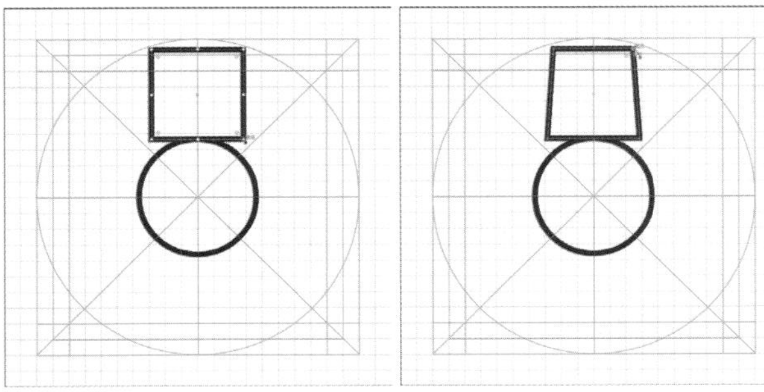

图 4-183

15 按Ctrl+C键复制刚创建的图形，并按Ctrl+F键粘贴在前面。在【属性】面板的【变换】窗格中单击【垂直轴翻转】按钮，然后将其移动至圆形下方，如图 4-184 所示。

16 选中上两步创建的图形，按Ctrl+G键进行编组。右击编组后的图形，在弹出的快捷菜单中

选择【变换】|【旋转】命令，打开【旋转】对话框。在对话框中，设置【角度】为45°，单击【复制】按钮旋转并复制编组图形。然后连续按Ctrl+D键，再次变换图形，如图4-185所示。

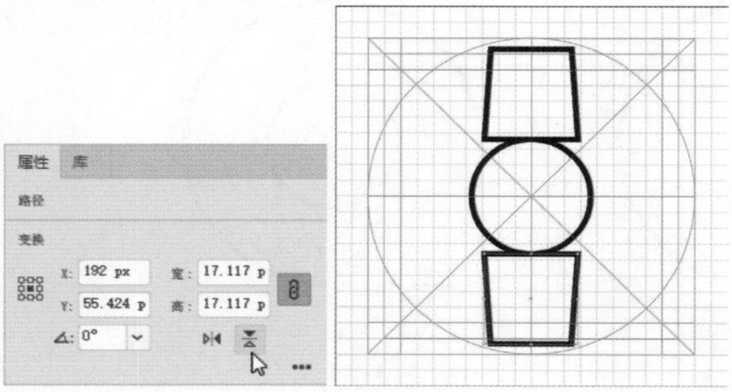

图4-184

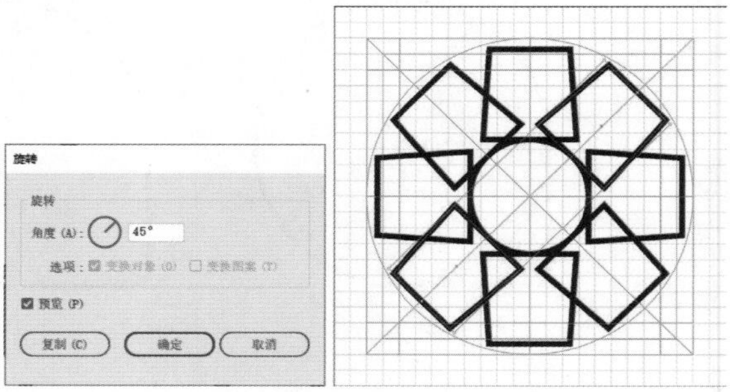

图4-185

17 选择【椭圆】工具，在画板中心绘制一个圆形。选中刚绘制的圆形和上一步中创建的图形，并在【路径查找器】面板中单击【联集】按钮合并图形，效果如图4-186所示。

18 选中上一步创建的图形和步骤13中绘制的圆形，然后在【路径查找器】面板中单击【减去后方对象】按钮，并在工具面板中单击【互换填色和描边】图标填充图形，如图4-187所示，完成齿轮图标的绘制。

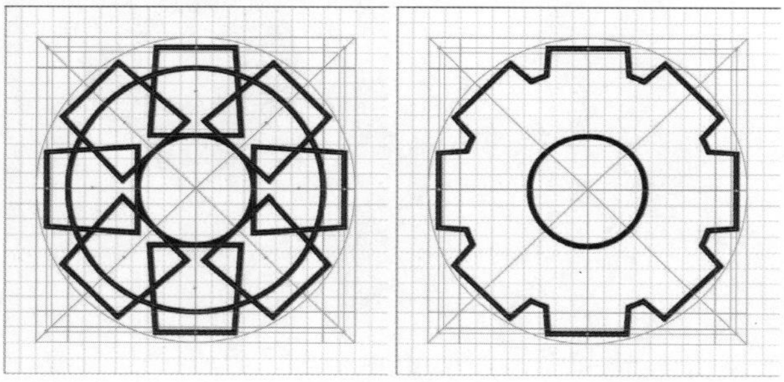

图4-186

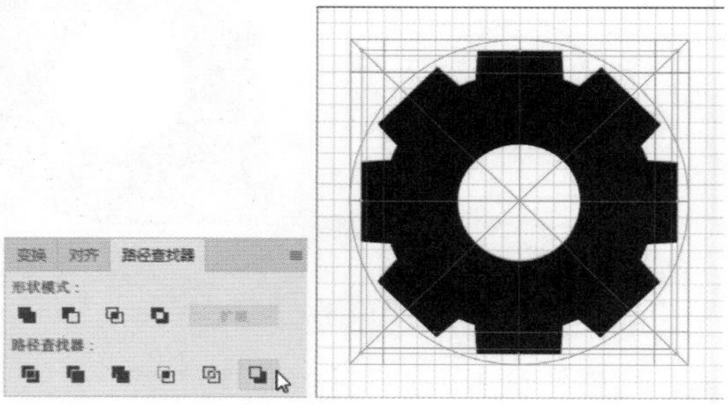

图4-187

19 选中画板4，使用【矩形】工具在画板中绘制矩形。然后使用【直接选择】工具选中顶部的两个锚点，向内拖动圆角半径控制点，如图4-188所示。

20 继续使用【矩形】工具在画板中绘制矩形，并在【变换】面板的【矩形属性】窗格中设置圆角半径为1.4px，如图4-189所示。

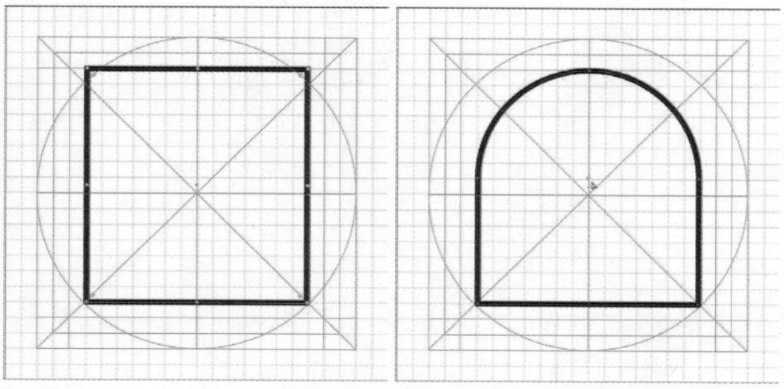

图4-188

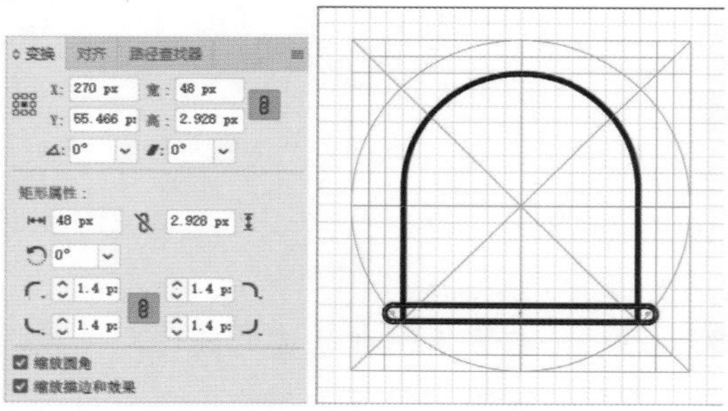

图4-189

21 继续使用【矩形】工具在步骤19绘制的矩形上部绘制一个较小的矩形，然后使用【直接选择】工具选中顶部两个锚点，向内拖动圆角半径控制点，如图4-190所示。

22 选中步骤19至步骤21绘制的图形，在【路径查找器】面板中单击【联集】按钮合并图形，效果如图4-191所示。

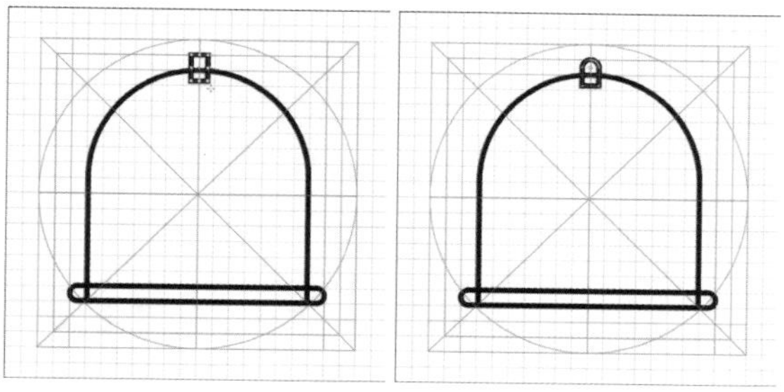

图4-190

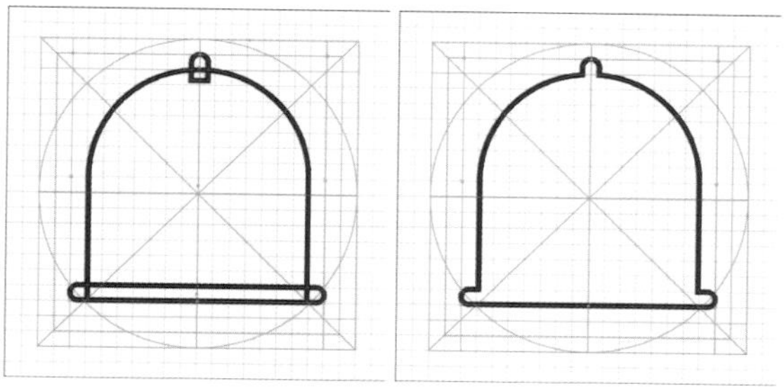

图4-191

23 选择【椭圆】工具，在画板底部绘制圆形。再选择【矩形】工具，在刚绘制的圆形上部绘制一个矩形，如图4-192所示。

24 选中刚绘制的圆形和矩形，在【路径查找器】面板中单击【减去顶层】按钮裁剪图形。然后选中刚创建的图形和步骤22创建的图形，并在工具面板中单击【互换填色和描边】图标填充图形，结果如图4-193所示，完成铃铛图标的绘制。

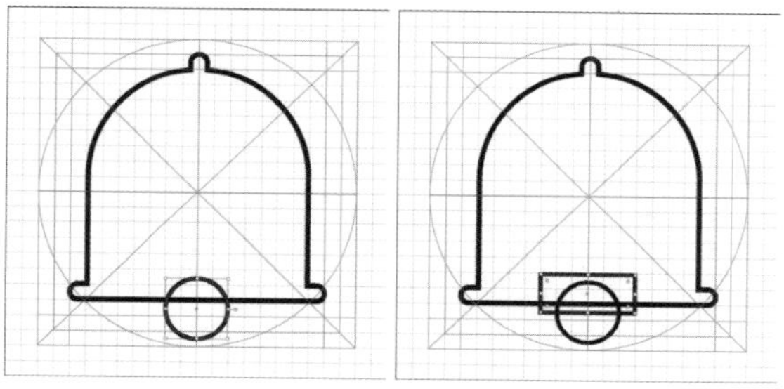

图4-192

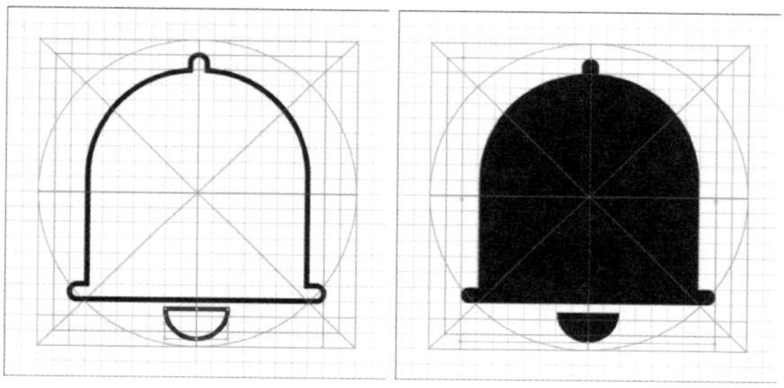

图4-193

案例——绘制 MBE 风格图标

视频名称	绘制 MBE 风格图标
案例文件	案例文件 \ 第 4 章 \ 绘制 MBE 风格图标

01 打开Illustrator，选择【文件】|【新建】命令，打开【新建文档】对话框。在对话框中，输入文档名称，设置【宽度】和【高度】数值为72px，【画板】数值为1，然后单击【创建】按钮，如图4-194所示。

02 选择【视图】|【显示网格】命令，并添加keyline线作为绘制参考。然后在【图层】面板中，锁定【图层1】，再单击【创建新图层】按钮，新建【图层2】，如图4-195所示。

图4-194

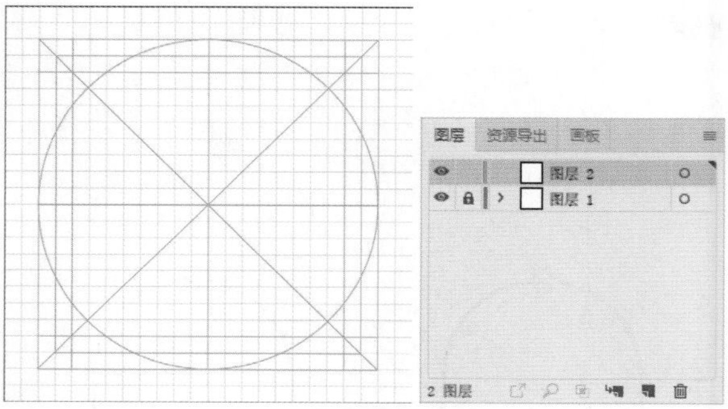

图4-195

03 选择【视图】|【对齐网格】命令，选择【圆角矩形】工具，在【描边】面板中设置【粗细】数值为1.5pt，【端点】为【圆头端点】，然后依据网格绘制圆角矩形，如图4-196所示。

04 选择【椭圆】工具，按Alt+Shift键拖动绘制圆形，如图4-197所示。

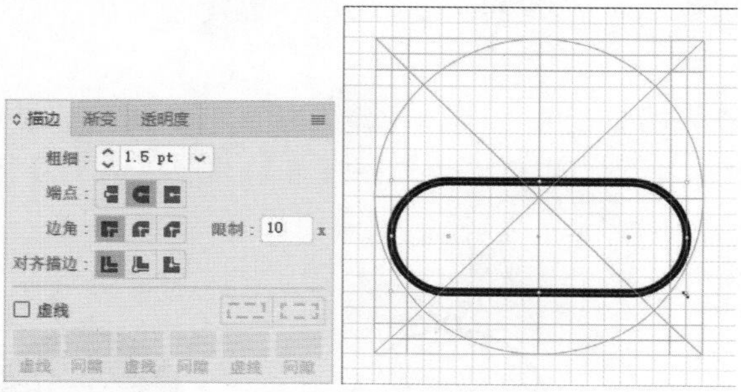

图4-196

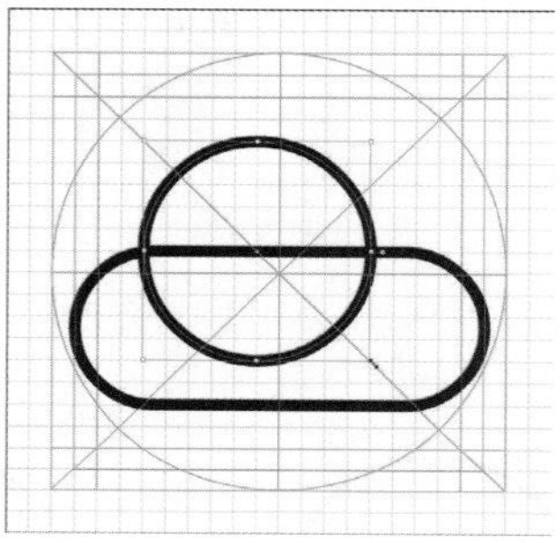
图4-197

05 在画板中，选中绘制的圆角矩形和圆形，在【属性】面板的【路径查找器】窗格中单击【联集】按钮，合并图形如图4-198所示。

06 选择【椭圆】工具，依据参考线绘制圆形，并按Shift+Ctrl+[键将其放置于最底层，如图4-199所示绘制完成图标基础形状。

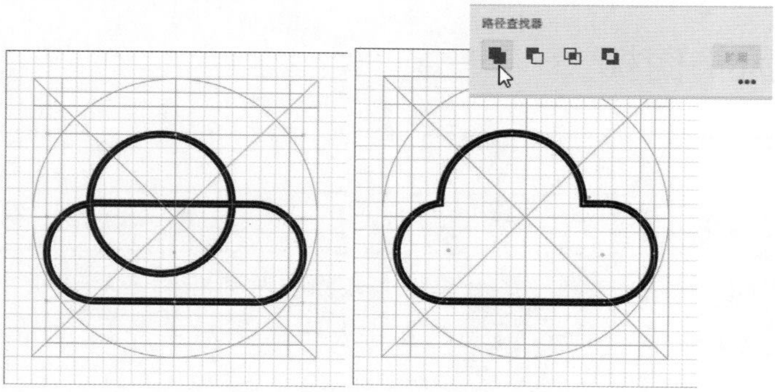

图4-198

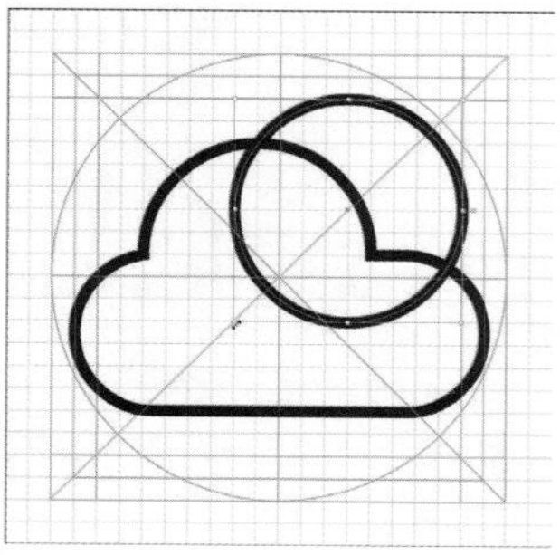
图4-199

07 选中步骤05创建的图形，按Ctrl+C键复制，按Ctrl+F键粘贴在前面。在【颜色】面板中将描边色设置为无，填色设置为R:175 G:255 B:255，如图4-200所示。

08 再次按Ctrl+C键复制刚创建的图形，按Ctrl+F键粘贴在前面。在【颜色】面板中将描边色

设置为无，填色设置为R:255 G:255 B:255。再次选择【视图】|【对齐网格】命令，取消对齐网格，然后使用【选择】工具调整图形位置，如图 4-201 所示。

图4-200

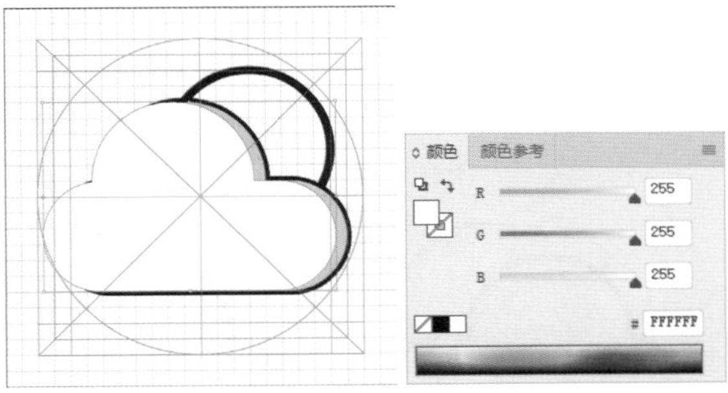

图4-201

09 在画板中，选中上两步中创建的图形，在【属性】面板的【路径查找器】窗格中单击【减去顶层】按钮裁剪图形，并按Ctrl+[键将其后移一层，如图 4-202 所示。

10 再次选中步骤05创建的图形，按Ctrl+C键复制，按Ctrl+B键粘贴在后面。在【颜色】面板中将描边色设置为无，填色设置为R:245 G:255 B:255。按Ctrl+[键将其后移一层，并使用【选择】工具调整图形位置，如图 4-203 所示。

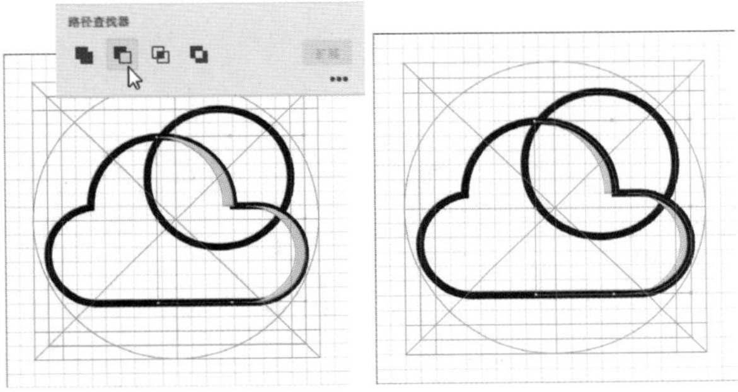

图4-202

图4-203

11 选中步骤06创建的图形，按Ctrl+C键复制，按Ctrl+F键粘贴在前面。在【颜色】面板中将描边色设置为无，填色设置为R:255 G:192 B:0，如图 4-204 所示。

12 再次按Ctrl+C键复制刚创建的图形，按Ctrl+F键粘贴在前面。在【颜色】面板中将描边色设置为无，填色设置为R:255 G:255 B:255。然后使用【选择】工具调整图形位置，如图 4-205 所示。

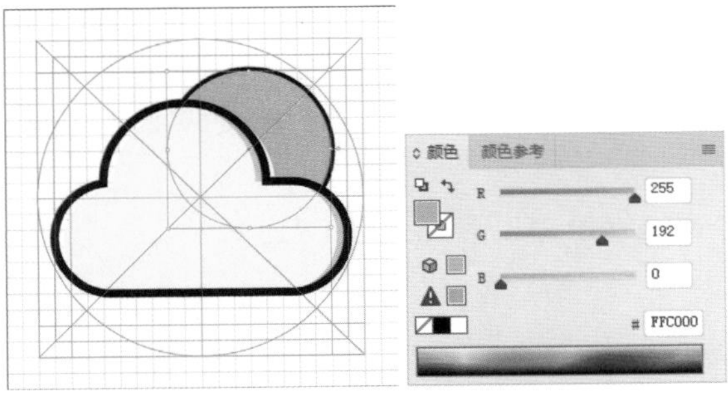

图4-204

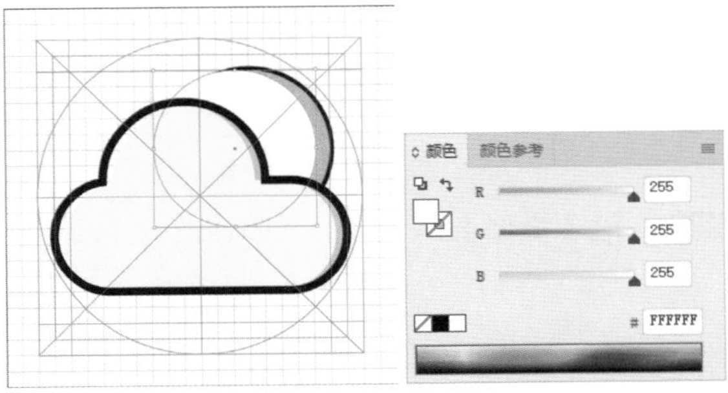

图4-205

13 在画板中，选中上两步中创建的图形，在【属性】面板的【路径查找器】窗格中单击【减去顶层】按钮裁剪图形，并按Ctrl+[键将其后移一层，如图4-206所示。

14 再次选中步骤06创建的图形，按Ctrl+C键复制，按Ctrl+B键粘贴在后面。在【颜色】面板中将描边色设置为无，填色设置为R:255 G:240 B:0。按Ctrl+[键将其后移一层，并使用【选择】工具调整图形位置，如图4-207所示完成基础图形的填色。

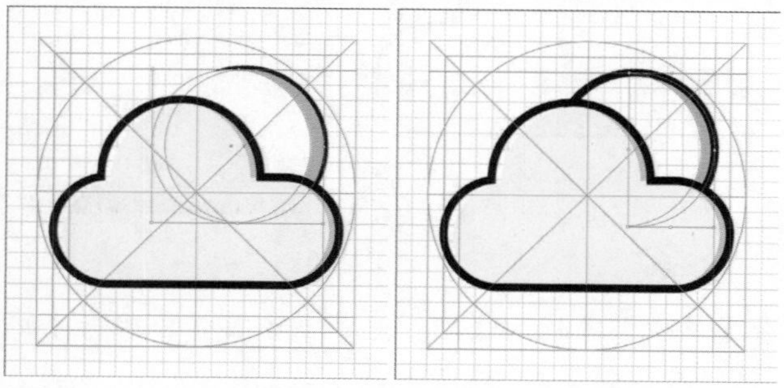

图4-206

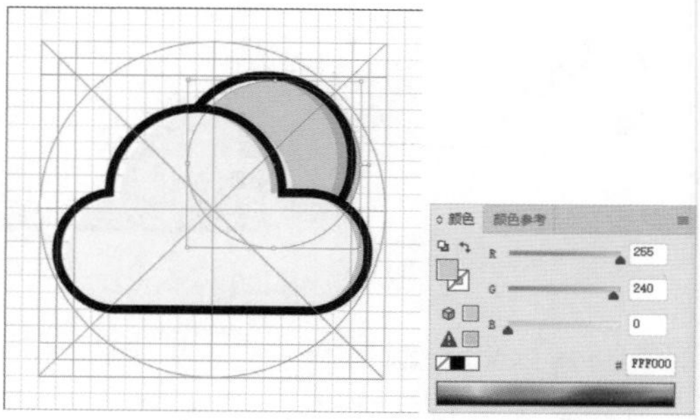

图4-207

15 选中步骤05创建的图形，选择【添加锚点】工具在图形路径上单击添加锚点。然后选择【直接选择】工具选中添加的锚点，在选项栏中单击【在所选锚点处剪切路径】按钮，并按Delete键删除创建锚点间的路径段，如图4-208所示。

16 使用步骤15的操作方法，为基础图形添加断线效果，如图4-209所示。

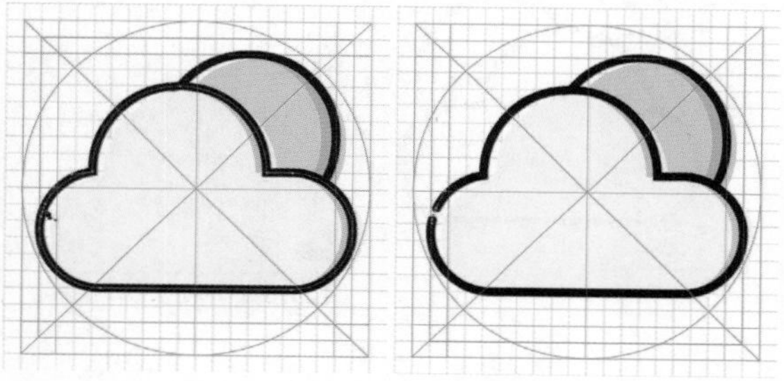

图4-208

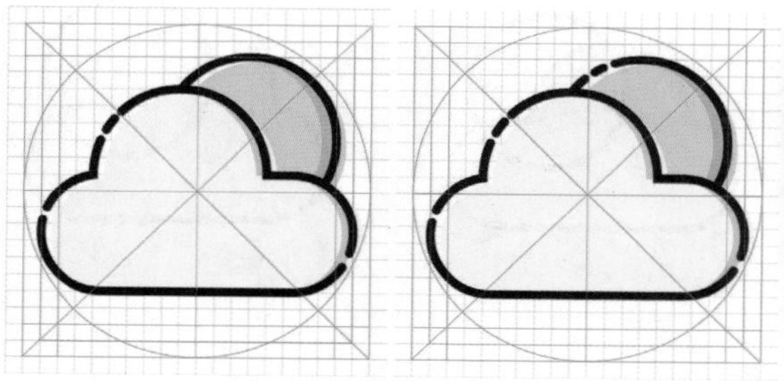

图4-209

17 选择【直线段】工具在画板中绘制直线段。选择【选择】工具，按Ctrl+Alt键移动并复制刚绘制的直线段。然后在【属性】面板的【外观】窗格中，设置描边色为R:255 G:142 B:205，描边粗细为2pt，如图4-210所示。

18 使用【选择】工具选中刚绘制的两条直线段，右击鼠标，在弹出的快捷菜单中选择【变换】|【镜像】命令，打开【镜像】对话框。在【镜像】对话框中，选中【垂直】单选按钮，单击【复制】按钮。然后调整复制的直线段的位置，如图4-211所示。

19 选择【直线段】工具，使用步骤17的操作方法，在画板中绘制直线段，如图4-212所示。

20 选择【椭圆】工具，按Alt+Shift键在画板中分别拖动绘制圆形，如图4-213所示。

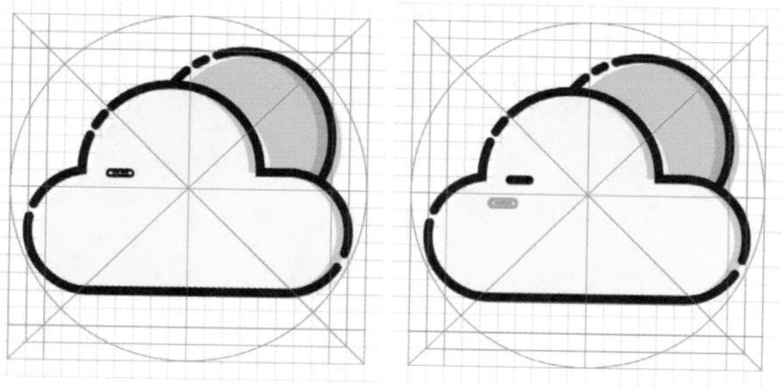

图4-210

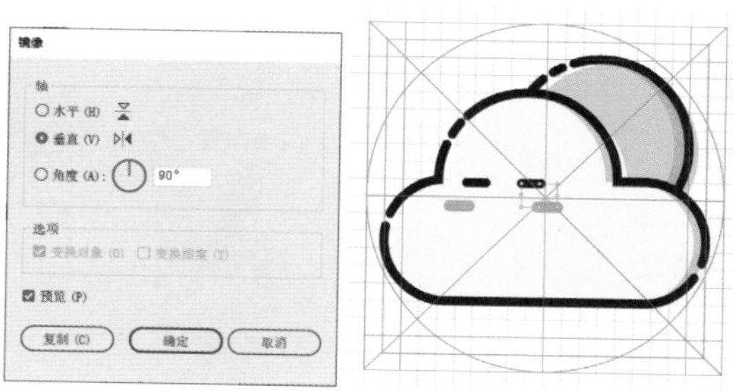

图4-211

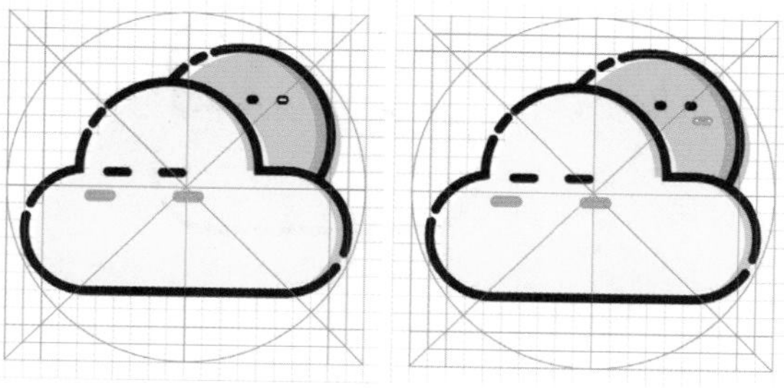

图4-212

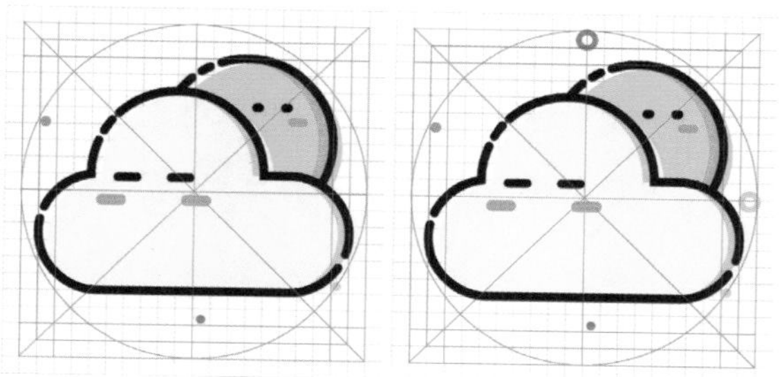

图4-213

21 选择【直线段】工具，在画板中绘制交叉线，如图4-214所示。

22 继续使用【直线段】在画板中绘制直线，并在【描边】面板中设置【粗细】数值为0.5pt，【端点】为【圆头端点】，【限制】数值为10x。然后选择【对象】|【路径】|【轮廓化描边】命令，将刚绘制的直线段转换为形状，如图4-215所示。

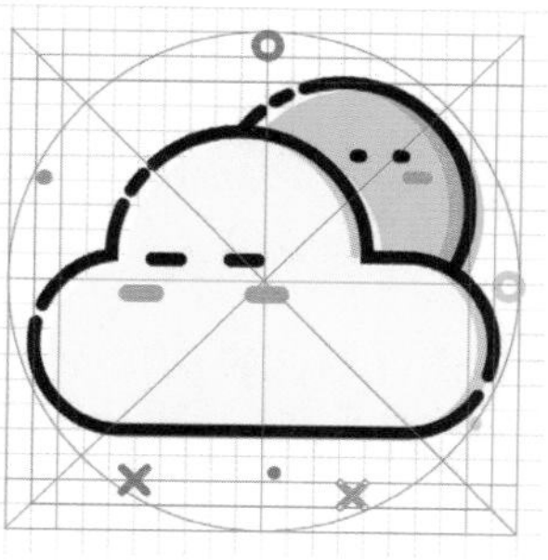

图4-214

图4-215

23 双击【旋转】工具，打开【旋转】对话框。在对话框中，设置【角度】数值为30°，单击【复制】按钮，如图4-216所示

24 连续按Ctrl+D键重复上一步的操作，旋转并复制对象。然后选中全部圆角矩形对象，在【属性】面板的【路径查找器】窗格中单击【联集】按钮，合并图形如图4-217所示。

25 选择【椭圆】工具，在上一步创建的图形中心绘制圆形。然后选中两个图形对象，在【路径查找器】面板中，单击【减去顶层】按钮，完成如图4-218所示的图标效果。

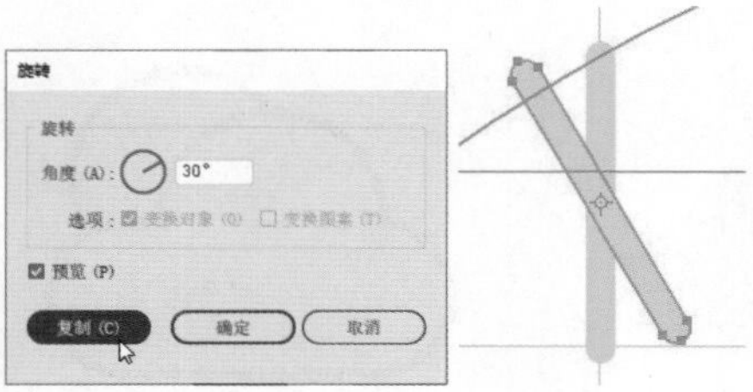

图4-216

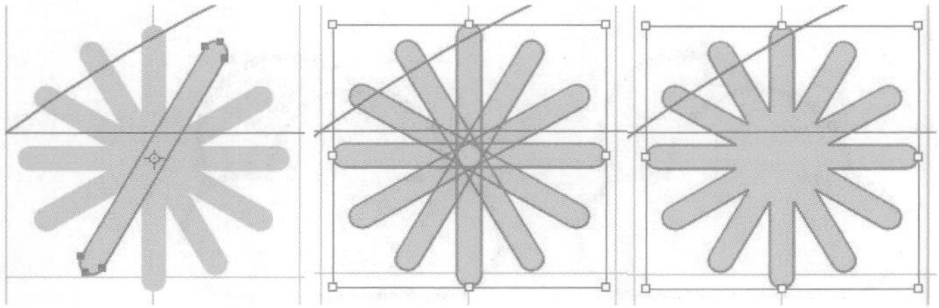

图4-217

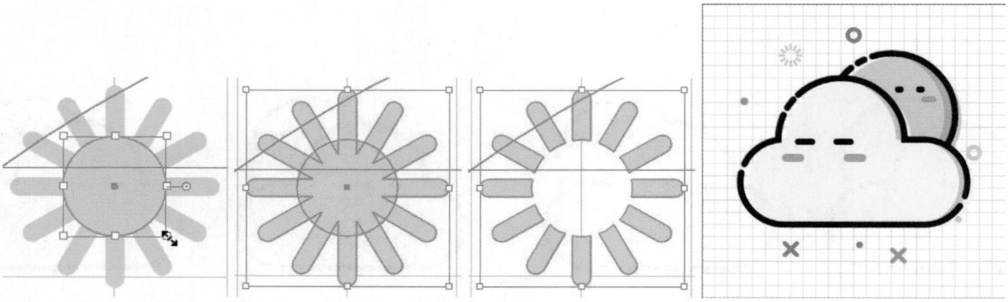

图4-218

4.7 功能图标的应用

在进行设计时，我们应该用“线性图标”，还是“面性图标”呢？其实二者没有太明显的优劣势，在很多场景下已经越来越模糊，但总的来说，还是有以下法则可以作为参考。

- 常用的手法：在App的底部导航栏，选中状态使用面性图标，而非选中状态使用线性图标。
- 16px左右的小图标慎用线性图标，线性图标在16px下可排布像素的区域较小，这个时候线性图标不容易进行设计。
- 相比线性图标，面性图标除装饰性外，具备更强的视觉信息层次感，更具引导性，例如，iOS设置界面使用面性图标；车载等系统界面更适合用面性图标，因为面性图标的视觉面积较大，短时间内更加容易识别。线性图标通常看起来更加细腻精致，更适合比较精致简洁的设计或者女性化产品的设计。

第 5 章

基础 UI 控件制作

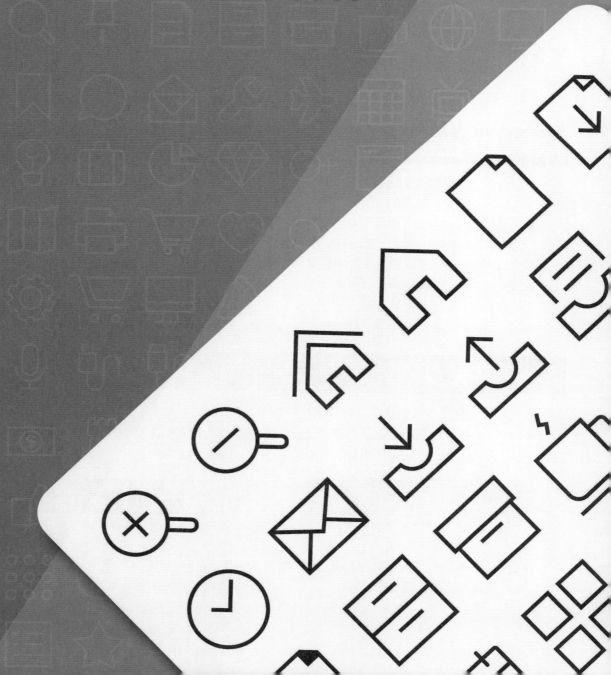

5.1 什么是 UI 控件

UI控件主要是指能够控制界面的一些元素，是用户与界面互动的媒介，用户可以通过触发控件下达指令、实现目标，最常见的控件就是按钮，如图5-1所示。

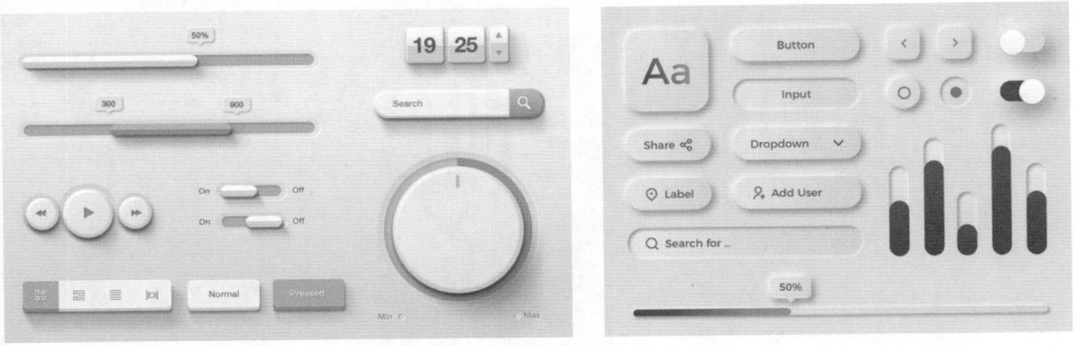

图5-1

5.2 UI 控件的交互分类

UI控件的主要作用是控制界面，用户通过对控件交互行为的分类可以更好地认识控件的功能。

- 活动控件：活动控件是代表一系列可活动的控件，这类控件会响应用户最基本的手势操作，如点击、触摸、滑动等操作。当控件被操作时，可以激发控件绑定的相应事件，从而达到开发者所想要呈现的效果。
- 静态控件：静态控件可以理解为用于显示应用的某种状态或者某个视图，用户不会通过静态控件执行任何操作。
- 被动控件：被动控件用于接受用户输入的值，并不会激发任何事件。

5.3 常见基础控件

控件的种类有很多，一些常见的基础控件如下。

- 按钮：按钮是用户最熟悉的控件之一，通过按钮可以直接下达操作命令，如登录界面中的“登录”按钮，如图5-2所示。

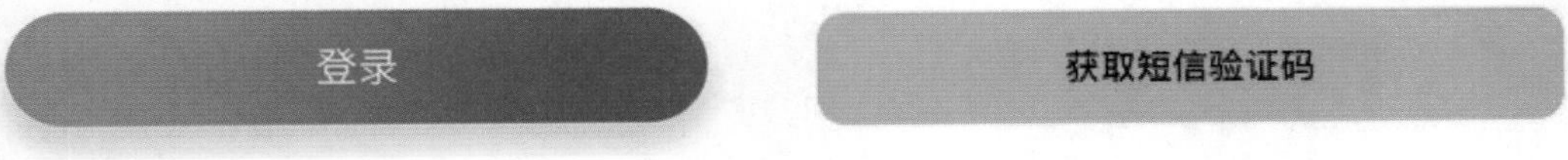

图5-2

- 图标：图标是界面中的图形元素，用来执行应用程序中定义的操作，点击图标时，可以执行指定的功能操作。

- 开关：开关通常出现在功能设置页面中，用于操控某个功能的开启或关闭，如图5-3所示。
- 输入框：输入框是用户在界面中输入文字的地方，如输入搜索内容、账号、密码等的文本框，如图5-4所示。

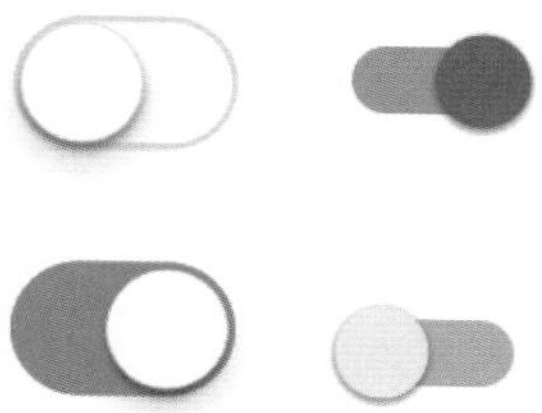

图5-3

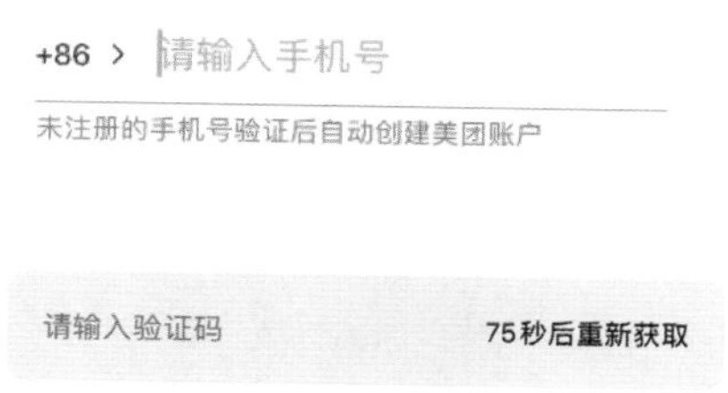

图5-4

- 滑块：滑块控件通过在连续或间断的区间内拖动滑块来选择某个合适的数值，如图5-5所示。滑块可以通过在滑动条的左右两端设定图标来反映数值的强度。滑块控件一般用于调节屏幕亮度、音量大小、时长位置等。

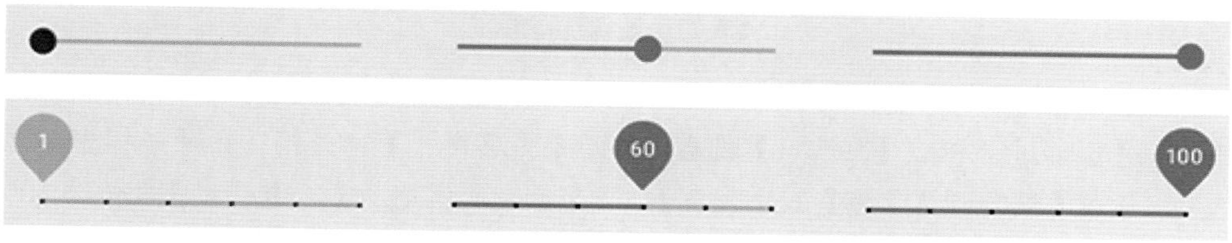

图5-5

- 进度条：在刷新加载或提交内容时，会有一个时间的过渡。在执行这个过渡过程时，需要一个内容进度和动态的设计，如图5-6所示。
- 选框：选框分为单选框和复选框。单选框是指只允许用户从一组选项中选择一个，复选框是指允许用户从一组选项中选择多个。单选框和复选框的选中及未选中效果如图5-7所示。

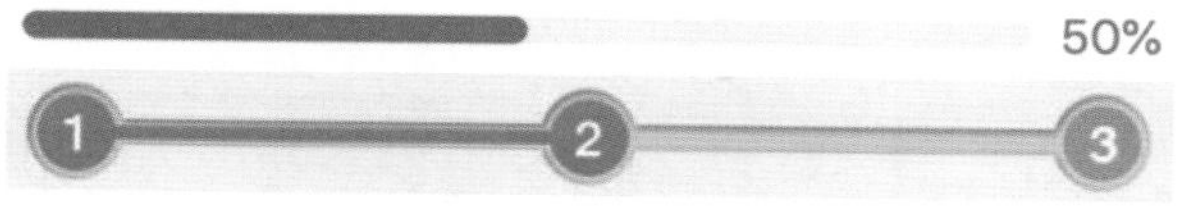

图5-6

图5-7

案例——制作简洁开关控件

视频名称	制作简洁开关控件
案例文件	案例文件 \ 第 5 章 \ 制作简洁开关控件

01 启动Photoshop，选择【文件】|【新建】命令，打开【新建文档】对话框。在对话框中输入文档名称，设置【宽度】和【高度】数值为600像素，【分辨率】数值为300像素/英寸，【颜色模式】为【RGB颜色】，然后单击【创建】按钮新建一个空白文档，如图5-8所示。

02 选择【视图】|【显示】|【网格】命令，在新建文档中显示网格，以便绘制简单控件。选择工具面板中的【矩形】工具，在选项栏中，设置工具模式为【形状】；单击【填充】选项，设置填充颜色为R:76 G:217 B:100；设置【描边】为【无】。然后使用工具以网格线为参考单击，在弹出的【创建矩形】对话框中，设置【宽度】数值为300像素，【高度】数值为150像素，圆角半径数值为75像素，选中【从中心】复选框，单击【确定】按钮创建圆角矩形，生成【矩形 1】图层，如图5-9所示。

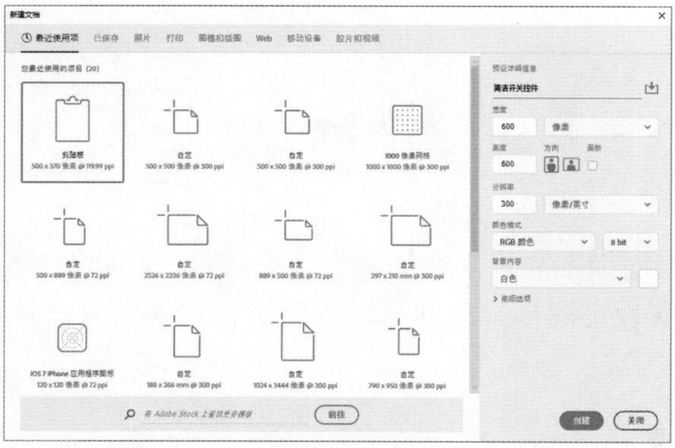

图5-8

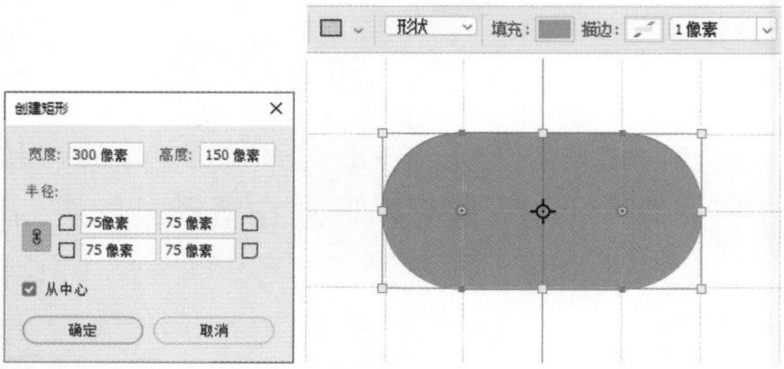

图5-9

03 在【图层】面板中，双击【矩形 1】图层，打开【图层样式】对话框。在对话框中，选中【内阴影】选项，设置【混合模式】为【正片叠底】，阴影颜色为黑色，【不透明度】数值为10%，【距离】为3像素，【大小】为16像素，然后单击【确定】按钮应用图层样式，如图5-10所示。

04 选择【椭圆】工具，在圆角矩形右侧依据网格线，按住Alt+Shift键拖曳绘制正圆形，生成【椭圆 1】图层。然后在选项栏中，将【填充】颜色更改为白色，如图5-11所示。

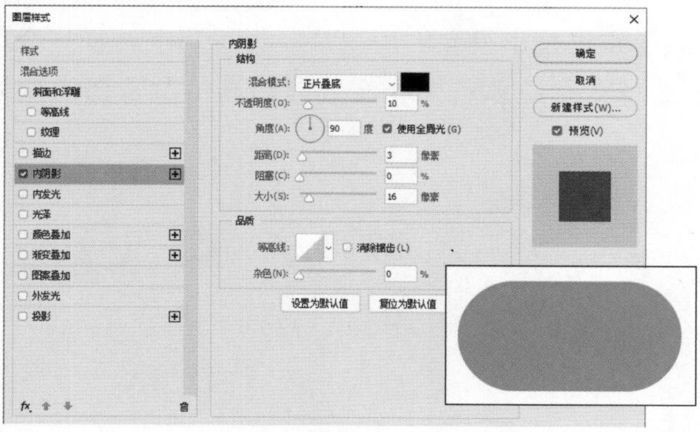

图5-10

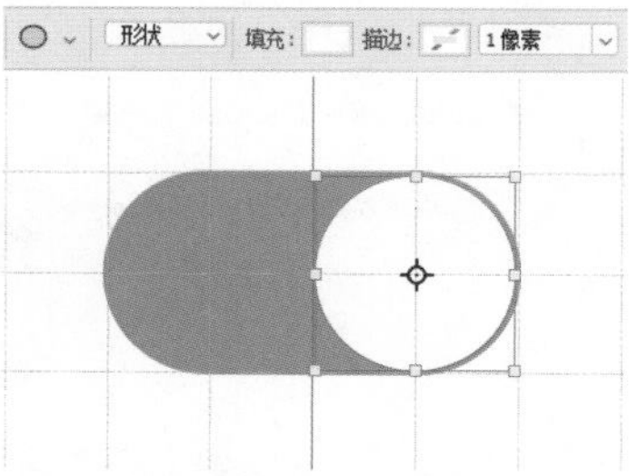

图5-11

05 在【图层】面板中，双击【椭圆 1】图层，打开【图层样式】对话框。在对话框中，选中【外发光】选项，设置【混合模式】为【正常】，【不透明度】数值为5%，外发光颜色为黑色，【大小】数值为6像素，如图5-12所示。

06 在【图层样式】对话框中，选中【投影】选项，设置【混合模式】为【正片叠底】，【不透明度】数值为6%，【角度】数值为50度，取消选中【使用全局光】复选框，设置【距离】数值为5像素，【扩展】数值为40%，【大小】数值为10像素，然后单击【确定】按钮应用图层样式，如图 5-13 所示。

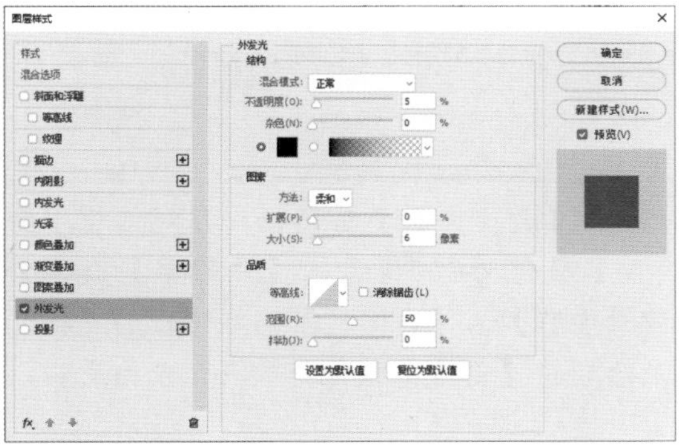

图 5-12

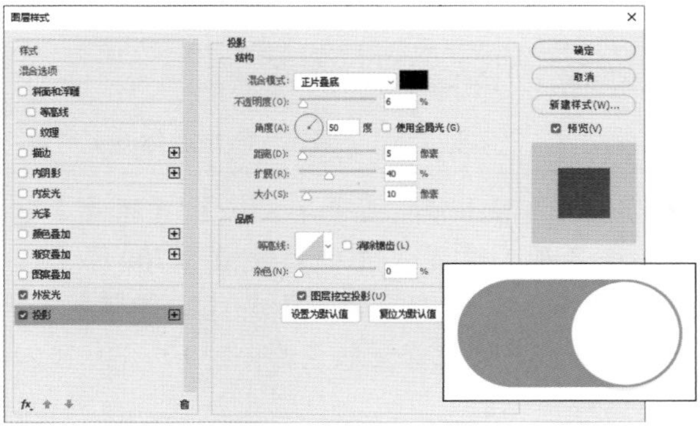

图 5-13

07 在【图层】面板中，选中【矩形 1】和【椭圆 1】图层，按Ctrl+J键复制选中的图层，并使用【移动】工具将复制生成的图像向下移动。按Ctrl+T键执行【自由变换】命令，显示定界框后，右击鼠标，从弹出的快捷菜单中选择【水平翻转】命令，如图 5-14 所示。

08 在【图层】面板中，双击【矩形 1拷贝】图层缩览图，在弹出的【拾色器】对话框中，将图形填充颜色更改为R:221 G:221 B:221，如图 5-15 所示。

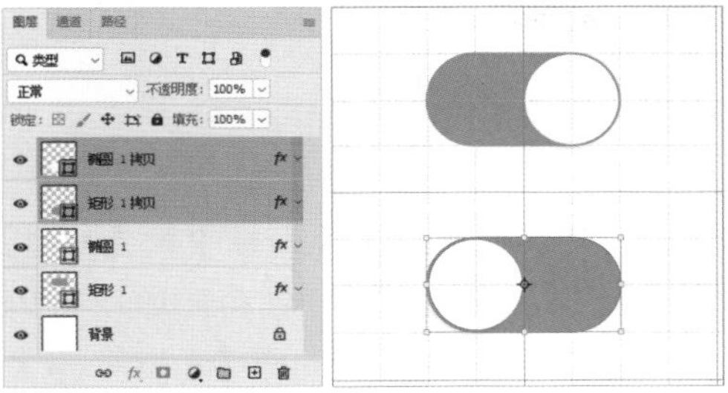

图 5-14

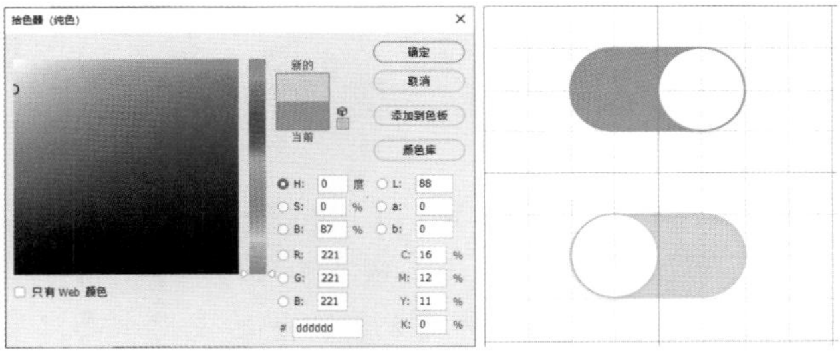

图 5-15

09 在【图层】面板中，双击【椭圆 1拷贝】图层，再次打开【图层样式】对话框。在对话框中，将【投影】选项中的【角度】数值更改为145度，然后单击【确定】按钮。再次选择【视图】|【显示】|【网格】命令，隐藏网格，最终效果如图 5-16 所示。

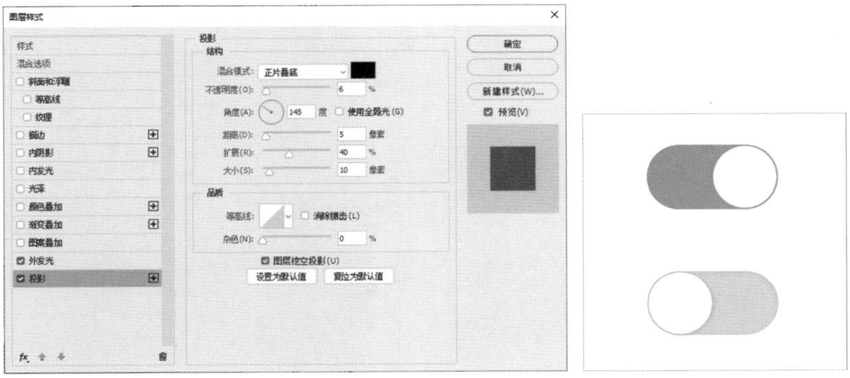

图 5-16

案例——制作立体开关控件

视频名称	制作立体开关控件
案例文件	案例文件 \ 第 5 章 \ 制作立体开关控件

01 启动Photoshop，选择【文件】|【新建】命令，打开【新建文档】对话框。在对话框中输入文档名称，设置【宽度】数值为700像素，【高度】数值为300像素，【分辨率】数值为300像素/英寸，【颜色模式】为【RGB颜色】，【背景内容】为【自定义】，在弹出的【拾色器】对话框中设置背景颜色为R:237 G:239 B:240，然后单击【创建】按钮新建一个空白文档，如图5-17所示。

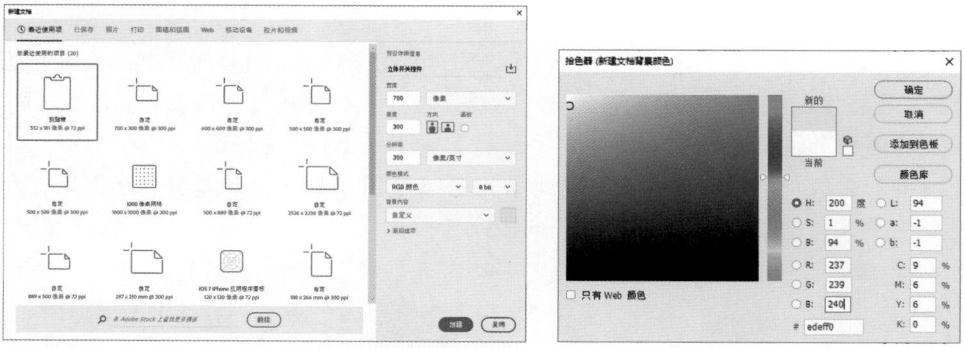

图5-17

02 选择【视图】|【显示】|【网格】命令，在新建文档中显示网格。选择工具面板中的【矩形】工具，在选项栏中设置工具模式为【形状】；单击【填充】选项，设置填充颜色为R:191 G:195 B:198；设置【描边】为【无】。然后使用工具以网格线为参考单击，在弹出的【创建矩形】对话框中，设置【宽度】数值为156像素，【高度】数值为68像素，圆角半径数值为68像素，选中【从中心】复选框，单击【确定】按钮创建圆角矩形，生成【矩形 1】图层，如图5-18所示。

03 在【图层】面板中，双击【矩形 1】图层，打开【图层样式】对话框。在对话框中，选中【内阴影】选项，设置【混合模式】为【正片叠底】，阴影颜色为R:155 G:160 B:163，设置【不透明度】数值为100%，取消选中【使用全局光】复选框，【距离】数值为4像素，【大小】数值为4像素，如图5-19所示。

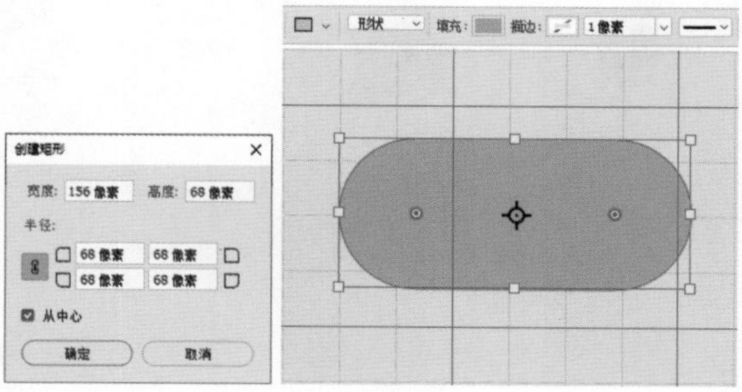

图5-18

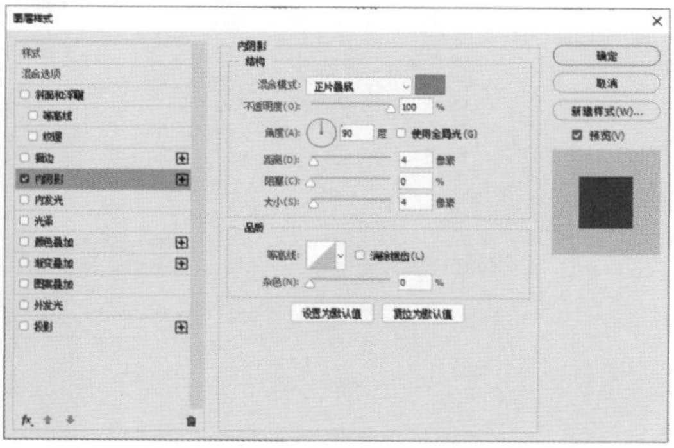

图5-19

04 在对话框中，选中【内发光】选项，设置【混合模式】为【滤色】，【不透明度】数值为100%，发光颜色为白色，【阻塞】数值为35%，【大小】数值为5像素，然后单击【确定】按钮，如图5-20所示。

05 按Ctrl+J键复制【矩形 1】图层，生成【矩形 1拷贝】图层，并删除图层样式。然后在选项栏中，更改【填充】颜色为R:107 G:209 B:106，设置W数值为148像素，H数值为60像素，如图5-21所示。

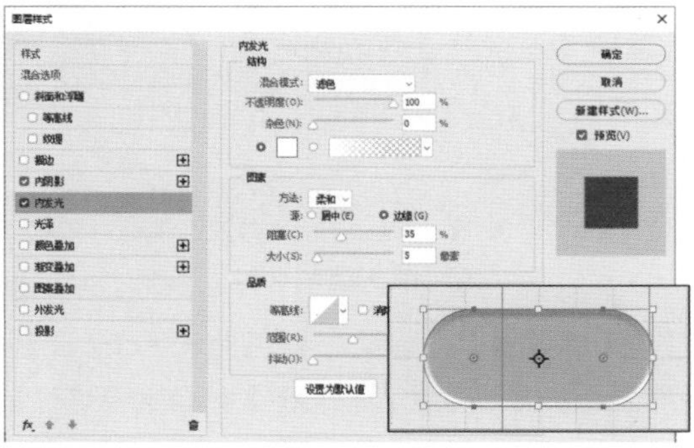

图5-20

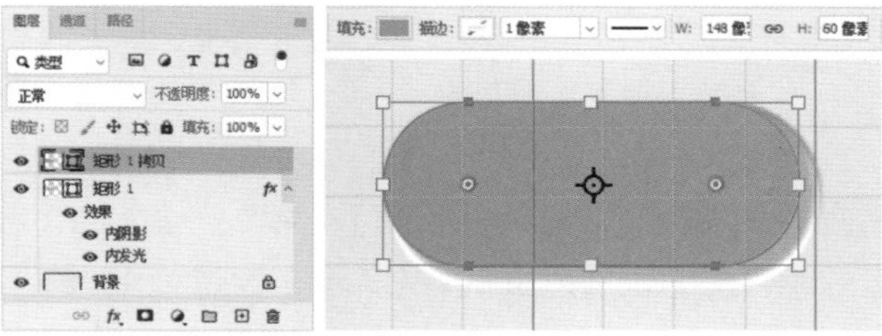

图5-21

06 选择【移动】工具，在【图层】面板中选中【矩形 1】和【矩形 1拷贝】图层，然后在选项栏中单击【水平居中对齐】和【垂直居中对齐】按钮，如图5-22所示。

07 在【图层】面板中，双击【矩形 1拷贝】图层，打开【图层样式】对话框。在对话框中，选中【内阴影】选项，设置【混合模式】为【正片叠底】，阴影颜色为R:12 G:57 B:12，取消选中【使用全局光】复选框，【距离】数值为1像素，【阻塞】数值为10%，【大小】数值为6像素，然后单击【确定】按钮，如图5-23所示。

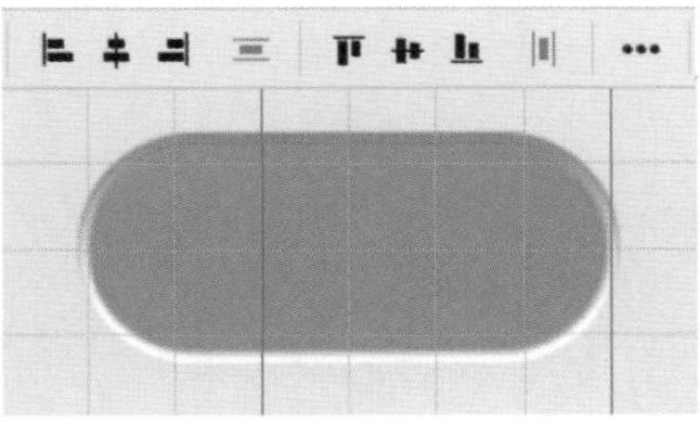

图5-22

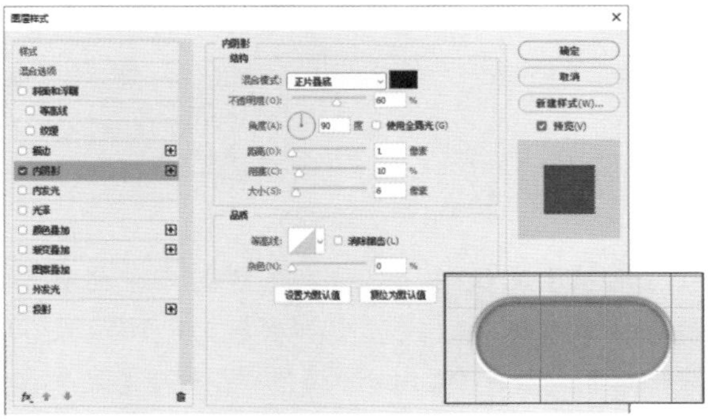

图5-23

08 选择工具面板中的【椭圆】工具，在选项栏中设置工具模式为【形状】；单击【填充】选项，设置填充颜色为R:232 G:234 B:235；设置【描边】为【无】。然后使用工具以网格线为参考单击，在弹出的【创建椭圆】对话框中，设置【宽度】和【高度】均为50像素，选中【从中心】复选框，单击【确定】按钮创建圆形，生成【椭圆 1】图层，如图5-24所示。

09 在【图层】面板中，双击【矩形 1】图层，打开【图层样式】对话框。在对话框中，选中【内阴影】选项，设置【混合模式】为【正片叠底】，阴影颜色为R:2 G:2 B:2，设置【不透明度】

数值为75%，取消选中【使用全局光】复选框，设置【角度】数值为-90度，【距离】数值为1像素，【大小】数值为1像素，如图5-25所示。

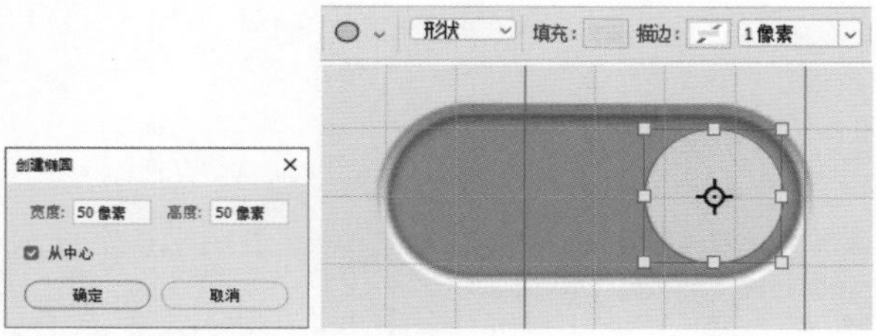

图5-24

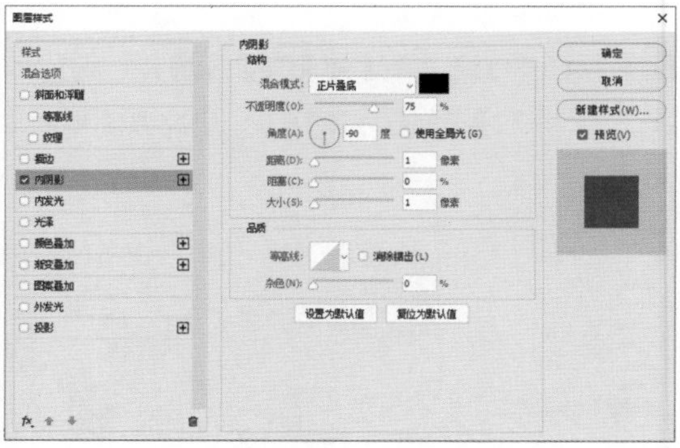

图5-25

10 在对话框中，选中【投影】选项，设置【混合模式】为【正片叠底】，投影颜色为R:2 G:2 B:2，【不透明度】数值为50%，【角度】数值为90度，【距离】数值为6像素，【大小】数值为9像素，然后单击【确定】按钮，如图5-26所示。

11 选择【横排文字】工具，在选项栏中设置字体系列为SF Pro Text，字体大小为8点，单击【居中对齐文本】按钮，然后使用【横排文字】工具在控件图形上单击并输入文字，如图5-27所示。

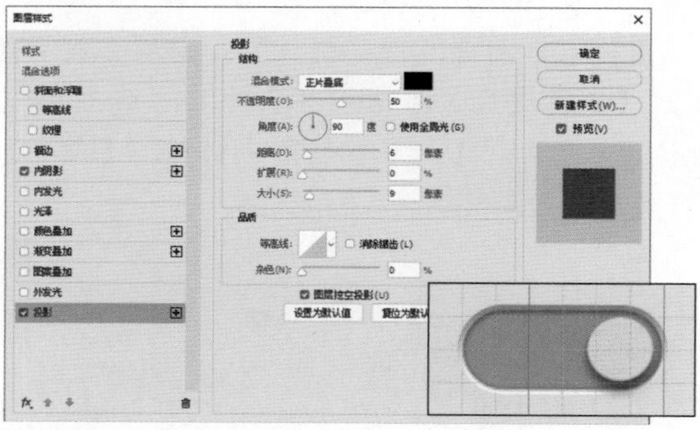

图5-26

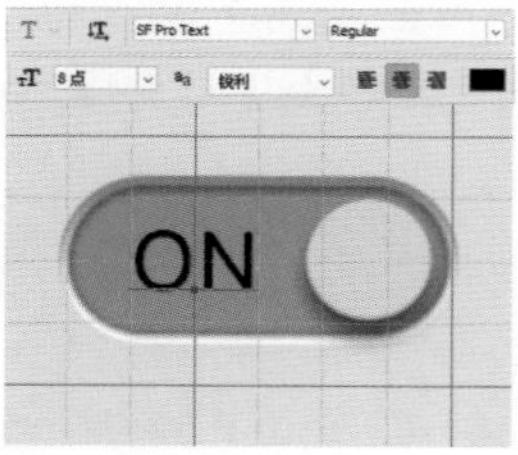

图5-27

12 在【图层】面板中，双击刚创建的文字图层，打开【图层样式】对话框。在对话框中，选中【颜色叠加】选项，设置叠加颜色为R:107 G:209 B:106，如图5-28所示。

13 在对话框中，选中【内阴影】选项，设置【混合模式】为【正片叠底】，阴影颜色为R:2 G:2 B:2，【不透明度】数值为30%，【角度】数值为120度，【距离】数值为1像素，【大小】数值为1像素，如图5-29所示。

14 在对话框中，选中【内发光】选项，设置【混合模式】为【正常】，【不透明度】数值为20%，内发光颜色为R:16 G:95 B:16，选中【边缘】单选按钮，设置【阻塞】数值为1%，【大小】数值为2像素，如图5-30所示。

15 在对话框中，选中【投影】选项，设置【混合模式】为【滤色】，投影颜色为白色，【不透明度】数值为35%，【角度】数值为120度，【距离】数值为1像素，【大小】数值为0像素，然后单击【确定】按钮，如图5-31所示。

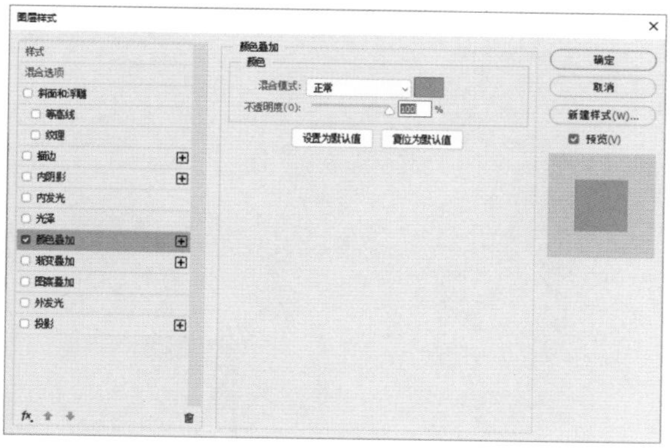

图 5-28

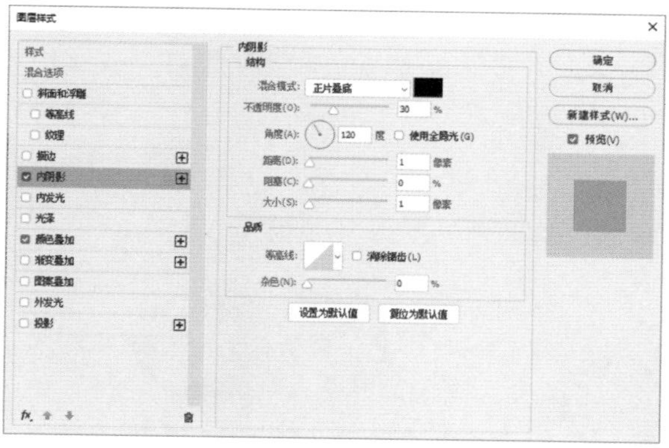

图 5-29

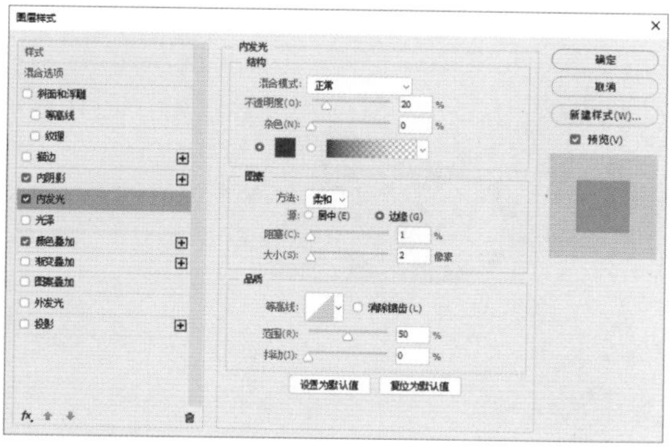

图 5-30

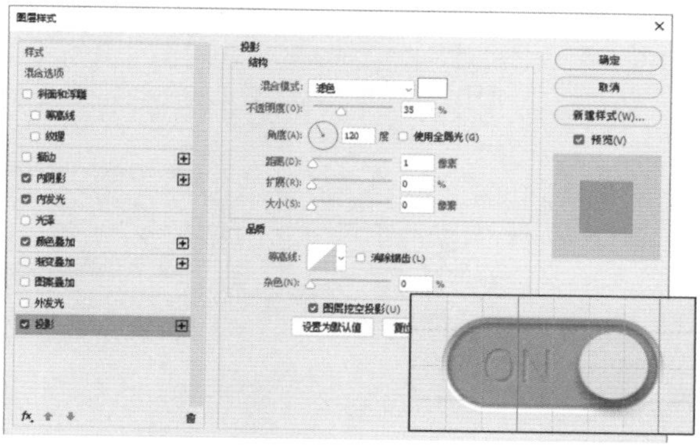

图 5-31

16 在【图层】面板中，选中步骤02至步骤15，在面板菜单中选择【从图层新建组】命令，打开【从图层新建组】对话框。在对话框的【名称】文本框中输入On button，在【颜色】下拉列表中选择【红色】选项，然后单击【确定】按钮创建组，如图5-32所示。

17 选择【移动】工具，按住Shift+Ctrl+Alt键移动并复制刚创建的组，生成【On button 拷贝】和【On button 拷贝 2】图层组，如图5-33所示。

图 5-32

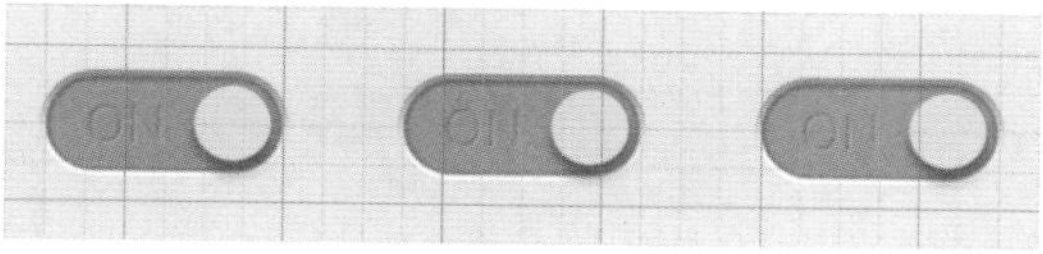

图 5-33

18 在【图层】面板中，将【On button拷贝 2】图层组名称更改为【Off button】，然后选择【横排文字】工具修改文字内容，如图5-34所示。

19 在【图层】面板中，双击刚修改的文字图层，打开【图层样式】对话框。在对话框中，选中【颜色叠加】选项，设置叠加颜色为R:233 G:100 B:122，如图5-35所示。

20 在【Off button】图层组中，选中【矩形 1拷贝】图层。在【属性】面板的【外观】选项组中，更改【填色】为R:233 G:100 B:122，如图5-36所示。

21 选择【移动】工具，调整【Off button】图层组中文字图层和【椭圆 1】图层的位置，如图5-37所示。

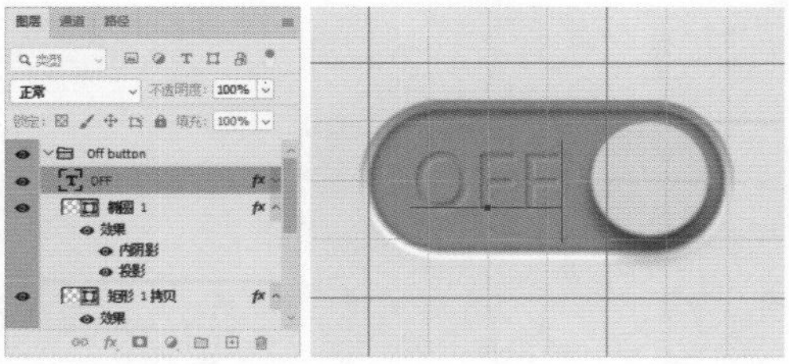

图 5-34

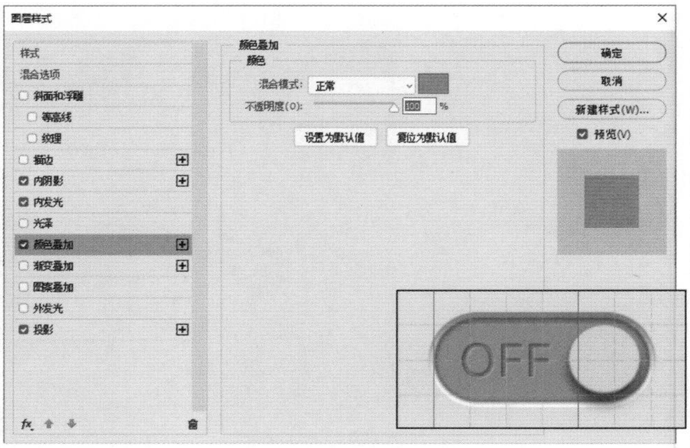

图 5-35

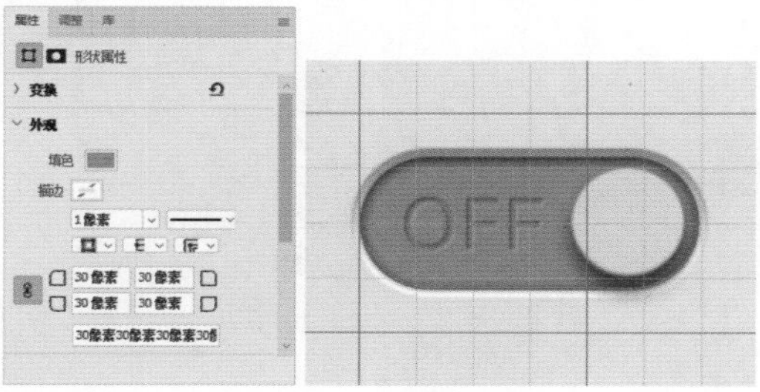

图 5-36

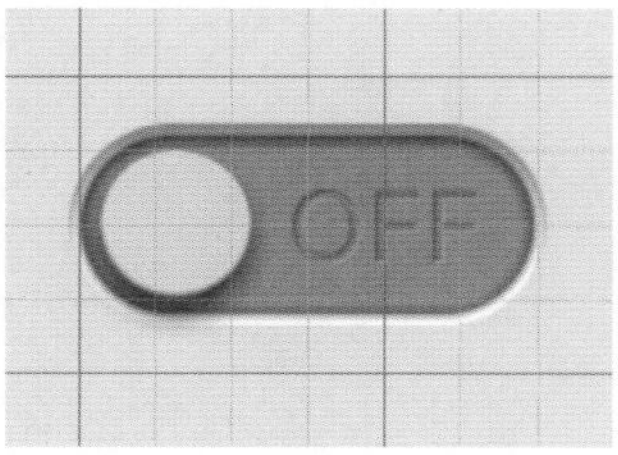

图 5-37

22 在【图层】面板中，将【On button拷贝】图层组名称更改为【On / Off button】。双击【矩形 1 拷贝】图层，打开【图层样式】对话框。在对话框中，选中【渐变叠加】选项，设置渐变颜色为R:107 G:209 B:106 至R:233 G:100 B:122，如图 5-38 所示。

23 使用【移动】工具，调整文字和【椭圆 1】图层位置。然后拷贝【Off button】图层组中的文字图层，并将其移动至【On / Off button】组中，如图 5-39 所示。

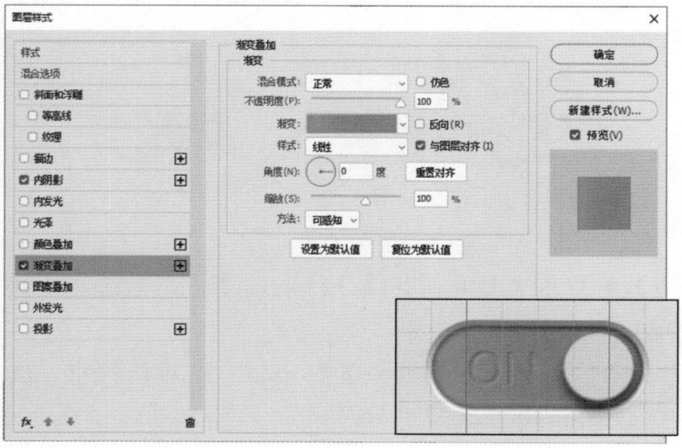

图 5-38

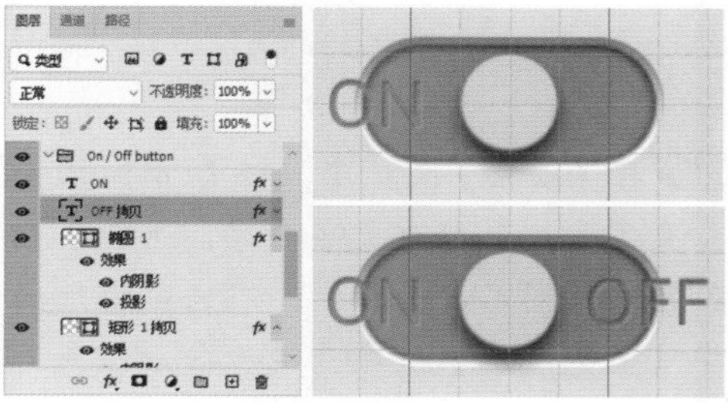

图 5-39

24 在【图层】面板中，按Ctrl键单击【矩形 1拷贝】图层缩览图载入选区，然后单击【图层蒙版】按钮为【OFF 拷贝】文字图层，添加图层蒙版，如图 5-40 所示。

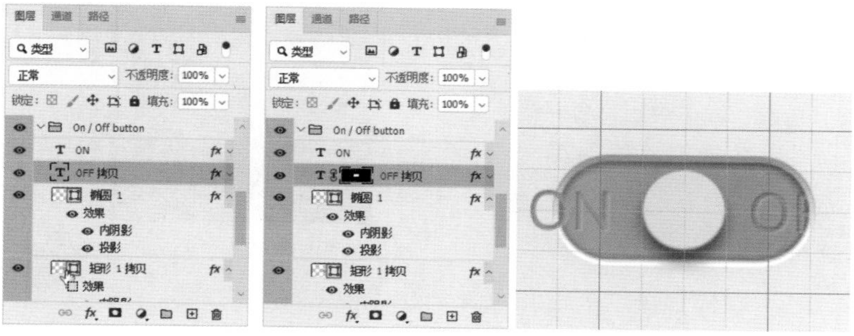

图 5-40

25 在【图层】面板中，选中ON文字图层，再按Ctrl键单击【矩形 1拷贝】图层缩览图载入选区，然后单击【图层蒙版】按钮为【ON】文字图层，添加图层蒙版，如图 5-41 所示。

26 在【图层】面板中，选中最上方图层组。选择【横排文字】工具，在选项栏中设置字体系列为SF Pro Text，字体大小为7.2点，单击【居中对齐文本】按钮，字体颜色为R:121 G:121 B:121，然后使用【横排文字】工具在控件图形上单击并输入文字。再次选择【视图】|【显示】|【网格】命令，隐藏网格，最终效果如图 5-42 所示。

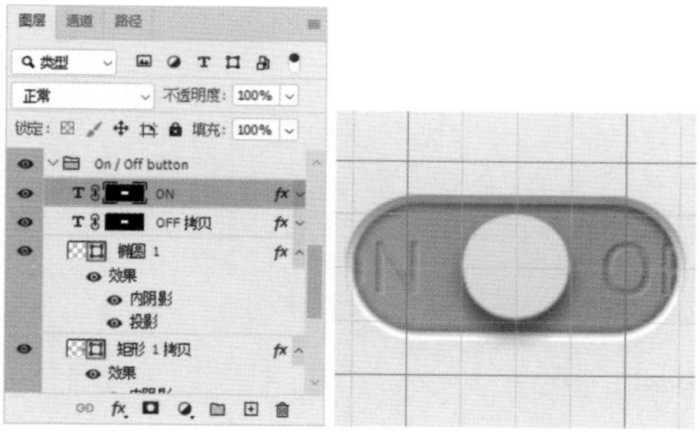

图 5-41

图 5-42

案例——制作条状载入进度条控件

视频名称	制作条状载入进度条控件
案例文件	案例文件 \ 第 5 章 \ 制作条状载入进度条控件

01 启动Photoshop，选择【文件】|【新建】命令，打开【新建文档】对话框。在对话框中输入文档名称，设置【宽度】数值为600像素，【高度】数值为300像素，【分辨率】数值为300像素/英寸，【颜色模式】为【RGB颜色】，【背景内容】为【自定义】，在弹出的【拾色器】对话框中设置背景颜色为R:47 G:55 B:146，然后单击【创建】按钮新建一个空白文档，如图 5-43 所示。

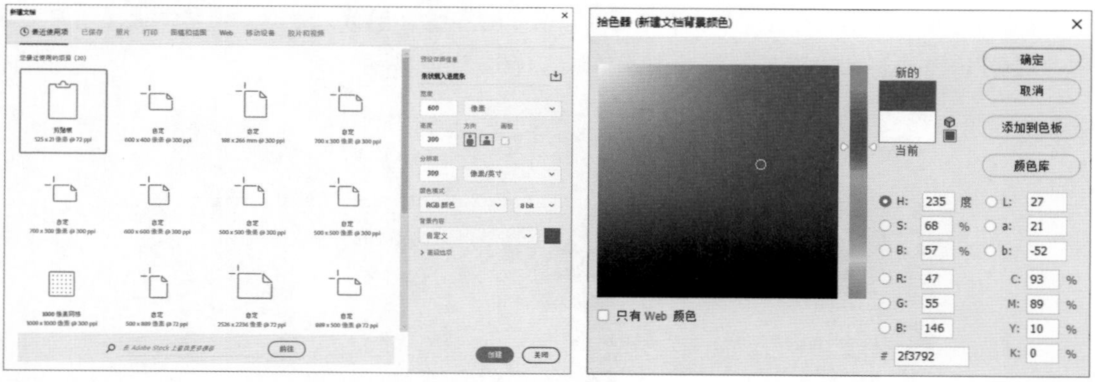

图5-43

02 选择【视图】|【显示】|【网格】命令，在新建文档中显示网格。选择工具面板中的【矩形】工具，在选项栏中设置工具模式为【形状】；单击【填充】选项，设置填充颜色为白色；设置【描边】为【无】。然后使用工具以网格线为参考单击，在弹出的【创建矩形】对话框中，设置【宽度】数值为450像素，【高度】数值为90像素，圆角半径数值为10像素，选中【从中心】复选框，单击【确定】按钮创建圆角矩形，生成【矩形 1】图层，如图5-44所示。

03 在【图层】面板中，双击【矩形 1】图层，打开【图层样式】对话框。在对话框中，选中【颜色叠加】选项，设置【混合模式】为【柔光】，叠加颜色为黑色，【不透明度】数值为40%，如图5-45所示。

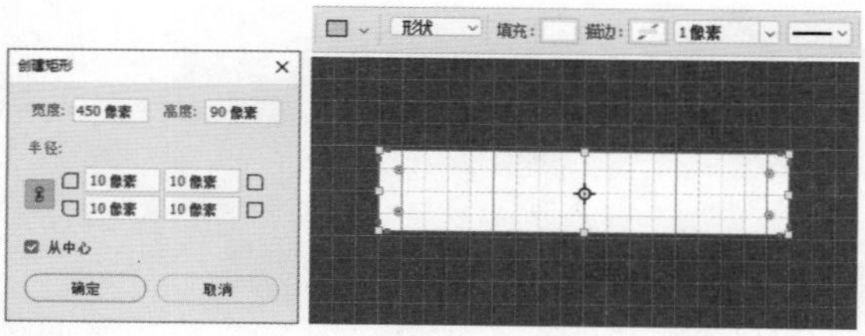

图5-44

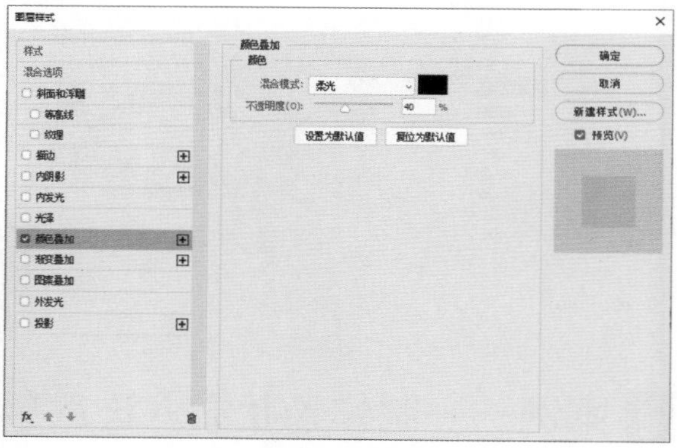

图5-45

04 在对话框中，选中【描边】选项，设置【大小】数值为1像素，【位置】为【内部】，【混合模式】为【正常】，【不透明度】数值为50%，填充颜色为黑色，如图5-46所示。

05 在对话框中，选中【内阴影】选项，设置【混合模式】为【正常】，阴影颜色为黑色，【不透明度】为30%，【距离】数值为1像素，【大小】数值为3像素，如图5-47所示。

06 在对话框中，选中【投影】选项，设置【混合模式】为【正常】，投影颜色为白色，【不透明度】数值为10%，【距离】数值为2像素，然后单击【确定】按钮应用图层样式，如图5-48所示。

07 使用【矩形】工具，在画板中依据网格单击，在弹出的【创建矩形】对话框中，设置【宽度】数值为400像素，【高度】数值为20像素，圆角半径数值为10像素，选中【从中心】复选框，单击【确定】按钮创建圆角矩形，生成【矩形 2】图层。然后在选项栏中单击【填充】选项，设置填充颜色为黑色，设置【描边】为【无】，如图 5-49 所示。

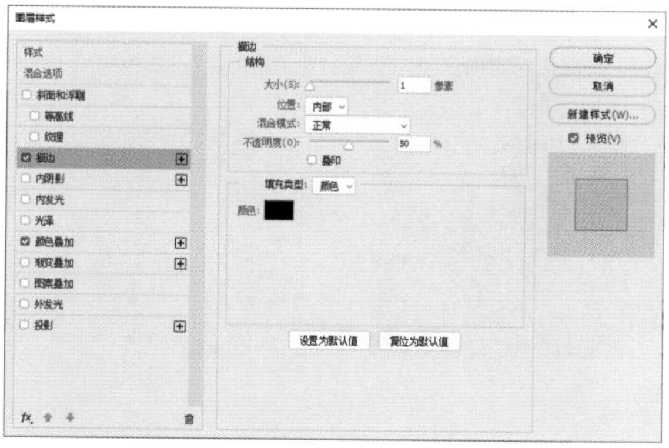

图 5-46

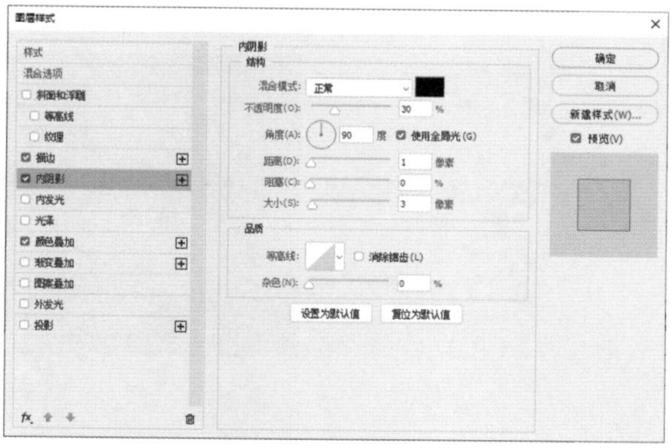

图 5-47

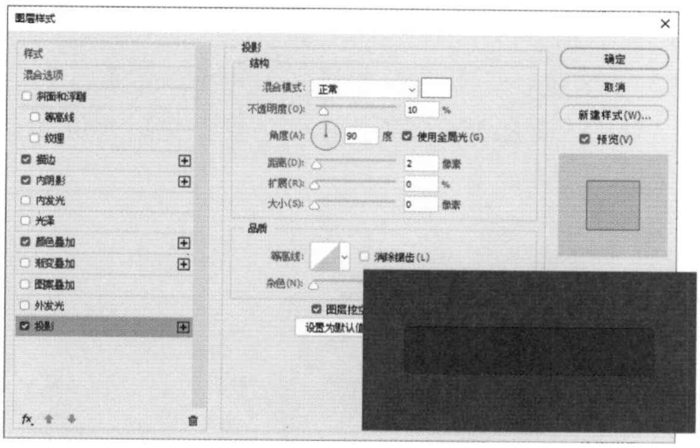

图 5-48

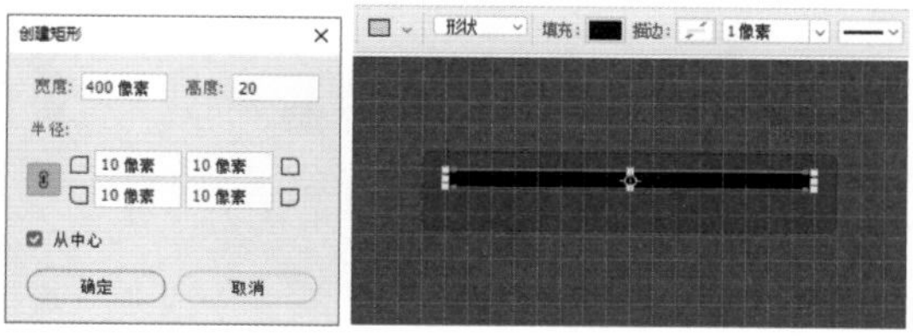

图 5-49

08 在【图层】面板中，设置【矩形 2】图层【填充】数值为25%。然后双击【矩形 2】图层，打开【图层样式】对话框。在对话框中，选中【描边】选项，设置【大小】数值为1像素，【位置】为【内部】，【颜色】为R:0 G:0 B:0，如图 5-50 所示。

09 继续在【图层样式】对话框中，选中【投影】选项，设置【混合模式】为【正常】，投影颜色为白色，【不透明度】数值为7%，【距离】数值为1像素，然后单击【确定】按钮，如图 5-51 所示。

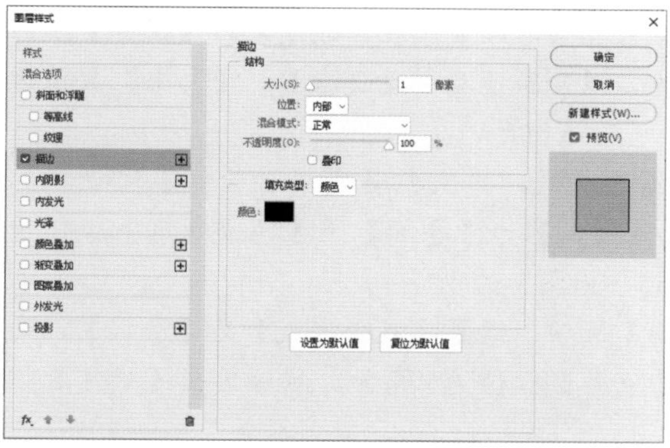

图 5-50

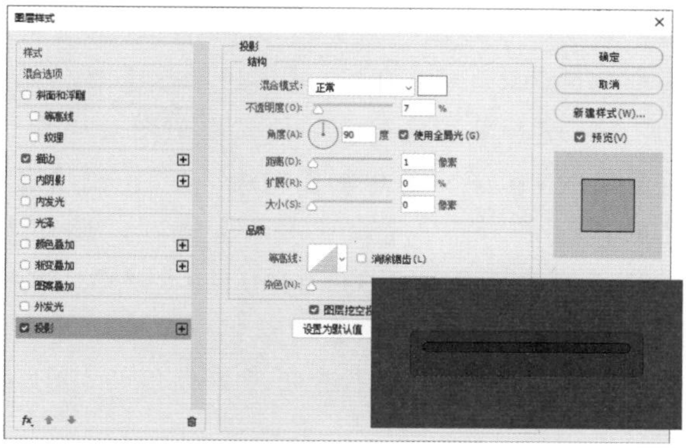

图 5-51

10 按Ctrl+J键复制刚创建的圆角矩形，调整复制的圆角矩形的长度，更改【填充】数值为0%，如图5-52所示。

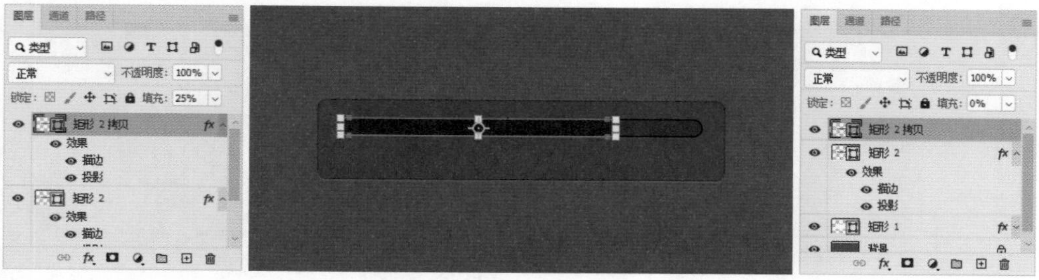

图5-52

11 在【图层】面板中，双击复制的圆角矩形图层，打开【图层样式】对话框。在对话框中，选中【颜色叠加】选项，设置【混合模式】为【正常】，叠加颜色为R:0 G:0 B:0，【不透明度】数值为20%，如图5-53所示。

12 继续在【图层样式】对话框中，选中【渐变叠加】选项，设置【混合模式】为【正常】，【不透明度】数值为100%，【渐变】颜色为R:0 G:213 B:255至R:255 G:212 B:0，【角度】数值为0度，如图5-54所示。

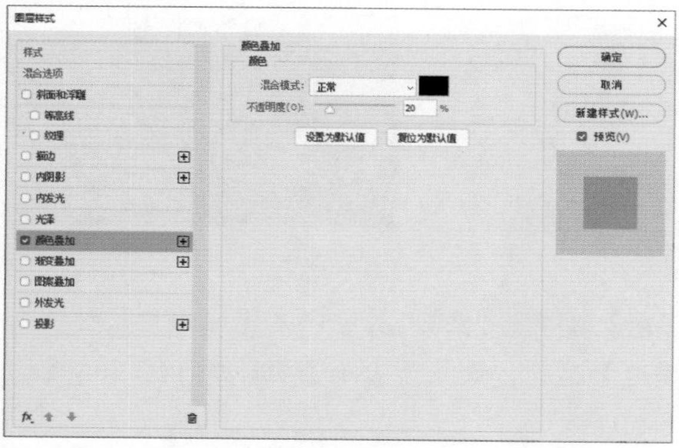

图5-53

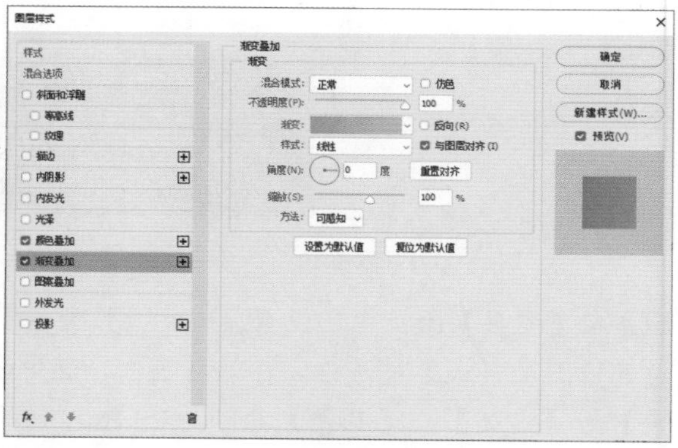

图5-54

13 继续在【图层样式】对话框中，选中【描边】选项，设置【大小】数值为1像素，【位置】为【内部】，【不透明度】数值为50%，【颜色】为黑色，如图5-55所示。

14 继续在【图层样式】对话框中，选中【内阴影】选项，设置【混合模式】为【正常】，内阴影颜色为R:0 G:0 B:0，【不透明度】数值为30%，【距离】数值为2像素，【大小】数值为2像素，然后单击【确定】按钮应用图层样式，如图5-56所示。

15 继续按Ctrl+J键复制圆角矩形，并删除原有图层样式，再次打开【图层样式】对话框。在对话框中，选中【渐变叠加】选项，设置【混合模式】为【叠加】，【不透明度】数值为100%，【渐变】为R:0 G:0 B:0至R:255 G:255 B:255，如图5-57所示。

16 继续在【图层样式】对话框中，选中【内阴影】选项，设置【混合模式】为【叠加】，内阴影颜色为白色，【不透明度】数值为100%，【距离】数值为1像素，然后单击【确定】按钮应用图层样式，如图5-58所示。

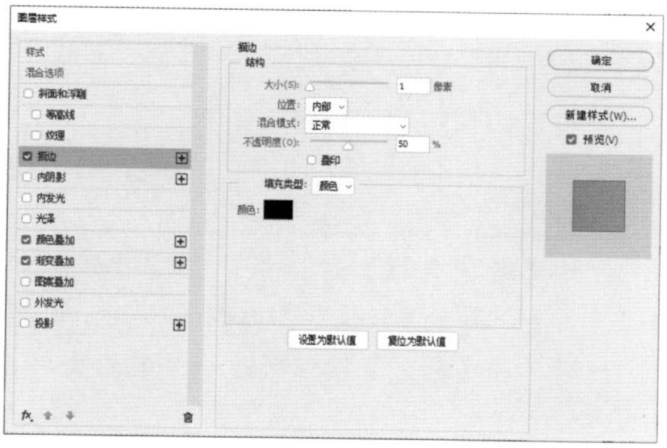

图5-55

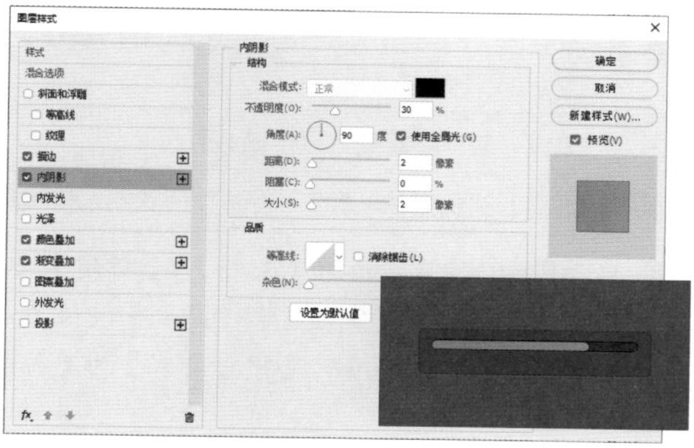

图5-56

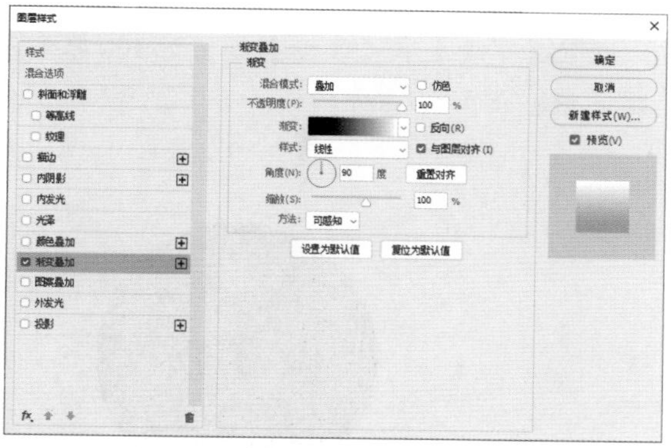

图5-57

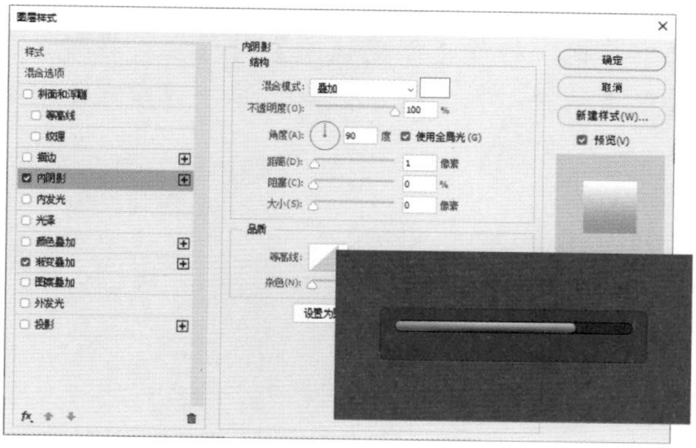

图5-58

17 选择【横排文字】工具在画板中单击，在选项栏中设置字体系列为SF Pro Text，字体大小为6点，单击【居中对齐文本】按钮，设置字体颜色为R:138 G:143 B:153，然后输入文字内容，如图5-59所示。

18 在【图层】面板中，双击刚创建的文字图层，打开【图层样式】对话框。在对话框中，选中【投影】选项，设置【混合模式】为【正常】，投影颜色为R:0 G:0 B:0，【不透明度】数值为50%，【距离】数值为1像素，然后单击【确定】按钮应用图层样式，完成如图5-60所示的进度条制作。

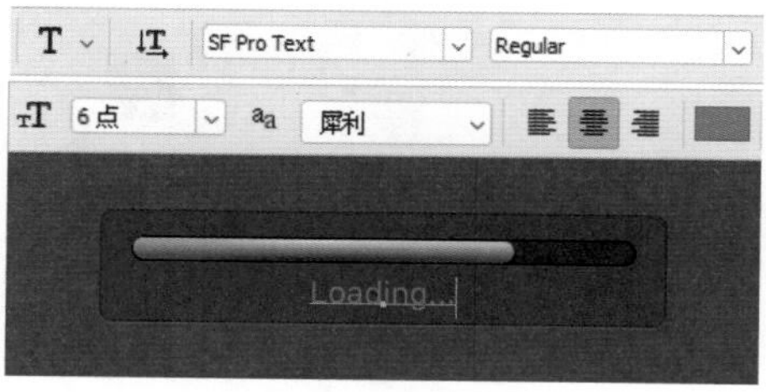

图5-59

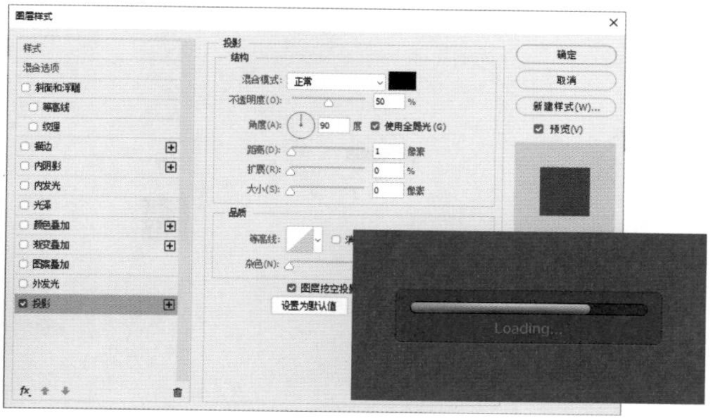

图5-60

案例——制作环状载入进度条控件

视频名称	制作环状载入进度条控件
案例文件	案例文件 \ 第 5 章 \ 制作环状载入进度条控件

01 启动Photoshop，选择【文件】|【新建】命令，打开【新建文档】对话框。在该对话框中输入文档名称，设置【宽度】和【高度】数值为400像素，【分辨率】数值为300像素/英寸，【颜色模式】为【RGB颜色】，【背景内容】为【白色】，然后单击【创建】按钮新建一个空白文档，如图5-61所示。

02 选择【视图】|【显示】|【网格】命令，在新建文档中显示网格。选择工具面板中的【椭圆】工具，在选项栏中设置工具模式为【形状】，设置【描边】为【无】。使用【椭圆】工具在画板中单击，打开【创建椭圆】对话框。在对话框中，设置【宽度】和【高度】数值为300像素，选中【从中心】复选框，然后单击【确定】按钮创建圆形，如图5-62所示。

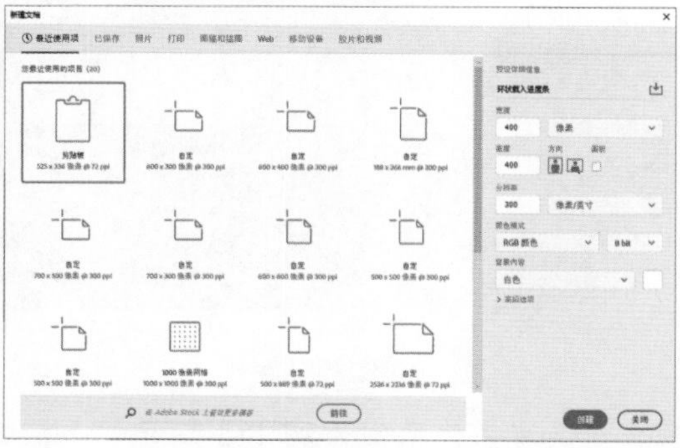

图5-61

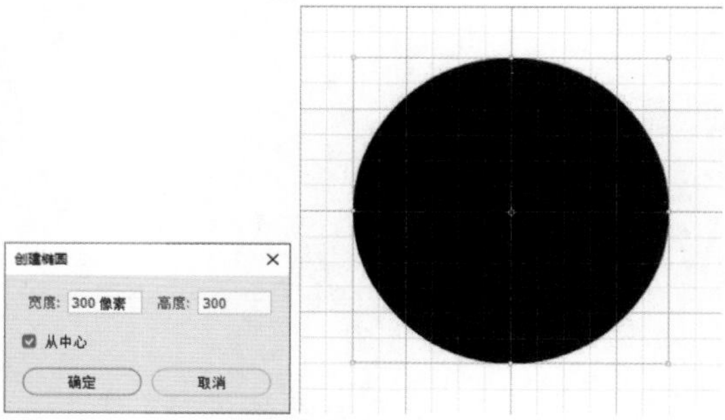

图5-62

03 在【图层】面板中，双击刚创建的图形图层，打开【图层样式】对话框。在对话框中，选中【渐变叠加】选项，设置【混合模式】为【正常】，【不透明度】数值为100%，【渐变】颜色为R:14 G:14 B:16至R:41 G:41 B:49，选中【反向】复选框，如图5-63所示。

04 继续在【图层样式】对话框中，选中【投影】选项，设置【混合模式】为【叠加】，叠加颜色为R:247 G:247 B:247，【不透明度】数值为100%，【距离】数值为4像素，【大小】数值为8像素，然后单击【确定】按钮应用图层样式，如图5-64所示。

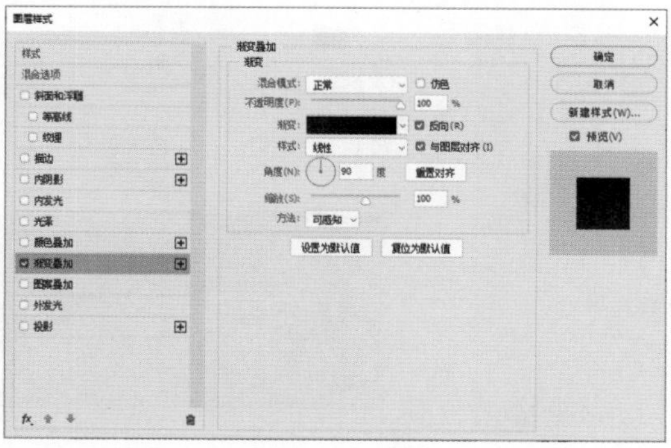

图5-63

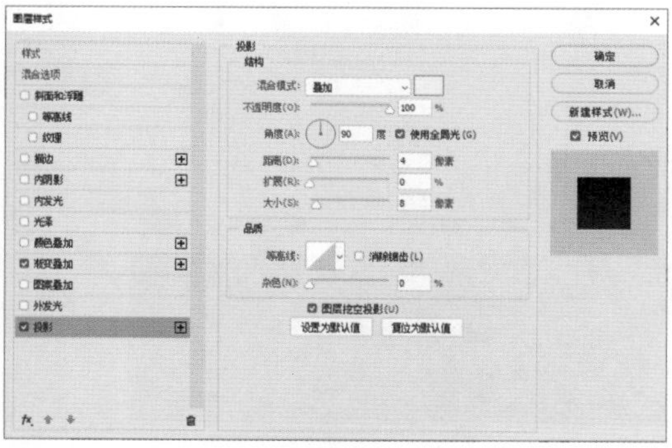

图5-64

05 按Ctrl+J键复制创建的圆形，并删除原有图层样式。再次打开【图层样式】对话框，选中【渐变叠加】选项，设置【混合模式】为【正常】，【不透明度】数值为100%，【渐变】颜色为R:253 G:250 B:3 至R:125 G:197 B:0 至R:128 G:198 B:0 至R:255 G:0 B:0 至R:253 G:250 B:3，【样式】为【角度】，选中【反向】复选框，然后单击【确定】按钮应用图层样式，如图5-65所示。

06 在【图层】面板中，设置图层【不透明度】数值为20%，如图5-66所示。

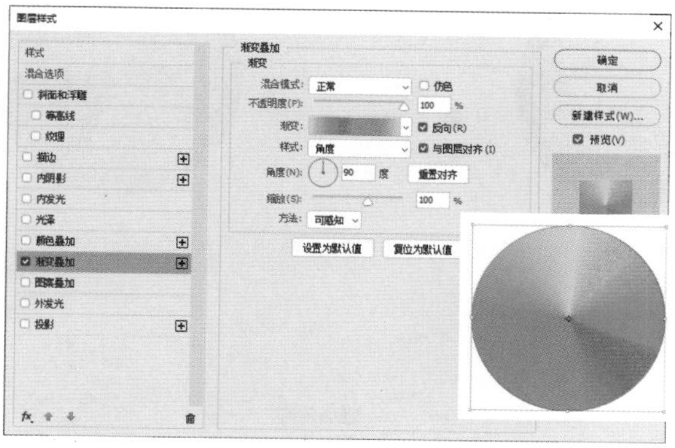

图5-65

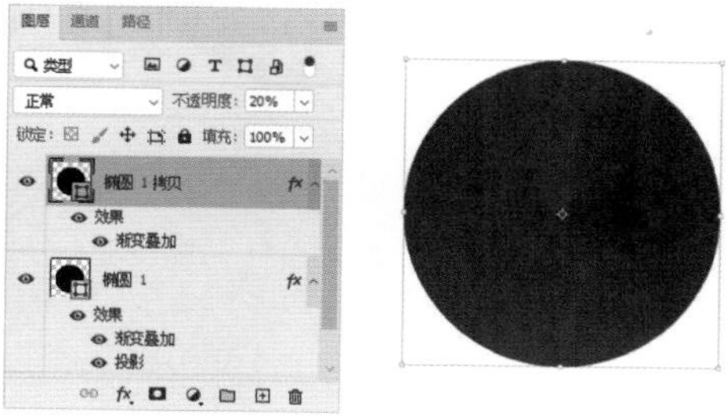

图5-66

07 再次按Ctrl+J键复制图层，在【图层】面板中将【不透明度】数值更改为100%。按Ctrl+T键应用【自由变换】命令，按Alt键拖动定界框缩小图形对象，如图5-67所示。

08 在【图层】面板中，双击刚复制的图层，打开【图层样式】对话框。在对话框中，选中【内阴影】选项，设置【混合模式】为【正常】，内阴影颜色为R:0 G:0 B:0，【不透明度】数值为100%，【阻塞】数值为15%，【大小】数值为5像素，然后单击【确定】按钮应用图层样式，如图5-68所示。

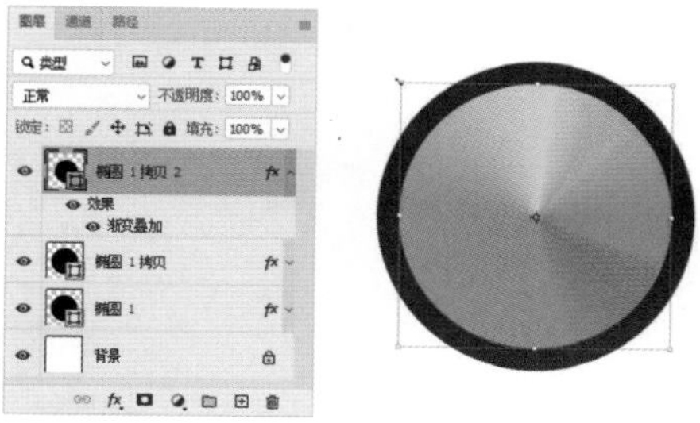

图5-67

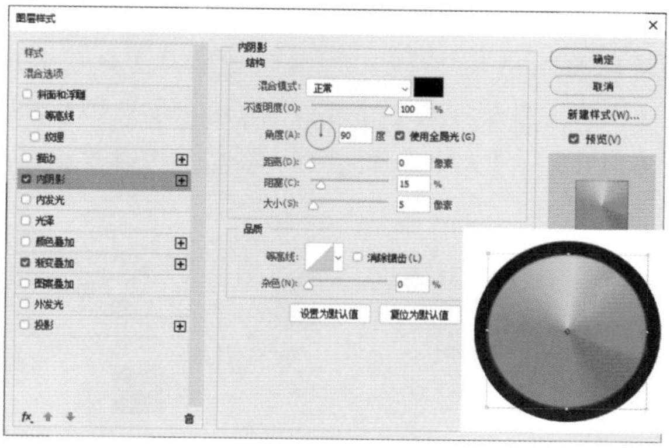

图5-68

09 在【图层】面板中，按Ctrl键单击【椭圆 1 拷贝 2】图层缩览图，载入选区。选择【多边形套索】工具，在选项栏中单击【从选区减去】按钮，然后使用【多边形套索】工具调整选区，并单击【添加图层蒙版】按钮添加图层蒙版，如图5-69所示。

10 在【图层】面板中选中【椭圆 1】，按Ctrl+J键进行复制，生成【椭圆 1 拷贝 3】图层，删除图层样式，并将其置于顶层。然后按Ctrl+T键应用【自由变换】命令，按Alt键拖动定界框缩小图形对象，如图5-70所示。

11 在【图层】面板中，双击刚创建的图层，打开【图层样式】对话框。在对话框中，选中【渐变叠加】选项，设置【混合模式】为【正常】，【不透明度】数值为100%，【渐变】颜色为R:26 G:26 B:30至R:55 G:55 B:65，取消选中【反向】复选框，如图5-71所示。

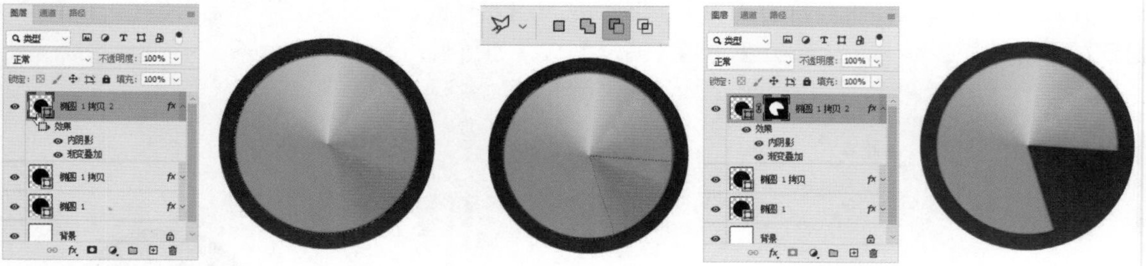

图5-69

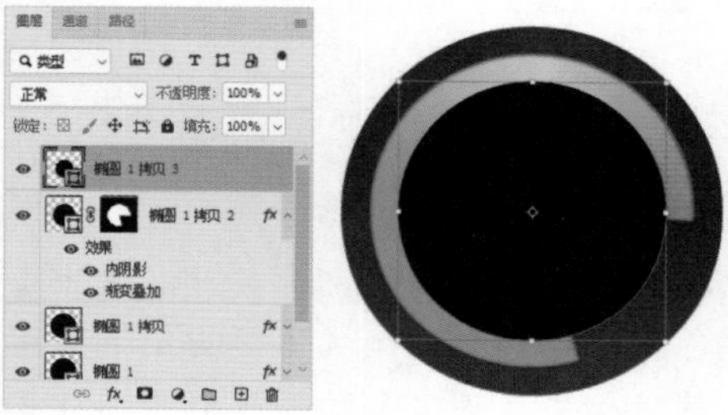

图5-70

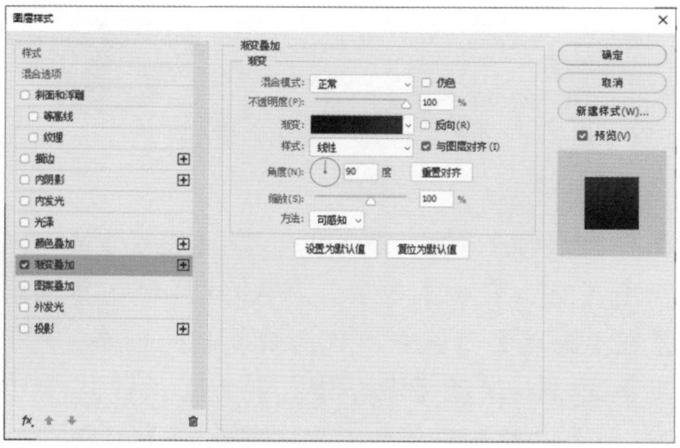

图5-71

12 继续在【图层样式】对话框中，选中【内阴影】选项，设置【混合模式】为【正常】，内阴影颜色为R:96 G:96 B:100，【不透明度】数值为60%，【距离】数值为2像素，如图5-72所示。

13 继续在【图层样式】对话框中，选中【投影】选项，设置【混合模式】为【正常】，【不透明度】数值为100%，【大小】数值为5像素，然后单击【确定】按钮应用图层样式，如图5-73所示。

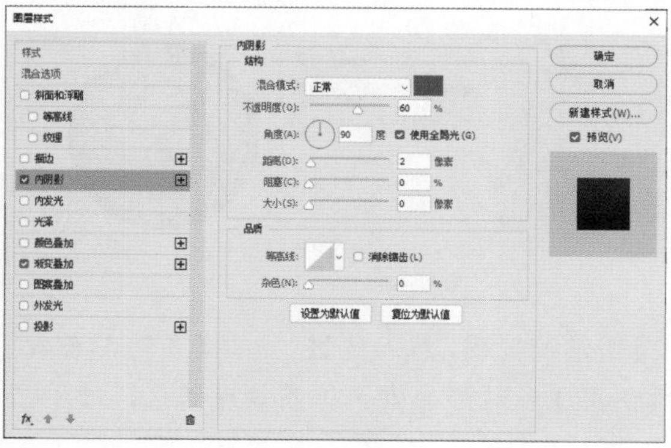

图5-72

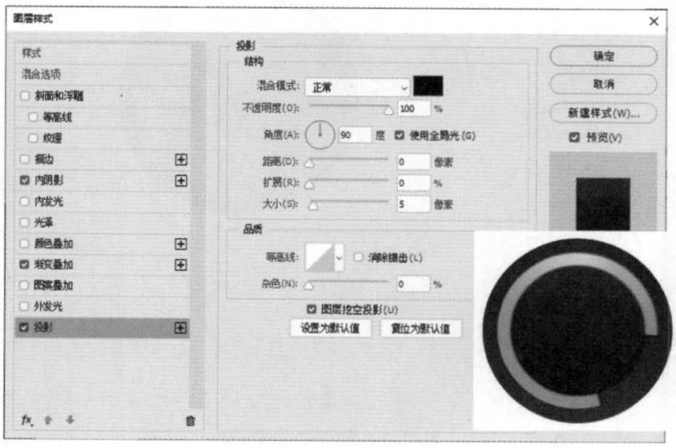

图5-73

14 选择【横排文字】工具在画板中心单击，在选项栏中设置字体样式为Arial，字体大小为9点，单击【居中对齐文本】按钮，设置字体颜色为白色，然后输入文字内容，如图5-74所示。

15 在【图层】面板中，双击刚创建的文字图层，打开【图层样式】对话框。在对话框中，选中【渐变叠加】选项，设置【混合模式】为【正常】，【不透明度】数值为100%，【渐变】颜色为R:168 G:168 B:168至R:255 G:255 B:255，取消选中【反向】复选框，如图5-75所示。

图5-74

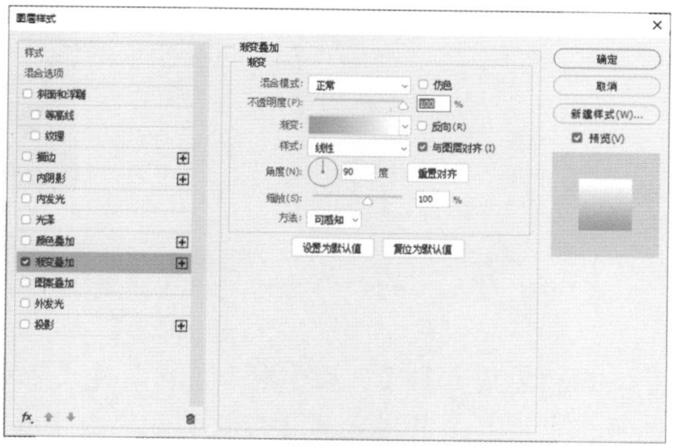

图5-75

16 继续在【图层样式】对话框中，选中【投影】选项，设置【混合模式】为【正常】，投影颜色为R:0 G:0 B:0，【距离】数值为1像素，【大小】数值为2像素，然后单击【确定】按钮应用图层样式，如图5-76所示完成环状载入进度条的制作。

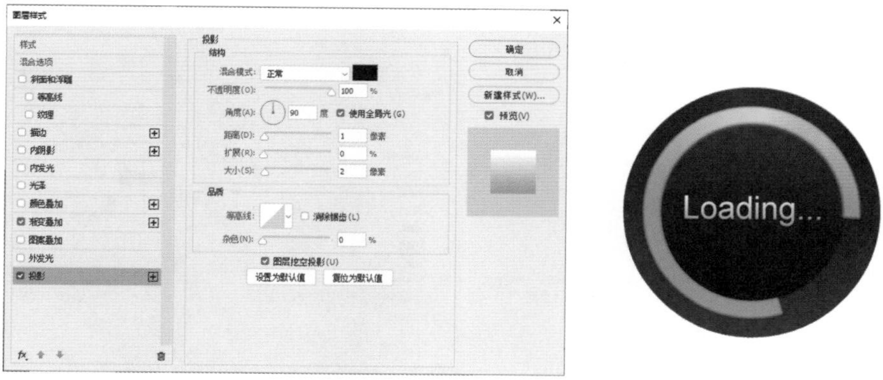

图5-76

案例——制作滑块控件

视频名称	制作滑块控件
案例文件	案例文件\第 5 章\制作滑块控件

01 启动Photoshop，选择【文件】|【新建】命令，打开【新建文档】对话框。在对话框中输入文档名称，设置【宽度】数值为600像素，【高度】数值为225像素，【分辨率】数值为300像素/英寸，【颜色模式】为【RGB颜色】，【背景内容】为【自定义】，在弹出的【拾色器】对话框中设置背景颜色为R:233 G:233 B:233，然后单击【创建】按钮新建一个空白文档，如图5-77所示。

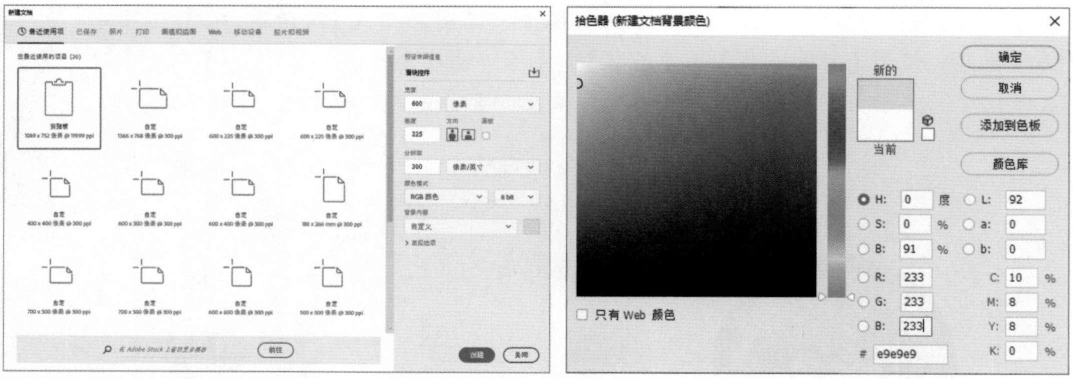

图5-77

02 选择【视图】|【显示】|【网格】命令，在新建文档中显示网格。选择工具面板中的【矩形】工具，在选项栏中设置工具模式为【形状】；单击【填充】选项，设置填充颜色为R:210 G:210 B:210；设置【描边】为【无】。然后使用工具以网格线为参考单击，在弹出的【创建矩形】对话框中，设置【宽度】数值为500像素，【高度】数值为15像素，圆角半径数值为7.5像素，选中【从中心】复选框，单击【确定】按钮创建圆角矩形，生成【矩形 1】图层，如图5-78所示。

03 在【图层】面板中，双击【矩形 1】图层，打开【图层样式】对话框。在对话框中，选中【渐变叠加】选项，设置【混合模式】为【叠加】，【不透明度】数值为36%，叠加颜色为黑色至白色渐变，选中【反向】复选框，如图5-79所示。

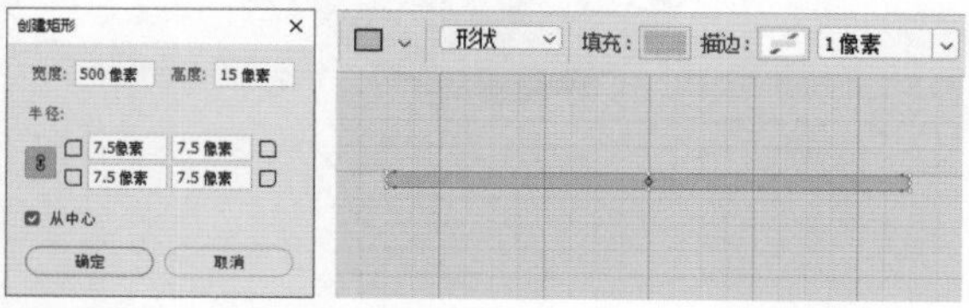

图5-78

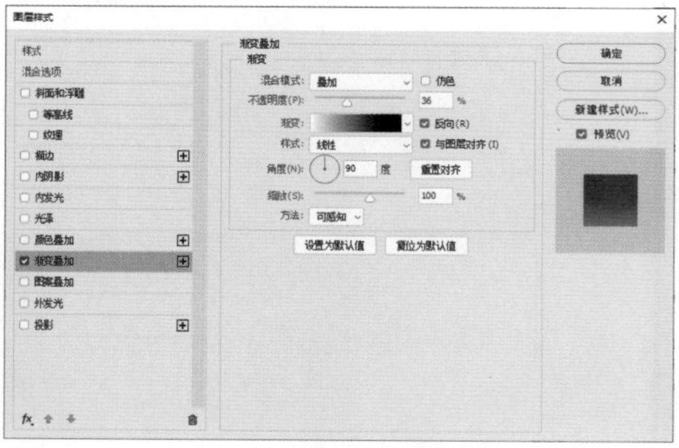

图5-79

04 继续在对话框中，选中【斜面和浮雕】选项，设置【样式】为【外斜面】，【方法】为【平滑】，【深度】数值为100%，【大小】数值为5像素；设置高光模式【混合模式】为【滤色】，高光颜色为白色，【不透明度】数值为5%；设置阴影模式【混合模式】为【正片叠底】，阴影颜色为黑色，【不透明度】数值为1%，如图5-80所示。

05 继续在【图层样式】对话框中，选中【描边】选项，设置【大小】数值为2像素，【位置】为【内部】，【填充类型】为【渐变】，设置【渐变】颜色为R:102 G:102 B:102至【不透明度】数值为0%的黑色，选中【反向】复选框，如图5-81所示。

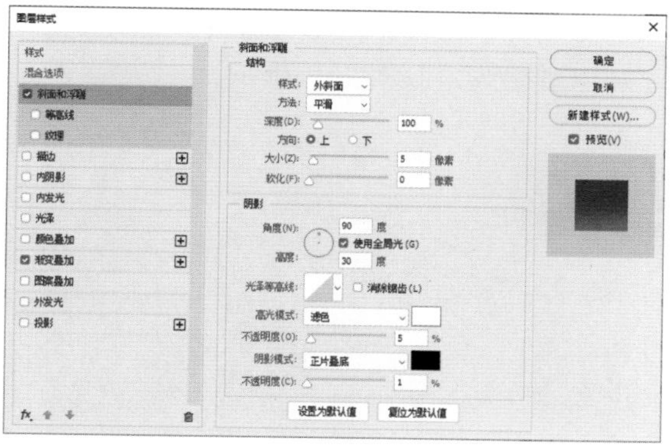

图5-80

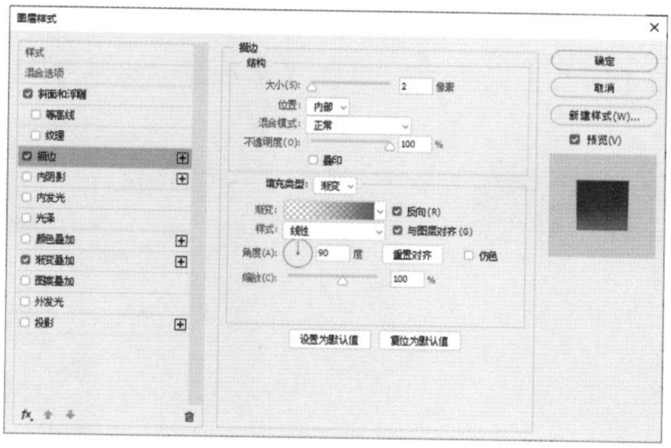

图5-81

06 继续在【图层样式】对话框中，选中【内阴影】选项，设置【混合模式】为【线性加深】，内阴影颜色为黑色，【不透明度】数值为35%，【距离】数值为3像素，【大小】数值为6像素，如图5-82所示。

07 继续在【图层样式】对话框中，选中【投影】选项，设置【混合模式】为【叠加】，投影颜色为白色，【不透明度】数值为60%，【距离】数值为2像素，然后单击【确定】按钮应用图层样式，如图5-83所示。

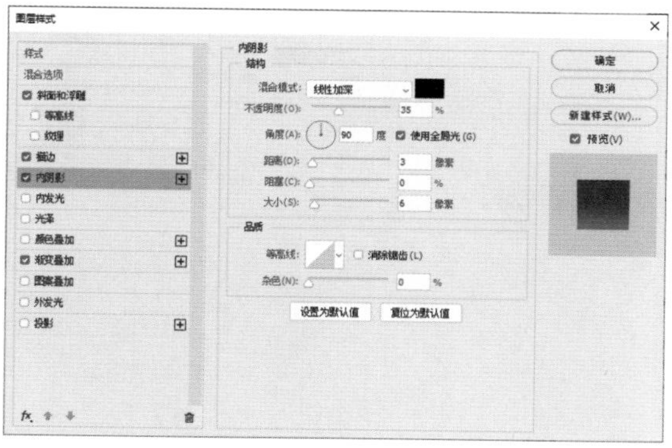

图5-82

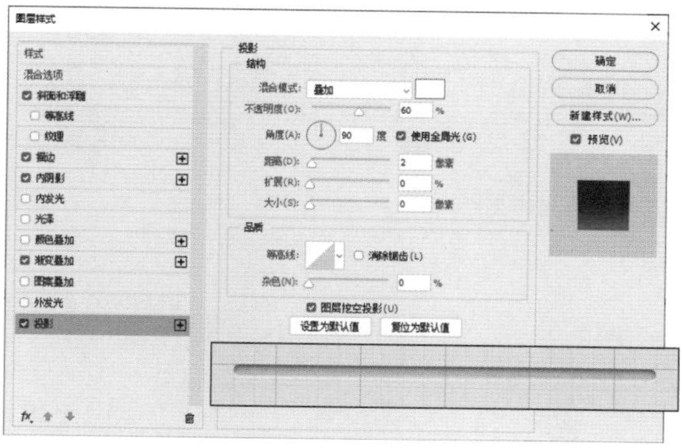

图5-83

08 按Ctrl键单击【矩形 1】图层缩览图载入选区，并单击【创建新图层】按钮，新建【图层 1】，设置图层【填充】数值为90%。在【颜色】面板中，设置前景色为R:205 G:227 B:237，然后按Alt+Delete键填充选区，如图5-84所示。

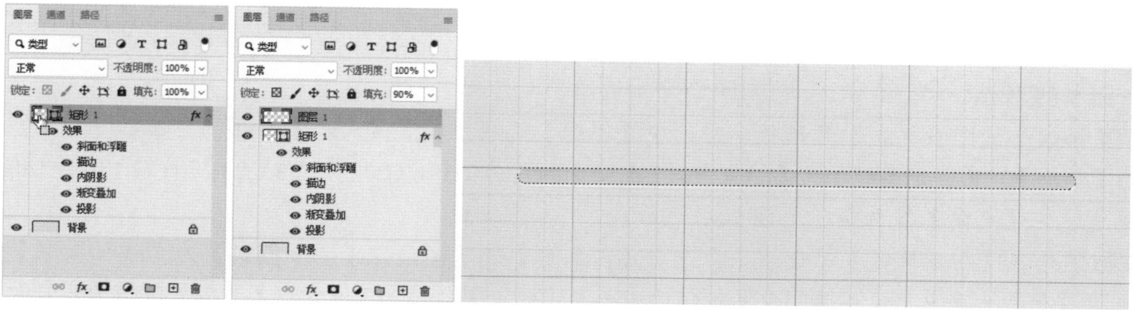

图5-84

09 选择【矩形选框】工具，在选项栏中单击【从选区减去】按钮，然后在控件上创建选区。在【图层】面板中，单击【添加图层蒙版】按钮添加图层蒙版，如图5-85所示。

图5-85

10 在【图层】面板中，双击【图层1】，打开【图层样式】对话框。在对话框中，选中【描边】选项，设置【大小】数值为2像素，【位置】为【内部】，【颜色】为黑色，如图5-86所示。

11 继续在【图层样式】对话框中，选中【渐变叠加】选项，设置【混合模式】为【叠加】，【不透明度】数值为30%，【渐变】颜色为R:0 G:0 B:0至R:255 G:255 B:255，选中【反向】复选框，设置【缩放】数值为57%，如图5-87所示。

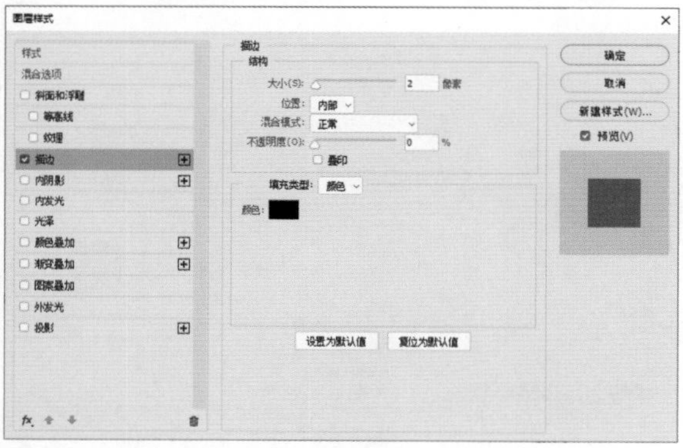

图5-86

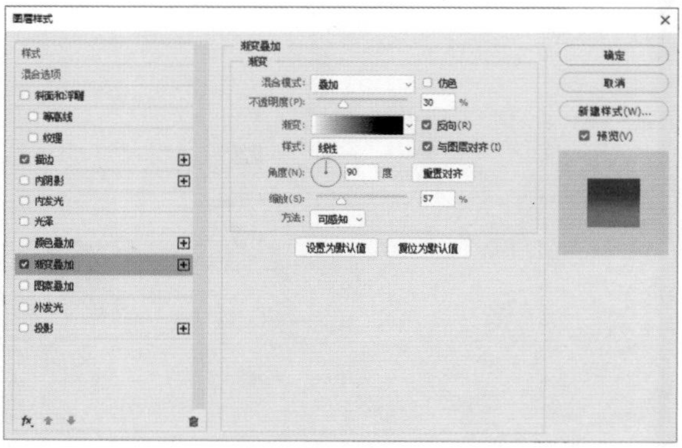

图5-87

12 继续在【图层样式】对话框中，选中【投影】选项，设置【混合模式】为【正片叠底】，投影颜色为黑色，【不透明度】数值为3%，取消选中【使用全局光】复选框，【角度】数值为180度，【距离】数值为2像素，然后单击【确定】按钮应用图层样式，如图5-88所示。

13 按Ctrl+J键复制【图层1】图层，生成【图层1拷贝】图层，并删除图层样式。再次打开【图层样式】对话框，在对话框中选中【渐变叠加】选项，设置【混合模式】为【叠加】，【不透明度】数值为36%，【渐变】颜色为R:0 G:0 B:0至R:255 G:255 B:255，选中【反向】复选框，如图5-89所示。

14 继续在【图层样式】对话框中，选中【描边】选项，设置【大小】数值为2像素，【位置】为【内部】，【填充类型】为【渐变】，【渐变】颜色为R:196 G:222 B:233至R:101 G:130 B:140，取消选中【反向】复选框，如图5-90所示。

15 继续在【图层样式】对话框中，选中【内阴影】选项，设置【混合模式】为【线性加深】，内阴影颜色为黑色，【不透明度】数值为35%，【距离】数值为3像素，【大小】数值为6像素，如图5-91所示。

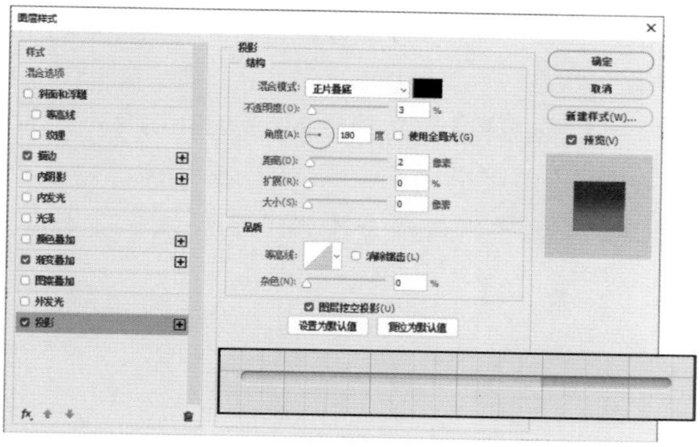

图 5-88

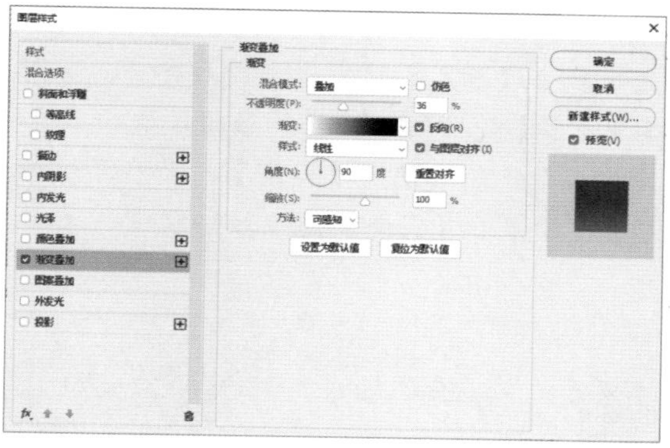

图 5-89

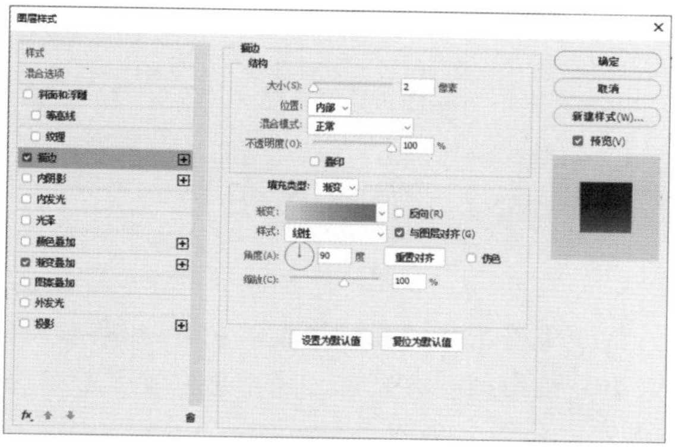

图 5-90

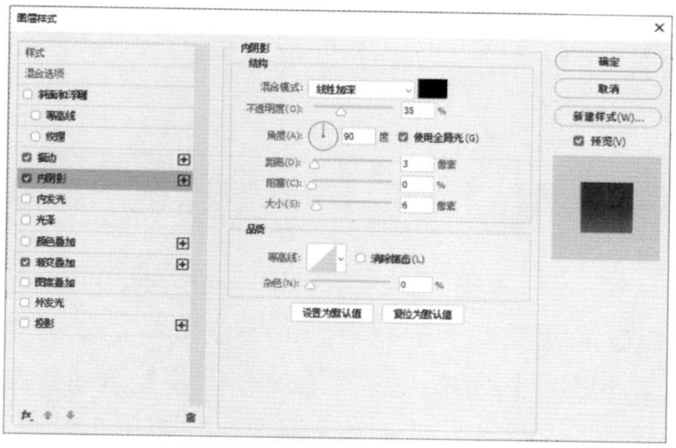

图 5-91

16 继续在【图层样式】对话框中，选中【斜面和浮雕】选项，设置【样式】为【外斜面】，【方法】为【平滑】，【深度】数值为 100%，【大小】数值为 5 像素；设置高光模式【混合模式】为【滤色】，高光颜色为白色，【不透明度】数值为 5%；设置阴影模式【混合模式】为【正片叠底】，阴影颜色为黑色，【不透明度】数值为 1%，如图 5-92 所示。

17 继续在【图层样式】对话框中，选中【投影】选项，设置【混合模式】为【叠加】，投影颜色为白色，【不透明度】数值为 60%，【距离】数值为 2 像素，如图 5-93 所示。

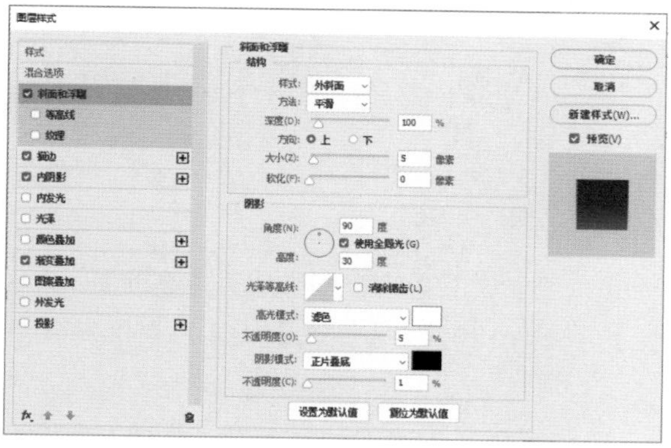

图 5-92

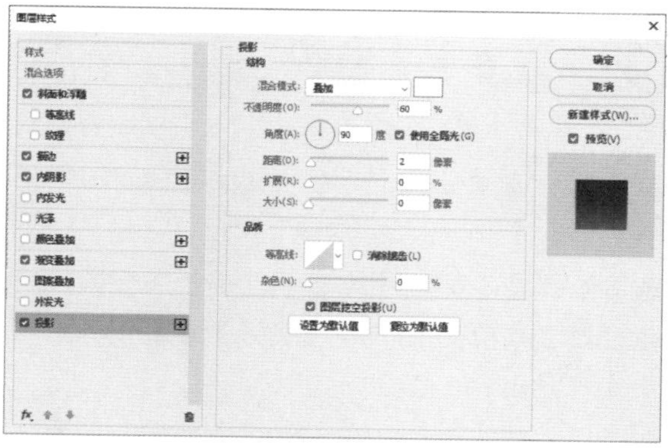

图 5-93

18 继续在【图层样式】对话框中，选中【颜色叠加】选项，设置叠加颜色为R:205 G:227 B:237，然后单击【确定】按钮应用图层样式，如图5-94所示。

19 选择【椭圆】工具，在选项栏中选择工具模式【形状】，【填充】颜色为R:236 G:236 B:236，【描边】为无，然后使用【椭圆】工具在画板中单击，打开【创建椭圆】对话框。在对话框中，设置【宽度】和【高度】数值为25像素，选中【从中心】复选框，并单击【确定】按钮创建圆形，如图5-95所示。

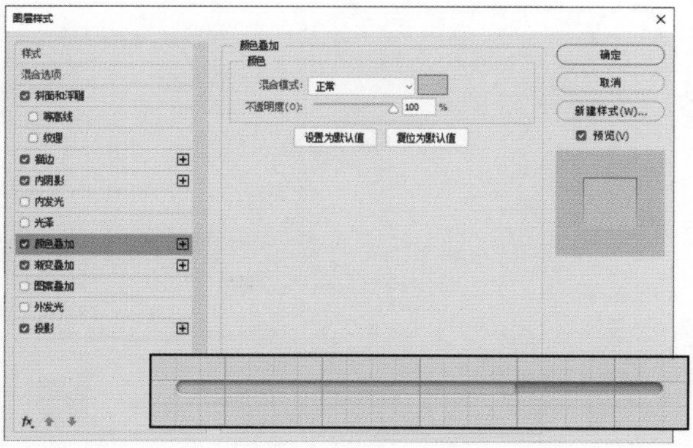

图5-94

图5-95

20 在【图层】面板中，双击刚创建的圆形图层，打开【图层样式】对话框。在对话框中，选中【投影】选项，设置【混合模式】为【线性加深】，投影颜色为黑色，【不透明度】数值为37%，【距离】数值为3像素，【大小】数值为6像素，如图5-96所示。

21 继续在【图层样式】对话框中，选中【颜色叠加】选项，设置【混合模式】为【叠加】，叠加颜色为黑色，【不透明度】数值为100%，如图5-97所示。

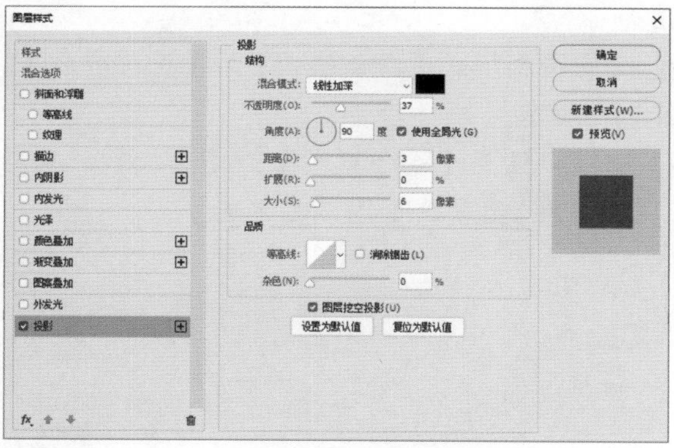

图5-96

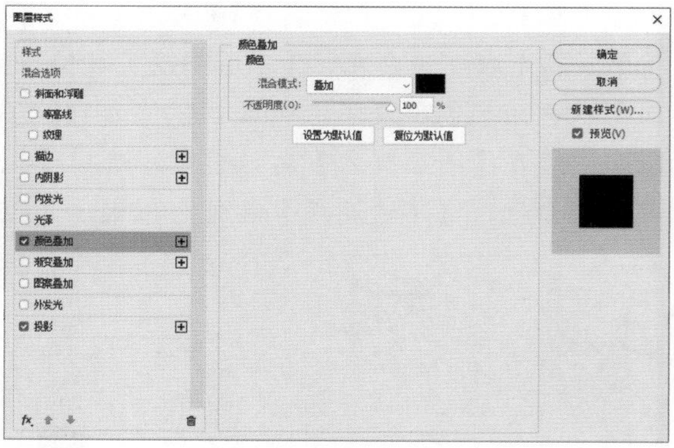

图5-97

22 继续在【图层样式】对话框中，选中【渐变叠加】选项，设置【混合模式】为【叠加】，【不透明度】数值为100%，【样式】为【角度】，【角度】数值为120度，【缩放】数值为150%，【渐变】颜色如图5-98所示。

23 继续在【图层样式】对话框中，选中【内阴影】选项，设置【混合模式】为【叠加】，【不透明度】数值为100%，【距离】数值为2像素，如图5-99所示。

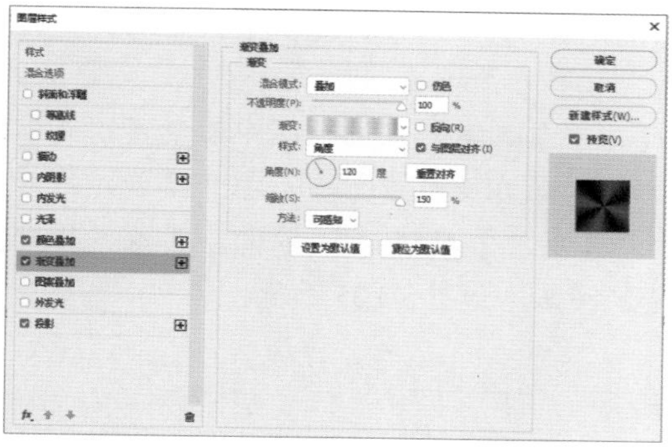

图 5-98

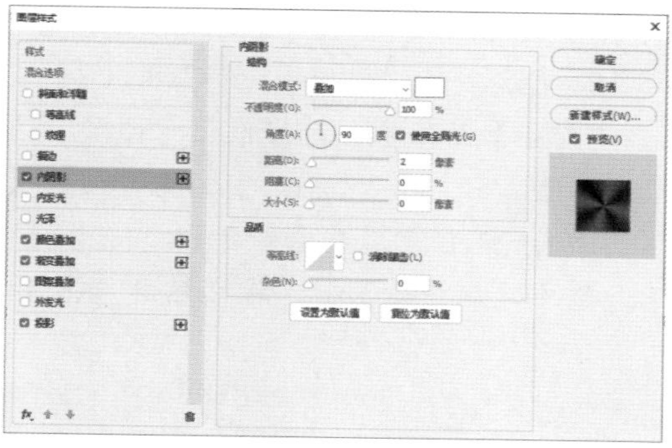

图 5-99

24 继续在【图层样式】对话框中，选中【斜面和浮雕】选项，设置【样式】为【内斜面】，【深度】数值为 100%，【大小】数值为 5 像素，设置高光模式【混合模式】为【滤色】，高光颜色为白色，【不透明度】数值为 0%；设置阴影模式【混合模式】为【正片叠底】，阴影颜色为黑色，【不透明度】数值为 5%，如图 5-100 所示。

25 在【图层】面板中，按Ctrl键单击【创建新图层】按钮，新建【图层2】。选择【矩形选框】工具在画板中拖动创建选区，如图 5-101 所示。

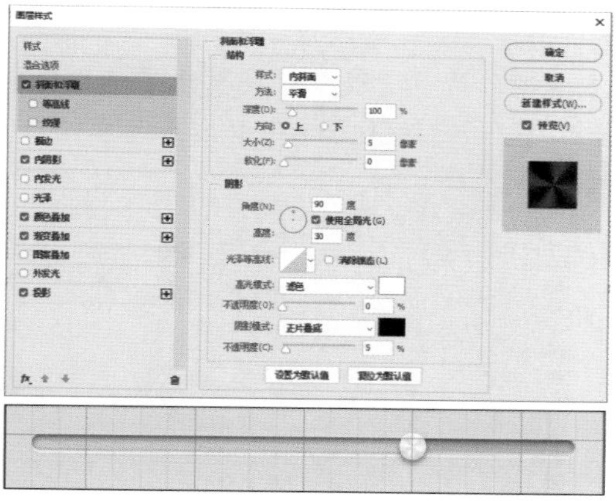

图 5-100

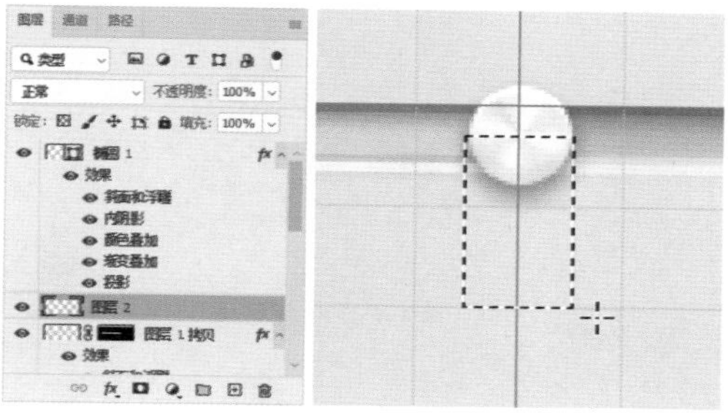

图 5-101

26 选择【渐变】工具，在选区内从上往下拖动鼠标填充选区，如图 5-102 所示。

27 按Ctrl+D键取消选区。在【图层】面板中，设置图层【混合模式】为【正片叠底】，【不透明度】数值为 10%，如图 5-103 所示。

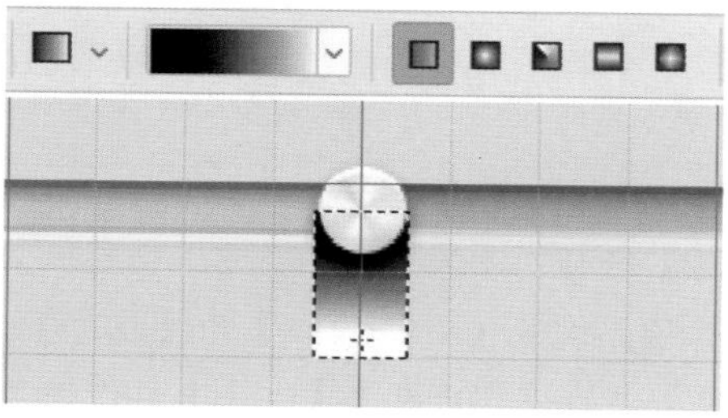

图 5-102

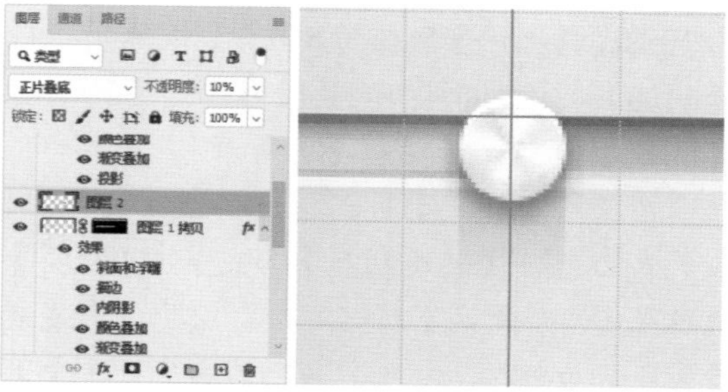

图 5-103

28 选择【滤镜】|【模糊】|【高斯模糊】，【半径】数值为1像素，然后单击【确定】按钮，如图5-104所示。

29 在【图层】面板中，选择最上方图层。选择【矩形】工具，在选项栏中设置【填充】颜色为R:236 G:236 B:236，【描边】为无。使用【矩形】工具在画板中单击，打开【创建矩形】对话框。在对话框中，设置【宽度】数值为65像素，【高度】数值为50像素，圆角半径数值为5像素，选中【从中心】复选框，然后单击【确定】按钮，如图5-105所示。

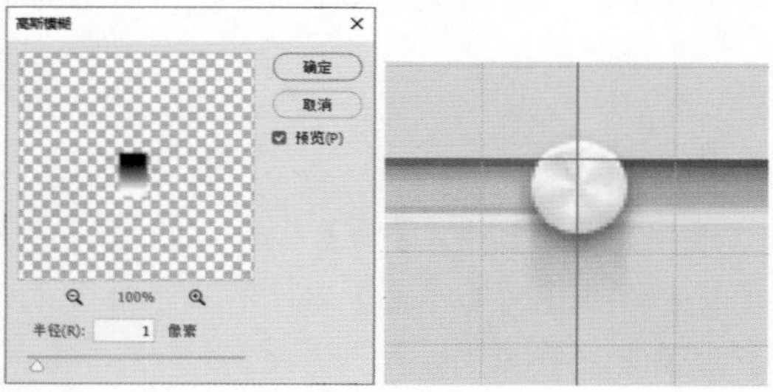

图5-104

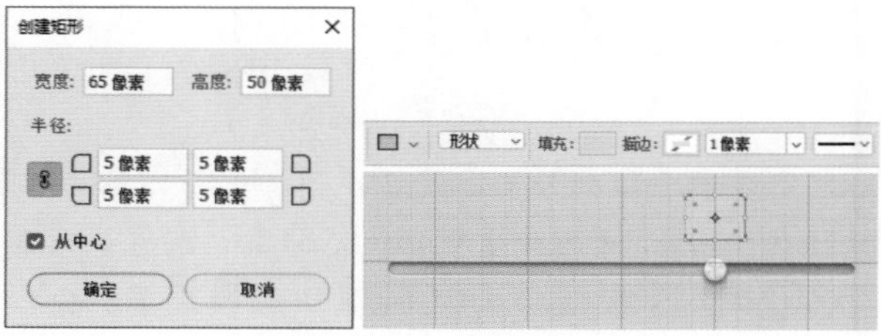

图5-105

30 在【图层】面板中，双击刚创建的图形图层，打开【图层样式】对话框。在对话框中，选中【渐变叠加】选项，设置【混合模式】为【叠加】，【不透明度】数值为60%，【渐变】颜色为R:0 G:0 B:0至R:255 G:255 B:255，如图5-106所示。

31 继续在【图层样式】对话框中，选中【投影】选项，设置【混合模式】为【正片叠底】，【不透明度】数值为40%，【距离】数值为3像素，【大小】数值为6像素，如图5-107所示。

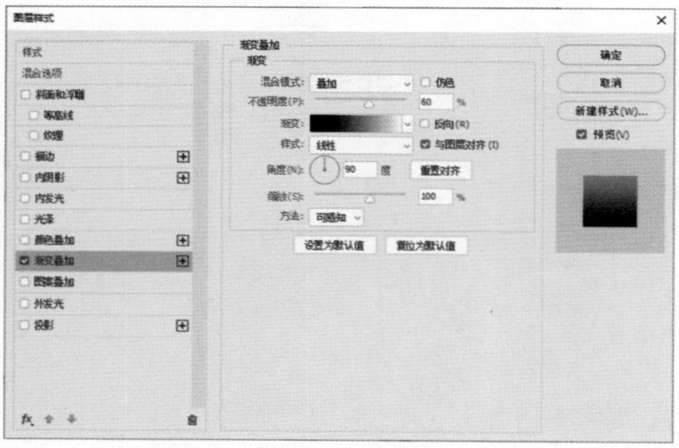

图5-106

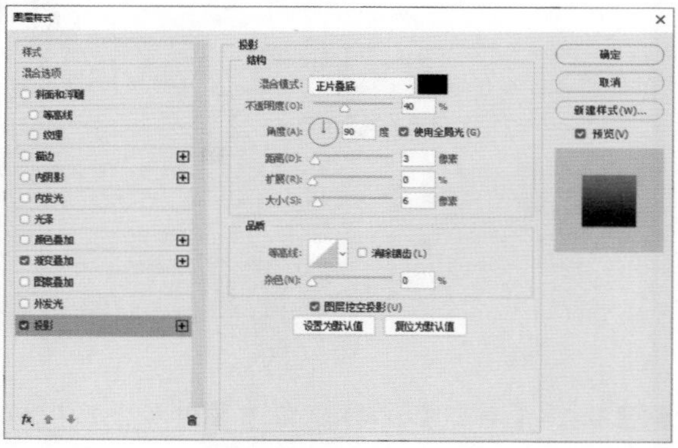

图5-107

32 继续在【图层样式】对话框中，选中【斜面和浮雕】选项，设置【样式】为【内斜面】，【深度】数值为100%，【大小】数值为5像素，设置高光模式【混合模式】为【滤色】，高光颜色为白色，【不透明度】数值为0%；设置阴影模式【混合模式】为【正片叠底】，阴影颜色为黑色，【不透明度】数值为5%，如图5-108所示。

33 继续在【图层样式】对话框中，选中【内阴影】选项，设置【混合模式】为【叠加】，内阴影颜色为白色，【不透明度】数值为100%，【距离】数值为2像素，如图5-109所示。

34 继续在【图层样式】对话框中，选中【内发光】选项，设置【混合模式】为【滤色】，【不透明度】数值为20%，内发光颜色为白色，选中【边缘】单选按钮，设置【大小】数值为2像素，然后单击【确定】按钮应用图层样式，如图5-110所示。

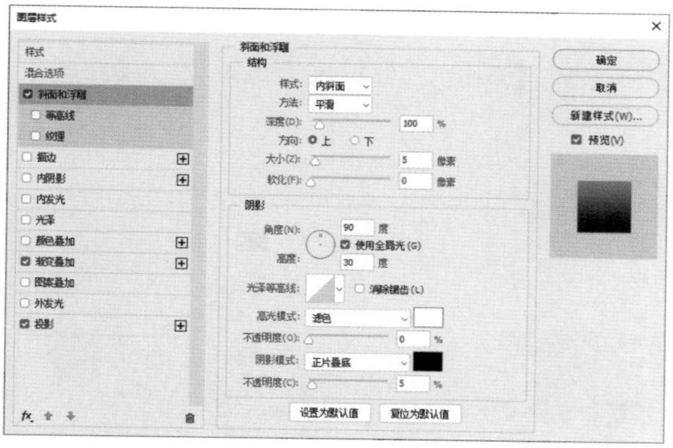

图 5-108

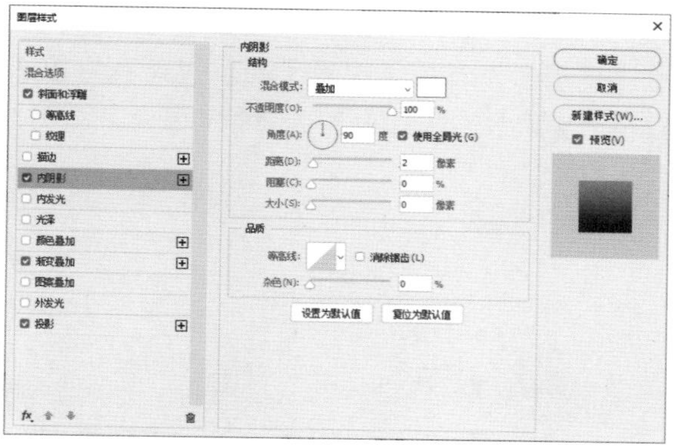

图 5-109

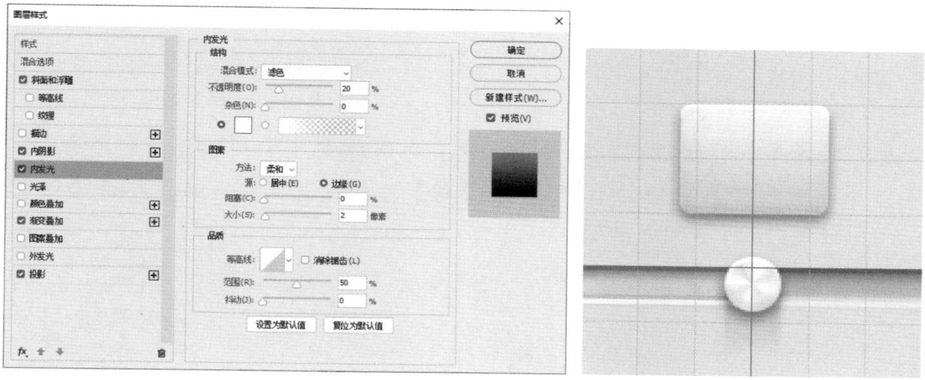

图 5-110

35 选择【添加锚点】工具在圆角矩形底部添加三个锚点，并调整锚点位置，如图 5-111 所示。

36 在【图层】面板中，按Ctrl键单击【创建新图层】按钮，新建【图层3】。设置图层混合模式为【正片叠底】，【不透明度】数值为10%。选择【矩形选框】工具使用步骤25至步骤27的操作方法填充选区，如图 5-112 所示。

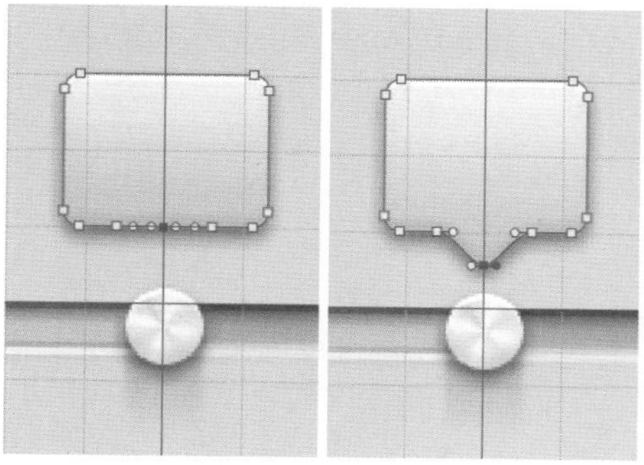

图 5-111

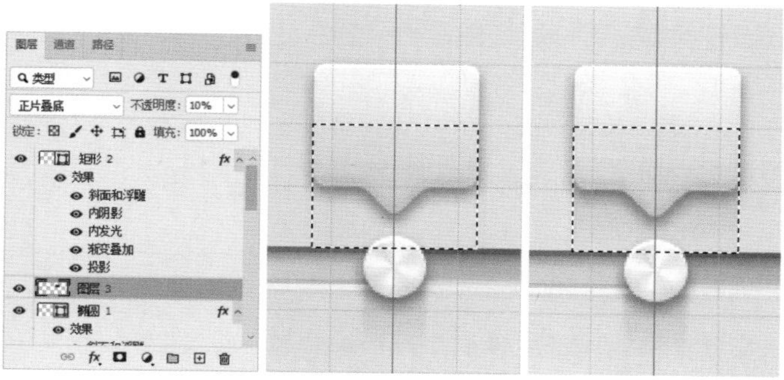

图 5-112

37 按Ctrl+D键取消选区。选择【滤镜】|【高斯模糊】命令，再次应用上一次的设置。选择【横排文字】工具，在选项栏中设置字体系列为SF Pro Text，字体样式为Bold，字体大小为5点，单击【居中对齐文本】按钮，设置字体颜色为R:102 G:102 B:102，然后输入文字内容，如图 5-113 所示。

38 在【图层】面板中，双击刚创建的文字图层，打开【图层样式】对话框。在对话框中，选中【内阴影】选项，设置【混合模式】为【正片叠底】，【不透明度】数值为40%，【距离】数值为4像素，【大小】数值为4像素，如图5-114所示。

图5-113

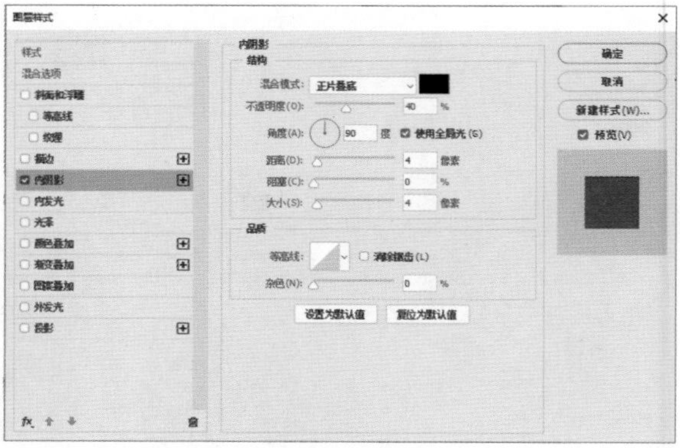

图5-114

39 继续在【图层样式】对话框中，选中【投影】选项，设置【混合模式】为【正常】，投影颜色为白色，【不透明度】数值为100%，【距离】数值为2像素，然后单击【确定】按钮应用图层样式，如图5-115所示完成滑块控件制作。

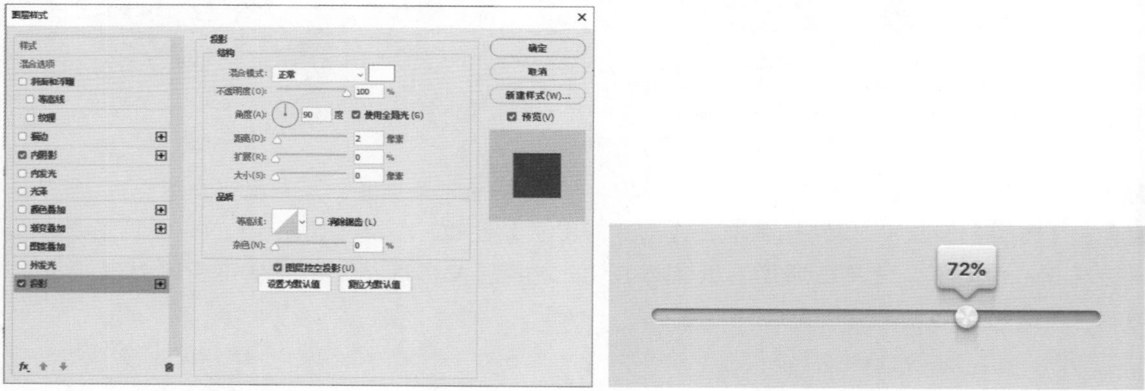

图5-115

案例——制作增益调节控件

视频名称	制作增益调节控件
案例文件	案例文件 \ 第 5 章 \ 制作增益调节控件

01 启动Photoshop，选择【文件】|【新建】命令，打开【新建文档】对话框。在对话框中输入文档名称，设置【宽度】数值为1366像素，【高度】数值为768像素，【分辨率】数值为300像素/英寸，【颜色模式】为【RGB颜色】，【背景内容】为【自定义】，在弹出的【拾色器】对话框中设置背景颜色为R:226 G:226 B:226，然后单击【创建】按钮新建一个空白文档，如图5-116所示。

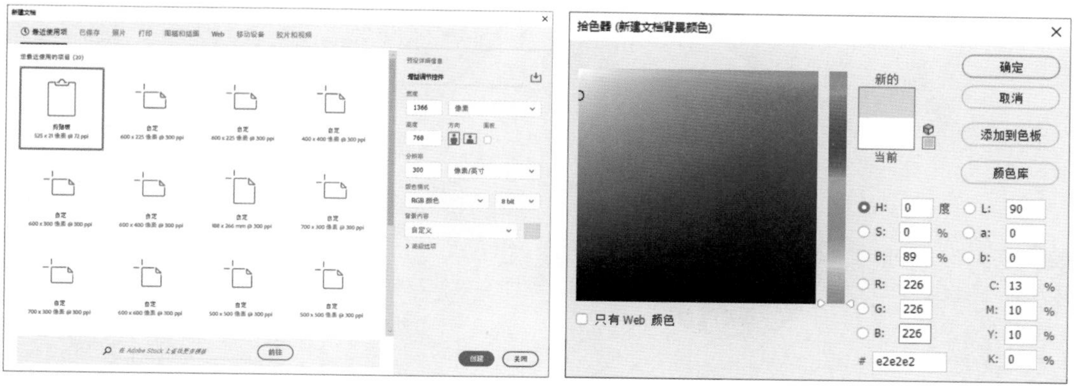

图 5-116

02 在【图层】面板中，单击【创建新图层】按钮，新建【图层1】。选择【渐变】工具，在选项栏中单击渐变预览，打开【渐变编辑器】对话框。在对话框中，设置渐变填色为【不透明度】数值为0%的R:255 G:255 B:255至R:255 G:255 B:255，然后使用【渐变】工具在画板底部单击并按住鼠标向上拖动，释放鼠标填充渐变，并在【图层】面板中设置【图层1】的【不透明度】数值为70%，如图5-117所示。

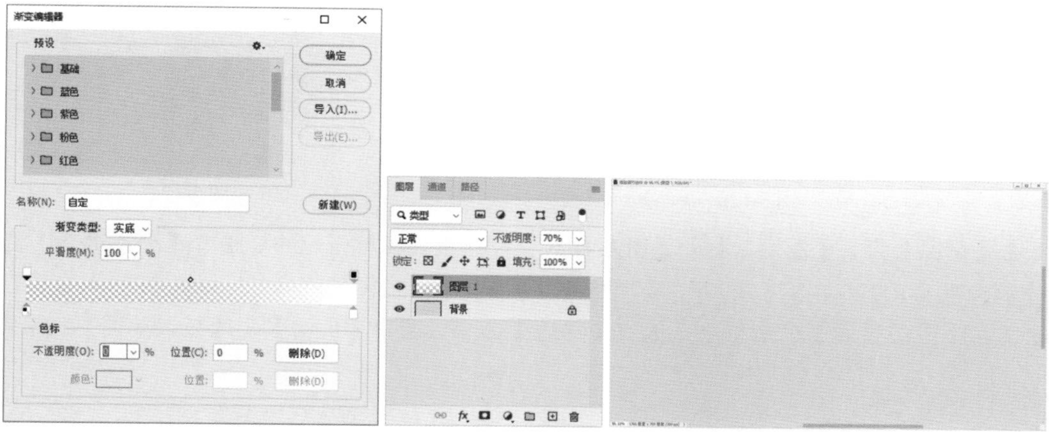

图 5-117

03 选择【视图】|【显示】|【网格】命令，在画板中显示网格。选择【椭圆】工具，在选项栏中选择工具模式为【形状】，然后使用【椭圆】工具在画板中单击，打开【创建椭圆】对话框。在对话框中，设置【宽度】和【高度】均为300像素，然后单击【确定】按钮创建圆形，如图5-118所示。

04 在【图层】面板中，双击刚创建的图形图层，打开【图层样式】对话框。在对话框中，选中【颜色叠加】选项，设置叠加颜色为R:181 G:163 B:161，如图5-119所示。

05 继续在【图层样式】对话框中，选中【描边】选项，设置【大小】数值为2像素，【位置】为【外部】，【填充类型】为【渐变】，设置【渐变】颜色为R:255 G:255 B:255至R:223 G:215 B:215至R:151 G:143 B:143，然后单击【确定】按钮应用图层样式，如图5-120所示。

06 按Ctrl+J键复制【椭圆1】图层，生成【椭圆1拷贝】图层。按Ctrl+T键应用【自由变换】命令，在显示定界框后，在选项栏中更改W数值为94%，如图5-121所示。

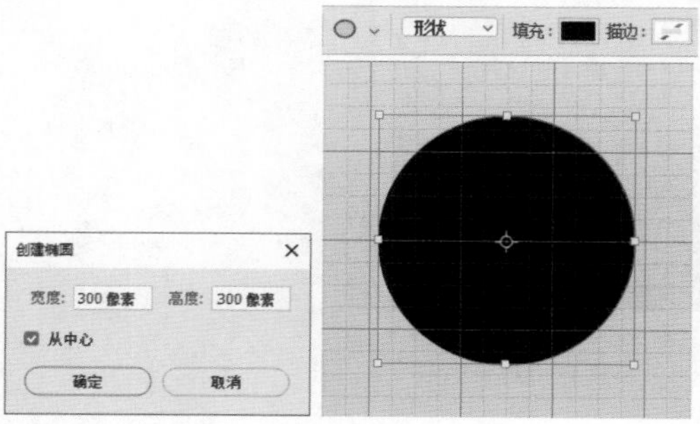

图5-118

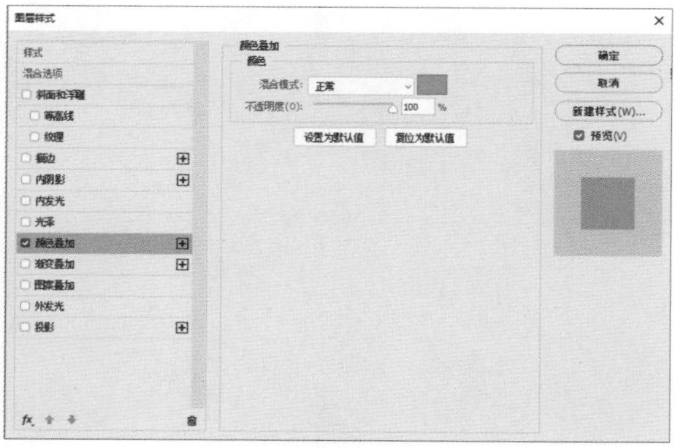

图5-119

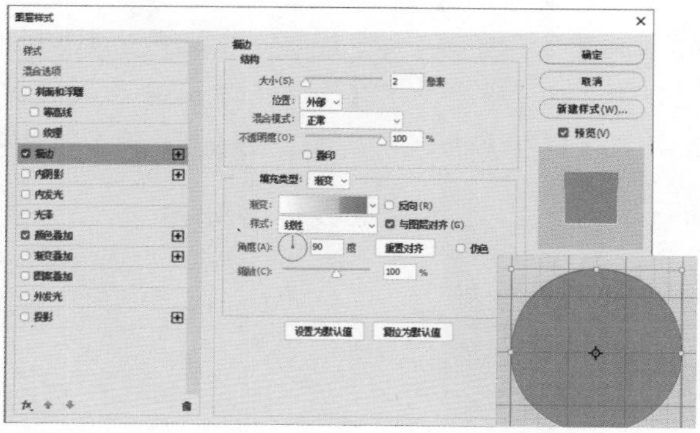

图5-120

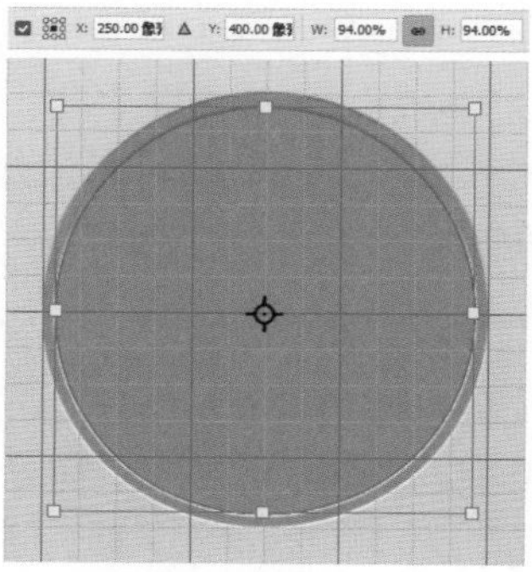

图5-121

07 双击【椭圆 1 拷贝】图层，打开【图层样式】对话框。在对话框中，选择【颜色叠加】选项，更改叠加颜色为R:226 G:226 B:226，如图5-122所示。

08 继续在【图层样式】对话框中，选中【描边】选项，选中【反向】复选框，如图5-123所示。

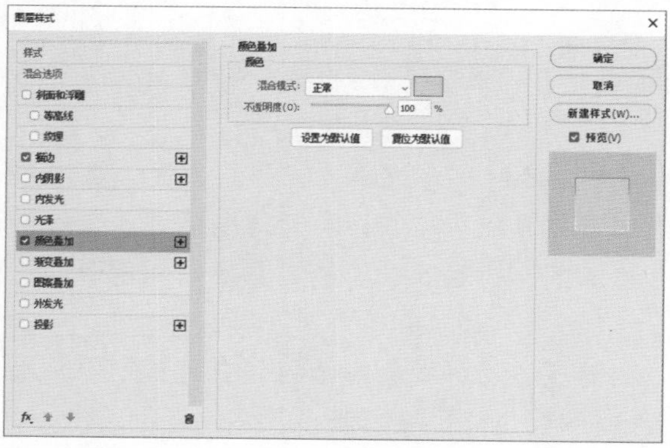

图5-122

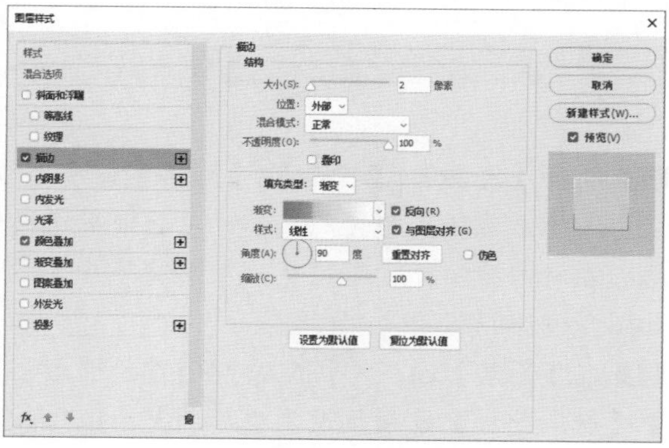

图5-123

09 继续在【图层样式】对话框中，选中【投影】选项，设置【混合模式】为【正片叠底】，投影颜色为黑色，【不透明度】数值为30%，取消【使用全局光】复选框，设置【距离】数值为5像素，【大小】数值为5像素，然后单击【确定】按钮应用图层样式，如图5-124所示。

10 继续按Ctrl+J键复制【椭圆 1 拷贝】图层，生成【椭圆 1 拷贝 2】图层。按Ctrl+T键应用【自由变换】命令，在对象四周显示定界框后，在选项栏中更改W数值为75%，如图 5-125 所示。

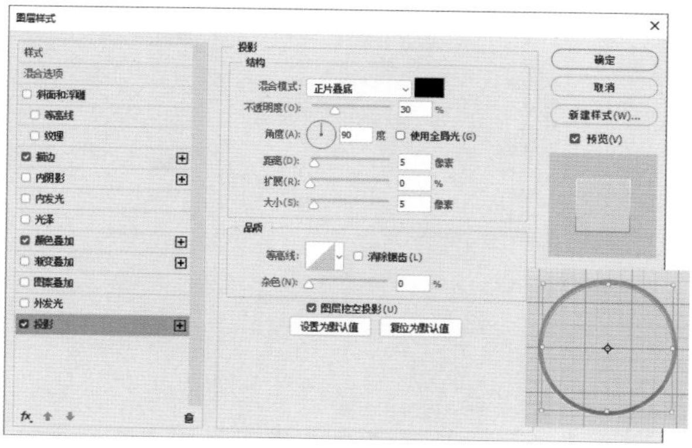

图 5-124

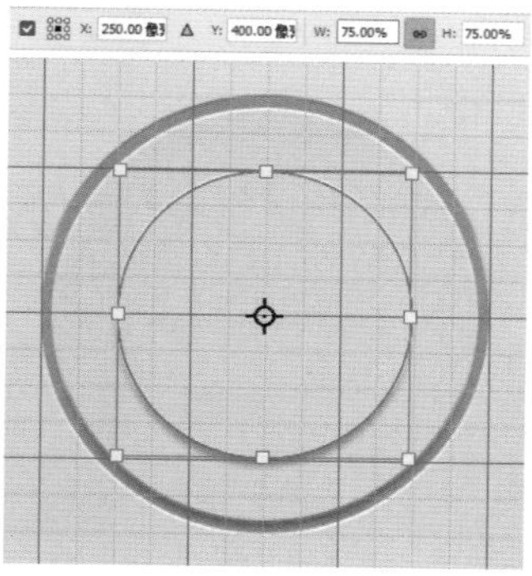

图 5-125

11 在【图层】面板中，双击【椭圆 1 拷贝 2】图层，打开【图层样式】对话框。在对话框中，取消选中【描边】选项；选中【投影】选项，设置【混合模式】为【变亮】，投影颜色为R:245 G:245 B:245，【不透明度】数值为 80%，【角度】数值为-77 度，【距离】数值为 20 像素，【大小】数值为 30 像素，然后单击【确定】按钮应用图层样式，如图 5-126 所示。

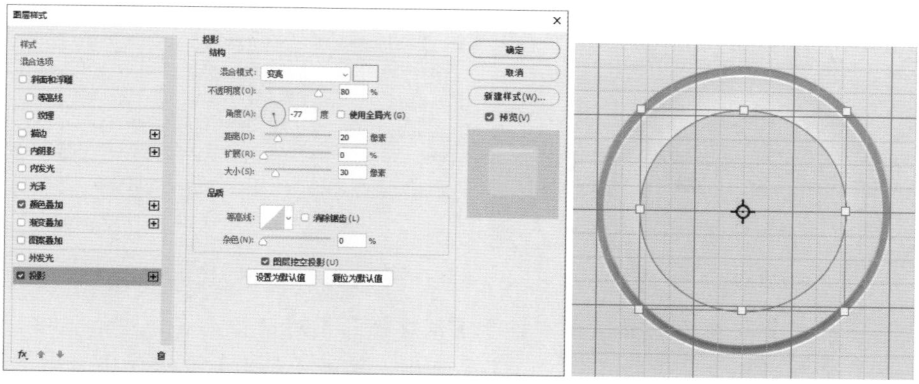

图 5-126

12 按Ctrl+J键复制【椭圆 1 拷贝 2】图层，生成【椭圆 1 拷贝 3】图层。按Ctrl+T键应用【自由变换】命令，在显示定界框后，在选项栏中更改W数值为 90%，如图 5-127 所示。

13 在【图层】面板中，双击【椭圆 1 拷贝 3】，打开【图层样式】对话框。在对话框中，选中【投影】选项，更改投影颜色为R:169 G:161 B:160，设置【不透明度】数值为 85%，【角度】数值为 105 度，【距离】数值为 20 像素，【大小】数值为 25 像素，如图 5-128 所示。

14 在【图层样式】对话框中，选中【斜面和浮雕】选项，设置【样式】为【内斜面】，【深度】为 100%，选中【下】单选按钮，【大小】数值为 5 像素，【角度】数值为-90 度，取消【使用全局光】复选框，【高度】数值为 37 度，高光模式的【混合模式】为【滤色】，【不透明度】数值为 75%，阴影模式的【混合模式】为【正片叠底】，【不透明度】数值为 49%，如图 5-129 所示。

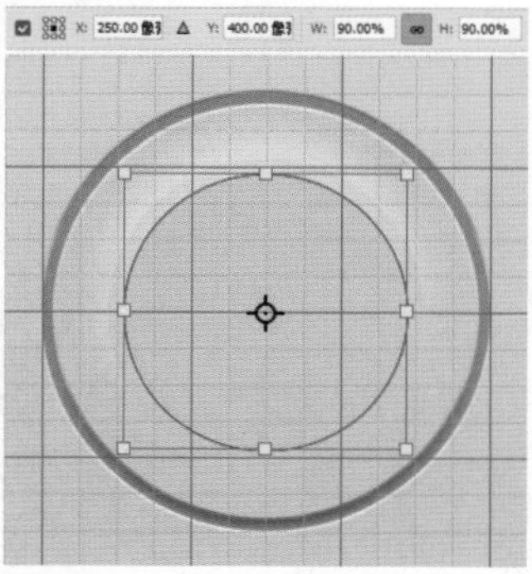

图5-127

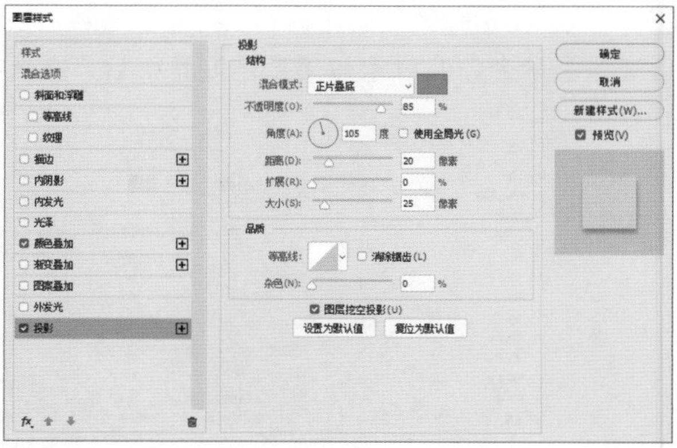

图5-128

15 在【图层样式】对话框中，选中【外发光】选项，设置【混合模式】为【正片叠底】，【不透明度】数值为14%，外发光颜色为R:181 G:163 B:161，【扩展】数值为5%，然后单击【确定】按钮应用图层样式，如图5-130所示。

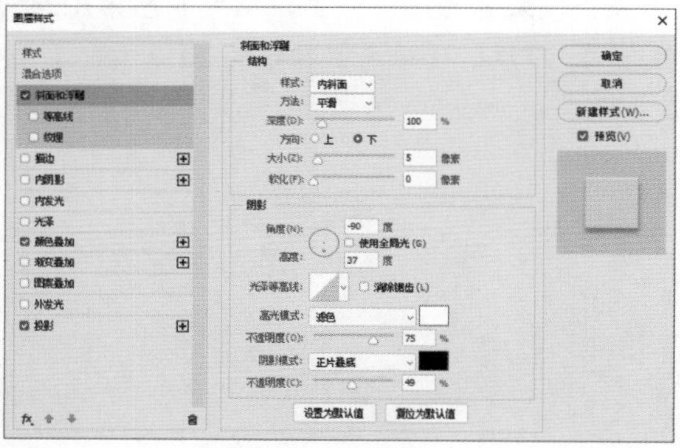

图5-129

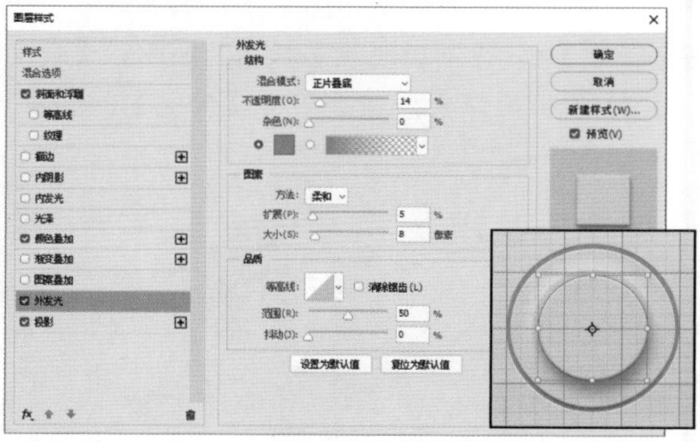

图5-130

16 选择【椭圆】工具，在画板中单击，打开【创建椭圆】对话框。在该对话框中，设置【宽度】和【高度】均为15像素，选中【从中心】复选框，单击【确定】按钮创建圆形，如图5-131所示。

17 在【图层】面板中，设置【椭圆2】图层的【填充】数值为0%，并双击图层打开【图层样式】对话框。在该对话框中，选中【渐变叠加】选项，设置【混合模式】为【正常】，【不透明度】数值为50%，【渐变】颜色为R:181 G:163 B:161至R:255 G:255 B:255，然后单击【确定】按钮应用图层样式，如图5-132所示。

18 按Ctrl+J键复制【椭圆2】图层，生成【椭圆2 拷贝】图层。按Ctrl+T键应用【自由变换】命令，显示定界框后，在选项栏中更改W数值为80%，并使用【移动】工具调整其位置，如图5-133所示。

19 按Ctrl+J键复制【椭圆2 拷贝】图层，生成【椭圆2 拷贝2】图层。按Ctrl+T键应用【自由变换】命令，在显示定界框后，按Alt键移动变换中心点，在选项栏中设置【旋转】数值为45度，如图5-134所示。

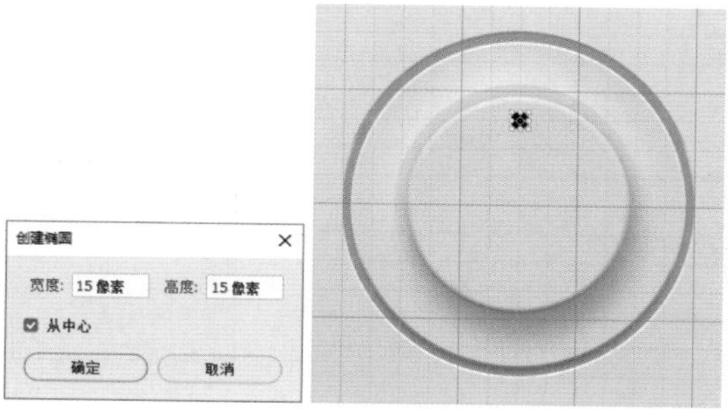

图 5-131

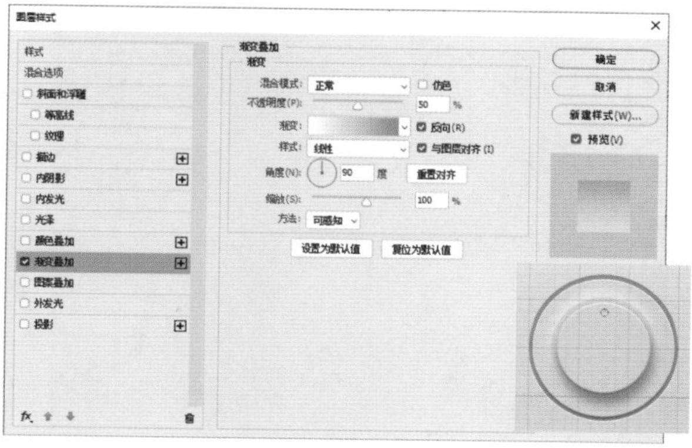

图 5-132

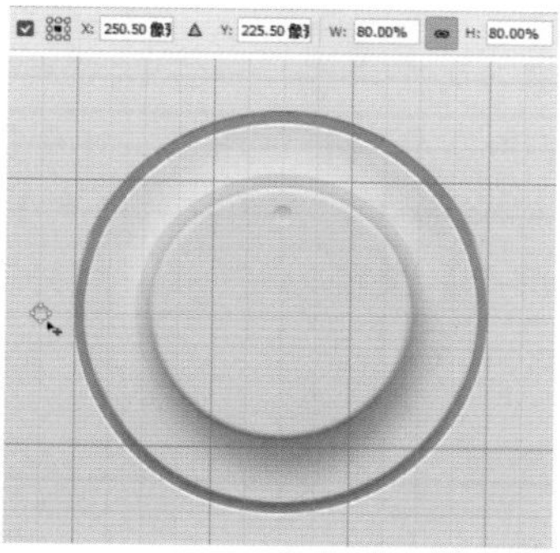

图 5-133

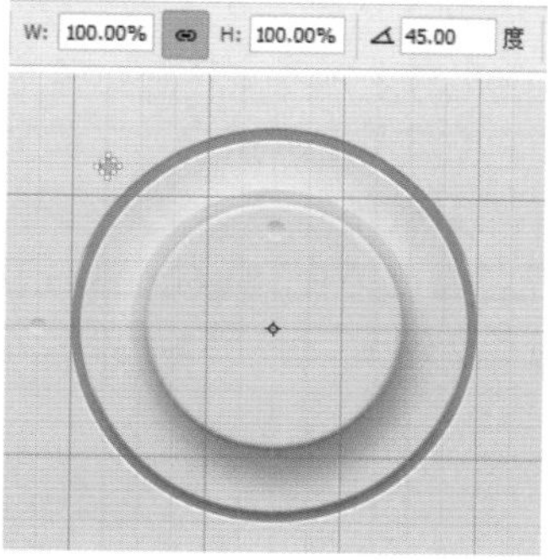

图 5-134

20 继续按Ctrl+J键复制【椭圆 2 拷贝 2】图层，生成【椭圆 2 拷贝 3】图层。使用步骤 19 的操作方法，分别生成【椭圆 2 拷贝 3】【椭圆 2 拷贝 4】【椭圆 2 拷贝 5】，并调整图层对象位置，如图 5-135 所示。

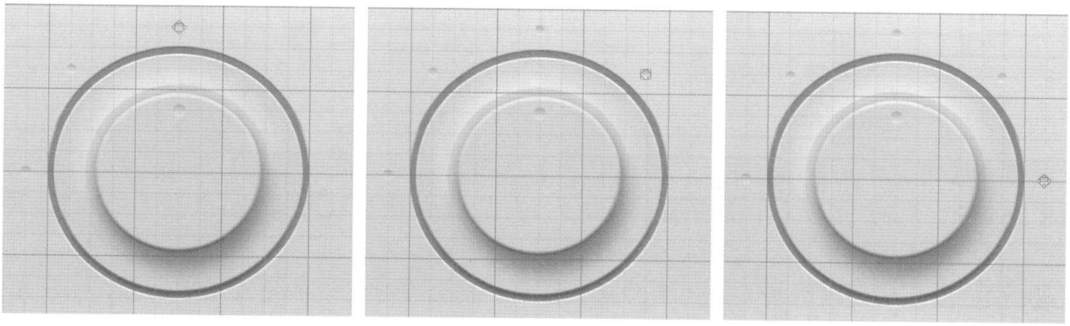

图 5-135

21 在【图层】面板中，双击【椭圆 2 拷贝 3】图层，打开【图层样式】对话框。在对话框中，选中【颜色叠加】选项，设置【混合模式】为【正片叠底】，叠加颜色为R:66 G:208 B:255，如图 5-136 所示。

22 继续在【图层样式】对话框中，选中【外发光】选项，设置【混合模式】为【滤色】，【不透明度】数值为 65%，外发光颜色为R:63 G:241 B:255，【扩展】数值为 8%，【大小】数值为 7 像素，然后单击【确定】按钮应用图层样式，如图 5-137 所示。

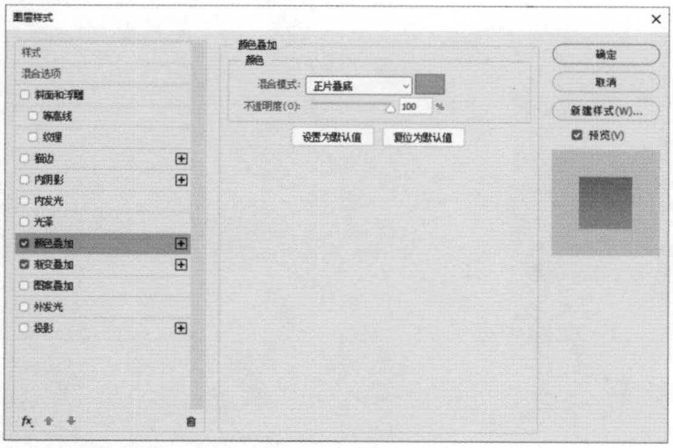

图5-136

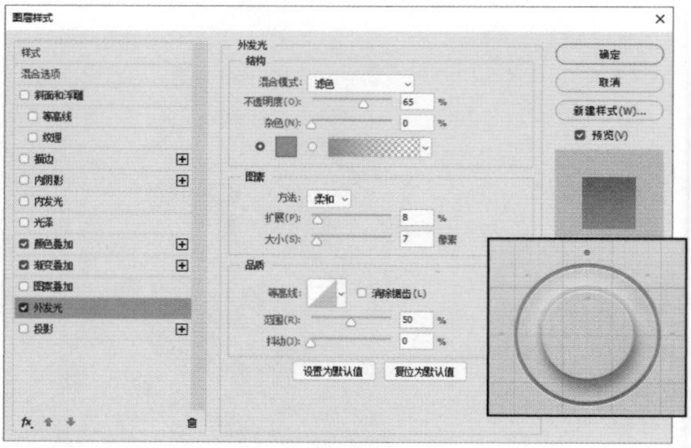

图5-137

23 使用【横排文字】工具在画板中单击，在选项栏中设置字体系列为Arial，字体大小为7点，单击【居中对齐文本】按钮，设置字体颜色为R:180 G:162 B:160，然后输入文字内容，如图5-138所示。

24 在【图层】面板中，设置刚创建的文字图层的【填充】数值为50%，再双击该图层，打开【图层样式】对话框。在该对话框中，选中【内阴影】选项，设置【混合模式】为【正片叠底】，内阴影颜色为R:181 G:163 B:161，【不透明度】数值为75%，【角度】数值为120度，【距离】数值为2像素，如图5-139所示。

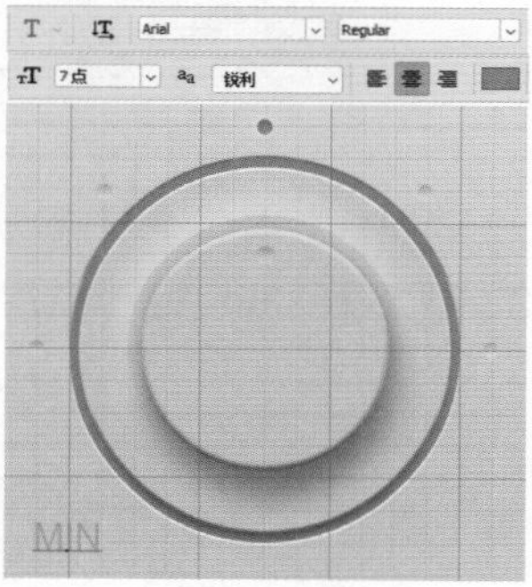

图5-138

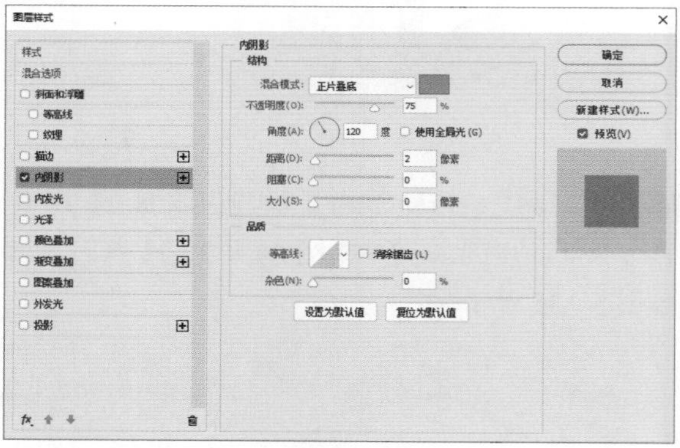

图5-139

25 继续在【图层样式】面板中，选中【投影】选项，设置【混合模式】为【变亮】，投影颜色为R:255 G:255 B:255，【不透明度】数值为75%，【角度】数值为120度，【距离】数值为2像素，然后单击【确定】按钮应用图层样式，如图5-140所示。

26 按Ctrl+J键复制文字图层，使用【移动】工具移动文字位置，并更改文字内容，如图5-141所示。

27 在【图层】面板中，选中步骤03至步骤26的图层，按Alt键单击【创建新组】按钮，打开【从图层新建组】对话框。在对话框的【名称】文本框中输入“旋钮”，设置【颜色】为【红色】，然后单击【确定】按钮创建图层组，如图5-142所示。

28 选择【矩形】工具在画板中单击，打开【创建矩形】对话框。在该对话框中，设置【宽度】数值为25像素，【高度】数值为400像素，圆角半径数值为12.5像素，然后单击【确定】按钮应用，如图5-143所示。

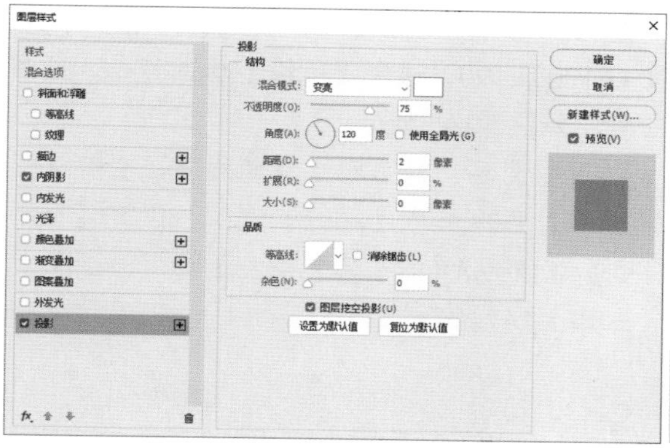

图 5-140

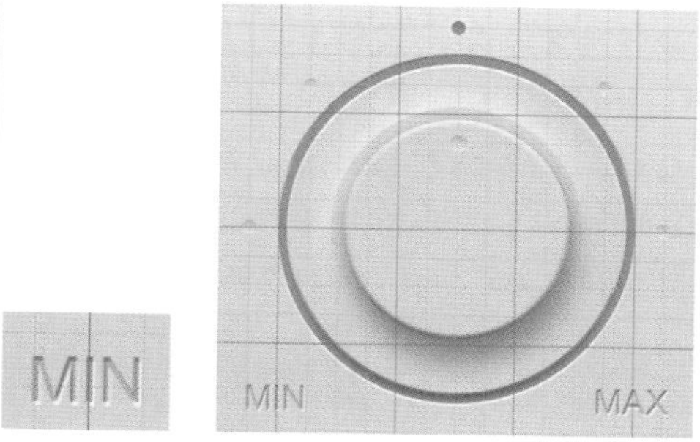

图 5-141

图 5-142

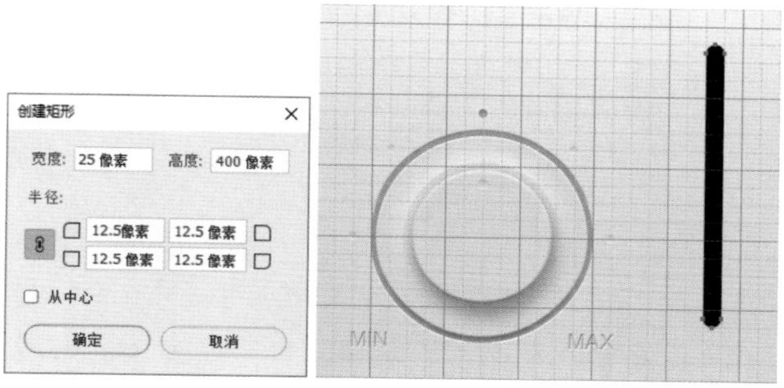

图 5-143

29 在【图层】面板中，设置【矩形 1】的【混合模式】为【正片叠底】，【填充】数值为 0%。双击【矩形 1】图层，打开【图层样式】对话框。在该对话框中，选中【颜色叠加】选项，设置【混合模式】为【正常】，叠加颜色为R:162 G:162 B:162，【不透明度】数值为 17%，如图 5-144 所示。

30 继续在【图层样式】对话框中，选中【内阴影】样式，设置【混合模式】为【正片叠底】，内阴影颜色为R:0 G:0 B:0，【不透明度】数值为 10%，【角度】数值为 128 度，【距离】数值为 8 像素，【大小】数值为 6 像素，如图 5-145 所示。

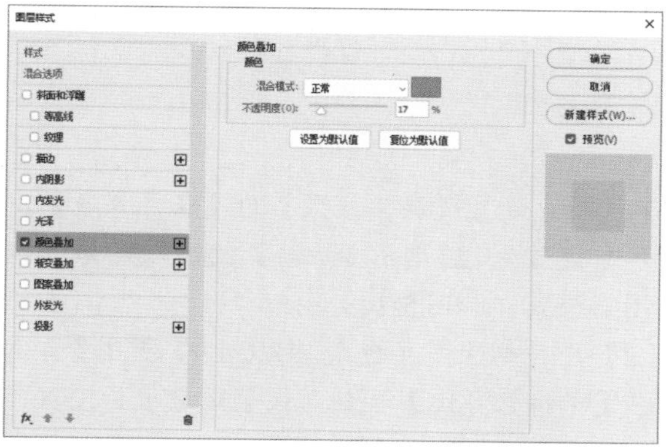

图 5-144

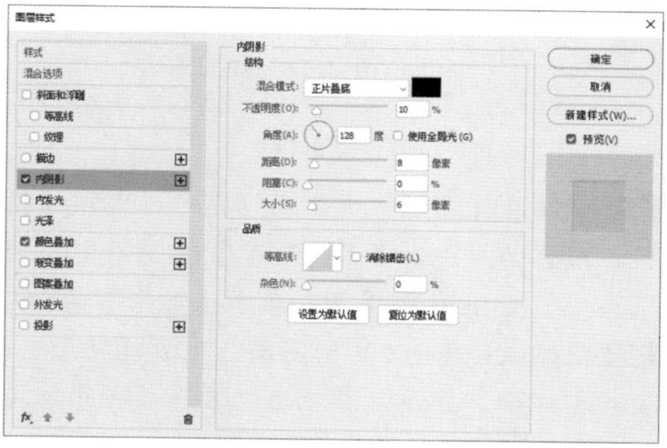

图 5-145

31 继续在【图层样式】对话框中，选中【内发光】选项，设置【混合模式】为【正片叠底】，【不透明度】数值为25%，内发光颜色为R:190 G:190 B:190，选中【边缘】单选按钮，设置【大小】数值为8像素，然后单击【确定】按钮应用，如图5-146所示。

32 按Ctrl+J键复制【矩形1】，生成【矩形1拷贝】图层。双击刚生成的图层，打开【图层样式】对话框。在该对话框中，取消先前选中的选项，再次选中【描边】选项，设置【大小】数值为2像素，【位置】为【外部】，【不透明度】数值为8%，【填充类型】为【渐变】，【渐变】颜色为R:0 G:0 B:0至R:255 G:255 B:255，如图5-147所示。

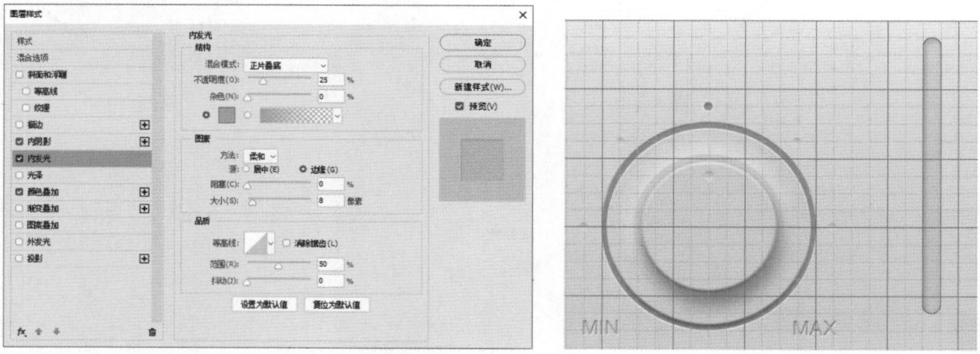

图5-146

33 继续在【图层样式】对话框中，选中【内阴影】选项，设置【混合模式】为【变亮】，内阴影颜色为白色，【不透明度】数值为41%，【角度】数值为-63度，【距离】数值为17像素，【大小】数值为17像素，如图5-148所示。

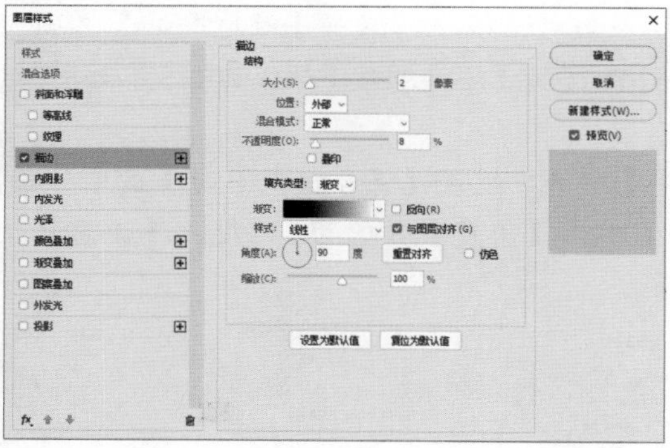

图5-147

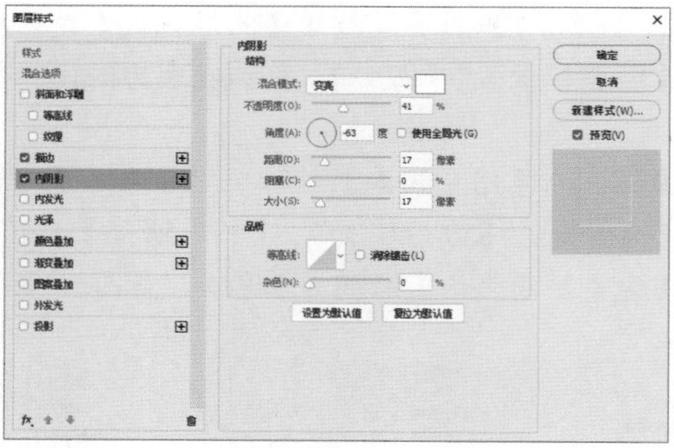

图5-148

34 继续在【图层样式】对话框中，选中【投影】选项，设置【混合模式】为【正片叠底】，投影颜色为黑色，【不透明度】数值为3%，【角度】数值为120度，【距离】数值为10像素，【大小】数值为10像素，单击【确定】按钮应用图层样式，如图5-149所示。

35 继续按Ctrl+J键复制图层，生成【矩形1拷贝2】，并删除图层样式。按Ctrl+T应用【自由变换】命令，显示定界框后，在选项栏中取消选中【保持长宽比】按钮，设置W数值为35%，H数值为85%，如图5-150所示。

36 在【图层】面板中，双击【矩形1拷贝2】图层，打开【图层样式】对话框。在该对话框中，选中【颜色叠加】选项，设置叠加颜色为R:181 G:163 B:161，如图5-151所示。

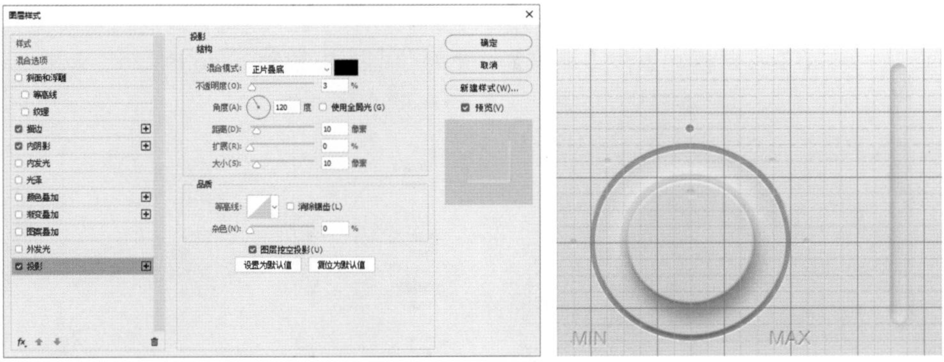

图 5-149

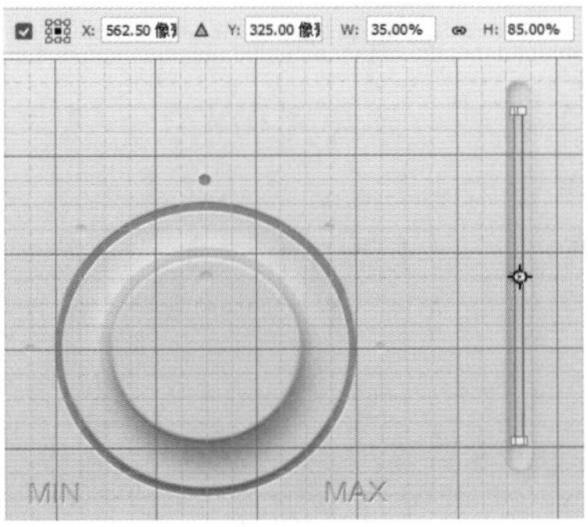

图 5-150

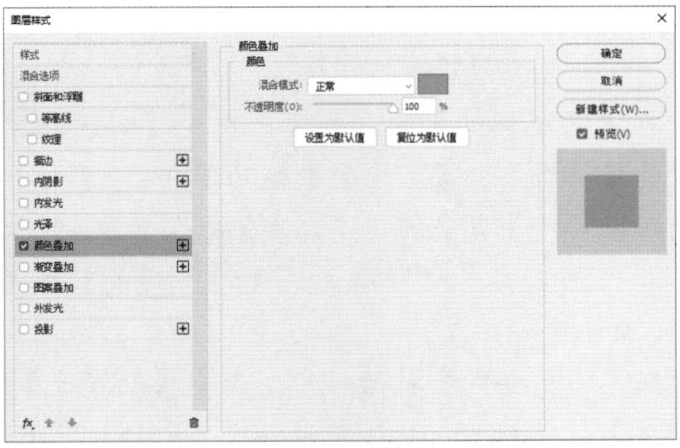

图 5-151

37 继续在【图层样式】对话框中，选中【内阴影】选项，设置【混合模式】为【正片叠底】，内阴影颜色为黑色，【不透明度】数值为 20%，【角度】数值为 120 度，【距离】数值为 3 像素，【大小】数值为 4 像素，如图 5-152 所示。

38 继续在【图层样式】对话框中，选中【投影】选项，设置【混合模式】为【正常】，投影颜色为白色，【不透明度】数值为 45%，【角度】数值为 120 度，【距离】数值为 4 像素，然后单击【确定】按钮应用图层样式，如图 5-153 所示。

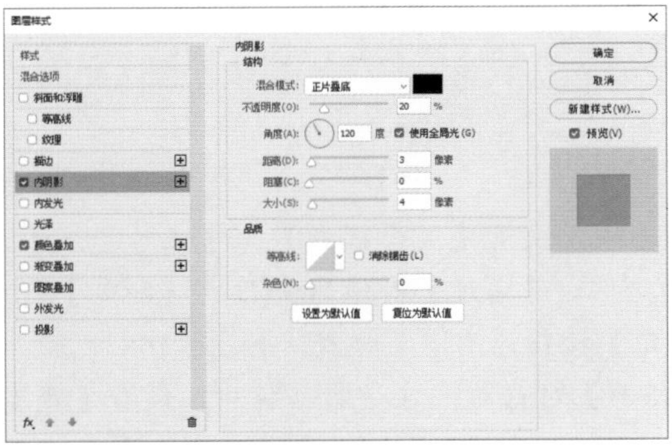

图 5-152

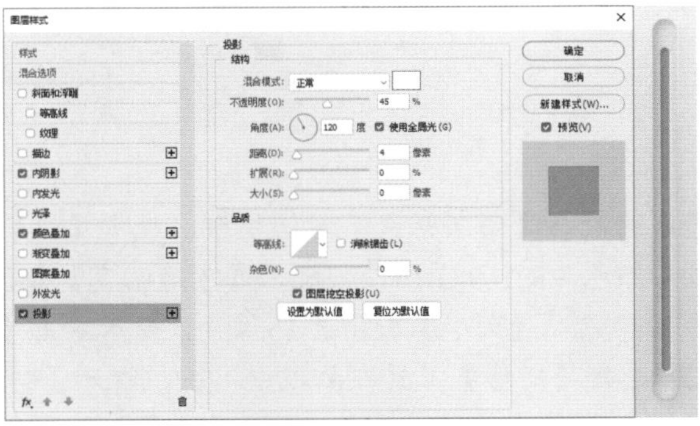

图 5-153

39 选择【椭圆】工具在画板中单击，打开【创建椭圆】对话框。在该对话框中，设置【宽度】和【高度】均为 45 像素，选中【从中心】复选框，然后单击【确定】按钮创建圆形，如图 5-154 所示。

40 在【图层】面板中，双击刚创建的图层，打开【图层样式】对话框。在该对话框中，选中【颜色叠加】选项，设置【混合模式】为【正常】，叠加颜色为R:226 G:226 B:226，如图5-155所示。

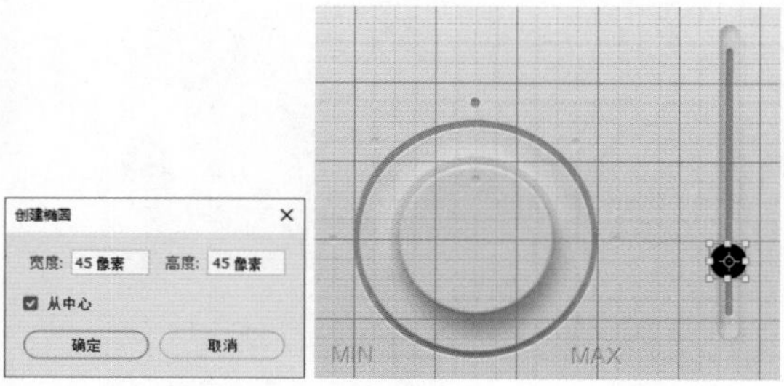

图5-154

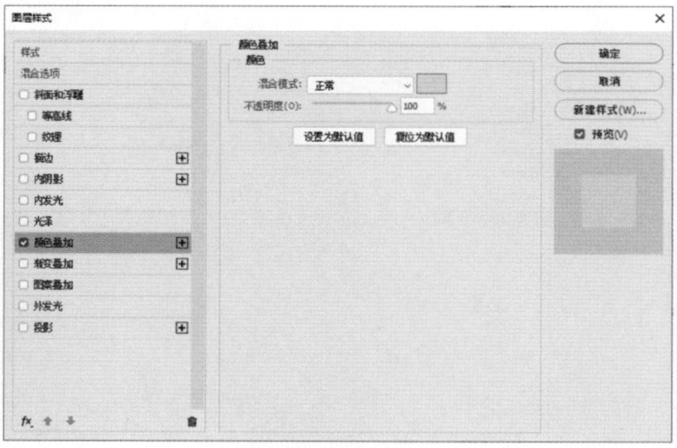

图5-155

41 继续在【图层样式】对话框中，选中【斜面和浮雕】选项，设置【样式】为【内斜面】，【方法】为【平滑】，【深度】数值为100%，【大小】数值为4像素，【角度】数值为-90度，取消【使用全局光】复选框，【高度】数值为37度，高光模式的【混合模式】为【滤色】，【不透明度】数值为75%，阴影模式的【混合模式】为【正片叠底】，【不透明度】数值为49%，如图5-156所示。

42 继续在【图层样式】对话框中，选中【外发光】选项，设置【混合模式】为【正片叠底】，【不透明度】数值为15%，外发光颜色为R:181 G:163 B:161，设置【扩展】数值20%，【大小】数值为15像素，如图5-157所示。

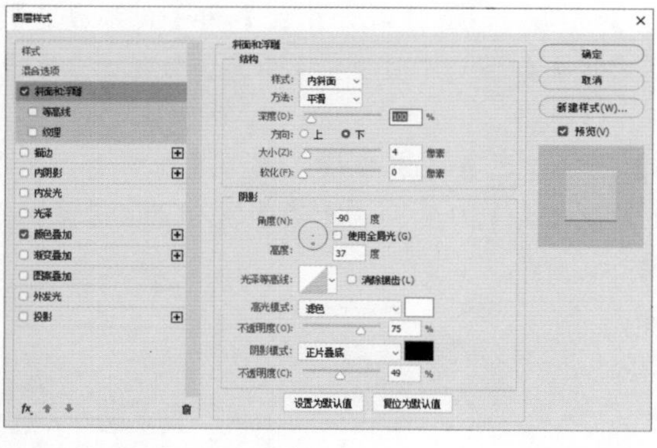

图5-156

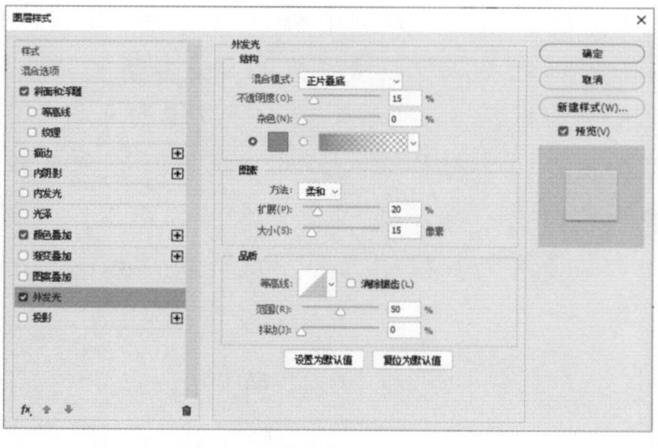

图5-157

43 继续在【图层样式】对话框中，选中【投影】选项，设置【混合模式】为【正片叠底】，投影颜色为R:169 G:161 B:160，【不透明度】数值为75%，【角度】数值为98度，【距离】数值为14像素，【大小】数值为16像素，然后单击【确定】按钮应用图层样式，如图5-158所示。

44 选择【矩形】工具在画板中单击，打开【创建矩形】对话框。在该对话框中，设置【宽度】数值为25像素，【高度】数值为2像素，圆角半径数值为0像素，取消选中【从中心】复选框，然后单击【确定】按钮创建矩形，并设置填充颜色为R:180 G:162 B:160，如图5-159所示。

45 在【图层】面板中，设置【矩形2】图层的【填充】数值为40%，然后双击该图层，打开【图层样式】对话框。在【图层样式】对话框中，选中【投影】选项，设置【混合模式】为【正常】，投影颜色为白色，【不透明度】数值为75%，【距离】数值为1像素，如图5-160所示。

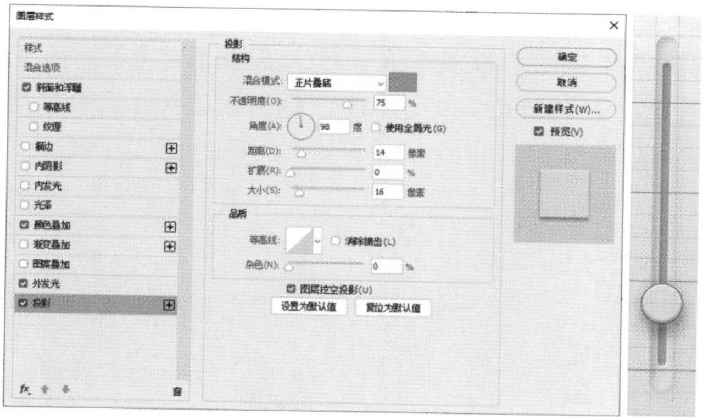

图5-158

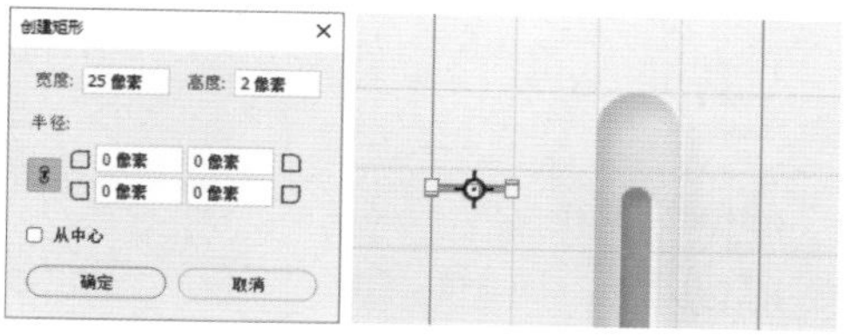

图5-159

46 连续按Ctrl+J键复制【矩形 2】图层，生成【矩形 2 拷贝】【矩形 2 拷贝 2】和【矩形 2 拷贝 3】。选择【移动】工具，移动【矩形 2 拷贝 3】图层。选中图层，在选项栏中单击【垂直分布】按钮，如图5-161所示。

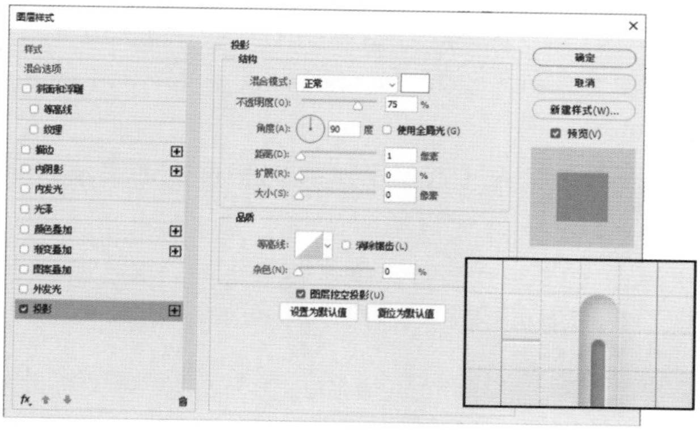

图5-160

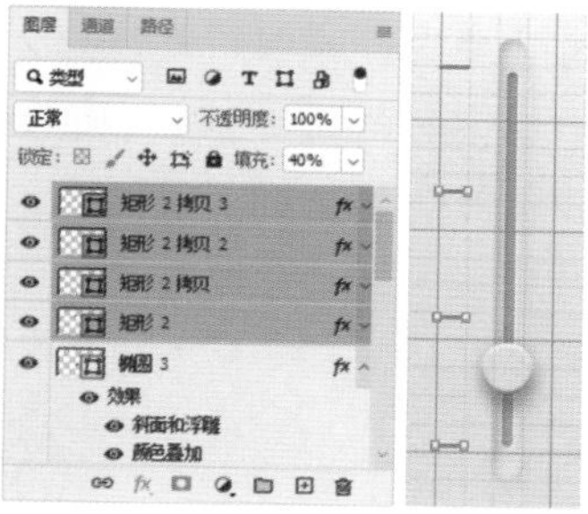

图5-161

47 继续按Ctrl+J键复制图层，并使用【移动】工具调整图形位置，如图5-162所示。

48 选择【横排文字】工具在画板中单击，在选项栏中设置字体系列为Arial，字体大小为6点，单击【居中对齐文本】按钮，设置字体颜色为R:180 G:162 B:160，然后输入文字内容，如图5-163所示。

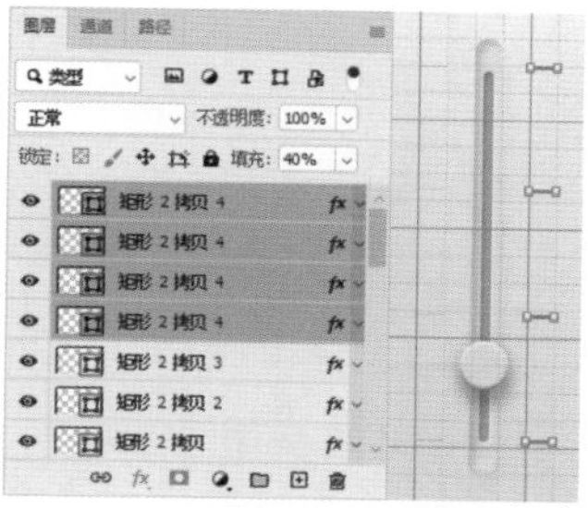

图5-162

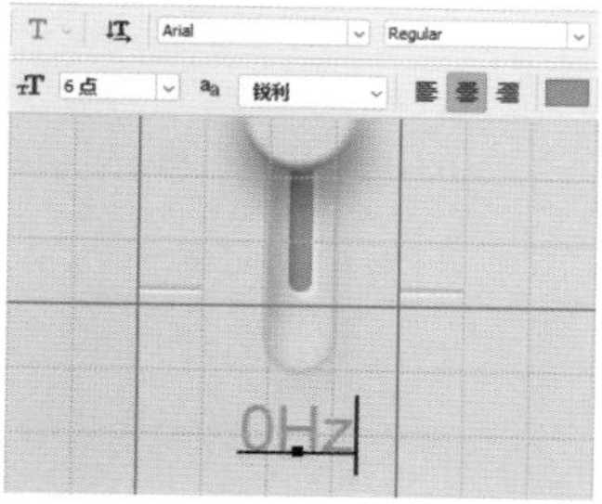

图5-163

49 在【图层】面板中，设置刚创建的文字图层的【填充】数值为40%，并双击图层，打开【图层样式】对话框。在该对话框中，选中【内阴影】选项，设置【混合模式】为【正片叠底】，内阴影颜色为R:181 G:163 B:161，【不透明度】数值为75%，取消选中【使用全局光】复选框，【角度】数值为120度，【距离】数值为2像素，如图5-164所示。

50 继续在【图层样式】对话框中，选中【投影】选项，设置【混合模式】为【变亮】，投影颜色为白色，【不透明度】数值为75%，【角度】数值为120度，【距离】数值为2像素，然后单击【确定】按钮应用图层样式，如图5-165所示。

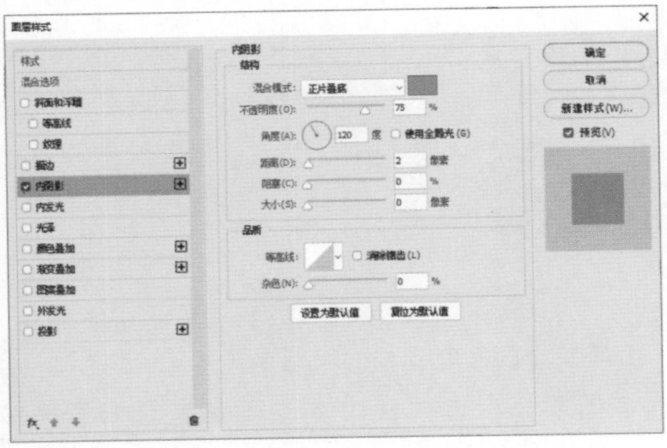

图5-164

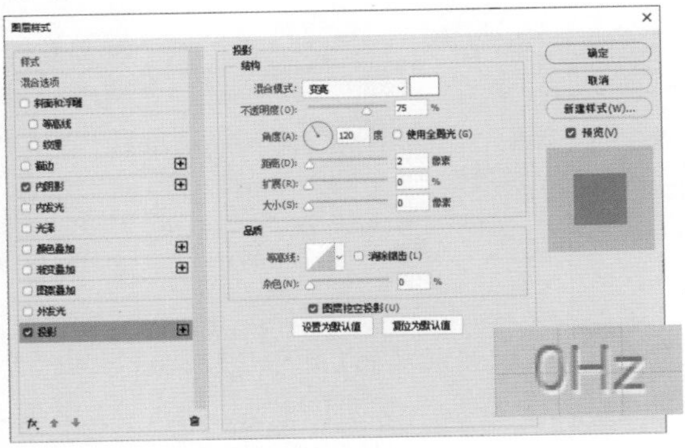

图5-165

51 在【图层】面板中，选中步骤28至步骤50的图层，按Alt键单击【创建新组】按钮，打开【从图层新建组】对话框。在对话框的【名称】文本框中输入“滑块”，设置【颜色】为【黄色】，然后单击【确定】按钮新建组，如图5-166所示。

52 连续按Ctrl+J键复制刚创建的图层组，然后使用【移动】工具调整最上方图层组的位置，如图5-167所示。

图5-166

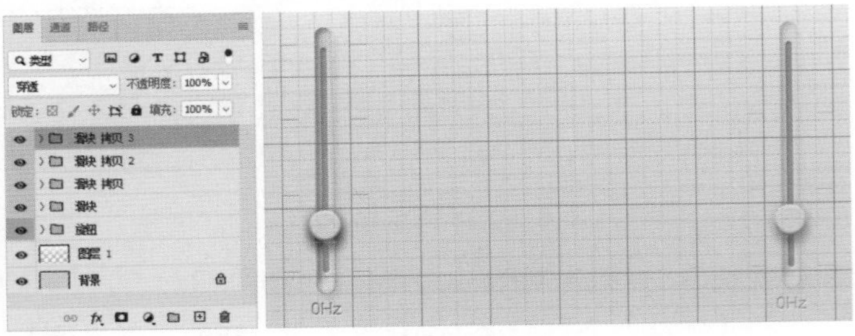

图5-167

53 在【图层】面板中，选中上一步创建的图层组，在选项栏中单击【水平分布】按钮，如图5-168所示。

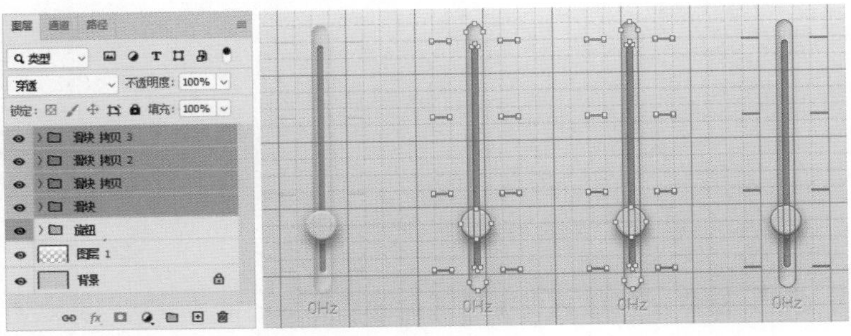

图5-168

54 使用【横排文字】工具分别修改图层组中的文字内容，如图5-169所示。

55 选中步骤48创建的文字图层，按Ctrl+J键复制图层，然后使用【移动】工具调整位置，并修改文字内容，如图5-170所示。

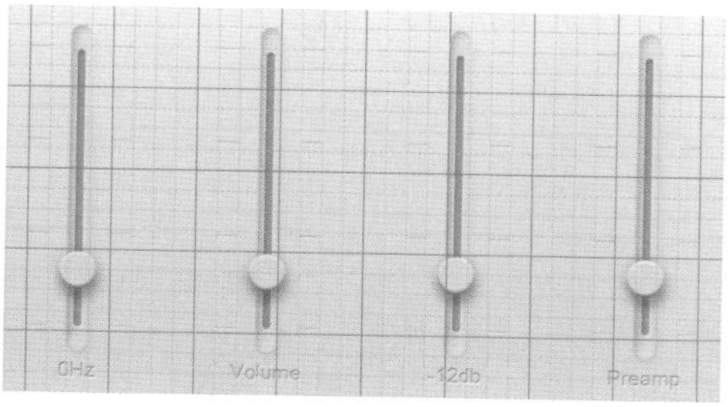

图5-169

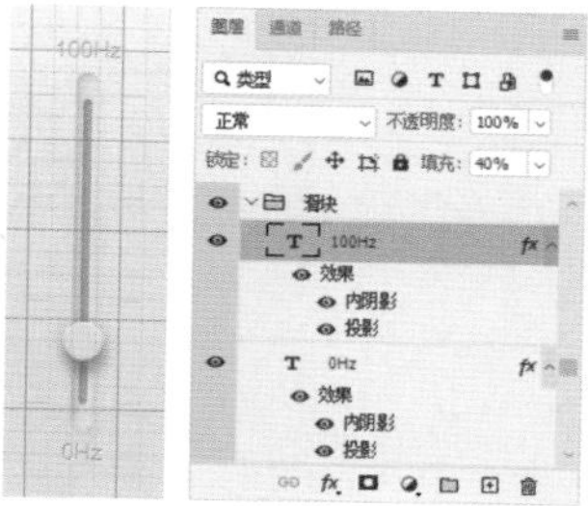

图5-170

56 使用上一步的操作方法，复制并修改文字内容。再次选择【视图】|【显示】|【网格】命令，在画板中隐藏网格，如图5-171所示完成增益调节控件的制作。

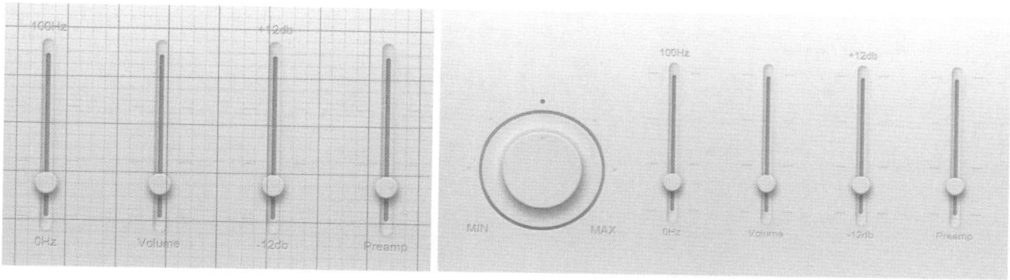

图5-171

案例——制作音频播放控件

视频名称	制作音频播放控件
案例文件	案例文件\第 5 章\制作音频播放控件

01 启动Photoshop，选择【文件】|【新建】命令，打开【新建文档】对话框。在该对话框中输入文档名称，设置【宽度】数值为800像素，【高度】数值为200像素，【分辨率】数值为300像素/英寸，【颜色模式】为【RGB颜色】，【背景内容】为【自定义】，在弹出的【拾色器】对话框中设置背景颜色为R:226 G:226 B:226，然后单击【创建】按钮新建一个空白文档，如图5-172所示。

02 选择【视图】|【显示】|【网格】命令，在新建文档中显示网格。选择【椭圆】工具，在选项栏中选择工具模式为【形状】，【填充】为黑色，【描边】为无。然后使用【椭圆】工具在画板中单击，打开【创建椭圆】对话框。在对话框中，设置【宽度】和【高度】均为80像素，选中【从中心】复选框，单击【确定】按钮，如图5-173所示。

03 在【图层】面板中，双击刚创建的图形图层，打开【图层样式】对话框。在该对话框中，选中【渐变叠加】选项，设置【混合模式】为【正常】，【不透明度】数值为100%，【渐变】颜色为R:216 G:218 B:220至R:242 G:243 B:243，如图5-174所示。

04 继续在【图层样式】对话框中，选中【描边】选项，设置【大小】数值为3像素，【位置】为【内部】，【填充类型】为【渐变】，【渐变】颜色为R:181 G:185 B:188 至R:225 G:228 B:230，如图5-175所示。

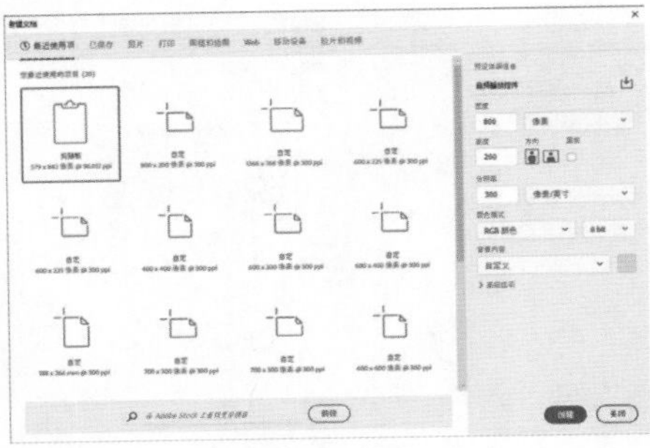

图5-172

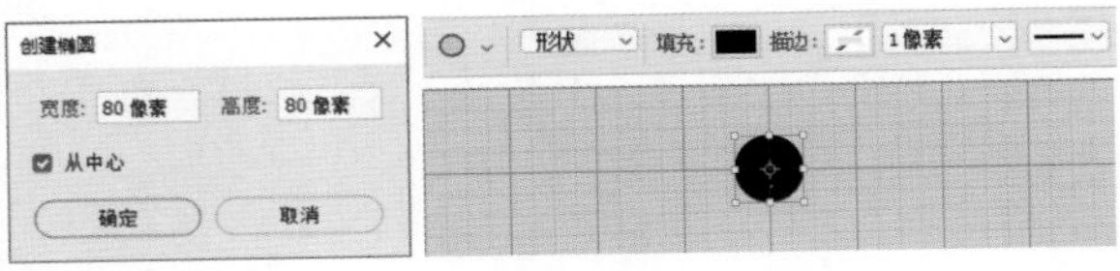

图5-173

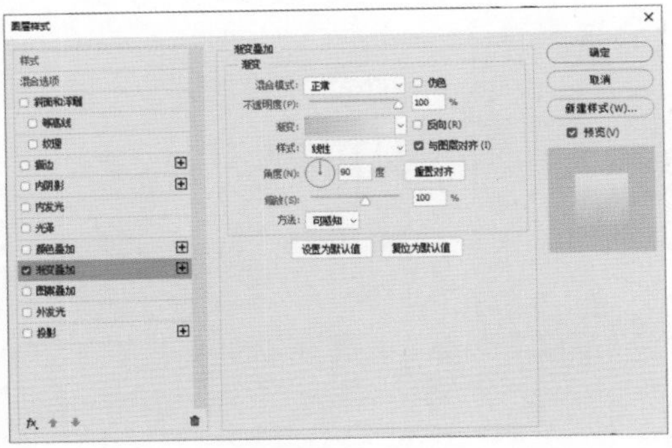

图5-174

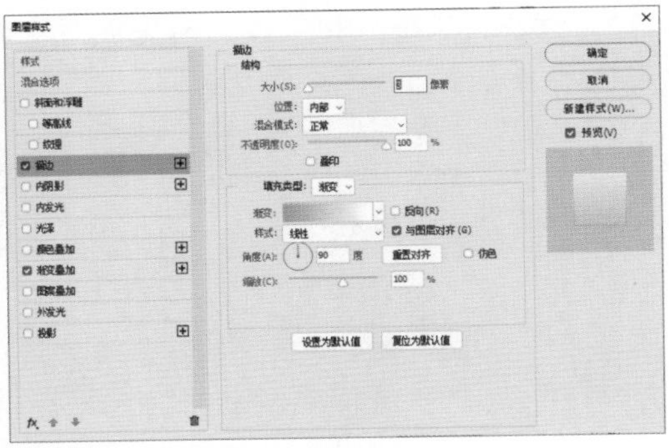

图5-175

05 继续在【图层样式】对话框中，选中【斜面和浮雕】选项，设置【样式】为【外斜面】，【方法】为【平滑】，【深度】数值为100%，选中【上】单选按钮，设置【大小】数值为8像素，【软化】数值为15像素；高光模式的【混合模式】为【线性加深】，高亮颜色为黑色，【不透明度】数值为30%；阴影模式的【混合模式】为【颜色减淡】，阴影颜色为白色，【不透明度】数值为30%，如图5-176所示。

06 继续在【图层样式】对话框中，选中【投影】选项，设置【混合模式】为【线性加深】，投影颜色为R:32 G:39 B:43，【不透明度】数值为10%，【距离】数值为8像素，【大小】数值为13像素，然后单击【确定】按钮应用图层样式，如图5-177所示。

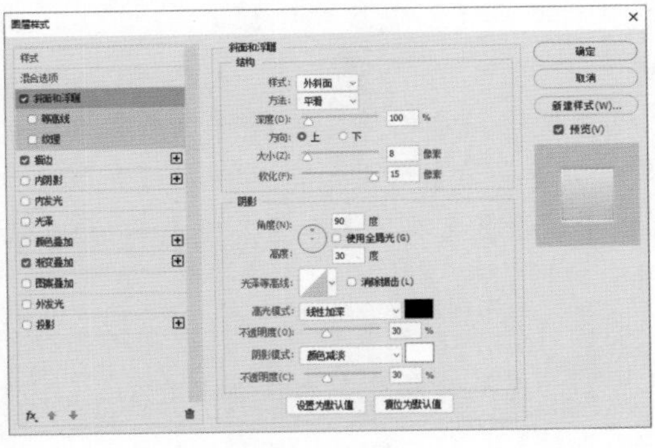

图5-176

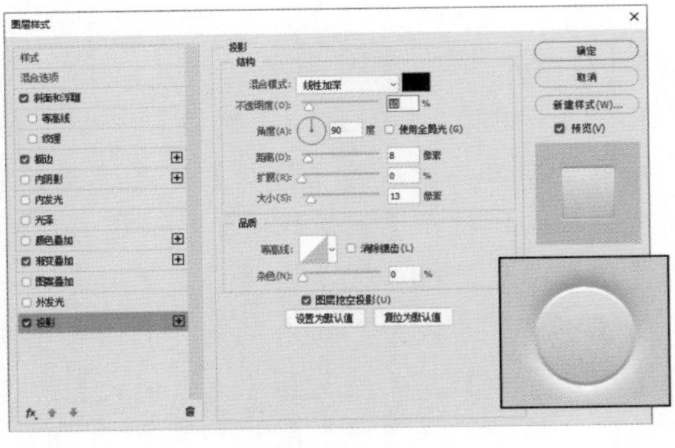

图5-177

07 按Ctrl+J键复制【椭圆1】图层，生成【椭圆1 拷贝】图层，按Ctrl+[键将其下移一层，并调整其位置。在【图层】面板中，设置【椭圆1 拷贝】图层的【填充】数值为0%，然后双击图层打开【图层样式】对话框。在该对话框中，选中【渐变叠加】选项，设置【混合模式】为【线性加深】，【不透明度】数值为50%，【渐变】颜色为R:0 G:0 B:0至不透明度为0%的R:0 G:0 B:0，单击【确定】按钮应用图层样式，如图5-178所示。

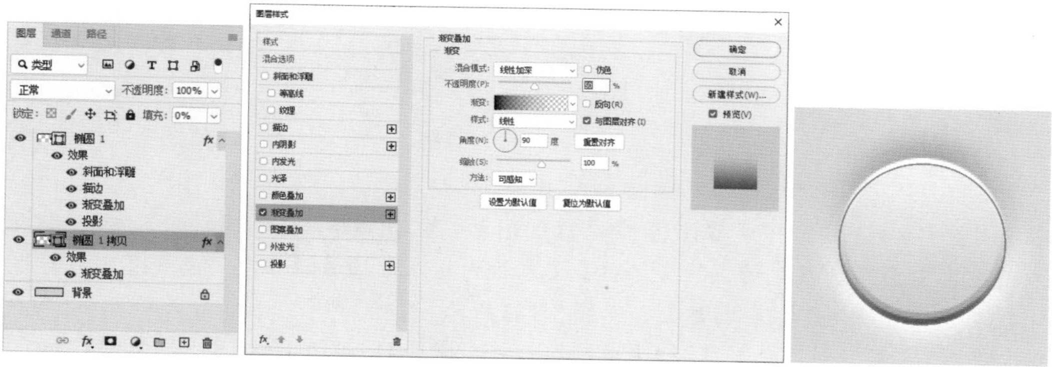

图5-178

08 在【图层】面板中，选择最上方图层。选择【三角形】工具在网格上单击，打开【创建三角形】对话框。在该对话框中，设置【宽度】和【高度】均为40像素，选中【等边】复选框和【从中心】复选框，单击【确定】按钮创建三角形。然后按Ctrl+T键应用【自由变换】命令，旋转并调整三角形位置，如图5-179所示。

09 在【图层】面板中，双击刚创建的图层，在打开的【图层样式】对话框中，选中【渐变叠加】选项，设置【混合模式】为【正常】，【不透明度】数值为100%，【渐变】颜色为R:197 G:199 B:201至R:163 G:167 B:171，【角度】数值为-90度，如图5-180所示。

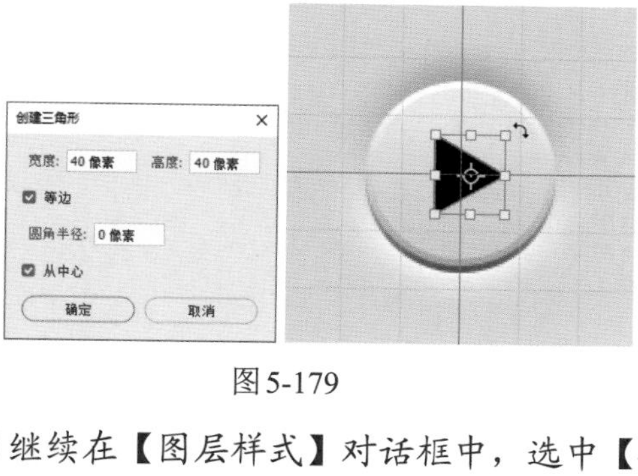

图5-179

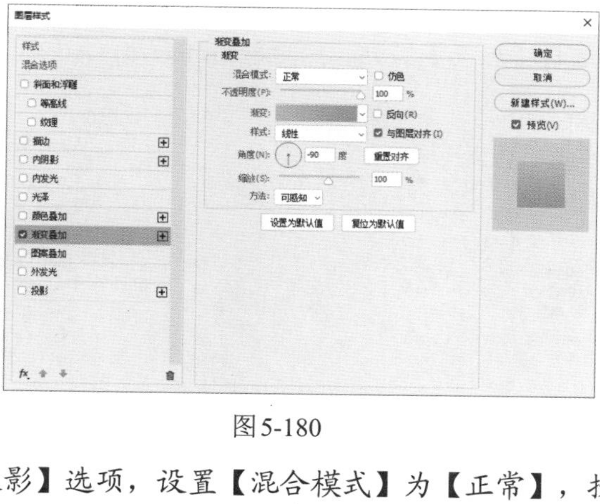

图5-180

10 继续在【图层样式】对话框中，选中【投影】选项，设置【混合模式】为【正常】，投影颜色为白色，【不透明度】数值为75%，【距离】数值为2像素，【大小】数值为2像素，如图5-181所示。

11 继续在【图层样式】对话框中，选中【内阴影】选项，设置【混合模式】为【线性加深】，投影颜色为黑色，【不透明度】数值为10%，【距离】数值为2像素，【大小】数值为3像素，然后单击【确定】按钮应用图层样式，如图5-182所示。

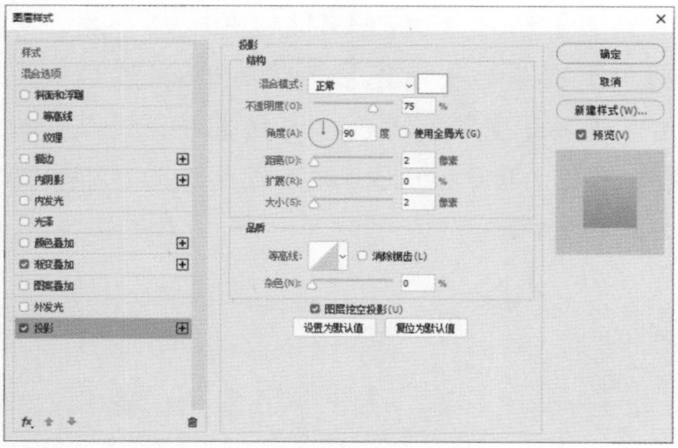

图5-181

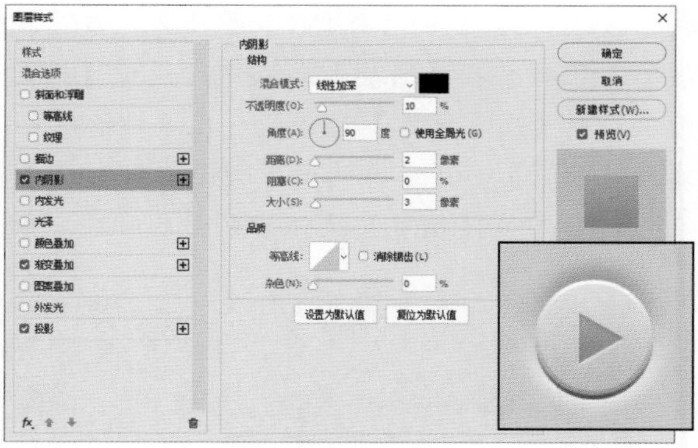

图5-182

12 在【图层】面板中，选中步骤02至步骤11的图层，按Alt键单击【创建新组】按钮，打开【从图层新建组】对话框。在对话框的【名称】文本框内输入“播放按钮”，设置【颜色】为【红色】，然后单击【确定】按钮新建组，如图5-183所示。

13 按Ctrl+J键复制刚创建的图层组，生成【播放按钮 拷贝】图层组。按Ctrl+T键应用【自由变换】命令，在选项栏选中【保持长宽比】按钮，设置W数值为80%，X数值为500像素，如图5-184所示。

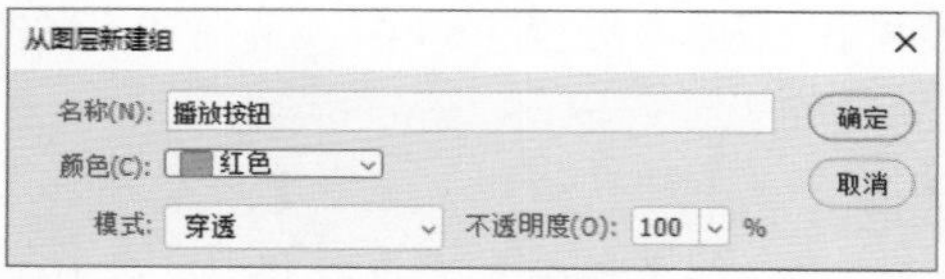

图5-183

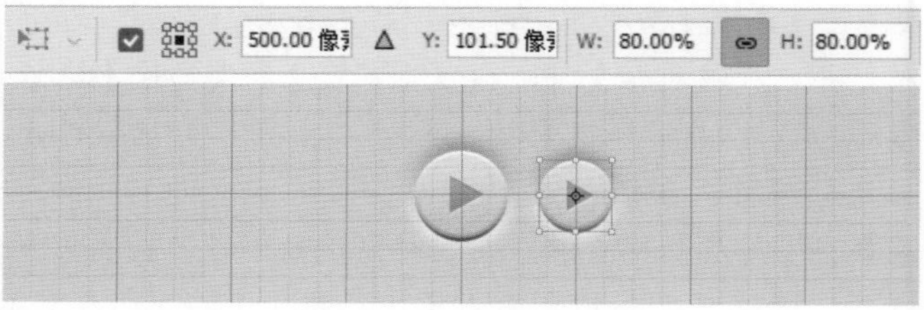

图5-184

14 在【图层】面板中，删除【播放按钮 拷贝】图层组中的【三角形 1】图层，如图5-185所示。

15 选择【移动】工具，然后按Shift+Ctrl+Alt键移动复制【播放按钮 拷贝】图层组，如图5-186所示。

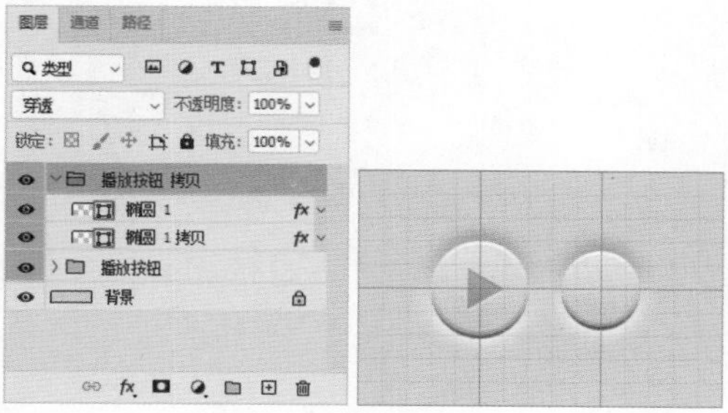

图5-185

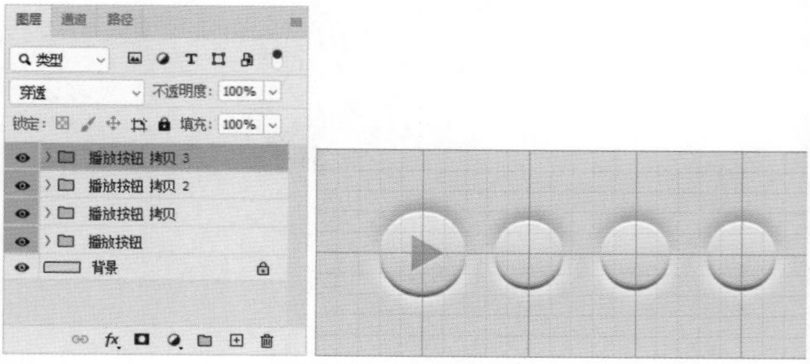

图5-186

16 在【图层】面板中，选中上一步中复制的图层组，然后继续按Shift+Ctrl+Alt键移动复制图层组，如图5-187所示。

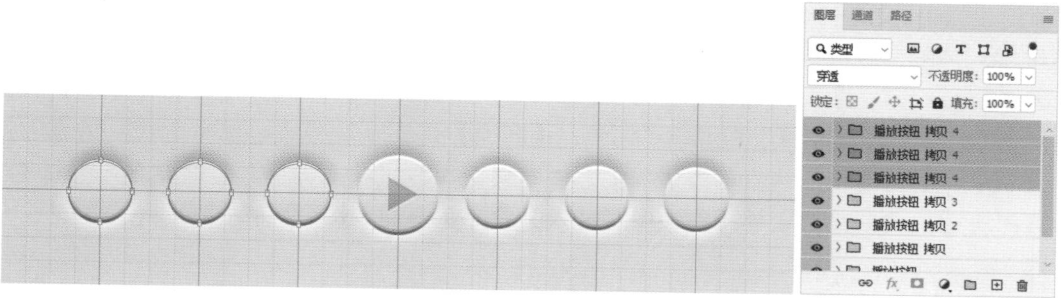

图 5-187

17 在【图层】面板中，选中【播放按钮 拷贝】图层组。选择【矩形】在画板中单击，打开【创建矩形】对话框。在该对话框中，设置【宽度】和【高度】均为22像素，圆角半径数值为0像素，选中【从中心】复选框，然后单击【确定】按钮创建矩形，如图5-188所示。

18 在【图层】面板中，右击步骤08中创建的【三角形 1】图层，在弹出的快捷菜单中选择【拷贝图层样式】命令。再在上一步创建的【矩形 1】图层上右击，在弹出的快捷菜单中选择【粘贴图层样式】命令，如图5-189所示。

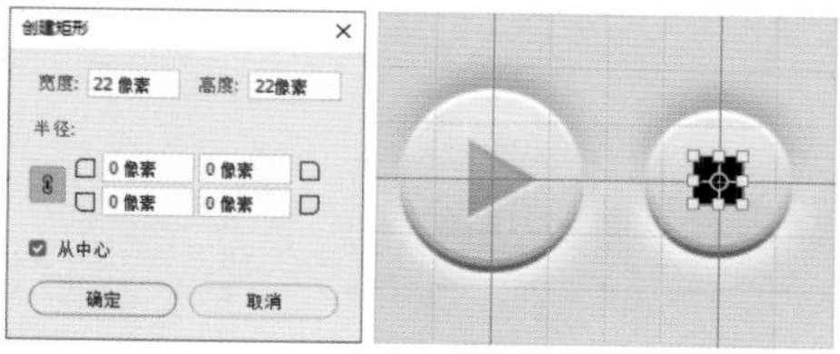

图 5-188

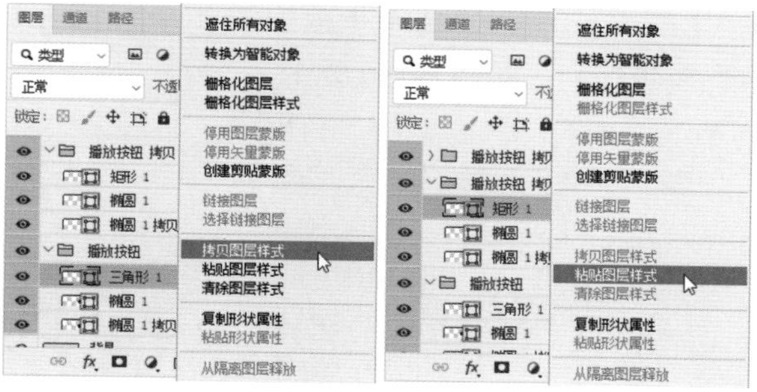

图 5-189

19 在【图层】面板中，选中【播放按钮 拷贝 2】图层组。选择【三角形】工具在画板中单击，打开【创建三角形】对话框。在对话框中，设置【宽度】和【高度】均为25像素，选中【等边】和【从中心】复选框，然后单击【确定】按钮创建三角形。再右击刚创建的图层，在弹出的快捷菜单中选择【粘贴图层样式】命令，如图5-190所示。

20 按Ctrl+J键复制刚创建的【三角形 2】图层，使用【移动】工具移动图层，如图5-191所示。

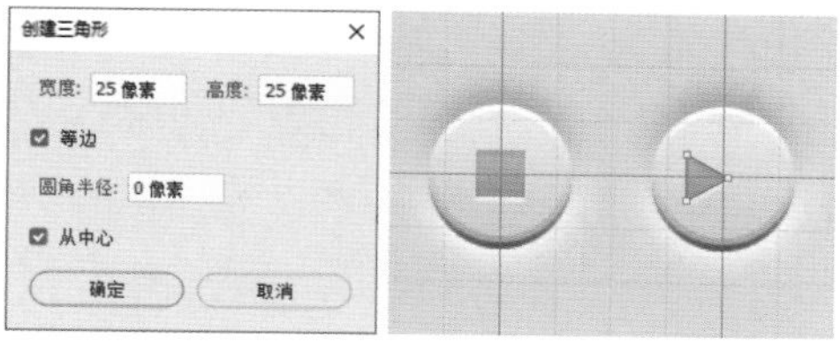

图 5-190

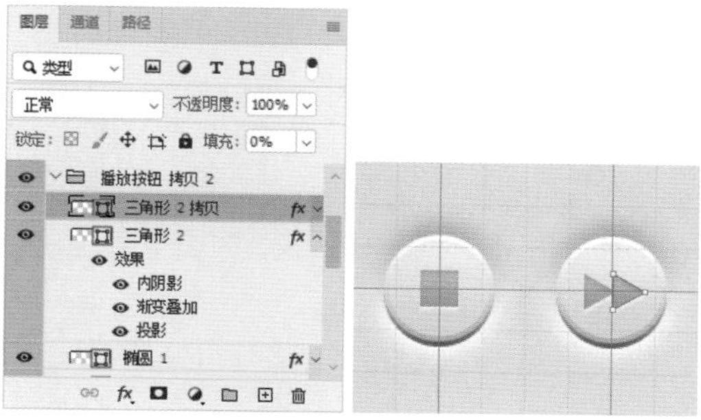

图 5-191

21 继续按Ctrl+J键复制图层，生成【三角形 2 拷贝 2】图层，并将其移动至【播放按钮 拷贝 3】图层组中，如图 5-192 所示。

22 选中【播放按钮 拷贝 3】图层组，选择【矩形】工具在画板中单击，打开【创建矩形】对话框。在该对话框中，设置【宽度】数值为5像素，【高度】数值为22像素，圆角半径数值为0像素，选中【从中心】复选框，然后单击【确定】按钮创建矩形。在【图层】面板中右击刚创建的图层，在弹出的快捷菜单中选择【粘贴图层样式】命令，如图 5-193 所示。

图 5-192

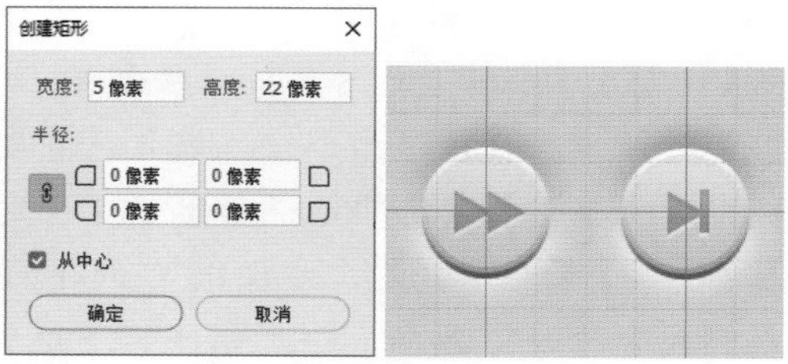

图 5-193

23 在【图层】面板中，选中步骤21至步骤22的图层，将其移动至【播放按钮 拷贝 4】图层组中，并水平翻转对象，如图 5-194 所示。

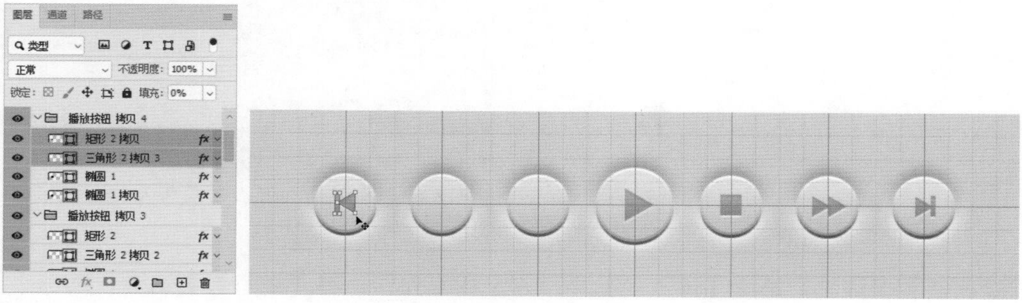

图 5-194

24 使用上一步的操作方法，选中步骤19至步骤20的图层，移动并水平翻转对象，如图 5-195 所示。

25 移动并复制步骤22中创建的矩形至最上方的图层组中，然后选择【视图】|【显示】|【网格】命令隐藏网格，完成如图 5-196 所示的空间效果。

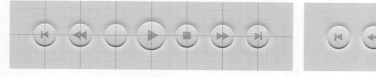

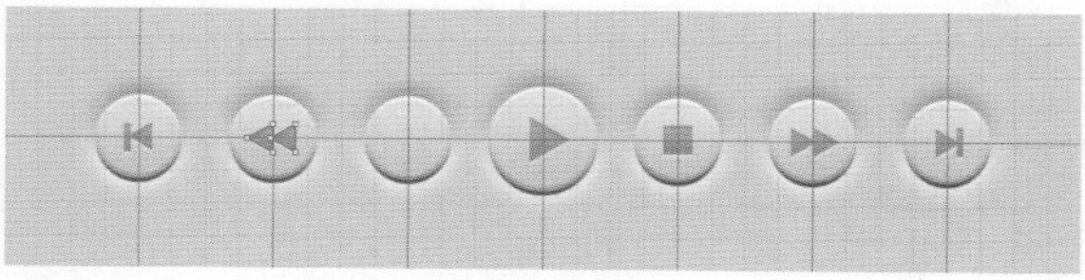

图 5-195

图 5-196

第 6 章

闪屏页设计

6.1 闪屏页的概念

闪屏页是指用户进入应用程序时立刻出现的页面，是应用程序打开前的有效过渡页面，如图6-1所示。该页面承载了用户对App的第一印象，因此对设计的要求十分讲究。闪屏页给用户观看的时间很短，通常只有1~3秒的时间，因此，如何在这么短的时间内表达App的定位就是设计师需要重点考虑的问题。只有设计出定位明确且富有吸引力的闪屏页，才能加深用户对App的认知度。

图6-1

6.2 闪屏页的常见类型

闪屏页分为品牌宣传型、节假关怀型和广告运营型3种类型，不同类型的闪屏页承载的内容信息和表达方式也不一样。

6.2.1 品牌宣传型

App的闪屏页主要是为了传达品牌定位而设的，主要组成部分包括App名称、标语和主题宣传画，如图6-2所示。品牌宣传型的闪屏页设计力求精简，凸显品牌特点。

6.2.2 节假关怀型

每逢节假日、节气，很多App会通过推出一些与节假日、节气相关的插图作为闪屏页，通过给用户营造节假日的气氛来体现人文关怀，如图6-3所示。这种设计不仅能够加强与用户的情感交流，提升品牌的亲和力，还能够加深用户对品牌的印象。这种类型的闪屏页在设计上更具自由度与创新性。

图6-2

图6-3

6.2.3 广告运营型

广告运营型闪屏页主要是利用闪屏的形式进行活动或广告宣传，引流变现，如图6-4所示。由于用户对广告的接收程度不同，因此在视觉设计上应尽量创新，从而吸引用户。同时，还应设计“跳过”或“倒计时”按钮，避免因广告影响用户体验感。

图6-4

案例——制作品牌宣传型闪屏页

视频名称	制作品牌宣传型闪屏页
案例文件	案例文件 \ 第 6 章 \ 制作品牌宣传型闪屏页

01 启动Photoshop，选择【文件】|【新建】命令，打开【新建文档】对话框。在该对话框中选中【移动设备】选项，并在【空白文档预设】选项组中选中【iPhone 8/7/6Plus】选项，输入新建文档的名称，然后单击【创建】按钮，如图 6-5 所示。

02 在【颜色】面板中设置前景色为R:249 G:226 B:108，然后按Alt+Delete键使用前景色填充图层，如图 6-6 所示。

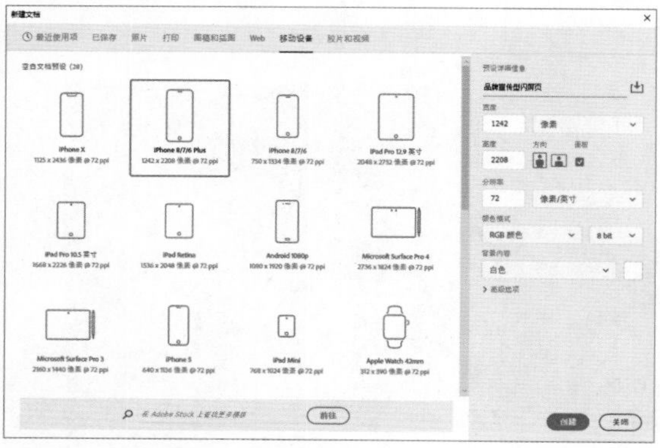

图 6-5

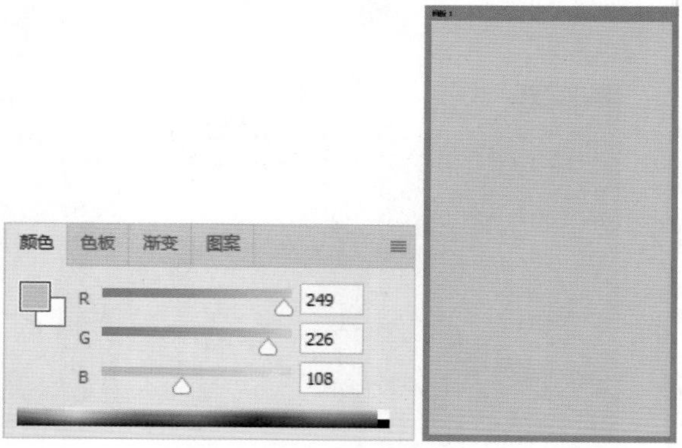

图 6-6

03 选择【矩形】工具，在选项栏中选择工具模式为【形状】，设置【填充】为R:255 G:225 B:72 至R:252 G:233 B:134的渐变，【描边】为无，然后使用【矩形】工具绘制矩形，如图 6-7 所示。

04 在【图层】面板中双击【矩形 1】图层，打开【图层样式】对话框。在该对话框中，选中【斜面和浮雕】选项，设置【大小】数值为 21 像素，设置高光模式的颜色为R:252 G:255 B:223，【不透明度】数值为 75%，设置阴影模式的颜色为R:108G:88 B:21，【不透明度】数值为 100%，如图 6-8 所示。

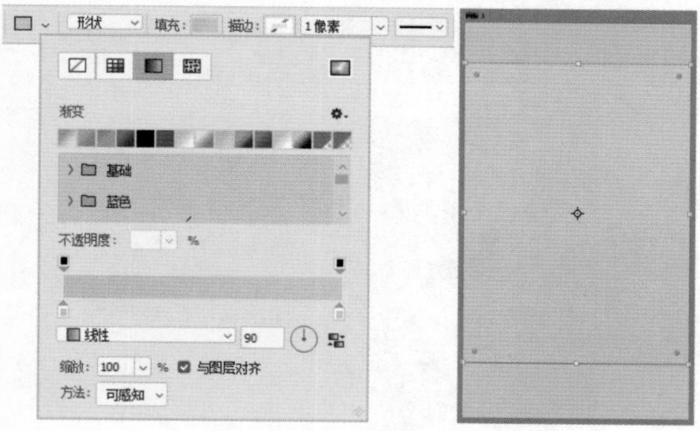

图 6-7

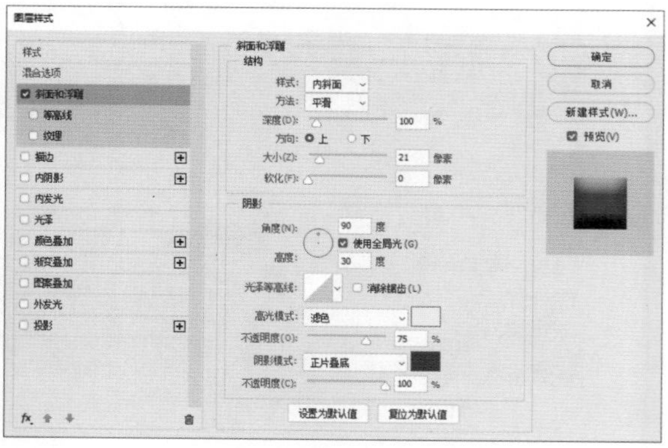

图 6-8

05 继续在【图层样式】对话框中，选中【投影】选项，设置投影颜色为R:118 G:95 B:3，【不透明度】数值为75%，【距离】数值为96像素，【大小】数值为213像素，然后单击【确定】按钮，如图6-9所示。

06 选择【文件】|【打开】命令，打开所需的手机图像文件。选择【魔棒】工具，在选项栏中单击【添加到选区】按钮，然后使用【魔棒】工具单击图像背景区域。选择【选择】|【反选】命令，并按Ctrl+C组合键复制选区内的图像，如图6-10所示。

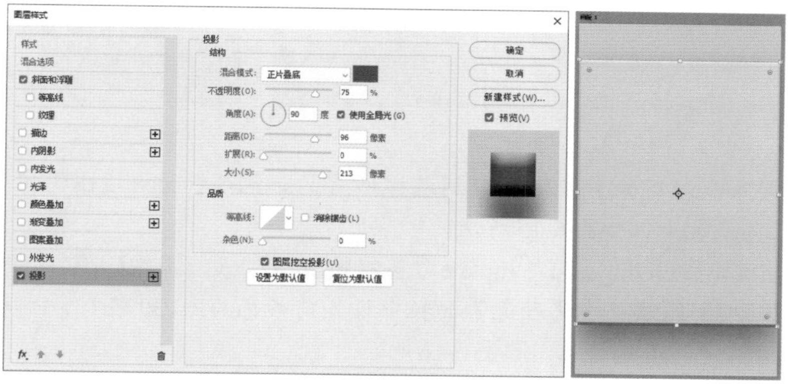

图6-9

图6-10

07 选中步骤01创建的图像文档，按Ctrl+V组合键粘贴复制的图像，再按Ctrl+T键应用【自由变换】命令调整图像的大小及位置，如图6-11所示。

08 在【图层】面板中，按Ctrl键单击【图层2】图层缩览图，载入选区。按Ctrl键单击【创建新图层】按钮，新建【图层3】图层。在【颜色】面板中设置前景色为R:191 G:165 B:32，然后按Alt+Delete组合键使用前景色填充图层，如图6-12所示。

图6-11

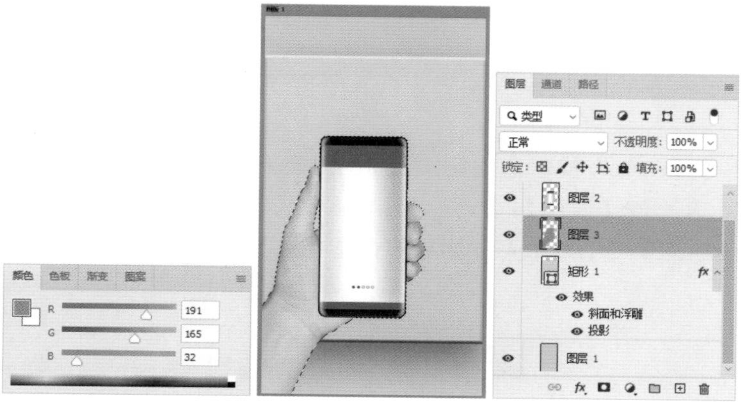

图6-12

09 按Ctrl+D组合键取消选区，在【图层】面板中设置【图层3】图层的【混合模式】为【正片叠底】。选择【滤镜】|【模糊】|【高斯模糊】命令，在打开的【高斯模糊】对话框中设置【半径】数值为80像素，然后单击【确定】按钮，如图6-13所示。

10 在【图层】面板中选中【图层2】图层。选择【文件】|【置入嵌入对象】命令，在打开的【置入嵌入的对象】对话框中选择所需的credit_card_template图像文件，将其置入画板中，调整其位置及大小，如图6-14所示。

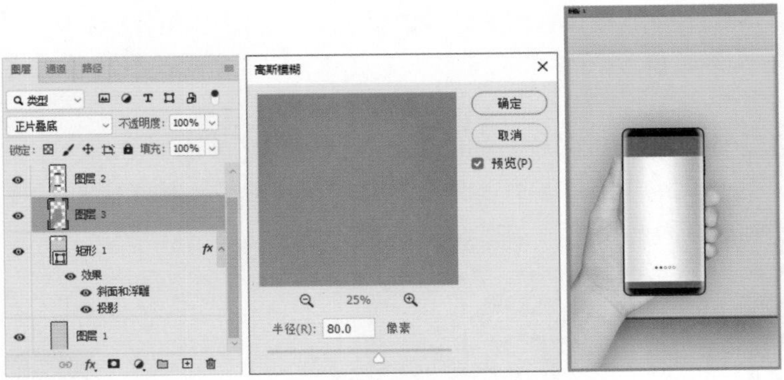

图6-13

图6-14

11 再次选择【文件】|【置入嵌入对象】命令，分别选择所需的sucai-1和sucai-2图像文件，将其置入画板中，调整其位置及大小，如图6-15所示。

12 在【图层】面板中，按Ctrl键单击credit_card_template图层缩览图，载入选区。按Ctrl键单击【创建新图层】按钮，新建【图层4】图层。在【颜色】面板中设置前景色为R:130 G:131 B:102，然后按Alt+Delete组合键使用前景色填充图层，如图6-16所示。

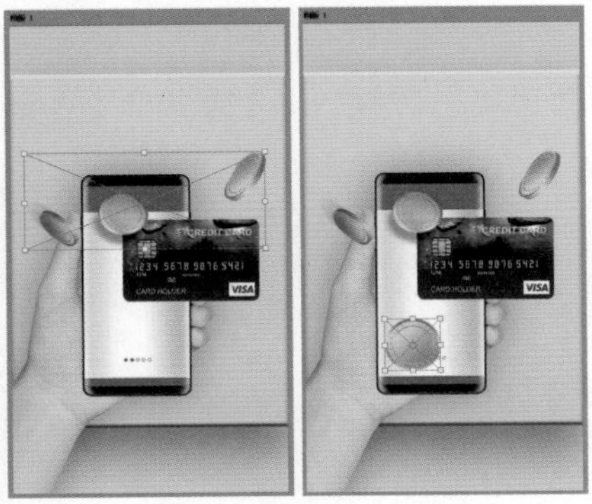

图6-15

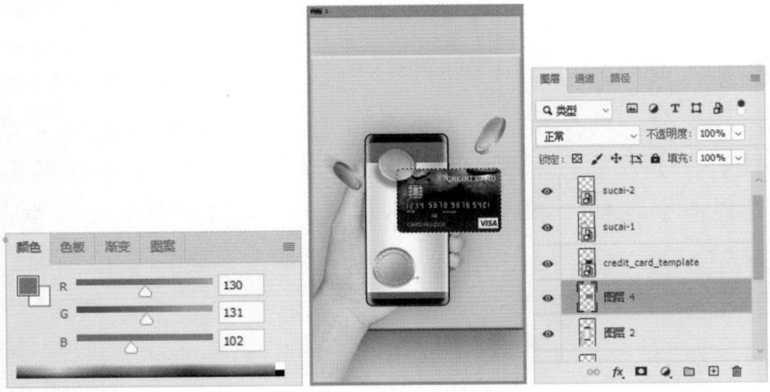

图6-16

13 按Ctrl+D组合键取消选区，在【图层】面板中设置【图层4】图层的【混合模式】为【正片叠底】。选择【滤镜】|【模糊】|【动感模糊】命令。在打开的【动感模糊】对话框中设置【角度】为0度，【距离】为160像素，然后单击【确定】按钮，如图6-17所示。

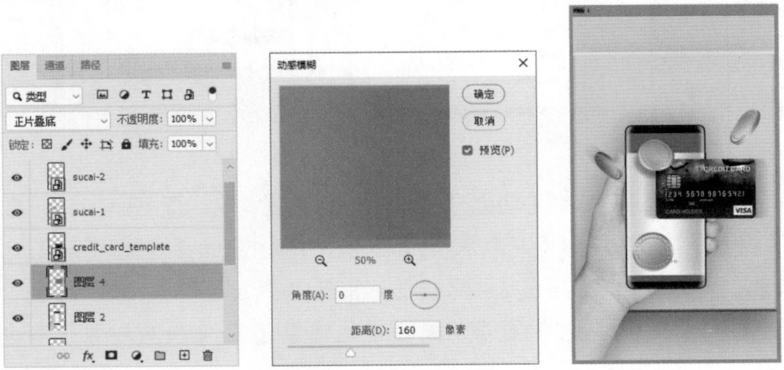

图6-17

14 在【图层】面板中，选中最上方图层。使用【横排文字】工具在画板中单击，在【属性】面板中设置字体样式为Segoe UI，字体大小为160点，字符间距为-25，单击【居中对齐文本】按钮，设置字体颜色为R:78 G:64 B:135，然后输入文字内容，如图6-18所示。

15 使用【横排文字】工具选中部分文字内容，在【属性】面板中更改字体样式为Franklin Gothic Demi Cond，字体大小为160点，如图6-19所示。

图6-18

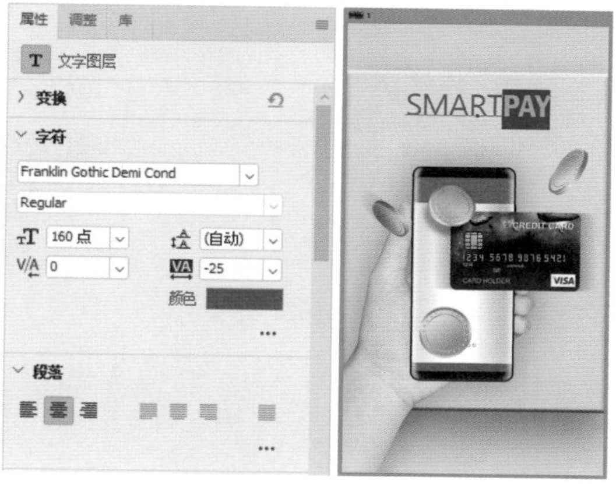

图6-19

16 继续使用【横排文字】工具在画板中单击，在【属性】面板中设置字体样式为【方正正纤黑简体】，字体大小为65点，字符间距为0，单击【居中对齐文本】按钮，设置字体颜色为黑色，然后输入文字内容，如图6-20所示。

17 继续使用【横排文字】工具在画板右上角单击，在【属性】面板中设置字体样式为【方正兰亭黑简体】，字体大小为48点，字符间距为25，字体颜色为R:80 G:80 B:80，单击【左对齐文本】按钮，然后输入文字内容，如图6-21所示。

图6-20

图6-21

18 选择【矩形】工具，在选项栏中选择工具模式为【形状】，在【属性】面板中设置【填色】为无，【描边】颜色为R:80 G:80 B:80，描边粗细数值为2像素，圆角半径数值为15像素，然后使用工具绘制圆角矩形，如图6-22所示完成页面的制作。

图6-22

提 示：

根据App品牌不同，部分闪屏页广告在版式上是有固定模板的，如App名称、标语，以及“跳过”按钮的位置固定，由此保证统一、规范的交互体验。

案例——制作广告运营型闪屏页

视频名称	制作广告运营型闪屏页
案例文件	案例文件 \ 第 6 章 \ 制作广告运营型闪屏页

01 启动Photoshop，选择【文件】|【新建】命令，打开【新建文档】对话框。在该对话框中选中【移动设备】选项，并在【空白文档预设】选项组中选中【iPhone 8/7/6Plus】选项，输入新建文档的名称，然后单击【创建】按钮，如图6-23所示。

02 在【颜色】面板中设置前景色为R:253 G:198 B:206，然后按Alt+Delete键使用前景色填充图层，如图6-24所示。

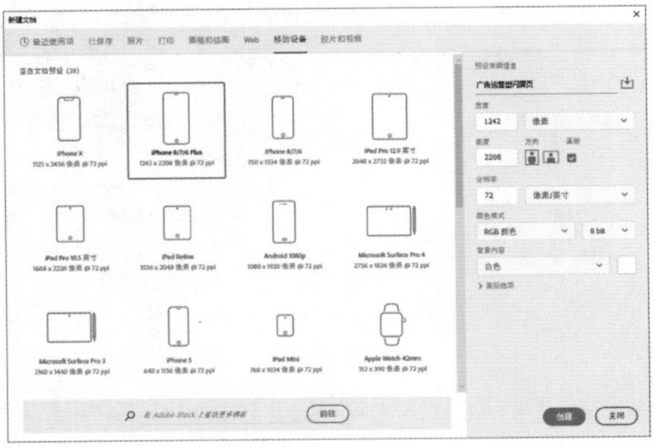

图6-23

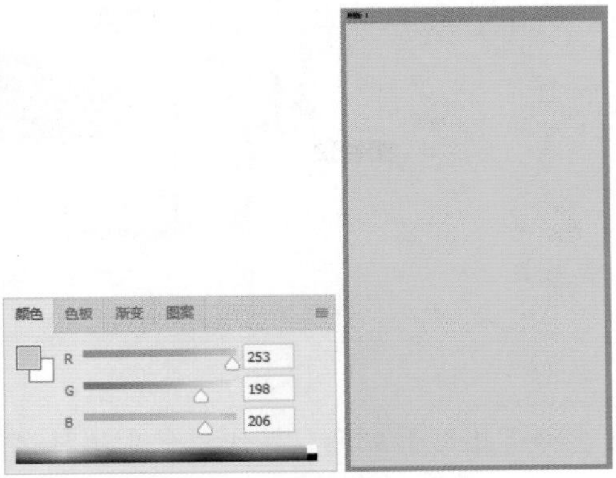

图6-24

03 选择【矩形】工具，在选项栏中选择工具模式为【形状】，设置【填充】颜色为R:136 G:175

B:234，【描边】颜色为无，然后使用【矩形】工具在画板底部拖动绘制矩形，生成【矩形 1】图层，如图 6-25 所示。

04 选择【自定形状】工具，在选项栏中选择工具模式为【形状】。在【形状】面板中，选择【旧版形状及其他】|【所有旧版默认形状.csh】|【形状】形状组中的【花 1】形状样式。然后使用【自定形状】工具在画板中单击，并按Alt+Shift键拖动绘制图形，如图 6-26 所示。

图6-25

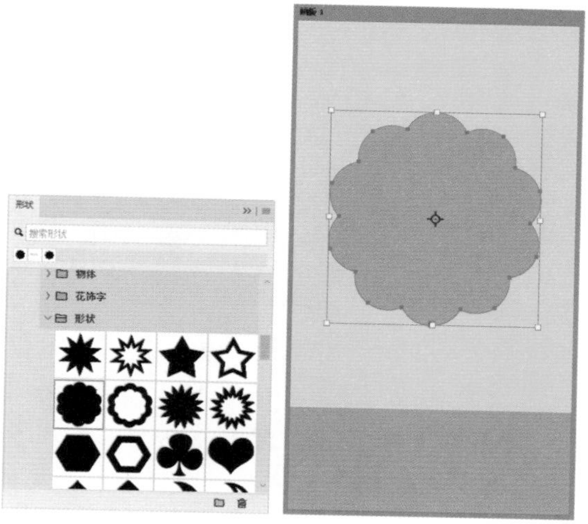

图6-26

05 在【图层】面板中，双击刚创建的图层，打开【图层样式】对话框。在该对话框中，选中【颜色叠加】选项，设置【混合模式】为【正常】，叠加颜色为白色，如图 6-27 所示。

06 继续在【图层样式】对话框中，选中【投影】选项，设置【混合模式】为【正片叠底】，投影颜色为R:209 G:166 B:168，【不透明度】数值为 75%，【角度】数值为 140 度，【大小】数值为 95 像素，然后单击【确定】按钮应用图层样式，如图 6-28 所示。

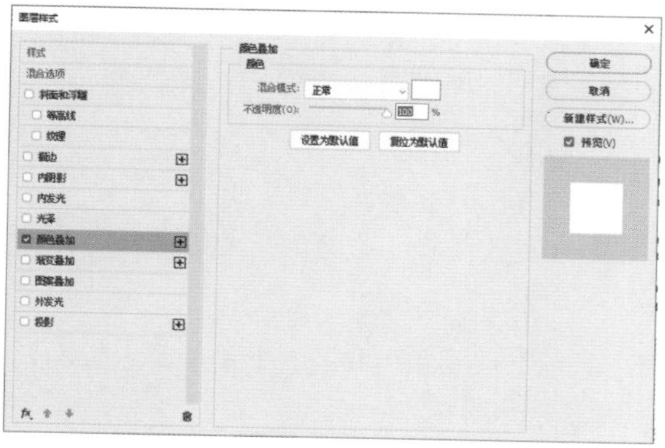

图6-27

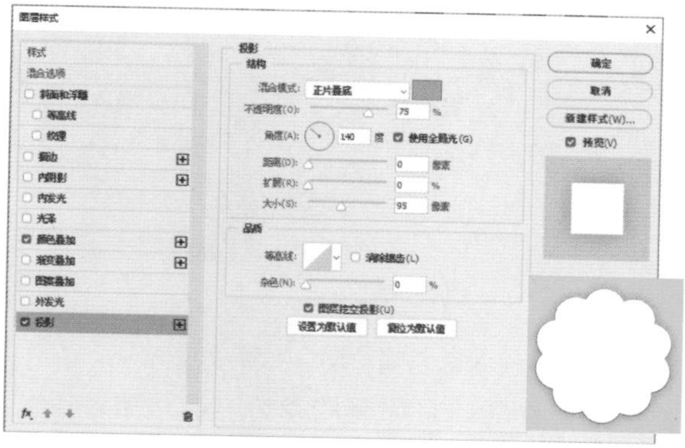

图6-28

07 按Ctrl+J键复制形状图层，并关闭【投影】图层样式视图。然后按Ctrl+T键应用【自由变换】命令，显示定界框后，在选项栏中选中【保持长宽比】按钮，设置W数值为 95%，如图 6-29 所示。

08 在【图层】面板中，双击刚创建的形状图层，打开【图层样式】对话框。在该对话框中，选中【描边】选项，设置【大小】数值为4像素，【位置】为【内部】，【混合模式】为【正常】，【颜色】为R:255 G:135 B:145，然后单击【确定】按钮应用图层样式，如图6-30所示。

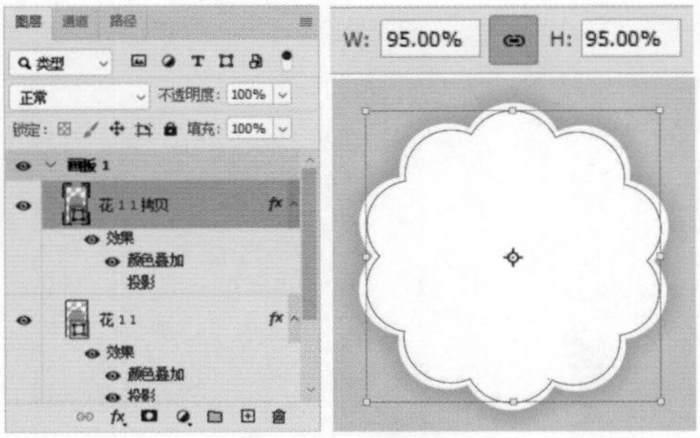

图6-29

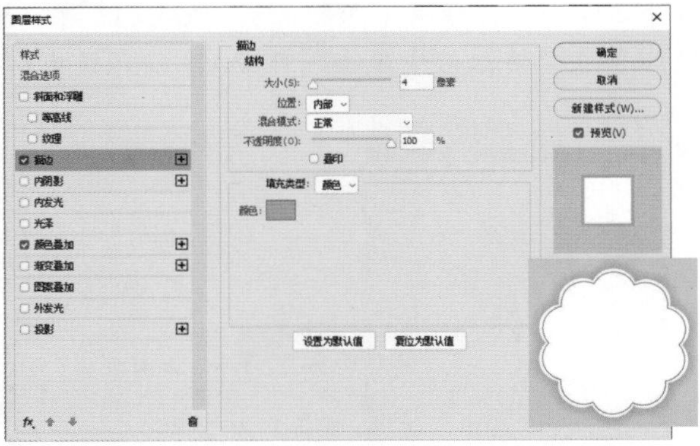

图6-30

09 选择【横排文字】工具在画板中单击，在【属性】面板中设置字体样式为【方正粗活意简体】，字体大小为212点，单击【居中对齐文本】按钮，然后输入文字内容，如图6-31所示。

10 在【图层】面板中，双击刚创建的文字图层，打开【图层样式】对话框。在该对话框中，选中【渐变叠加】选项，设置【混合模式】为【正常】，【不透明度】数值为100%，渐变填色为R:248 G:114 B:131至R:255 G:159 B:172至R:136 G:175 B:234，【角度】数值为0度，然后单击【确定】按钮应用图层样式，如图6-32所示。

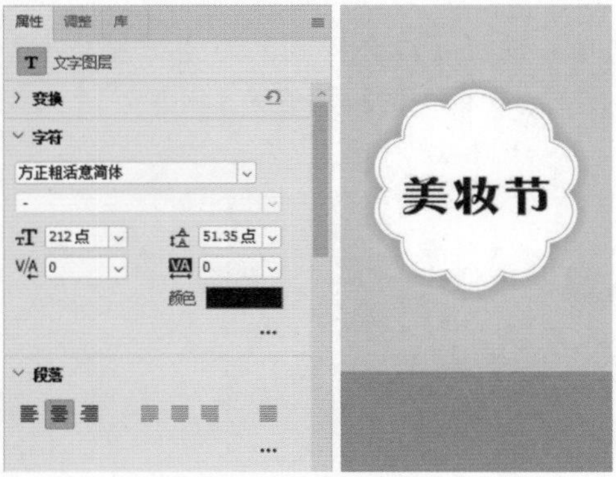

图6-31

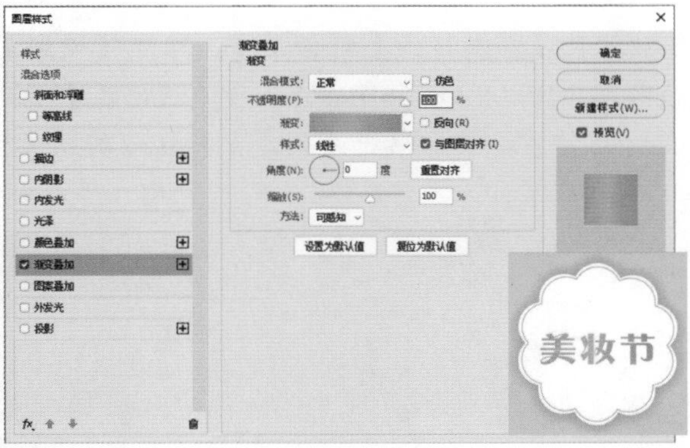

图6-32

11 选择【横排文字】工具在画板中单击，在【属性】面板中设置字体样式为【方正黑体简体】，字体大小为60点，字符间距为-100，然后输入文字内容，如图6-33所示。

12 继续使用【横排文字】工具在画板中单击，在【属性】面板中设置字体样式为【方正仿宋简体】，字体大小为48点，字符间距为80，然后输入文字内容，如图6-34所示。

13 在【图层】面板中，单击【创建新图层】按钮，新建【图层 2】。选择【铅笔】工具，在选项栏中设置画笔大小为2像素，然后使用【铅笔】工具绘制直线段，如图6-35所示。

14 按Ctrl+J键复制【图层 2】图层，然后调整直线段位置，如图6-36所示。

图 6-33

图 6-34

图 6-35

图 6-36

15 在【图层】面板中，右击步骤09创建的文字图层，在弹出的快捷菜单中选择【拷贝图层样式】命令。再选择步骤11至步骤14创建的图层，在弹出的快捷菜单中选择【粘贴图层样式】命令，如图6-37所示。

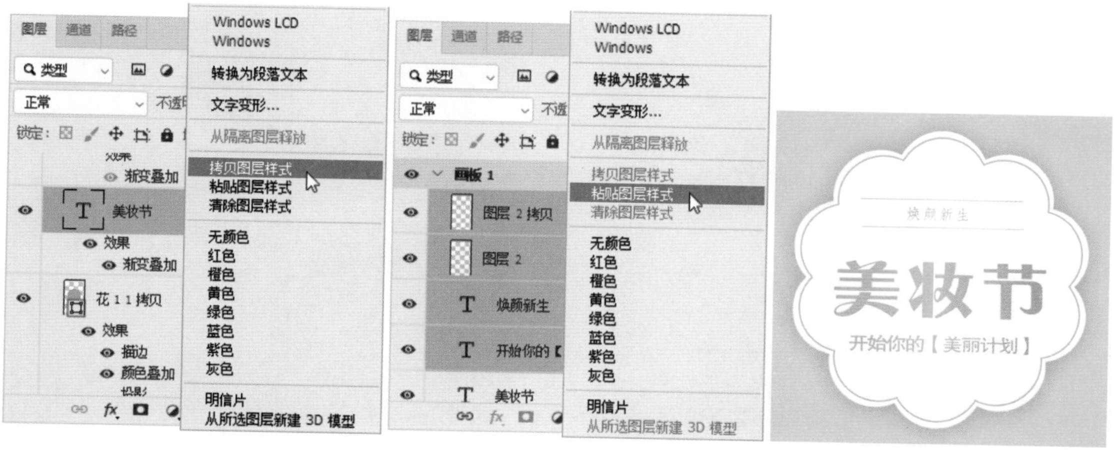

图 6-37

16 选择【移动】工具，在【图层】面板中选中创建的所有图层，然后在选项栏中单击【水平居中对齐】按钮，如图6-38所示。

17 在【图层】面板中选中最上方图层，使用【文件】|【置入嵌入对象】命令，分别选择所需的图像文件，并将其置入画板中，调整其位置及大小，如图6-39所示。

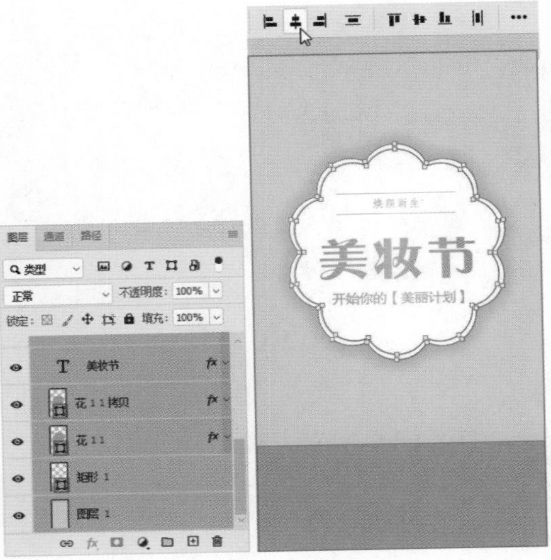

图6-38

图6-39

18 继续使用【文件】|【置入嵌入对象】命令，选择所需的图像文件，并将其置入画板中，调整其位置及大小，如图6-40所示。

19 在【调整】面板中，单击【创建新的色相/饱和度调整图层】按钮，再在显示的【属性】面板中设置【色相】数值为-6，【饱和度】数值为-6，【明度】数值为10。然后在刚创建的【色相/饱和度 1】调整图层上右击，在弹出的快捷菜单中选择【创建剪贴蒙版】命令，如图6-41所示创建剪贴蒙版。

图6-40

图6-41

20 在【图层】面板中，选中步骤18至步骤19创建的图层，按Ctrl+J键进行复制，并移动调整复制图层的位置及角度，如图6-42所示。

21 使用步骤18至步骤19的操作方法，置入所需的素材图像，并在【属性】面板中设置【色相】数值为-17，【饱和度】数值为-15，【明度】数值为5。然后在刚创建的调整图层上右击，在弹出的快捷菜单中选择【创建剪贴蒙版】命令，如图6-43所示创建剪贴蒙版。

图6-42

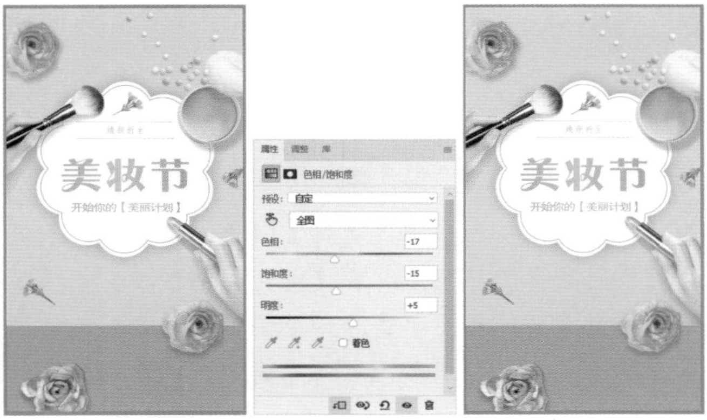

图6-43

22 选择【横排文字】工具在画板中单击，在【属性】面板中设置字体样式为【方正兰亭黑简体】，字体大小为60点，字符间距为100，字体颜色为白色，然后输入文字内容，如图6-44所示。

23 选择【矩形】工具，在【属性】面板中设置填色和描边为白色，描边粗细数值为2像素，圆角半径数值为10像素，然后在画板中拖动绘制圆角矩形，如图6-45所示。

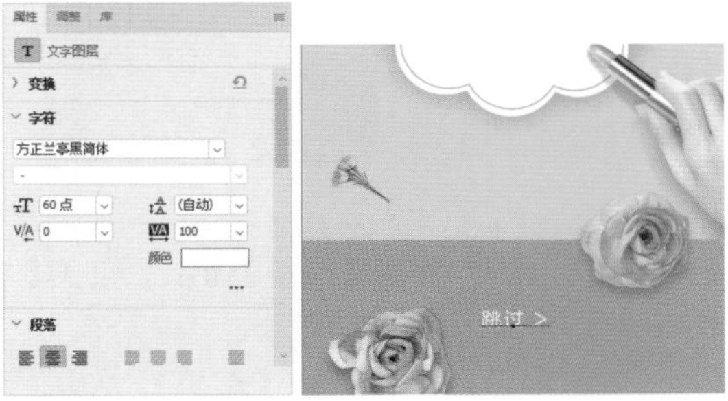

图6-44

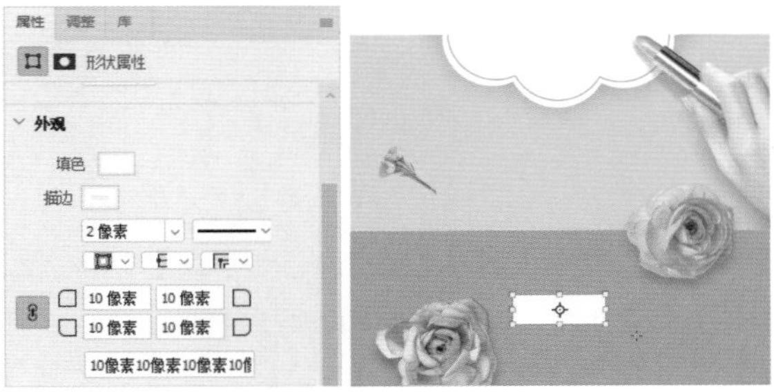

图6-45

24 按Ctrl+[键，将刚绘制的圆角矩形图层下移一层，并在【图层】面板中设置【填充】数值为30%，如图6-46所示。

25 在【图层】面板中，选中【图层1】图层。选择【文件】|【置入嵌入对象】命令，置入所需图像文件，并调整其位置及大小，完成如图6-47所示的闪屏页效果。

图6-46

图6-47

案例——制作节气关怀型闪屏页

视频名称	制作节气关怀型闪屏页
案例文件	案例文件 \ 第 6 章 \ 制作节气关怀型闪屏页

01 启动Photoshop，选择【文件】|【新建】命令，打开【新建文档】对话框。在该对话框中，选中【移动设备】选项，并在【空白文档预设】选项组中选中【iPhone 8/7/6 Plus】选项，输入新建文档的名称，然后单击【创建】按钮，如图 6-48 所示。

02 选择【文件】|【置入嵌入对象】命令，置入所需的底纹图像，如图 6-49 所示。

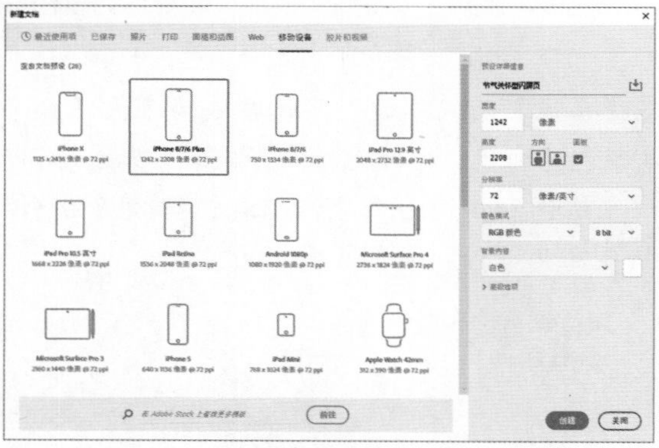

图6-48

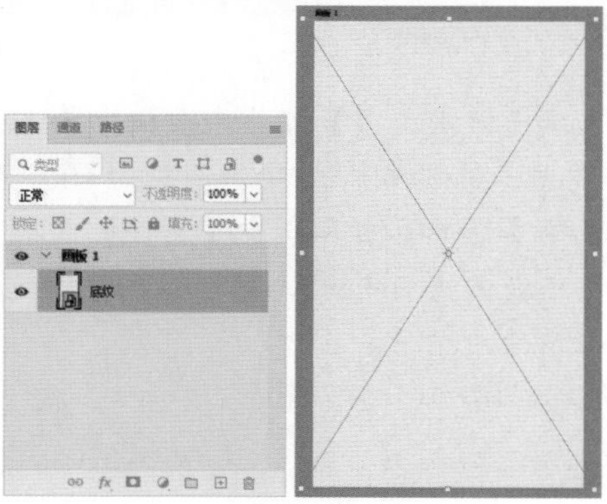

图6-49

03 继续使用【文件】|【置入嵌入对象】命令，置入所需的图像文件，并在【图层】面板中设置【不透明度】数值为 50%，如图 6-50 所示。

04 在【图层】面板中，单击【添加图层蒙版】按钮，添加图层蒙版。选择【画笔】工具，在选项栏中设置画笔样式为400像素的柔边圆，【不透明度】数值为 30%，然后使用【画笔】工具涂抹图层蒙版，如图 6-51 所示。

图6-50

图6-51

05 选择【横排文字】工具在画板中单击，在【属性】面板中设置字体样式为Adobe Garamond Pro，字体大小为48点，字符间距为4000，然后输入文字内容，如图 6-52 所示。

06 选择【矩形】工具，在选项栏中选择工具模式为【形状】，设置【填充】为无，【描边】为黑色，描边粗细数值为3像素，再在画板中拖动绘制矩形。然后选择【文件】|【置入嵌入对象】命令，置入所需的书法字体图像，如图6-53所示。

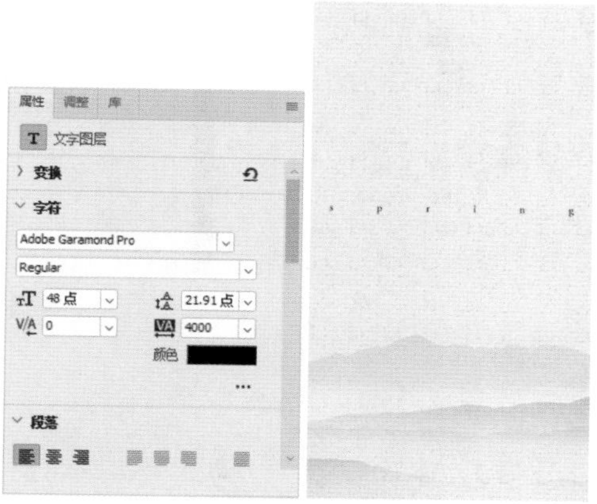

图6-52

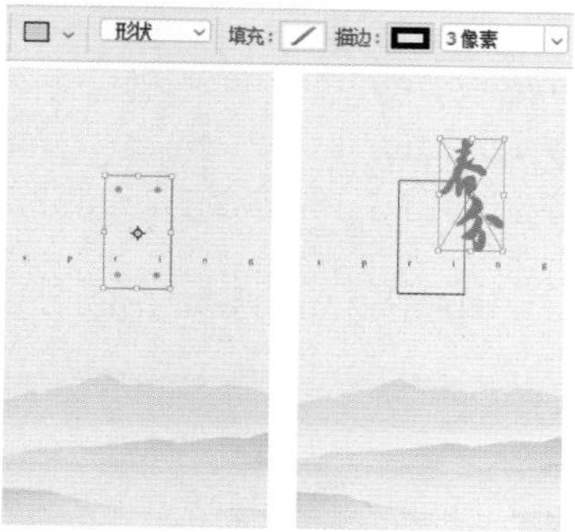

图6-53

07 选择【横排文字】工具在画板中单击，在【属性】面板中设置字体样式为Adobe Garamond Pro，字体大小为80点，行距为72点，字符间距为50，字体颜色为R:183 G:144 B:69，然后输入文字内容。按Ctrl+T键应用【自由变换】命令，旋转文字内容的角度，如图6-54所示。

图6-54

08 选择【矩形】工具，在选项栏中设置描边粗细数值为1像素，然后在画板中拖动绘制矩形，如图6-55所示。

09 按Ctrl+J键复制刚创建的矩形图层，按Ctrl+T键应用【自由变换】命令，缩小矩形形状，并在【属性】面板中设置【填色】为黑色，【描边】为无，如图6-56所示。

10 选择【直排文字】工具，在上一步创建的矩形中单击，在【属性】面板中设置字体样式为【方正仿宋简体】，字体大小为50点，基线偏移为-8点，字体颜色为白色，然后输入文字内容，如图6-57所示。

11 选择【文件】|【置入嵌入对象】命令，分别置入所需的装饰图像文件，如图6-58所示。

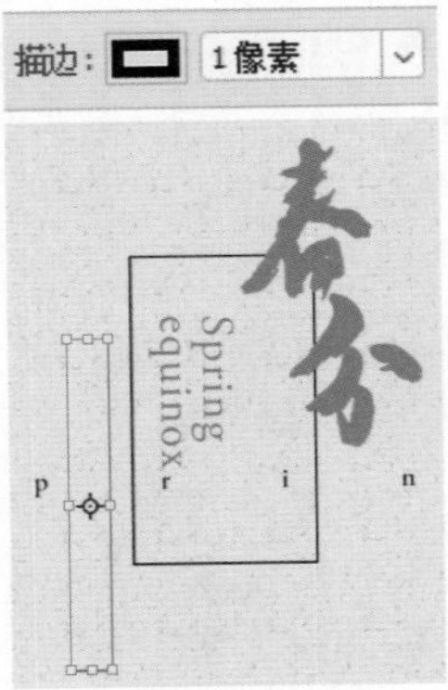

图6-55

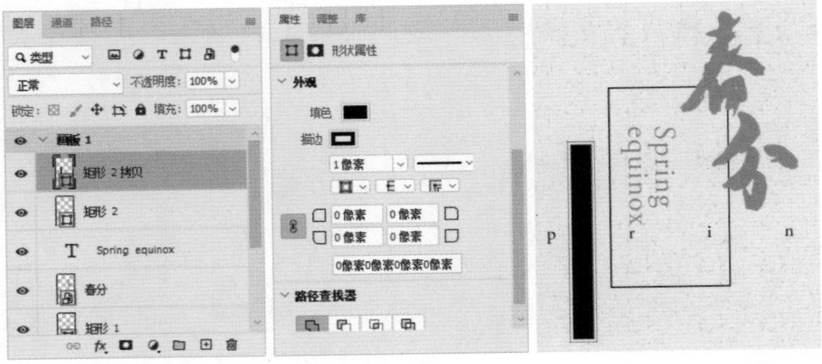

图6-56

图6-57

图6-58

12 选择【横排文字】工具在画板中单击，在【属性】面板中设置字体样式为【方正大标宋简体】，字体大小为45点，字体颜色为黑色，然后输入文字内容，如图6-59所示。

13 继续使用【横排文字】工具在画板中单击，在【属性】面板中设置字体样式为【微软雅黑】，字体大小为30点，然后输入文字内容，如图6-60所示。

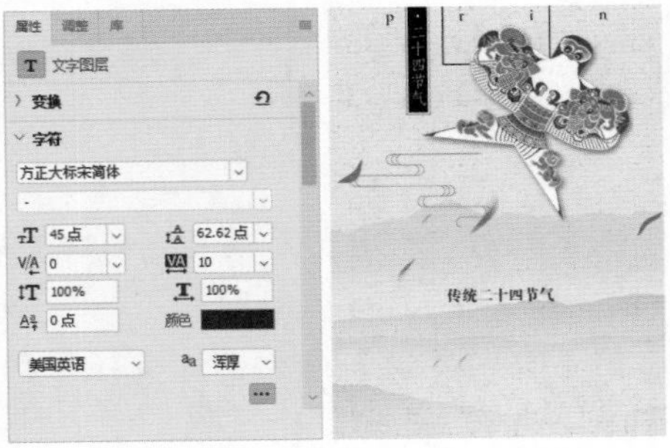

图6-59

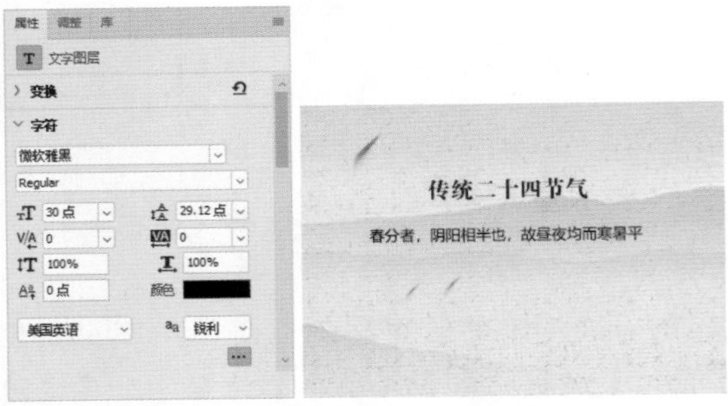

图6-60

14 继续使用【横排文字】工具在画板中单击，在【属性】面板中设置字体样式为【微软雅黑】，字体大小为16点，字符间距为40，然后输入文字内容，如图6-61所示。

15 继续使用【横排文字】工具在画板中单击，在【属性】面板中设置字体样式为【微软雅黑】，字体大小为30点，字符间距为100，然后输入文字内容，如图6-62所示。

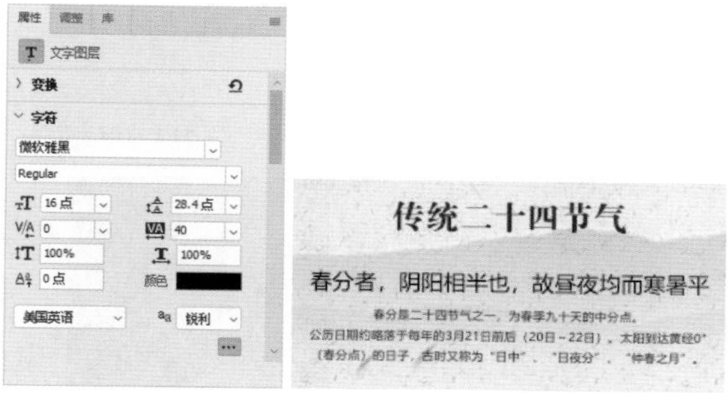

图6-61

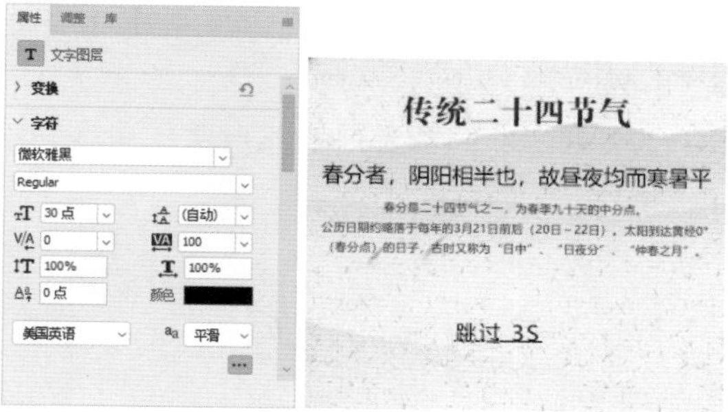

图6-62

16 选择【矩形】工具，在【属性】面板中设置【填色】为无，【描边】为黑色，描边粗细为2像素，圆角半径数值为10像素，然后使用【矩形】工具拖动绘制圆角矩形，如图6-63所示。

17 选择【移动】工具，在【图层】面板中选中步骤12至步骤16创建的图层，在选项栏中单击【水平居中对齐】按钮，如图6-64所示完成制作节气关怀型闪屏页。

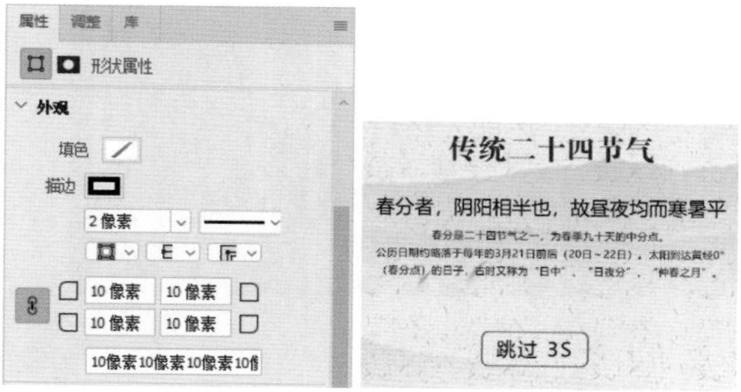

图6-63

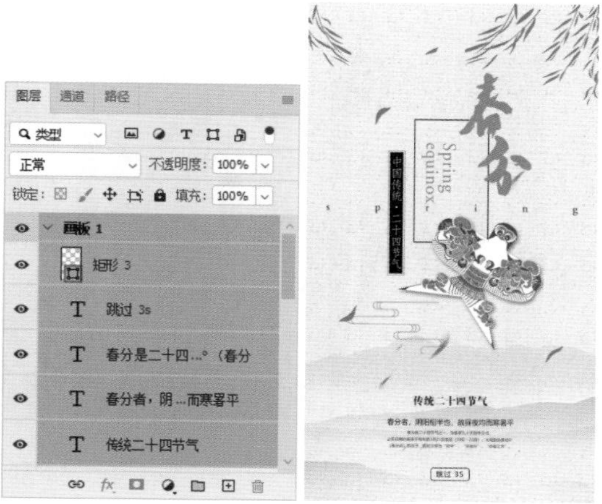

图6-64

案例——制作节日关怀型闪屏页

视频名称	制作节日关怀型闪屏页
案例文件	案例文件\第 6 章\制作节日关怀型闪屏页

01 启动Photoshop，选择【文件】|【新建】命令，打开【新建文档】对话框。在该对话框中，选中【移动设备】选项，并在【空白文档预设】选项组中选中【iPhone 8/7/6】选项，输入新建文档的名称，然后单击【创建】按钮，如图6-65所示。

02 在【颜色】面板中，设置填色为R:44 G:75 B:69，然后按Alt+Delete键填充图层，如图6-66所示。

03 选择【矩形】工具，在选项栏中选择工具模式为【形状】，设置【填充】颜色为无，【描边】颜色为白色，描边粗细数值为30像素，然后使用【矩形】工具拖动绘制矩形，如图6-67所示。

04 继续使用【矩形】工具在画板中拖动绘制矩形，并在选项栏中更改描边粗细数值为15像素，如图6-68所示。

05 选择【文件】|【置入嵌入对象】命令，分别置入所需的常青藤素材图像，如图6-69所示。

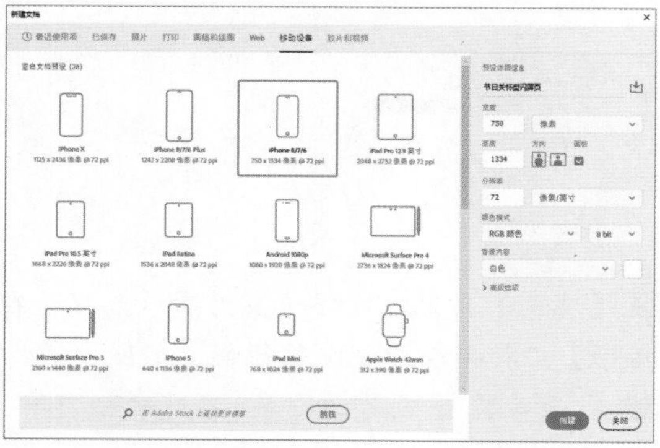

图6-65

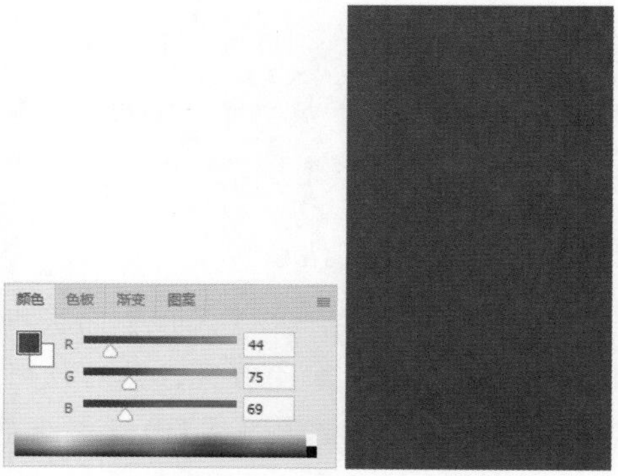

图6-66

图6-67

图6-68

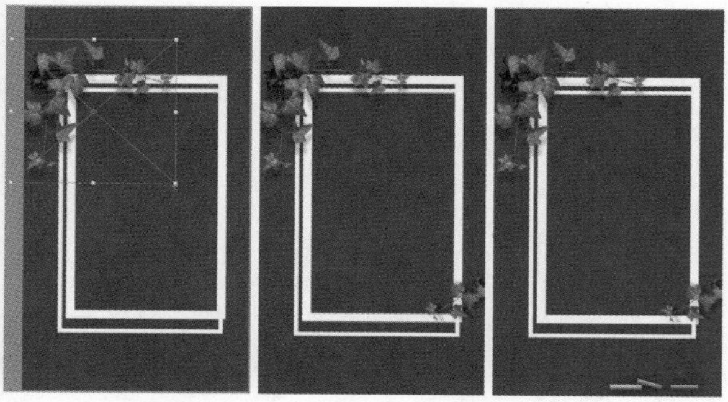

图6-69

06 选择【直排文字】工具在画板中单击，在【属性】面板中设置字体样式为【方正超粗黑简体】，字体大小为200点，字符间距为50，字体颜色为白色，然后输入文字内容，如图6-70所示。

07 在【图层】面板中，右击刚创建的文字图层，在弹出的快捷菜单中选择【转换为形状】命令，然后使用【路径选择】工具选中文字形状，并结合【自由变换】命令调整文字形状大小及角度，如图6-71所示。

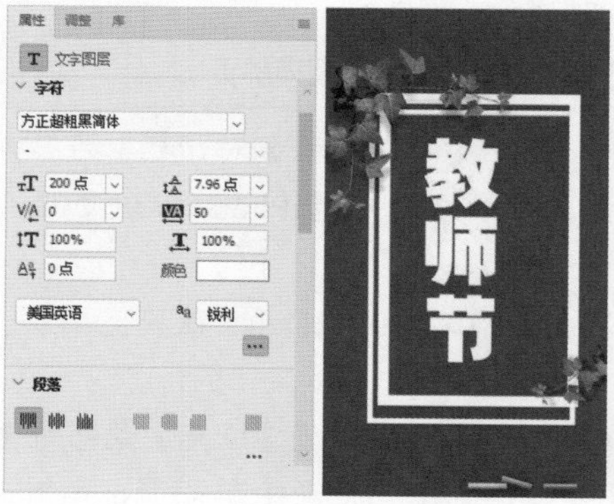

图6-70

图6-71

08 在【图层】面板中，单击【添加图层蒙版】按钮为刚创建的文字形状图层添加图层蒙版。将前景色设置黑色，选择【画笔】工具，在【画笔设置】面板中选中【Kyle雨滴散布】画笔样式，【大小】数值为190像素，【角度】数值为-45°，【间距】数值为50%，然后使用【画笔】工具在图层蒙版中涂抹，如图6-72所示调整文字形状图层效果。

09 在【画笔】工具选项栏中设置画笔样式为硬边圆8像素，将前景色设置为白色。打开【路径】面板，按Alt键单击【用画笔描边路径】按钮，打开【描边路径】对话框。在该对话框的【工具】下拉列表中选择【画笔】选项，然后单击【确定】按钮描边路径，如图6-73所示。

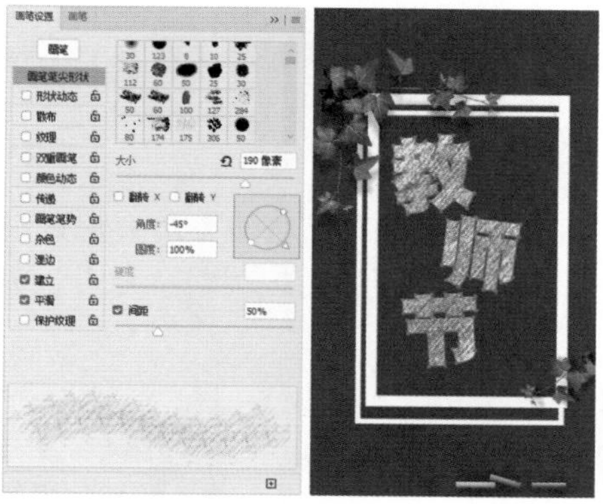

图6-72

图6-73

10 在【图层】面板中，单击【创建新图层】按钮，新建【图层2】图层。右击【图层2】图层，在弹出的快捷菜单中选择【创建剪贴蒙版】命令。在【画笔】工具选项栏中设置画笔样式为硬边圆90像素，将前景色分别设置为R:241 G:104 B:108和R:255 G:241 B:150，然后使用【画笔】工具在【图层2】中涂抹，如图6-74所示。

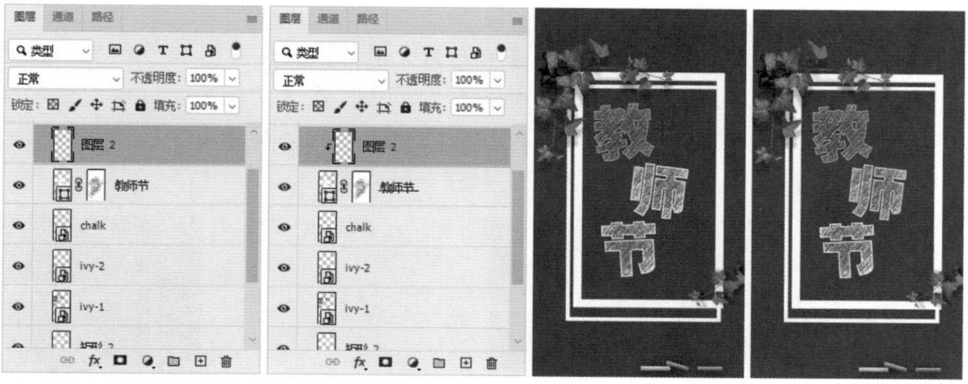

图6-74

11 选择【直排文字】工具在画板中单击，在【属性】面板中设置字体样式为【方正黑体简体】，字体大小为36点，字符间距为50，字体颜色为白色，然后输入文字内容，如图6-75所示。

12 使用步骤10的操作方法为刚创建的文字图层添加剪贴蒙版，并添加颜色效果，如图6-76所示。

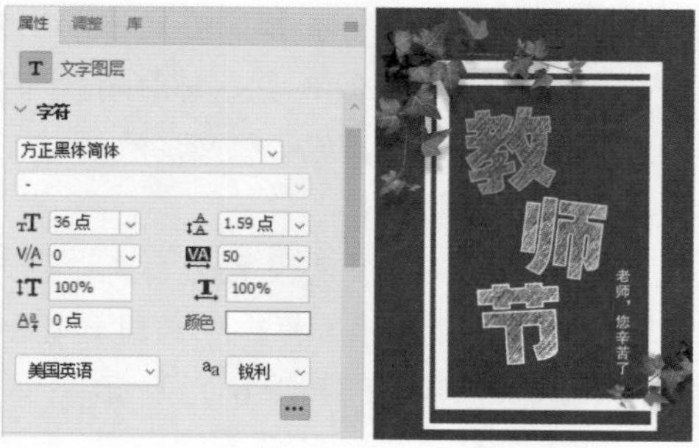

图6-75

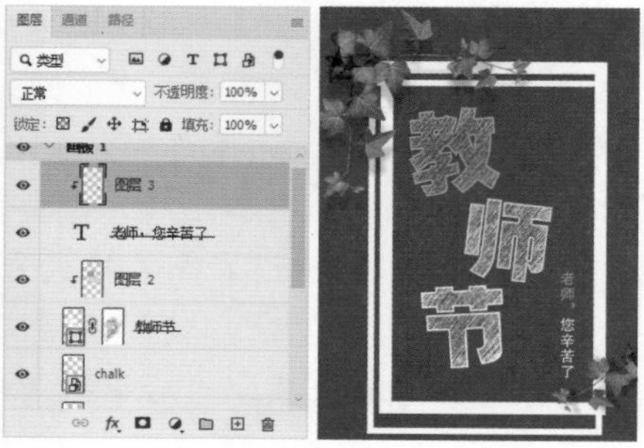

图6-76

13 选择【文件】|【置入嵌入对象】命令，置入所需的素材图像文件。在【图层】面板中选中步骤11至步骤13创建的图层对象，并按Ctrl+T键应用【自由变换】命令调整对象角度，如图6-77所示。

14 选择【矩形】工具，在【属性】面板中设置【填充】为白色，【描边】为白色，描边粗细数值为2像素，圆角半径数值为10像素，然后使用【矩形】工具拖动绘制圆角矩形，如图6-78所示。

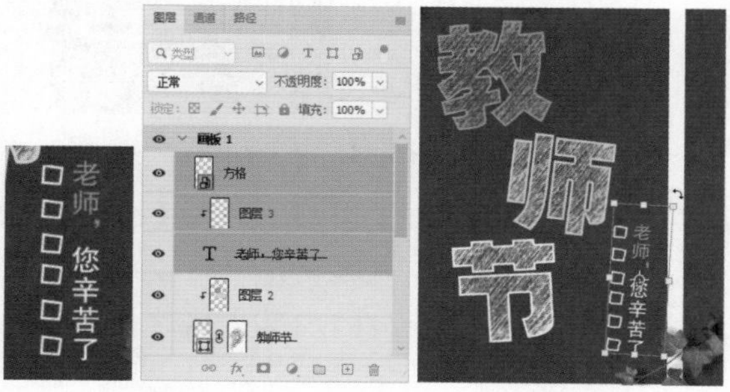

图6-77

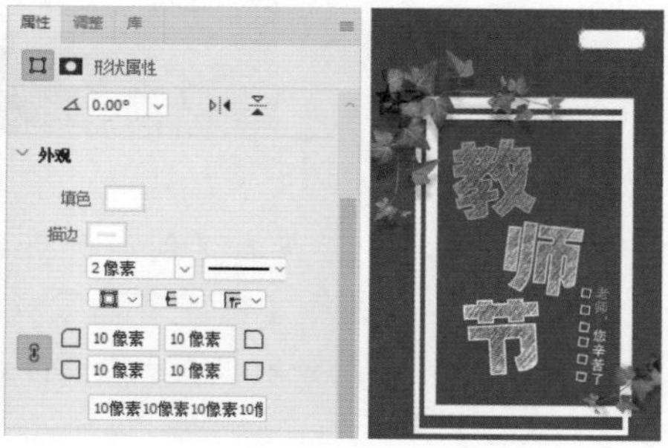

图6-78

15 在【图层】面板中，设置刚创建的图层【填充】数值为20%，如图6-79所示。

16 选择【横排文字】工具，在上一步创建的矩形中单击，在【属性】面板中设置字体样式为【方正兰亭黑简体】，字体大小为30点，字符间距为100，基线偏移为-12点，字体颜色为白色，然后输入文字内容，如图6-80所示完成闪屏页制作。

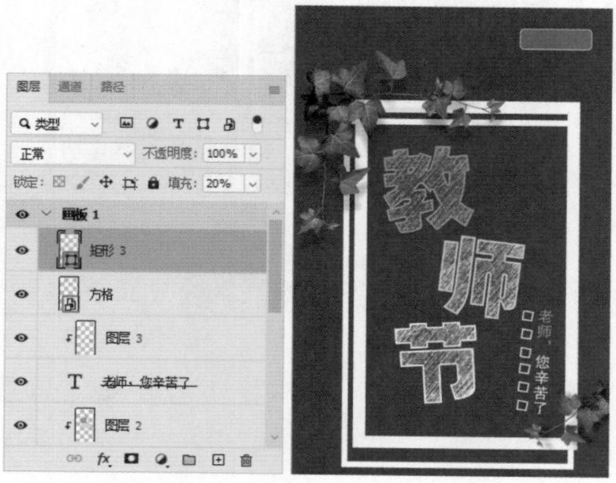

图6-79

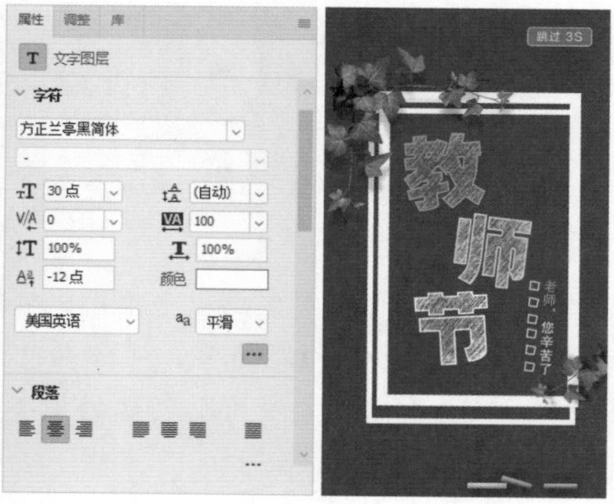

图6-80

第 7 章

引导页设计

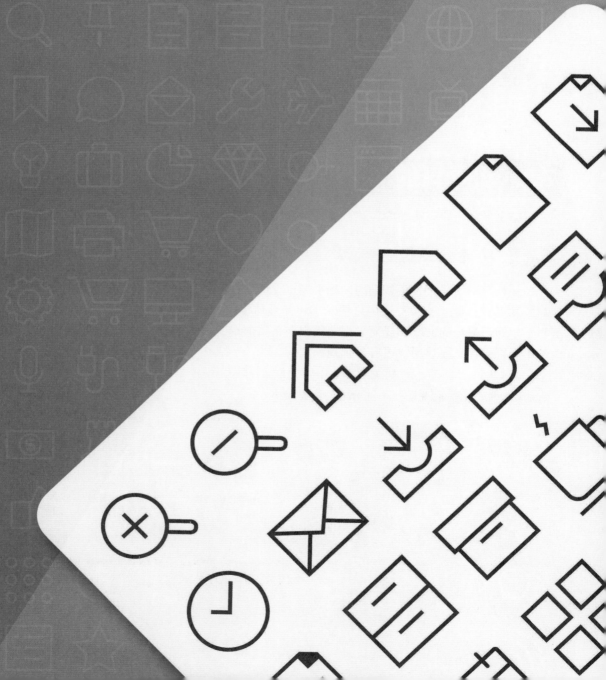

7.1 引导页的概念

引导页引导新用户了解App界面的使用流程，帮助新用户快速了解App的功能与初体验，如图7-1所示。因此，引导页通常只会在用户第一次点击进入应用程序时出现，之后不再显示。优秀的引导页能与用户建立良好的情感联系，并提高App的使用率。

图7-1

7.2 引导页的常见类型

根据引导页所要表达的内容和方式，可以大致将其分为功能介绍型和情感代入型两大类。

7.2.1 功能介绍型

功能介绍型引导页是最基础的一种引导页。通常在新产品发布及新功能上线时使用，主要针对新功能进行演示介绍，让用户快速了解其具体使用方法，如图7-2所示。设计师需要把简洁明了、通俗易懂的文案和界面呈现给用户，采用的形式大多是在界面上插入说明文字、引导性的图形符号，从而让用户更容易识别和理解。

图7-2

7.2.2 情感代入型

情感代入型引导页主要通过文案和配图，将用户的需求通过某种形式表现出来，以突出App的价值，如图7-3所示。这类引导页通过形象化、生动化、立体化的设计吸引用户，从而增强用户对产品的了解。

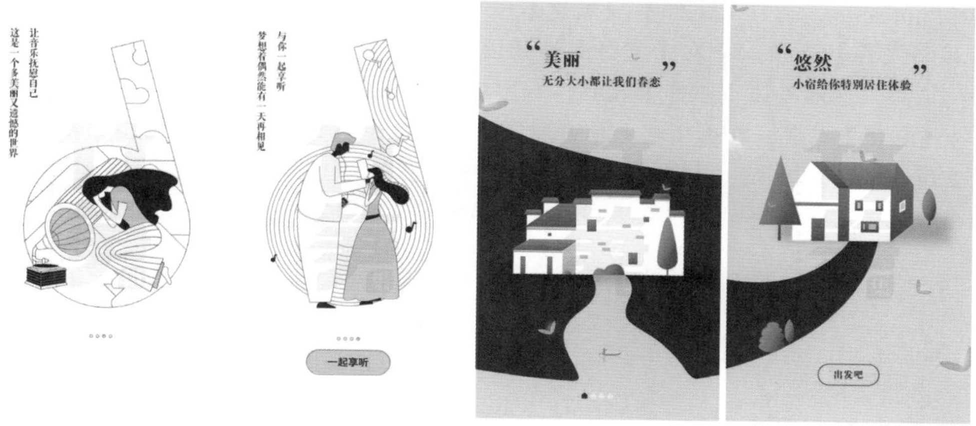

图 7-3

提示：

引导页的设计不宜复杂，页数不宜太多，一般3~5页即可。引导页重点关注用户需求，抓住用户兴趣点，精准介绍产品功能，吸引并留住用户。引导页也可以利用动态画面，有效提高趣味性，提高用户参与度。

7.3 浮层引导页

浮层引导页一般出现在App功能操作提示中，是为了让用户在使用过程中更好地解决问题，如图7-4所示。这种引导页的浮层通常是蒙版的形式，并用高亮的颜色来突出功能信息。

图 7-4

案例——制作功能介绍型引导页

视频名称	制作功能介绍型引导页
案例文件	案例文件 \ 第 7 章 \ 制作功能介绍型引导页

01 启动Photoshop，选择【文件】|【新建】命令，打开【新建文档】对话框。在该对话框中，选中【移动设备】选项，并在【空白文档预设】选项组中选中【iPhone 8/7/6】选项，输入新建文档的名称，然后单击【创建】按钮，如图7-5所示。

02 选择【渐变】工具，在选项栏中单击渐变条，打开【渐变编辑器】对话框。在该对话框中，设置渐变填充为R:227 G:235 B:255至R:255 G:255 B:255至R:227 G:235 B:255。然后使用【渐变】工具在画板顶部单击，并按住鼠标向下拖动，释放鼠标即可填充图层，如图7-6所示。

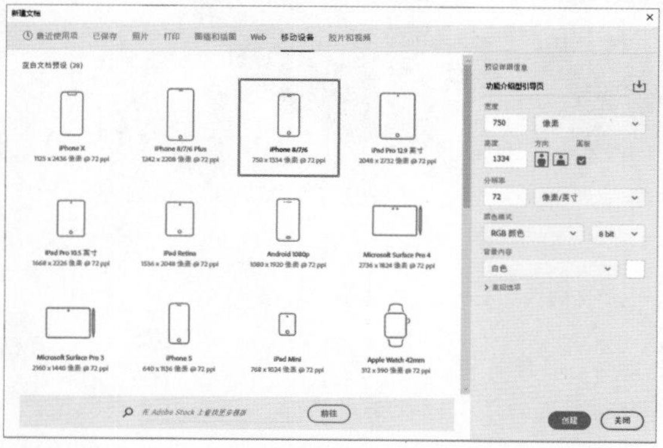

图7-5

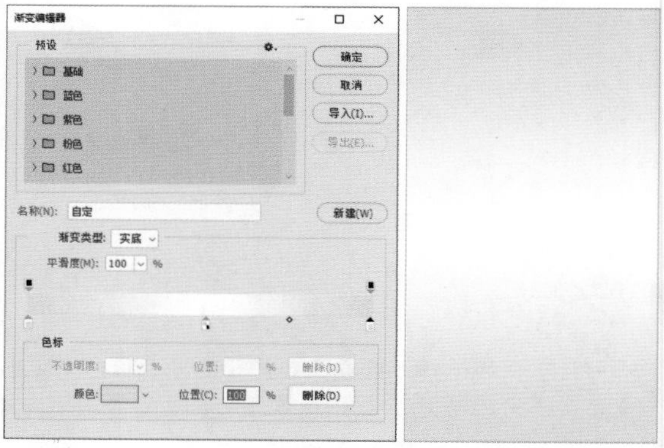

图7-6

03 选择【视图】|【新建参考线】命令，打开【新建参考线】对话框。在该对话框中，选中【水平】单选按钮，设置【位置】数值为875像素，然后单击【确定】按钮添加参考线，如图7-7所示。

04 选择【文件】|【置入嵌入对象】命令，置入所需的插图素材，并调整其大小及位置，如图7-8所示。

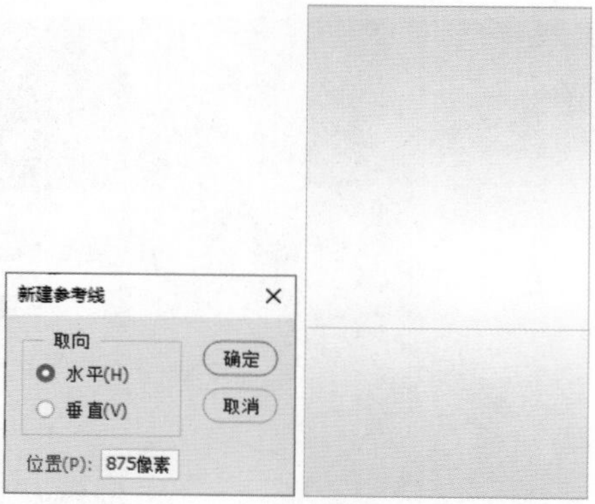

图7-7

图7-8

05 使用【横排文字】工具在画板中单击，在【属性】面板中设置字体系列为【思源黑体 CN】，字体大小为60点，单击【居中对齐文本】按钮，然后使用工具输入文字内容，如图7-9所示。

06 继续使用【横排文字】工具在画板中单击，在【属性】面板中设置字体系列为【思源黑体 CN】，字体大小为36点，字体颜色为R:126 G:126 B:126，单击【居中对齐文本】按钮，然后输入文字内容，如图7-10所示。

图7-9

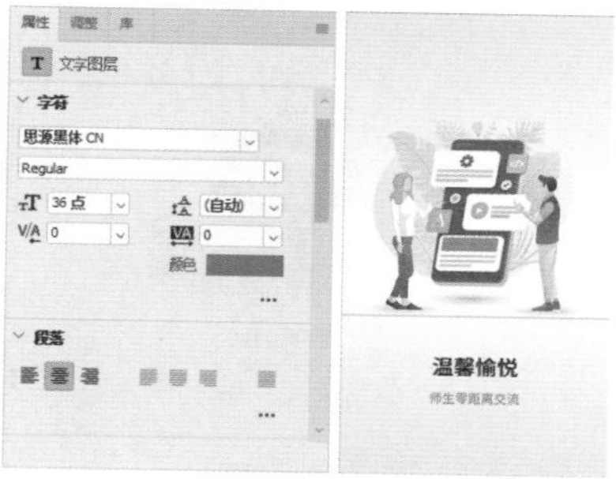

图7-10

07 在【图层】面板中，选中步骤05至步骤06创建的文字图层，选择面板菜单中的【从图层新建组】命令，打开【从图层新建组】对话框。在该对话框的【名称】文本框中输入“文字”，然后单击【确定】按钮，如图7-11所示。

08 在【图层】面板菜单中选择【新建组】命令，打开【新建组】对话框。在对话框的【名称】文本框中输入“圆点提示”，然后单击【确定】按钮新建组，如图7-12所示。

图7-11

图7-12

09 选择【椭圆】工具，在选项栏中选择工具模式为【形状】，设置【填充】为R:68 G:68 B:68，【描边】为无。使用【椭圆】工具在画板中单击，打开【创建椭圆】对话框。在该对话框中，设置【宽度】和【高度】均为15像素，选中【从中心】复选框，然后单击【确定】按钮创建圆形，如图7-13所示。

10 选择【移动】工具，按Ctrl+Alt键移动并复制刚创建的圆形，并在【图层】面板中双击刚创建的【椭圆 1】图层缩览图，打开【拾色器(纯色)】对话框。在该对话框中，更改填充色为R:204 G:204 B:204，如图7-14所示。

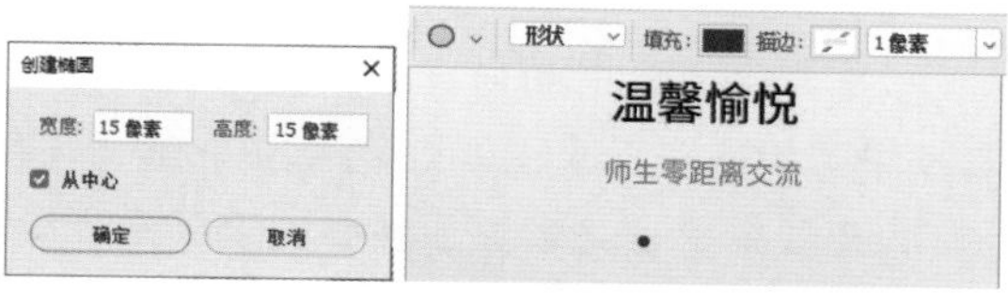

图7-13

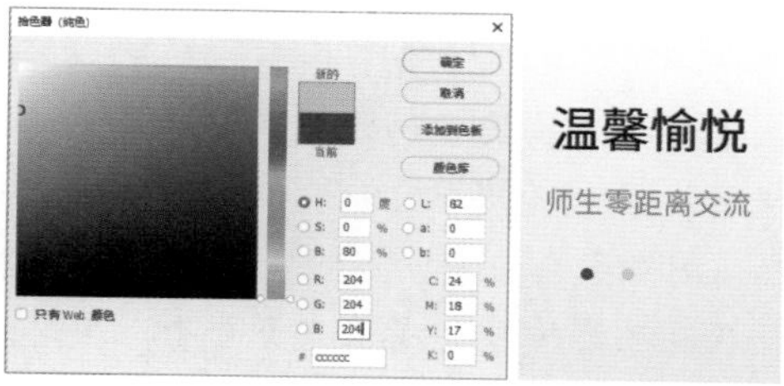

图7-14

11 使用上一步的操作方法，继续移动并复制圆形。然后在【图层】面板中，选中【圆点提示】组，在选项栏中单击【水平居中对齐】按钮，如图7-15所示。

12 在【图层】面板中，选中【画板 1】。选择【画板】工具，按Alt键单击【画板 1】右侧的加号图标，复制画板及内容，如图7-16所示。

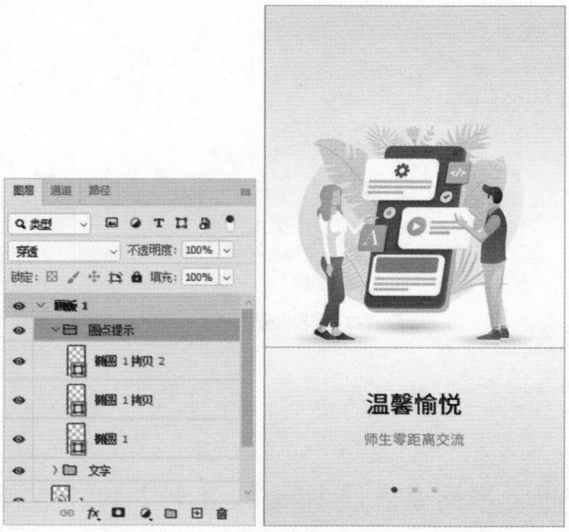

图7-15

图7-16

13 在【画板 1 拷贝】中，删除原有的插画图层，重新选择【文件】|【置入嵌入对象】命令，置入所需的插画素材，如图7-17所示。

14 选择【横排文字】工具，修改【画板 1 拷贝】中的文字内容，如图7-18所示。

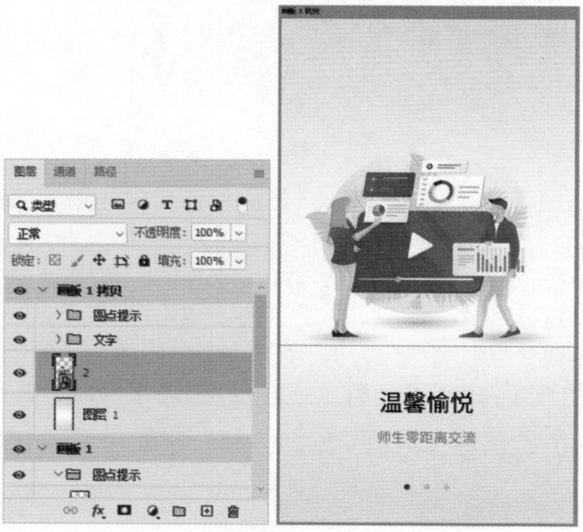

图7-17

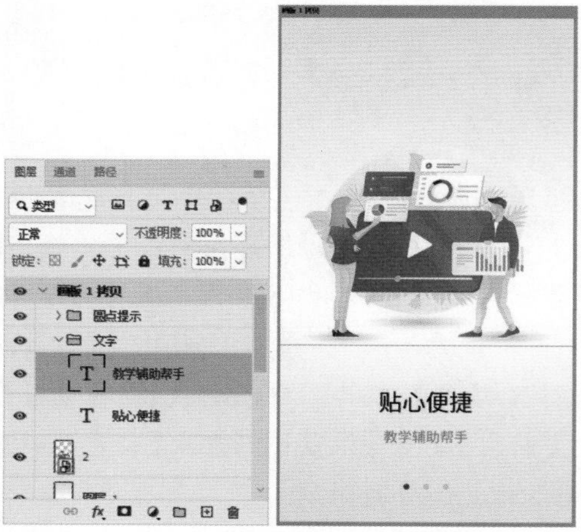

图7-18

15 在【画板 1 拷贝】的【圆点提示】组中，更改圆形的填充颜色，如图7-19所示。

16 使用步骤12至步骤15的操作方法，增加画板，并更改画板中的内容，如图7-20所示。

17 在【图层】面板中，关闭【画板 1 拷贝 2】画板中【圆点提示】图层组的视图。选择【矩形】工具，在选项栏中单击【填充】选项，在弹出的下拉面板中单击【渐变】按钮，设置渐变为R:13 G:204 B:255至R:71 G:96 B:255，旋转角度为0。然后使用【矩形】工具在画板中单击，打开【创建矩形】对话框。在该对话框中，设置【宽度】数值为300像素，【高度】数值为80像素，圆角半径数值为40像素，选中【从中心】复选框，然后单击【确定】按钮创建圆角矩形，如图7-21所示。

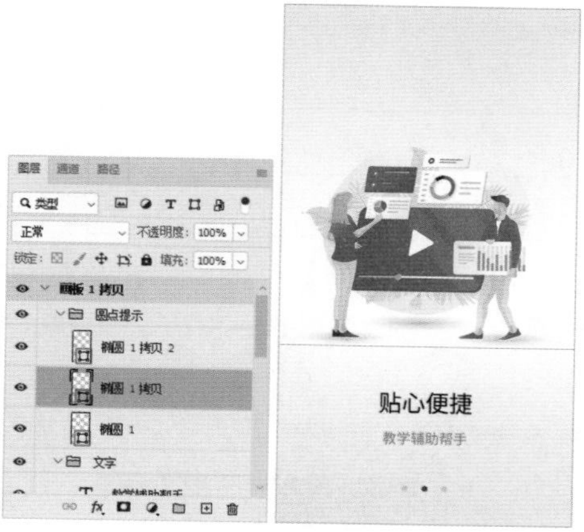

图 7-19

图 7-20

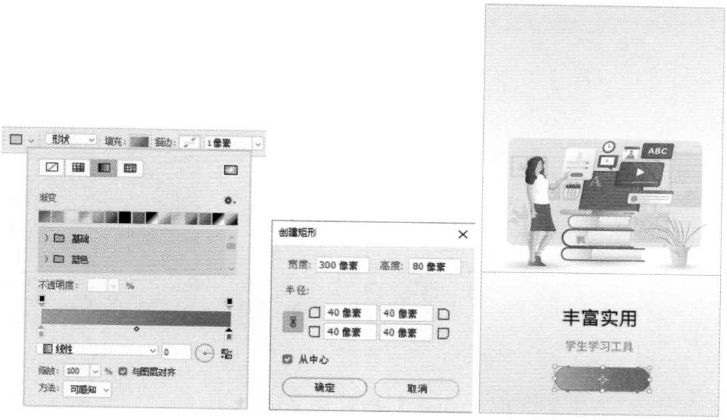

图 7-21

18 选择【横排文字】工具在刚创建的圆角矩形中单击，在【属性】面板的【字符】窗格中设置字体系列为【思源黑体 CN】，字体大小数值为 40 点，字符间距为 100，基线偏移为-23 点，字体颜色为白色；在【段落】面板中，单击【居中对齐文本】按钮，然后输入文字内容，完成如图 7-22 所示引导页效果的制作。

图 7-22

案例——制作阅读 App 引导页

视频名称	制作阅读 App 引导页
案例文件	案例文件 \ 第 7 章 \ 制作阅读 App 引导页

01 启动Photoshop，选择【文件】|【新建】命令，打开【新建文档】对话框。在该对话框中，选中【移动设备】选项，并在【空白文档预设】选项组中选中【iPhone 8/7/6】选项，输入新建文档的名称，然后单击【创建】按钮，如图 7-23 所示。

02 选择【文件】|【置入嵌入对象】命令，置入底纹素材图像，并调整其大小，如图 7-24 所示。

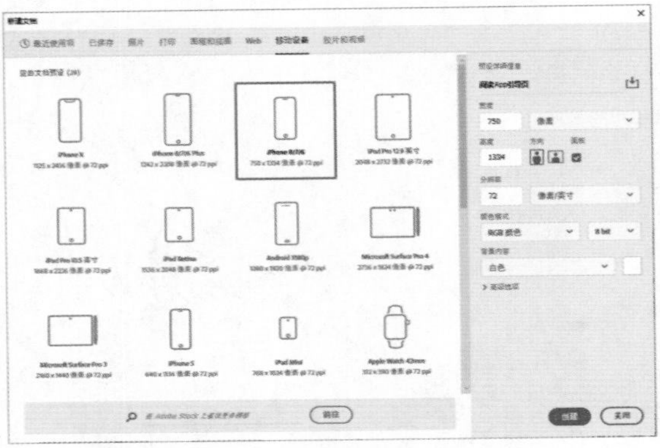

图 7-23

图 7-24

03 选择【视图】|【新建参考线】命令，打开【新建参考线】对话框。在该对话框中，选中【水平】单选按钮，设置【位置】数值为730像素，然后单击【确定】按钮添加参考线，如图 7-25 所示。

04 在【图层】面板中，单击【添加图层蒙版】按钮，添加图层蒙版。选择【矩形】选框工具，依据参考线框选画板上半部分，然后按Alt+Delete键填充图层蒙版，如图 7-26 所示。

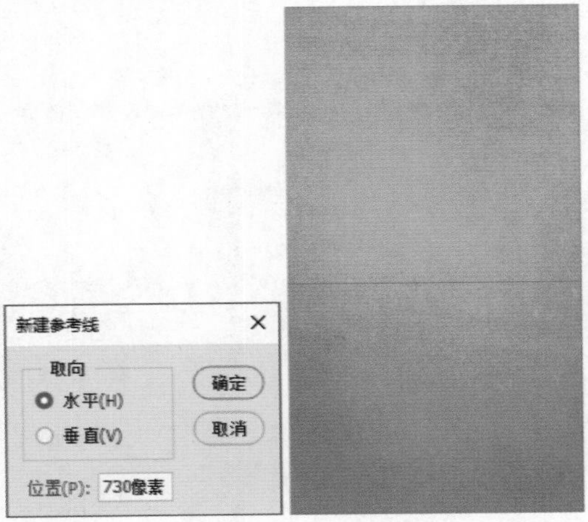

图 7-25

图 7-26

05 按Ctrl+D键取消选区，选择【横排文字】工具在画板中单击，在【属性】面板中设置字体系列为【方正明尚简体】，字体大小为80点，字符间距为100%，单击【居中对齐文本】按钮，然后输入文字内容，如图7-27所示。

06 继续使用【横排文字】工具在画板中单击，在【属性】面板中设置字体系列为【苹方】，字体大小为30点，字符间距为100%，单击【居中对齐文本】按钮，然后输入文字内容，如图7-28所示。

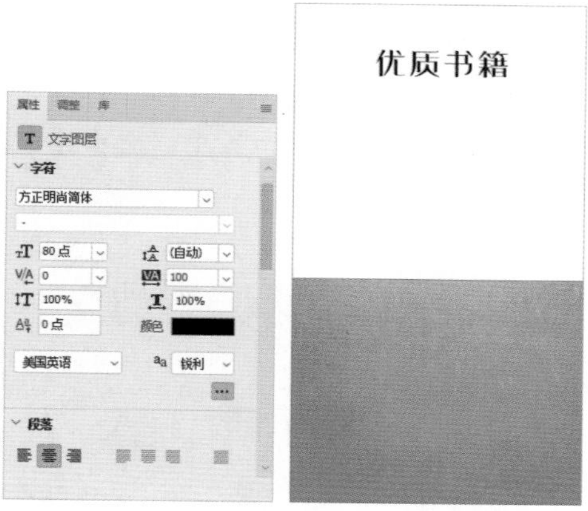

图7-27

图7-28

07 在【图层】面板中，选中步骤05和步骤06创建的文字图层，选择面板菜单中的【从图层新建组】命令，打开【从图层新建组】对话框。在该对话框的【名称】文本框中输入“文字”，然后单击【确定】按钮，如图7-29所示。

08 选择【文件】|【置入嵌入对象】命令，置入所需的插画素材图像，并调整其大小及位置，如图7-30所示。

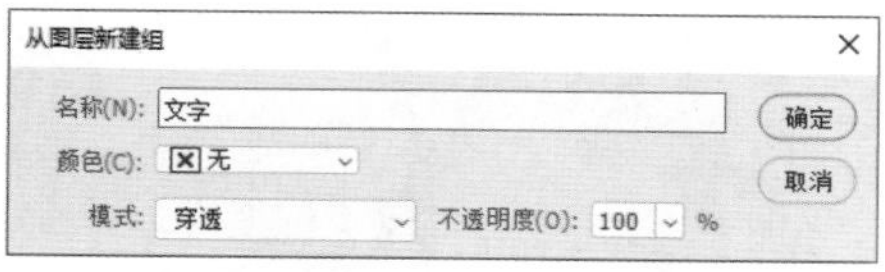

图7-29

图7-30

09 在【图层】面板菜单中选择【新建组】命令，打开【新建组】对话框。在该对话框的【名称】文本框中输入“圆点提示”，然后单击【确定】按钮新建组，如图7-31所示。

10 选择【椭圆】工具，在选项栏中选择工具模式为【形状】，设置【填充】为白色，【描边】为白色，描边粗细数值为2像素。使用【椭圆】工具在画板中单击，打开【创建椭圆】对话框。

在该对话框中，设置【宽度】和【高度】均为15像素，选中【从中心】复选框，然后单击【确定】按钮创建圆形，如图7-32所示。

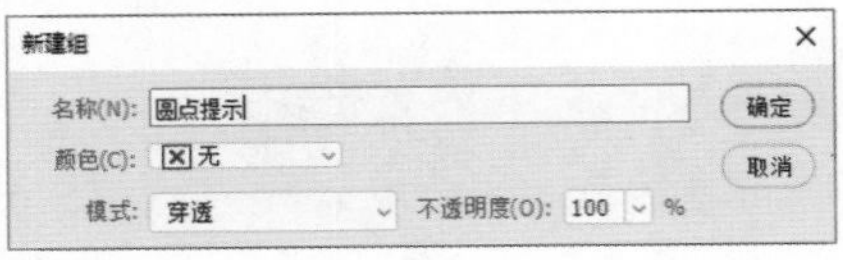

图7-31

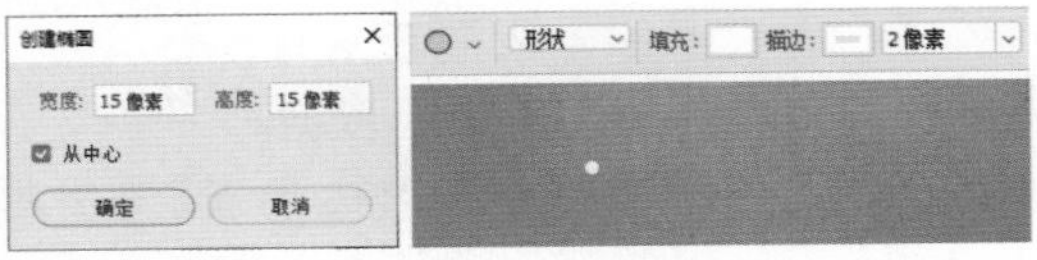

图7-32

11 选择【移动】工具，按Ctrl+Alt键移动并复制刚创建的圆形，并在【图层】面板中设置【填充】数值为0%，如图7-33所示。

12 使用上一步的操作方法，继续移动并复制圆形。然后在【图层】面板中，选中【圆点提示】组，再在选项栏中单击【水平居中对齐】按钮，如图7-34所示。

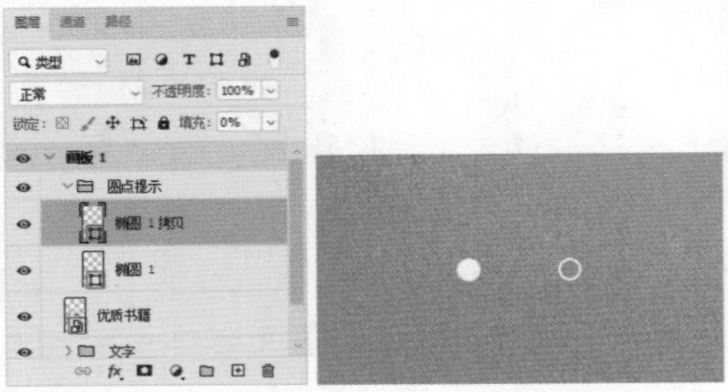

图7-33

图7-34

13 在【图层】面板中，选中【画板 1】。选择【画板】工具，按Alt键单击【画板 1】右侧的加号图标，复制画板及内容，如图7-35所示。

14 在【图层】面板中，选中【画板 1 拷贝】中的底纹素材图层。选择【文件】|【置入嵌入对象】命令，重新置入所需的背景底纹图像，如图7-36所示。

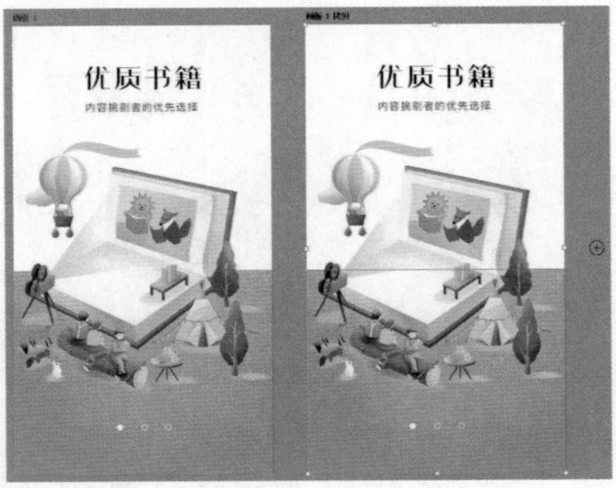

图7-35

图7-36

15 在【图层】面板中，关闭原有底纹素材图层的视图，并将其图层蒙版拖动至刚创建的底纹素材图层，如图7-37所示。

16 选择【横排文字】工具，更改【画板1拷贝】中的文字内容，如图7-38所示。

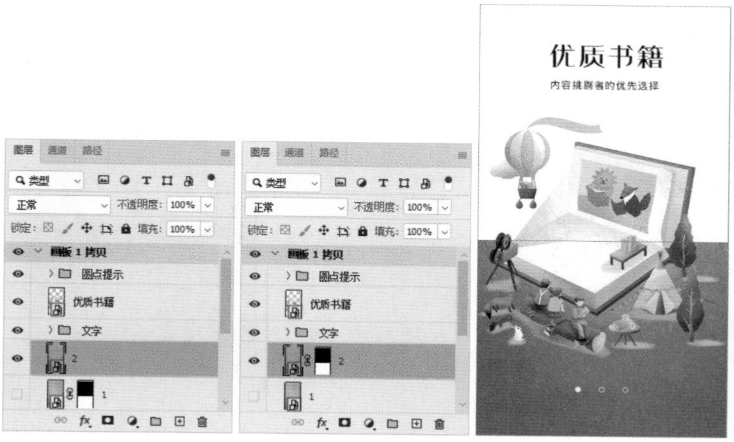

图7-37

图7-38

17 在【画板1拷贝】的【圆点提示】组中，分别更改圆形的【填充】数值，如图7-39所示。

18 删除【画板1拷贝】中的插图，重新选择【文件】|【置入嵌入对象】命令，置入所需的素材文件，如图7-40所示。

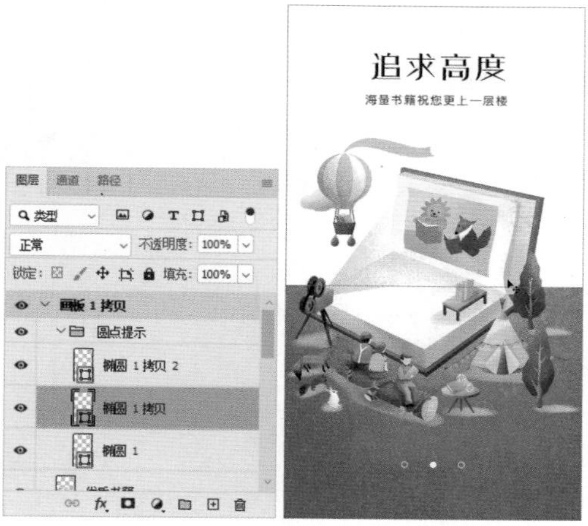

图7-39

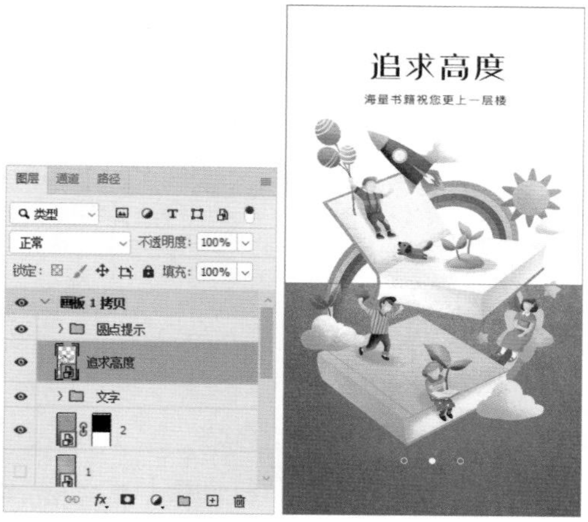

图7-40

19 使用步骤13至步骤18的操作方法，增加画板，并更改画板中的内容，如图7-41所示。

20 在【图层】面板中，关闭【画板1拷贝2】画板中【圆点提示】图层组的视图。选择【矩形】工具，在选项栏中设置【填充】为无，【描边】为白色，描边粗细数值为2像素。然后使用【矩形】工具在画板中单击，打开【创建矩形】对话框。在该对话框中，设置【宽度】数值为200像素，【高度】数值为58像素，圆角半径数值为29像素，选中【从中心】复选框，然后单击【确定】按钮创建圆角矩形，如图7-42所示。

21 选择【横排文字】工具在刚创建的圆角矩形中单击，在【属性】面板的【字符】窗格中，设置字体系列为【苹方】，字体大小数值为28点，字符间距为100，基线偏移为-17点，字体颜色为白色。在【段落】面板中，单击【居中对齐文本】按钮，然后输入文字内容，完成如图7-43所示的引导页效果制作。

图 7-41

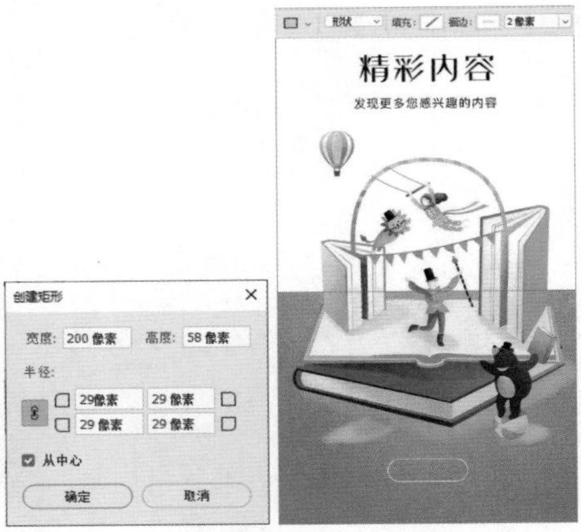

图 7-42

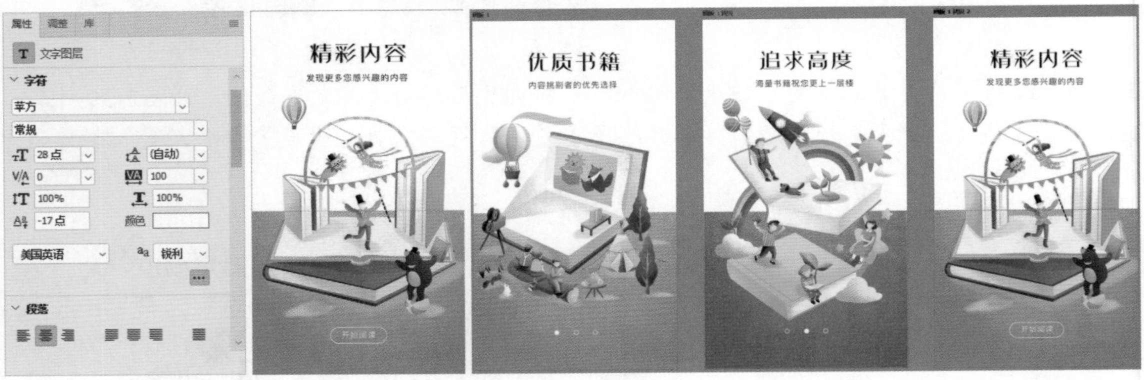

图 7-43

案例——制作食谱 App 引导页

视频名称	制作食谱 App 引导页
案例文件	案例文件 \ 第 7 章 \ 制作食谱 App 引导页

01 启动Photoshop，选择【文件】|【新建】命令，打开【新建文档】对话框。在该对话框中，选中【移动设备】选项，并在【空白文档预设】选项组中选中【iPhone 8/7/6】选项，输入新建文档的名称，然后单击【创建】按钮，如图 7-44 所示。

02 按Ctrl+Delete键使用背景色填充画板，然后在【图层】面板中双击【画板 1】中的【图层 1】图层，打开【图层样式】对话框。在该对话框中，选中【渐变叠加】选项，设置【混合模式】为【正常】，【不透明度】数值为100%，渐变填充为【预设】样式中【彩虹色】样式组中的【彩虹色_01】，然后单击【确定】按钮，如图 7-45 所示。

03 选择【横排文字】工具在画板中单击，在【属性】面板中设置字体系列为【方正粗圆简体】，字体大小为60点，单击【居中对齐文本】按钮，然后输入文字内容，如图 7-46 所示。

04 继续使用【横排文字】工具在画板中单击，在【属性】面板中设置字体系列为【思源黑体CN】，字体大小为36点，字体颜色为R:84 G:89 B:106，单击【居中对齐文本】按钮，然后输入文字内容，如图7-47所示。

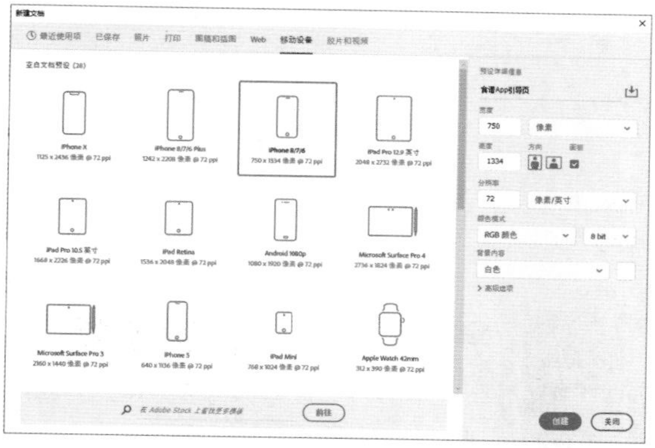

图7-44

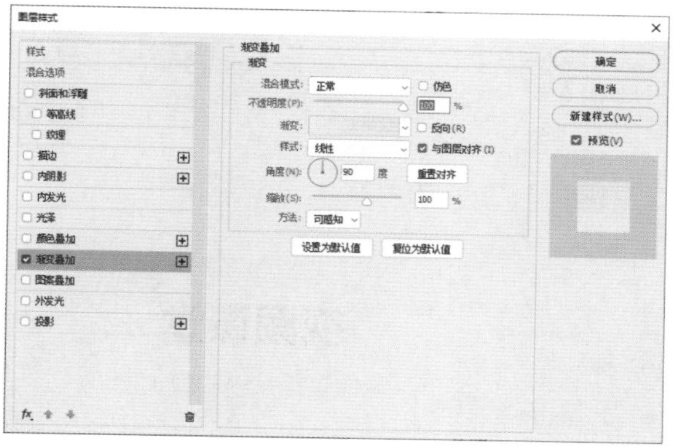

图7-45

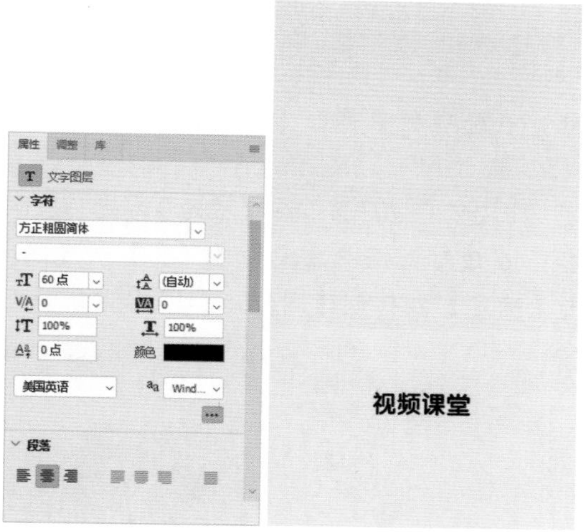

图7-46

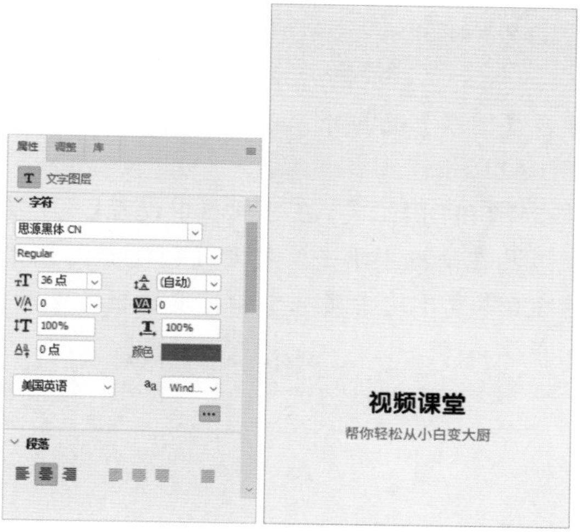

图7-47

05 在【图层】面板菜单中选择【新建组】命令，打开【新建组】对话框。在该对话框的【名称】文本框中输入“圆点提示”，然后单击【确定】按钮新建组，如图7-48所示。

06 选择【椭圆】工具，在选项栏中选择工具模式为【形状】，【填充】颜色为R:204 G:204 B:204，【描边】为无。使用【椭圆】工具在画板中单击，打开【创建椭圆】对话框。在该对话框中，设置【宽度】和【高度】均为15像素，选中【从中心】复选框，然后单击【确定】按钮创建圆形，如图7-49所示。

07 选择【移动】工具，按住Ctrl+Alt键移动并复制刚绘制的圆形，同时生成复制图层，如图7-50所示。

08 在【图层】面板中，双击【椭圆1 拷贝】图层缩览图，在打开的【拾色器(纯色)】对话框中更改填充颜色为R:68 G:68 B:68，然后单击【确定】按钮应用，如图7-51所示。

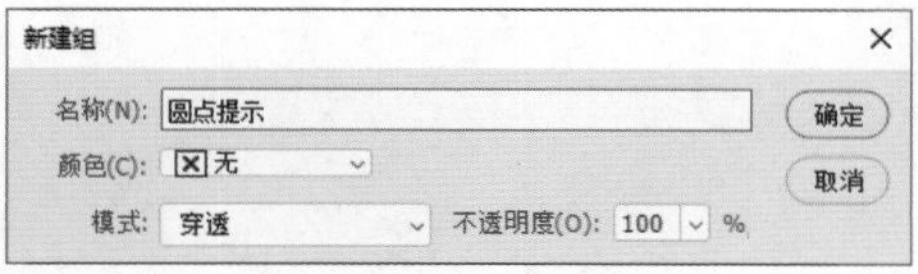

图 7-48

图 7-49

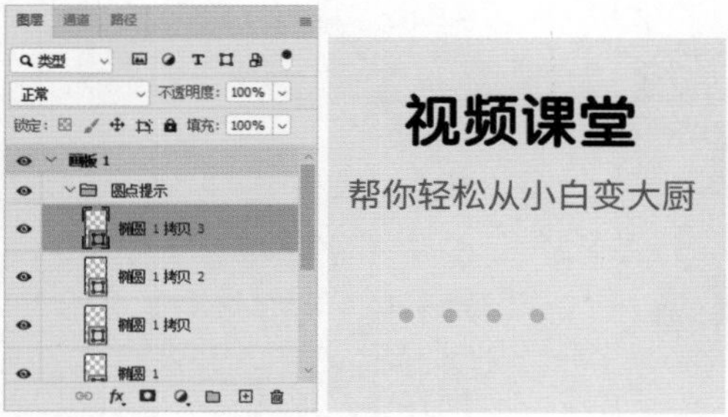

图 7-50

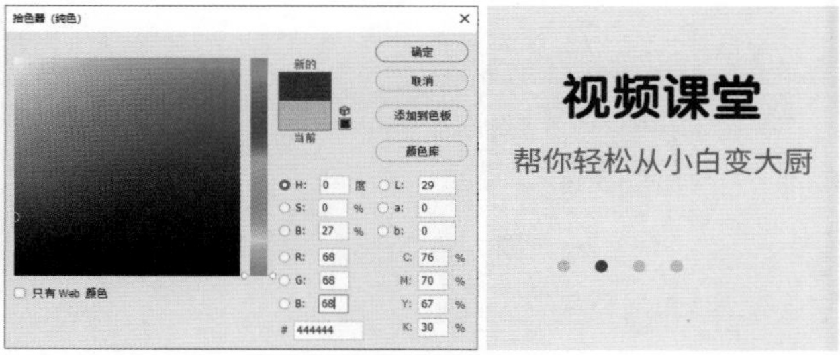

图 7-51

09 在【图层】面板中，选中【圆点提示】图层组，在选项栏中单击【水平居中对齐】按钮，如图 7-52 所示。

10 选择【椭圆】工具，在选项栏中设置【填充】颜色为R:242 G:205 B:110，【描边】为无。使用【椭圆】工具在画板中单击，打开【创建椭圆】对话框。在该对话框中，设置【宽度】和【高度】均为600像素，选中【从中心】复选框，然后单击【确定】按钮创建圆形，如图 7-53 所示。

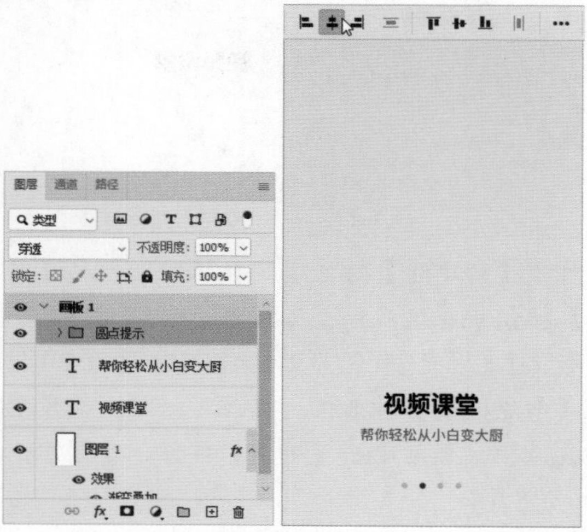

图 7-52

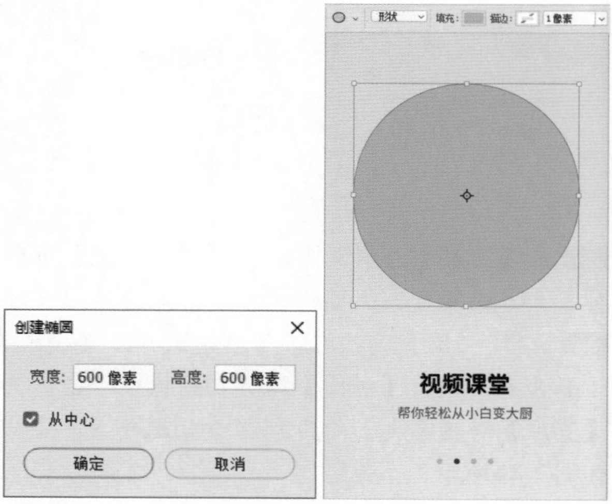

图 7-53

11 在【图层】面板中，选中【画板 1】。选择【画板】工具，按Alt键连续单击画板右侧显示的加号添加画板，如图 7-54 所示。

12 在【图层】面板中，再次选中【画板 1】。选择【文件】|【置入嵌入对象】命令，置入所需的插图素材文件，如图 7-55 所示。

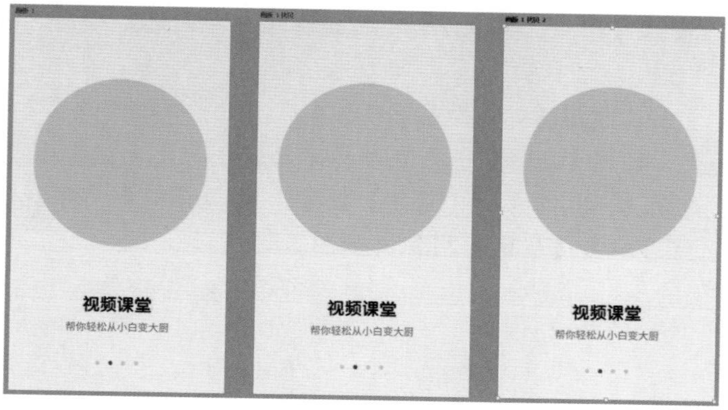

图 7-54

图 7-55

13 在【图层】面板中，按Ctrl键单击【椭圆 2】图层缩览图载入选区。然后单击【添加图层蒙版】按钮，为刚置入的插图图层添加图层蒙版，如图 7-56 所示。

14 将前景色设置为白色，选择【画笔】工具，在选项栏中设置画笔样式为硬边圆 100 像素，然后使用【画笔】工具调整图层蒙版，如图 7-57 所示。

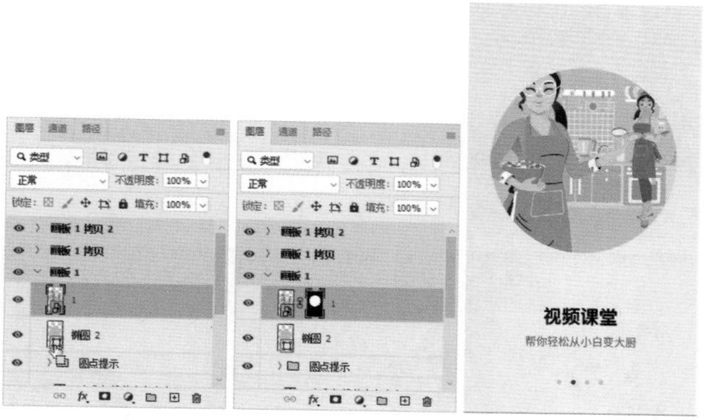

图 7-56

图 7-57

15 在【图层】面板中，选中【画板 1 拷贝】。使用步骤 12 至步骤 14 的操作方法置入插图素材文件，并创建蒙版，如图 7-58 所示。

16 选择【横排文字】工具，修改【画板 1 拷贝】中的文字内容。然后使用步骤 08 的操作方法更改【圆点提示】图层组中的圆点颜色，如图 7-59 所示。

图 7-58

图 7-59

17 使用步骤15至步骤16的操作方法，修改【画板 1 拷贝 2】中的插图及文字内容，如图7-60所示。

18 在【图层】面板中，关闭【圆点提示】图层组视图。选择【矩形】工具，在选项栏中设置【填充】颜色为R:235 G:97 B:0，【描边】为无。使用【矩形】工具在画板中单击，打开【创建矩形】对话框。在该对话框中，设置【宽度】数值为340像素，【高度】数值为80像素，圆角半径数值为10像素，选中【从中心】复选框，然后单击【确定】按钮，如图7-61所示。

图7-60

图7-61

19 选择【横排文字】工具在刚创建的圆角矩形中单击，在【属性】面板中设置字体系列为【思源黑体CN】，字体大小为36点，基线偏移为-22点，字体颜色为白色，单击【居中对齐文本】按钮，然后输入文字内容，如图7-62所示完成食谱引导页的制作。

图7-62

案例——制作移动办公 App 引导页

视频名称	制作移动办公 App 引导页
案例文件	案例文件 \ 第 7 章 \ 制作移动办公 App 引导页

01 启动Photoshop，选择【文件】|【新建】命令，打开【新建文档】对话框。在该对话框中，选中【移动设备】选项，并在【空白文档预设】选项组中选中【iPhone 8/7/6】选项，输入新

建文档的名称，然后单击【创建】按钮，如图 7-63 所示。

02 选择【矩形】工具，在选项栏中选择工具模式为【形状】，单击【填充】选项，在下拉面板中单击【渐变】按钮，设置渐变填充为R:124 G:163 B:254 至R:73 G:111 B:200，渐变旋转数值为 0。然后使用【矩形】工具绘制与画板同等大小的矩形，如图 7-64 所示。

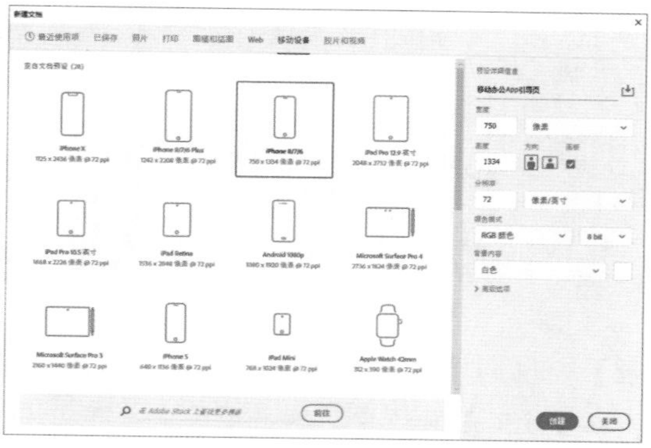

图 7-63

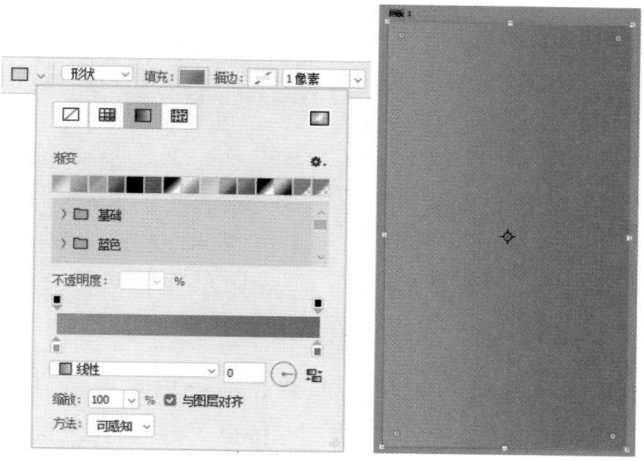

图 7-64

03 在【图层】面板菜单中选择【新建组】命令，打开【新建组】对话框。在该对话框的【名称】文本框中输入“背景装饰”，然后单击【确定】按钮新建组，如图 7-65 所示。

04 选择【椭圆】工具，在选项栏中选择工具模式为【形状】，设置【填充】为白色，【描边】为无。使用【椭圆】工具在画板中绘制圆形，并在【图层】面板中设置刚创建的【椭圆 1】图层的【不透明度】数值为 18%，如图 7-66 所示。

图 7-65

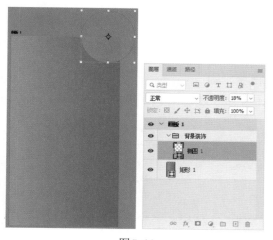

图 7-66

05 按Ctrl+J键复制刚创建的【椭圆 1】图层，并按Ctrl+T键应用【自由变换】命令调整圆形的位置及大小，如图 7-67 所示。

06 选择【矩形】工具，在选项栏中设置【填充】为白色，【描边】为无。使用【矩形】工具在画板左侧边缘单击，打开【创建矩形】对话框。在该对话框中，设置【宽度】数值为 750 像素，【高度】数值为 585 像素，然后单击【确定】按钮创建矩形，如图 7-68 所示。

图 7-67

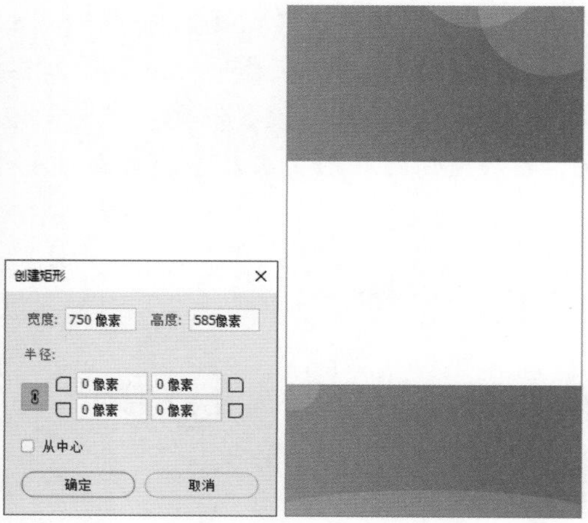

图 7-68

07 选择【横排文字】工具在画板中单击，在【属性】面板的【字符】窗格中设置字体系列为【苹方】，字体大小数值为126点，字体颜色为白色。在【段落】面板中，单击【居中对齐文本】按钮，然后输入文字内容，如图7-69所示。

08 继续使用【横排文字】工具在画板中单击，在【属性】面板的【字符】窗格中设置字体系列为【方正黑体简体】，字体大小数值为54点，字体颜色为白色。在【段落】面板中，单击【居中对齐文本】按钮，然后输入文字内容，如图7-70所示。

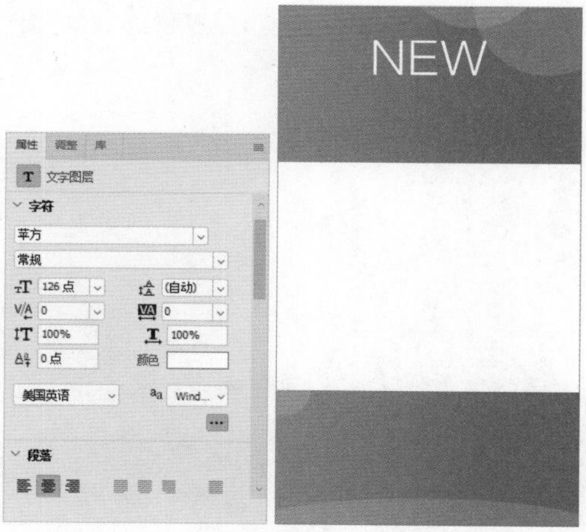

图 7-69

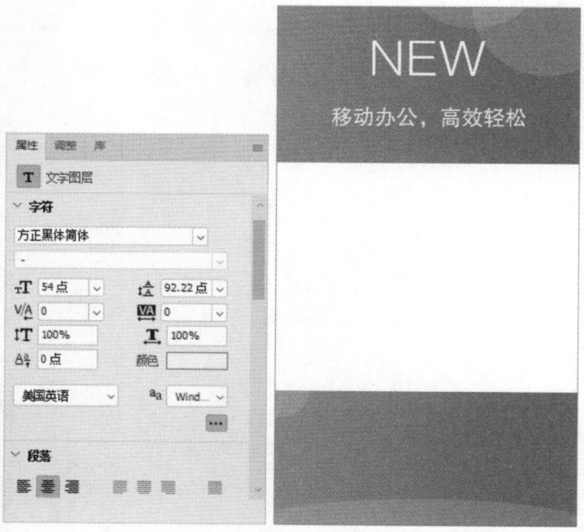

图 7-70

09 继续使用【横排文字】工具在画板中单击，在【属性】面板的【字符】窗格中设置字体系列为【苹方】，字体大小数值为28点，字体颜色为白色。在【段落】面板中，单击【居中对齐文本】按钮，然后输入文字内容，如图7-71所示。

10 在【图层】面板中，选中步骤07至步骤09创建的文字图层，在面板菜单中选择【从图层新建组】命令，打开【从图层新建组】对话框。在该对话框的【名称】文本框中输入“文字”，然后单击【确定】按钮创建图层组，如图7-72所示。

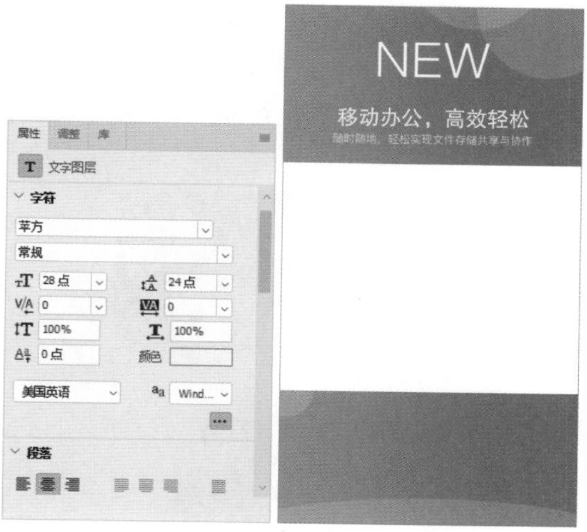

图 7-71

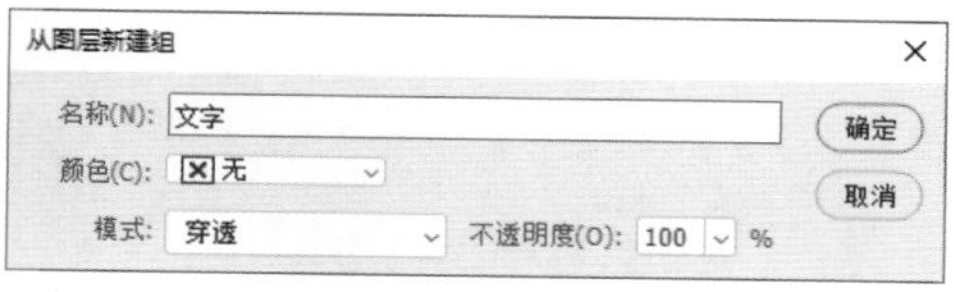

图 7-72

11 在【图层】面板菜单中选择【新建组】命令，打开【新建组】对话框。在该对话框的【名称】文本框中输入“圆点提示”，然后单击【确定】按钮新建组，如图 7-73 所示。

12 选择【椭圆】工具，在选项栏中选择工具模式为【形状】，设置【填充】为白色，【描边】为无。使用【椭圆】工具在画板中单击，打开【创建椭圆】对话框。在该对话框中，设置【宽度】和【高度】均为 15 像素，选中【从中心】复选框，然后单击【确定】按钮创建圆形，如图 7-74 所示。

图 7-73

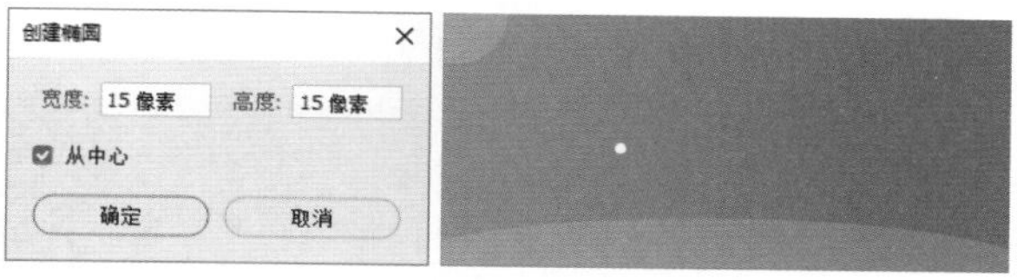

图 7-74

13 选择【移动】工具，按 Ctrl+Alt 键移动并复制刚创建的圆形，并在【图层】面板中设置【不透明度】数值为 40%，如图 7-75 所示。

14 使用上一步的操作方法，继续移动并复制圆形，如图 7-76 所示。

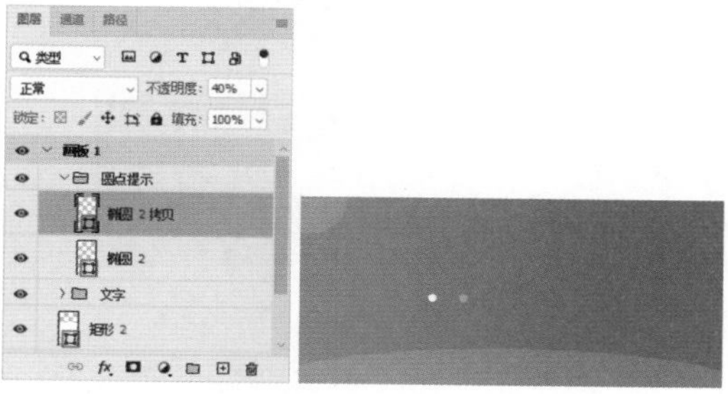

图 7-75

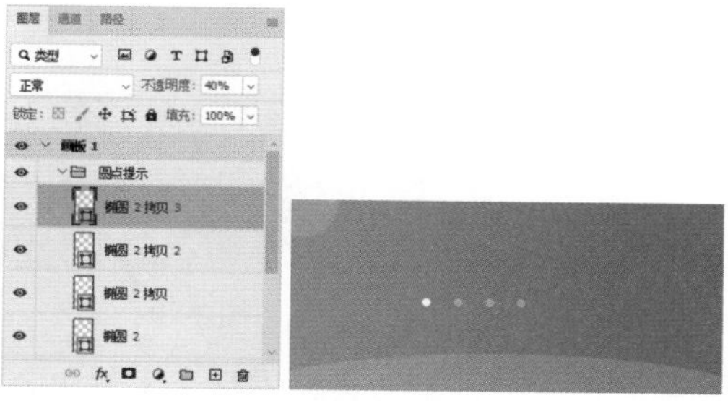

图 7-76

15 在【图层】面板中，选中【圆点提示】组，然后在选项栏中单击【水平居中对齐】按钮，如图 7-77 所示。

16 选择【文件】|【置入嵌入对象】命令，置入所需的插图，并调整其大小及位置，如图 7-78 所示。

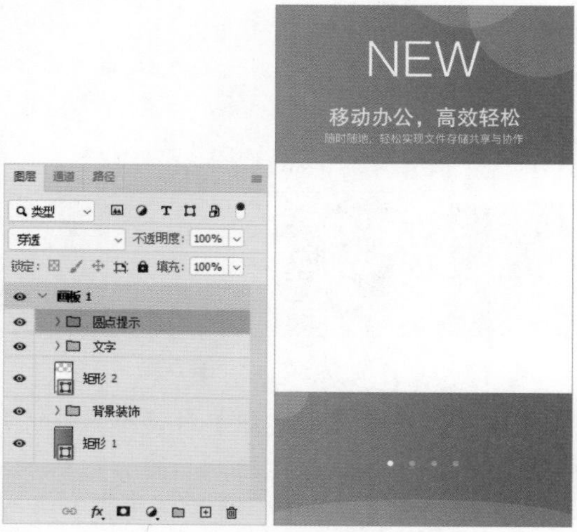

图 7-77

图 7-78

17 在【图层】面板中，选中【画板 1】。选择【画板】工具，按Alt键单击【画板 1】右侧的加号图标，复制画板及内容，如图 7-79 所示。

18 选择【横排文字】工具，更改【画板 1 拷贝】中的文字内容，如图 7-80 所示。

图 7-79

图 7-80

19 在【画板 1 拷贝】的【圆点提示】组中，更改圆形的不透明度，如图 7-81 所示。

20 删除【画板 1 拷贝】中的插图，重新选择【文件】|【置入嵌入对象】命令，置入所需的素材文件，如图 7-82 所示。

图7-81

图7-82

21 使用步骤17至步骤20的操作方法，增加画板，并更改画板中的内容，如图7-83所示。

22 在【图层】面板中，关闭【画板1拷贝3】画板中【圆点提示】图层组的视图。选择【矩形】工具，在选项栏中设置【填充】为无，【描边】为白色，描边粗细数值为2像素。然后使用【矩形】工具在画板中单击，打开【创建矩形】对话框。在该对话框中，设置【宽度】数值为200像素，【高度】数值为58像素，圆角半径数值为10像素，选中【从中心】复选框，然后单击【确定】按钮创建圆角矩形，如图7-84所示

图7-83

图7-84

23 选择【横排文字】工具在刚创建的圆角矩形中单击，在【属性】面板的【字符】窗格中设置字体系列为【苹方】，字体大小数值为28点，字符间距为100，基线偏移为-17点，字体颜色为白色。在【段落】面板中，单击【居中对齐文本】按钮，然后输入文字内容，完成如图7-85所示的引导页效果制作。

图7-85

案例——制作儿童教育App引导页

视频名称	制作儿童教育App引导页
案例文件	案例文件\第7章\制作儿童教育App引导页

01 启动Photoshop，选择【文件】|【新建】命令，打开【新建文档】对话框。在该对话框中，选中【移动设备】选项，并在【空白文档预设】选项组中选中【iPhone 8/7/6】选项，输入新建文档的名称，然后单击【创建】按钮，如图7-86所示。

02 选择【矩形】工具，在选项栏中选择工具模式为【形状】，单击【填充】选项，在弹出的下拉面板中单击【渐变】按钮，设置渐变填色为R:255 G:255 B:255至R:255 G:213 B:225，选择渐变样式为【径向】。然后使用【矩形】工具绘制与画板同等大小的矩形，如图7-87所示。

图7-86

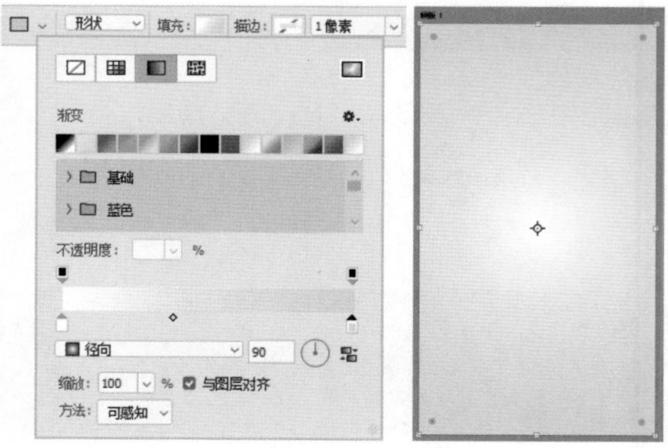

图7-87

03 在【图层】面板中，锁定刚创建的矩形图层。选择【钢笔】工具，在选项栏中选择工具模式为【形状】，然后在画板底部绘制如图7-88所示的图形。

04 在【图层】面板中，双击【形状1】图层缩览图，打开【渐变填充】对话框。在该对话框中，将渐变填充更改为R:17 G:17 B:17至R:255 G:255 B:255，【样式】为【线性】，单击【确定】按钮。然后设置图层的【混合模式】为【柔光】，如图7-89所示。

图7-88

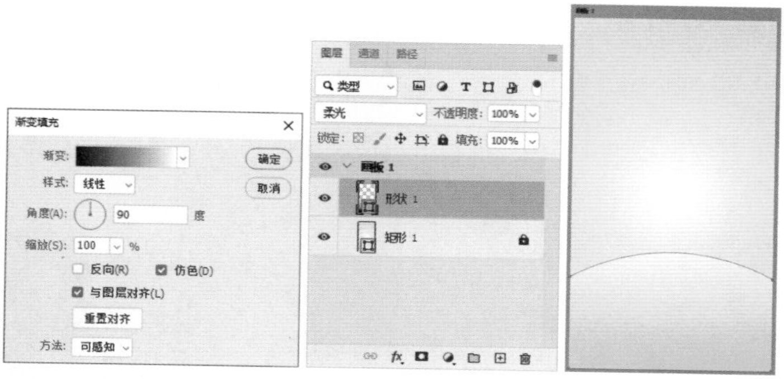

图7-89

05 选择【横排文字】工具在画板中单击，在【属性】面板中设置字体系列为【思源黑体CN】，字体大小为60点，字体颜色为R:255 G:88 B:135，单击【居中对齐文本】按钮，然后输入文字内容，如图7-90所示。

06 继续使用【横排文字】工具在画板中单击，在【属性】面板中设置字体系列为【思源黑体CN】，字体大小为36点，字体颜色为R:84 G:89 B:106，单击【居中对齐文本】按钮，然后输入文字内容，如图7-91所示。

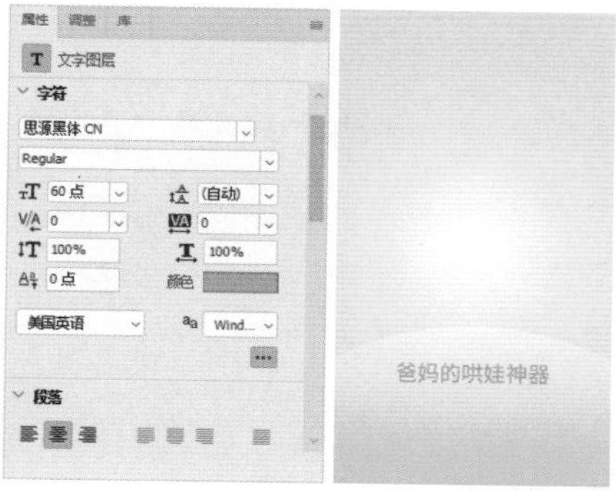

图7-90

图7-91

07 在【图层】面板中，选中步骤05和步骤06创建的文字图层，在面板菜单中选择【从图层新建组】命令，打开【从图层新建组】对话框。在该对话框的【名称】文本框中输入“文字”，然后单击【确定】按钮，如图7-92所示。

08 选择【椭圆】工具，在选项栏中选择工具模式为【形状】，【填充】颜色为R:190 G:190 B:190，【描边】为无。使用【椭圆】工具在画板中单击，打开【创建椭圆】对话框。在该对话框中，设置【宽度】和【高度】均为15像素，选中【从中心】复选框，然后单击【确定】按钮创建圆形，如图7-93所示。

图7-92

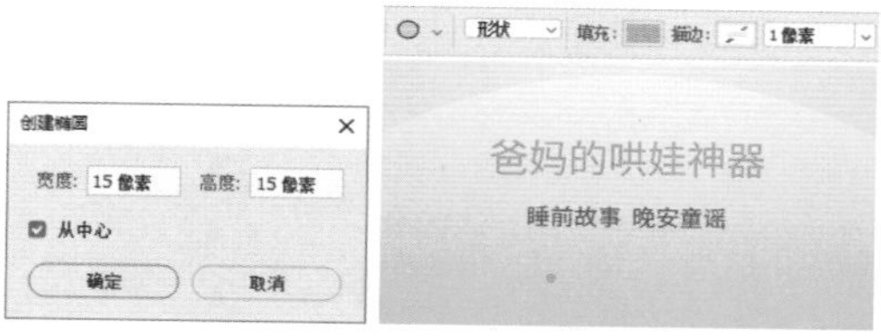

图7-93

09 选择【移动】工具，按住Ctrl+Alt键移动并复制刚绘制的圆形，同时生成复制图层，如图7-94所示。

10 在【图层】面板中，双击【椭圆1 拷贝】图层缩览图，在打开的【拾色器(纯色)】对话框中更改填充颜色为R:68 G:68 B:68，然后单击【确定】按钮应用，如图7-95所示。

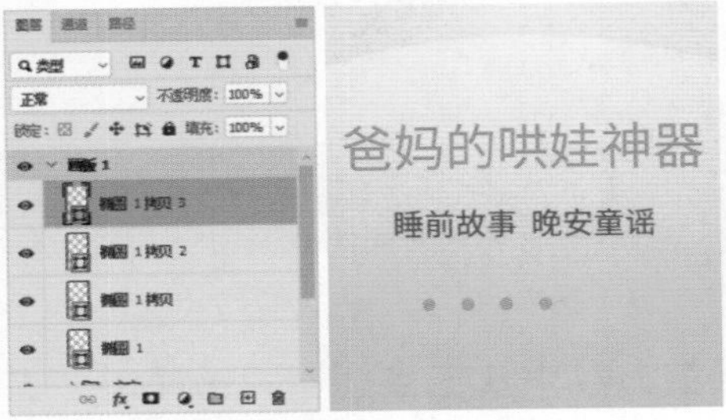

图7-94

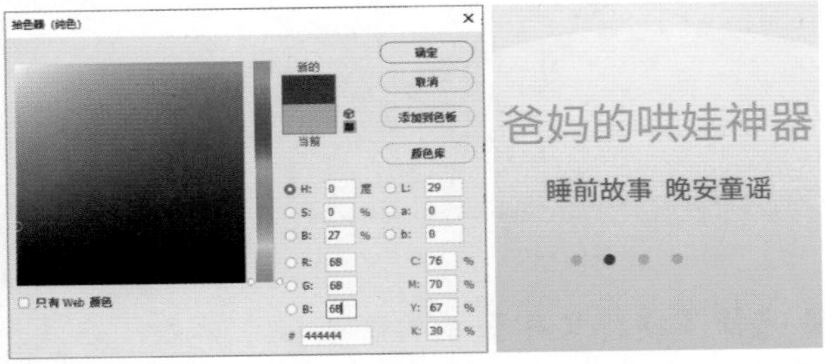

图7-95

11 在【图层】面板中，选中步骤08至步骤10创建的图层。选择面板菜单中的【从图层新建组】命令，打开【从图层新建组】对话框。在该对话框的【名称】文本框中输入“圆点提示”，然后单击【确定】按钮，如图7-96所示。

12 在【图层】面板中，选中【圆点提示】图层组，在选项栏中单击【水平居中对齐】按钮，如图7-97所示。

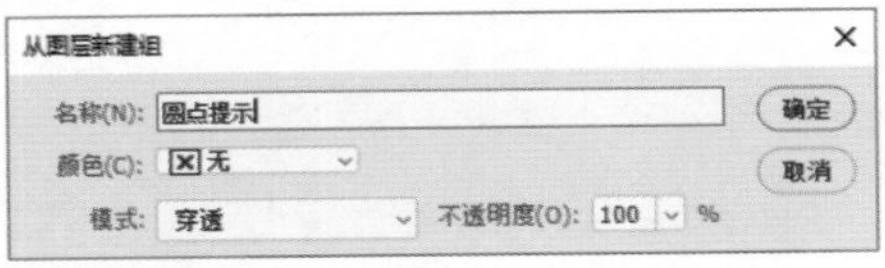

图7-96

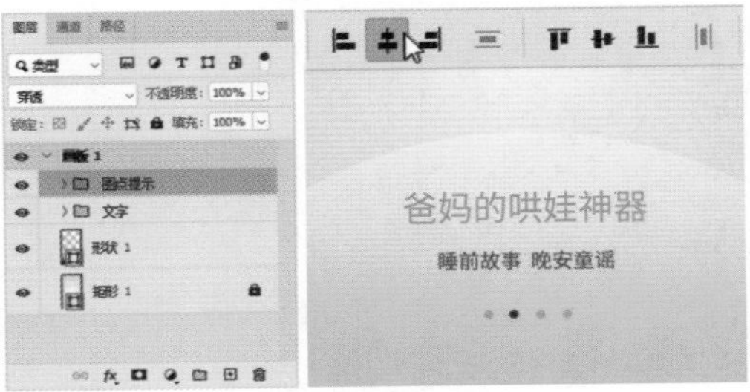

图7-97

13 在【图层】面板中，选中【画板1】。选择【画板】工具，按Alt键连续单击画板右侧显示的加号添加画板，如图7-98所示。

14 在【图层】面板中，再次选中【画板1】。选择【文件】|【置入嵌入对象】命令，置入所需的插图素材文件，如图7-99所示。

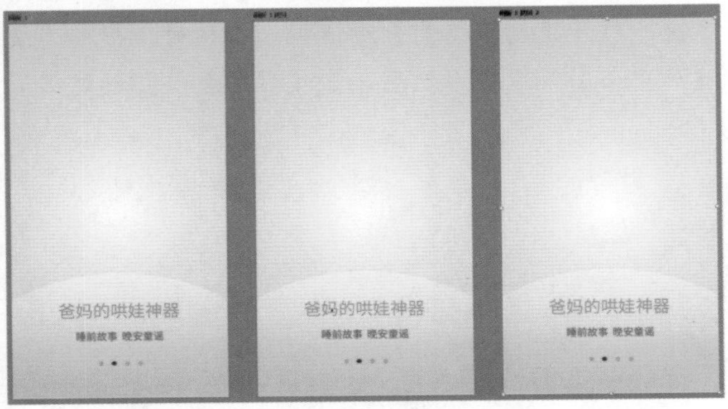

图7-98

图7-99

15 选择【钢笔】工具，在选项栏中选择工具模式为【形状】，【填充】颜色为R:255 G:213 B:225，然后使用【钢笔】工具在画板顶部绘制如图7-100所示的图形，生成【形状2】图层。

16 在【图层】面板中，设置【形状2】图层的【混合模式】为【正片叠底】，【不透明度】数值为40%，如图7-101所示。

图7-100

图7-101

17 按Ctrl+J键复制【形状2】图层，使用【移动】工具向上移动刚复制的图层，如图7-102所示。

18 在【图层】面板中，选中【画板1拷贝】画板中的【矩形1】。双击【矩形1】图层缩览图，打开【渐变填充】对话框。在该对话框中，将渐变填充更改为R:255 G:255 B:255至R:255 G:245 B:179，如图7-103所示。

图7-102

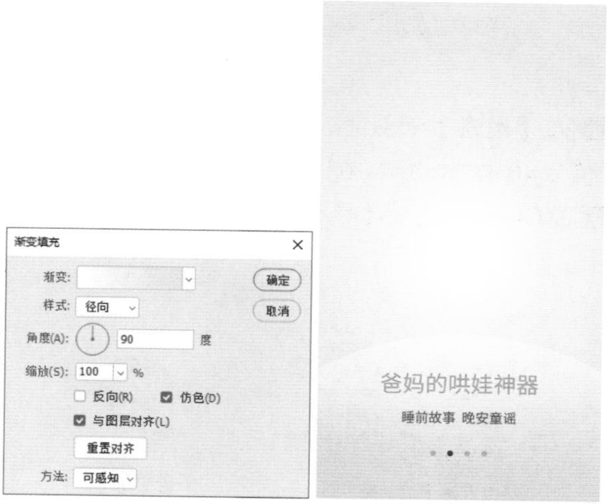

图7-103

19 选择【横排文字】工具更改文字内容，并在【属性】面板中更改字体颜色为R:241 G:177 B:76，如图7-104所示。

20 使用步骤10的操作方法，调整【圆点提示】组中的圆点颜色，如图7-105所示。

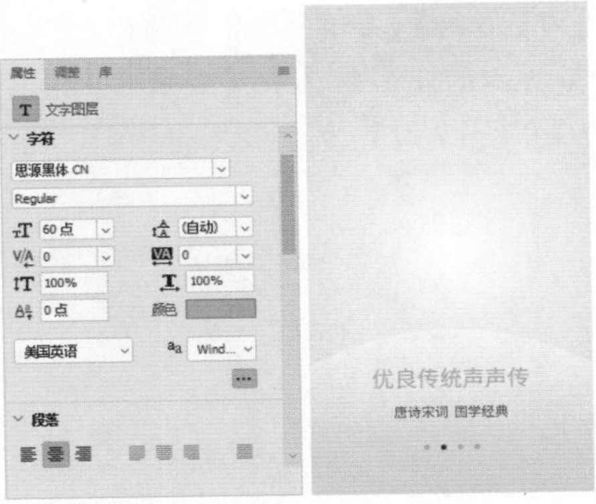

图 7-104

图 7-105

21 选择【文件】|【置入嵌入对象】命令，置入所需的插图素材文件，如图 7-106 所示。

22 选择【钢笔】工具，在选项栏中选择工具模式为【形状】，【填充】颜色为R:255 G:241 B:201，然后使用【钢笔】工具在画板顶部绘制如图 7-107 所示的图形，生成【形状 3】图层。

图 7-106

图 7-107

23 在【图层】面板中，设置【形状 2】图层的【混合模式】为【正片叠底】，【不透明度】数值为 40%，如图 7-108 所示。

24 按Ctrl+J键复制【形状2】图层，使用【移动】工具向上移动刚复制的图层，如图 7-109 所示。

图 7-108

图 7-109

25 在【图层】面板中，选中【画板 1 拷贝 2】画板中的【矩形 1】，解锁图层，并将渐变填充更改为R:255 G:255 B:255至R:213 G:255 B:218，如图7-110所示。

26 使用步骤19的操作方法，更改文字内容，并在【属性】面板中更改字体颜色为R:85 G:184 B:101，如图7-111所示。

图7-110

图7-111

27 在【图层】面板中，关闭【圆点提示】组的视图。选择【矩形】工具，在选项栏中设置【填充】颜色为RGB，【描边】为白色。使用【矩形】工具在画板中单击，打开【创建矩形】对话框。在该对话框中，设置【宽度】数值为340像素，【高度】数值为80像素，圆角半径数值为10像素，选中【从中心】复选框，然后单击【确定】按钮，如图7-112所示。

28 选择【横排文字】工具在刚创建的圆角矩形中单击，在【属性】面板中设置字体系列为【思源黑体CN】，字体大小为36点，基线偏移为-22点，字体颜色为白色，单击【居中对齐文本】按钮，然后输入文字内容，如图7-113所示。

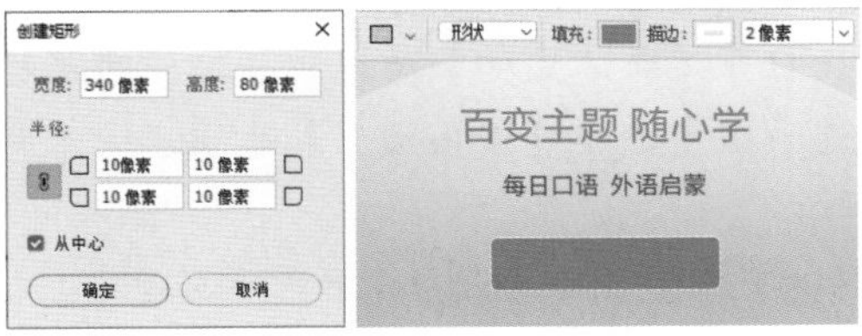

图7-112

图7-113

29 选择【文件】|【置入嵌入对象】命令，置入所需的插图素材文件，如图7-114所示。

30 选择【钢笔】工具，在选项栏中选择工具模式为【形状】，【填充】颜色为R:209 G:247 B:206，然后使用【钢笔】工具在画板顶部绘制如图7-115所示的图形，生成【形状4】图层。

图7-114

图7-115

31 按Ctrl+J键复制【形状 4】图层，使用【移动】工具向上移动刚复制的图层，如图7-116所示完成引导页的制作。

图7-116

案例——制作浮层引导页

视频名称	制作浮层引导页
案例文件	案例文件 \ 第 7 章 \ 制作浮层引导页

01 启动Photoshop，选择【文件】|【新建】命令，打开【新建文档】对话框。在该对话框中，选中【移动设备】选项，并在【空白文档预设】选项组中选中【iPhone X】选项，输入新建文档的名称，然后单击【创建】按钮，如图7-117所示。

02 选择【文件】|【置入嵌入对象】命令，置入App截图素材，如图7-118所示。

03 在【调整】面板中，单击【创建新的色相/饱和度调整图层】按钮，打开【属性】面板。在【属性】面板中，设置【明度】数值为-70，如图7-119所示。

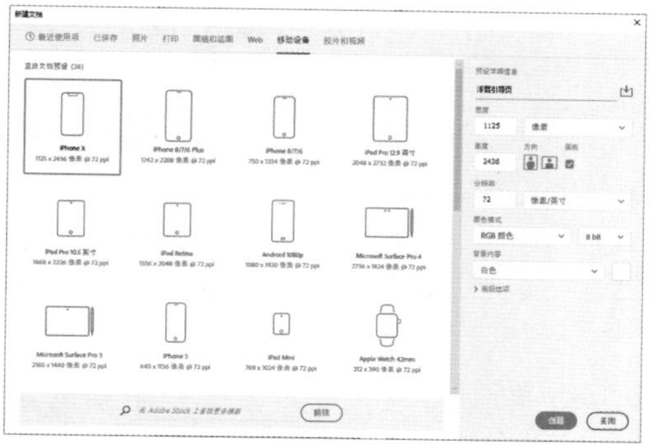

图 7-117

图 7-118

04 在【图层】面板中，选中【画板 1】。选择【画板】工具，按Alt键单击画板右侧的加号图标，复制画板及内容，如图 7-120 所示。

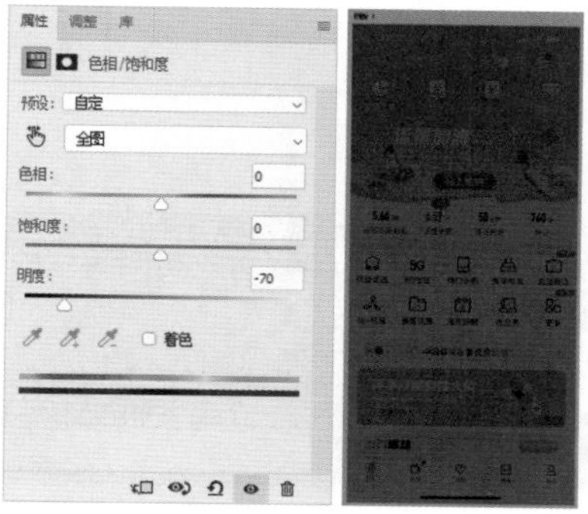

图 7-119

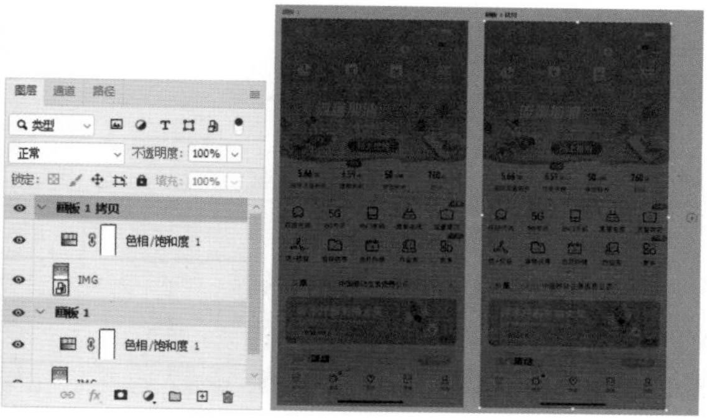

图 7-120

05 再次选中【画板 1】中【色相/饱和度 1】图层的图层蒙版，选择【矩形】工具，在选项栏中选择工具模式为【路径】。使用【矩形】工具在画板中单击，打开【创建矩形】对话框。在该对话框中，设置【宽度】数值为 1085 像素，【高度】数值为 200 像素，圆角半径数值为 10 像素，再单击【确定】按钮。然后在选项栏中，单击【选区】按钮，在弹出的【建立选区】对话框中，单击【确定】按钮创建选区，如图 7-121 所示。

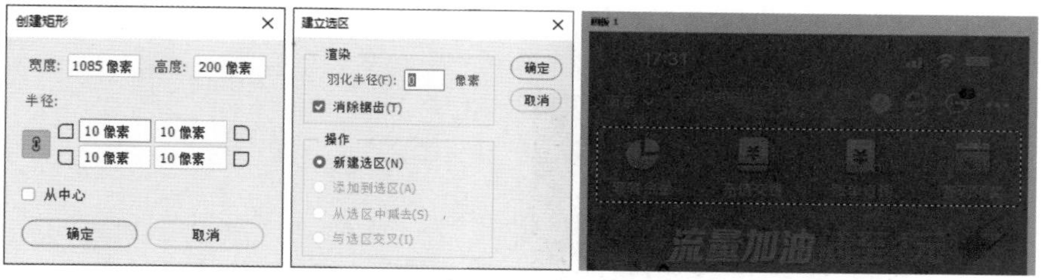

图 7-121

06 按Alt+Delete键使用默认前景色填充选区，如图 7-122 所示。

07 选择【椭圆】工具，在选项栏选择工具模式为【形状】，设置【填充】为白色，【描边】为无。使用【椭圆】工具在画板中单击，打开【创建椭圆】对话框。在该对话框中，设置【宽度】和【高度】均为 15 像素，选中【从中心】复选框，然后单击【确定】按钮创建圆形，如图 7-123 所示。

图 7-122

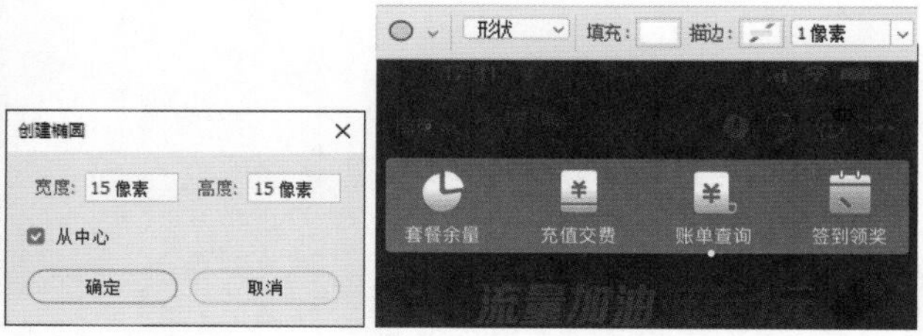

图 7-123

08 选择【钢笔】工具，在选项栏中选择工具模式为【形状】，使用工具在画板中绘制直线段后，再在选项栏中设置【填充】为无，【描边】为白色，描边粗细数值为2像素，描边类型为虚线，如图 7-124 所示。

09 选择【矩形】工具，在选项栏中选择工具模式为【形状】，使用工具在画板中单击，打开【创建矩形】对话框。在该对话框中，设置【宽度】数值为534像素，【高度】数值为87像素，圆角半径数值为43.5像素，然后单击【确定】按钮创建圆角矩形，并在选项栏中设置【填充】为白色，【描边】为无，如图 7-125 所示。

图 7-124

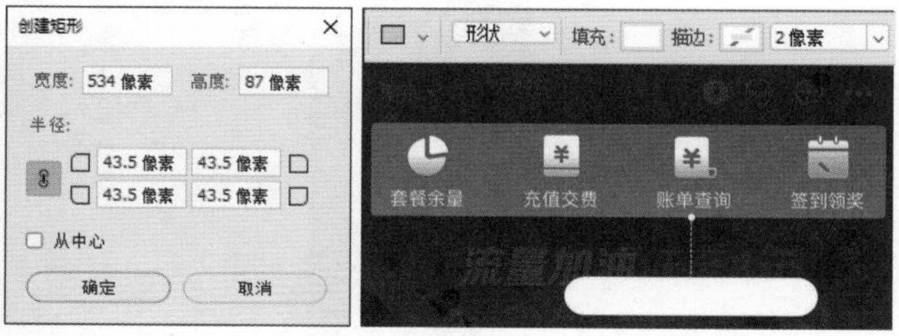

图 7-125

10 选择【横排文字】工具在刚绘制的圆角矩形中单击，在【属性】面板中设置字体样式为【苹方】，字体大小为32点，基线偏移为-32点，单击【居中对齐文本】按钮，然后输入文字内容，如图 7-126 所示。

11 选择【矩形】工具，在选项栏中设置【填充】为R:37 G:37 B:37，【描边】为无。使用【矩形】工具在画板中单击，打开【创建矩形】对话框。在该对话框中，设置【宽度】数值为160像素，【高度】数值为50像素，圆角半径数值为10像素，然后单击【确定】按钮创建矩形，如图 7-127 所示。

图 7-126

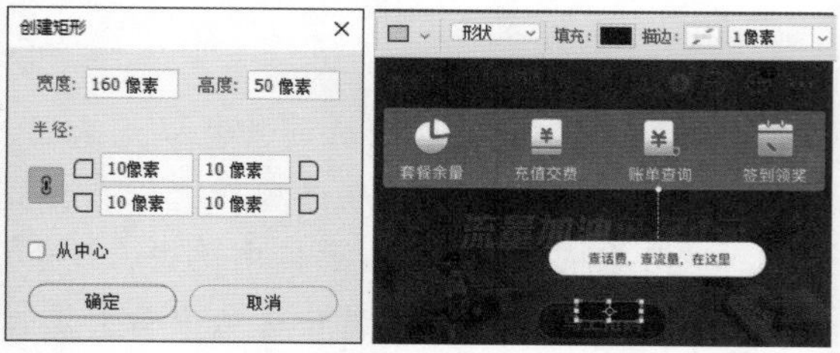

图 7-127

12 在【图层】面板中双击刚创建的圆角矩形图层，打开【图层样式】对话框。在该对话框中，选中【外发光】选项，设置【混合模式】为【滤色】，【不透明度】数值为15%，发光颜色为白色，【大小】数值为15像素，然后单击【确定】按钮，如图7-128所示。

13 选择【横排文字】工具在刚绘制的圆角矩形中单击，在【属性】面板中设置字体样式为【苹方】，字体大小为24点，字符间距为100，基线偏移为-14点，字体颜色为白色，单击【居中对齐文本】按钮，然后输入文字内容，如图7-129所示。

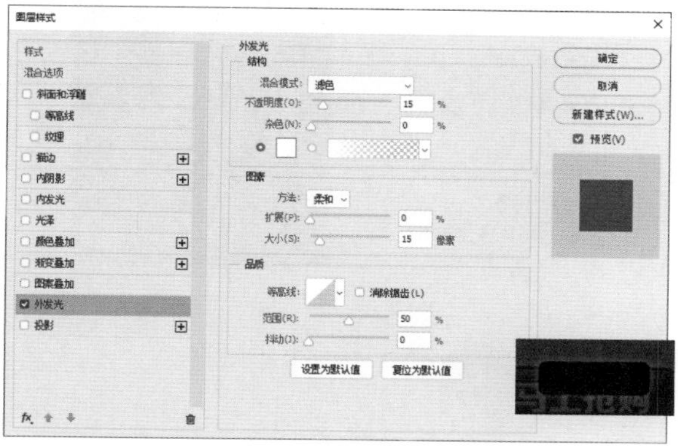

图7-128

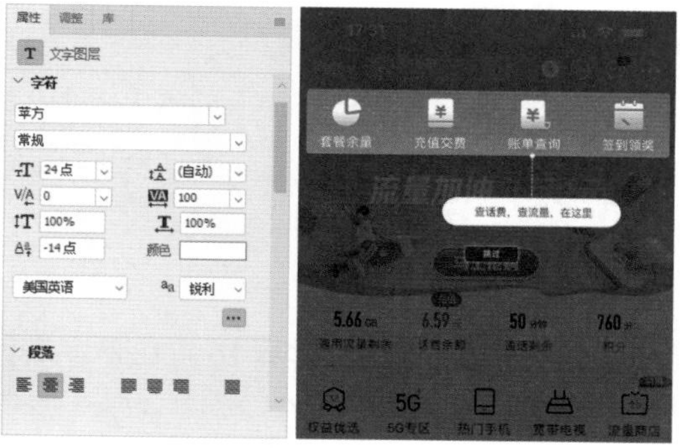

图7-129

14 选择【移动】工具，移动并复制步骤11创建的圆角矩形，然后在【属性】面板中取消选中【链接形状的宽度和高度】按钮，设置W数值为220像素，【填色】为R:72 G:115 B:254，如图7-130所示。

15 选择【横排文字】工具在刚绘制的圆角矩形中单击，在【属性】面板中设置字体样式为【苹方】，字体大小为24点，字符间距为100，基线偏移为-14点，字体颜色为白色，单击【居中对齐文本】按钮，然后输入文字内容，如图7-131所示。

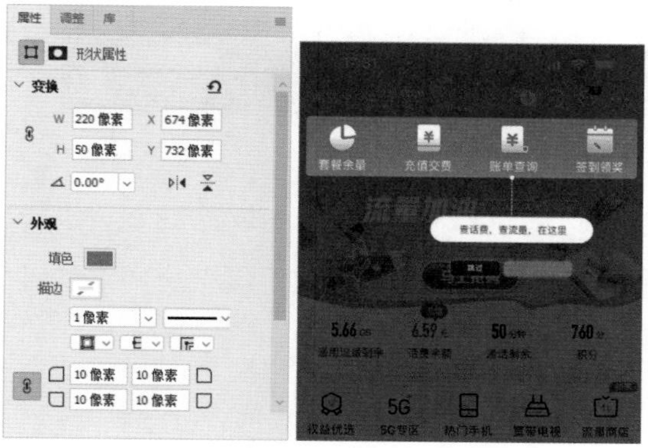

图7-130

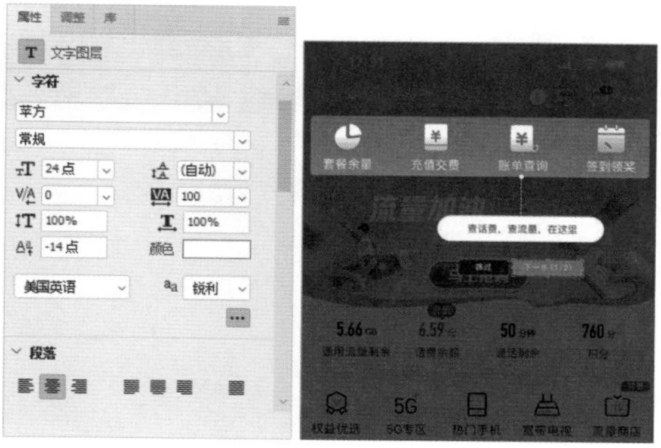

图7-131

16 在【图层】面板中，选中步骤11至步骤15创建的图层，从面板菜单中选择【从图层新建组】命令，打开【从图层新建组】对话框。在该对话框的【名称】文本框中输入“按钮”，然后单击【确定】按钮，如图7-132所示。

17 在【图层】面板中，选中【画板1拷贝】中的【色相/饱和度1】图层蒙版。使用【椭圆选框】工具绘制圆形选区，按Alt+Delete键使用默认前景色填充选区，如图7-133所示。

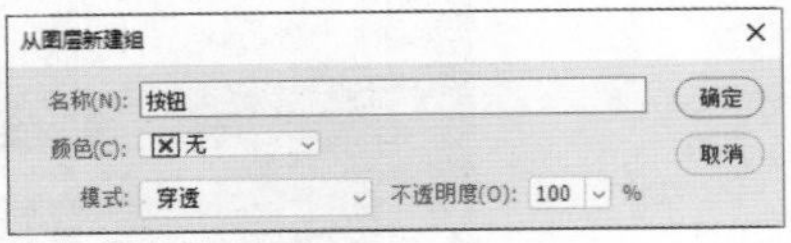

图 7-132

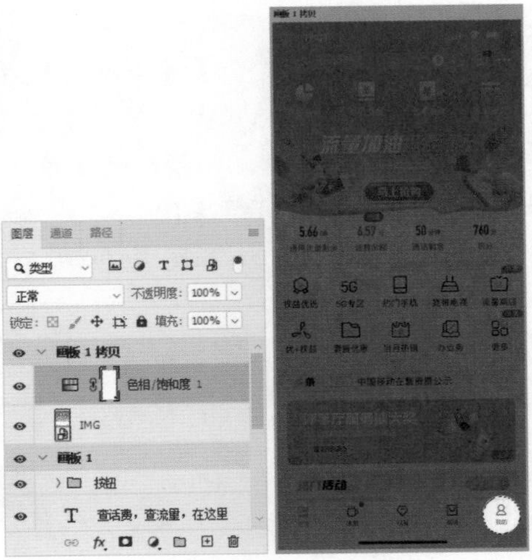

图 7-133

18 继续使用步骤07至步骤16的操作方法，添加其他浮层的内容，如图7-134所示完成浮层引导页效果。

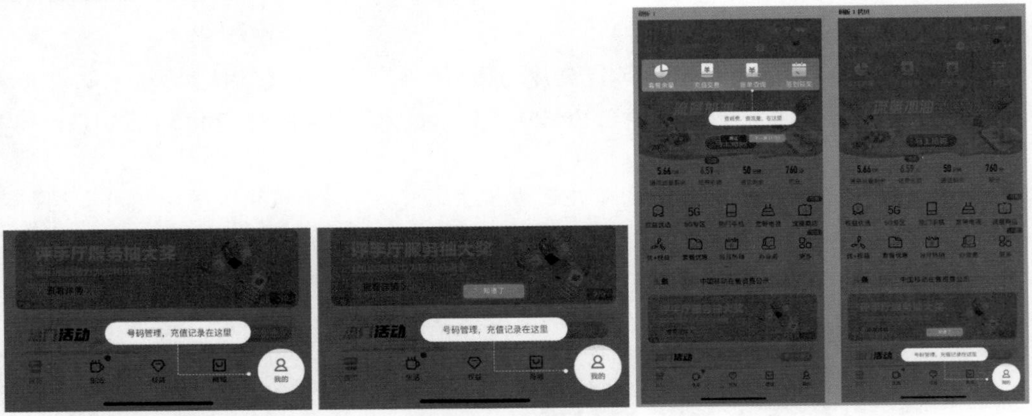

图 7-134

第 8 章

空白页设计

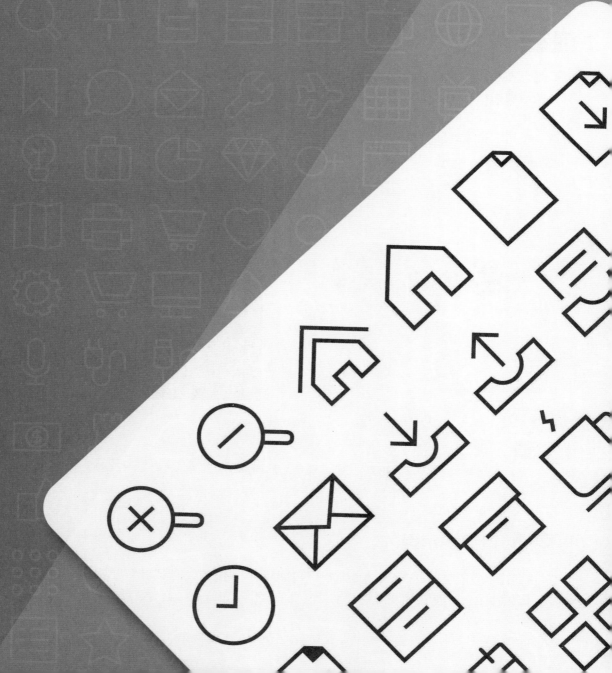

8.1 空白页的概念

空白页是使用App的过程中遇到网络问题或跳转到没有内容的页面时显示的页面，如图8-1所示。一般情况下，空白页会通过文字信息提示用户当前页面需要进行的操作，或错误的类型，如没有信息、无网络、列表为空等。

8.2 空白页的常见类型

空白页分为首次进入型和错误提示型两种。

8.2.1 首次进入型

用户在初次打开App时，App会利用空白页指引用户进行一些必要操作，并且引导用户找到一些需要的内容，如图8-2所示。这类的空白页会通过有特点、明显的按钮引导用户进行下一步操作，并且在满足条件后支持使用某些功能。设计师在设计这类空白页时，一定要考虑设计跳转按钮的位置。

图8-1

图8-2

提示：

好的空白页不仅用于提示，还会引导用户进行实质性的操作。需要注意的是，空白页的设计一定要简洁明了。

8.2.2 错误提示型

错误提示型的空白页在App中经常出现，如显示“找不到页面”或者“网络中断”等，如图8-3所示。这类页面中一定会有引导用户刷新网页的操作按钮或返回上一级页面的操作按钮。

图 8-3

案例——制作购物车空白页

视频名称	制作购物车空白页
案例文件	案例文件 \ 第 8 章 \ 制作购物车空白页

01 启动Photoshop，选择【文件】|【新建】命令，打开【新建文档】对话框。在该对话框中，选中【移动设备】选项，并在【空白文档预设】选项组中选中【iPhone 8/7/6】选项，输入新建文档的名称，然后单击【创建】按钮，如图 8-4 所示。

02 选择【视图】|【新建参考线】命令，打开【新建参考线】对话框。在该对话框中，选中【水平】单选按钮，设置【位置】数值为 40 像素，单击【确定】按钮创建参考线。然后使用相同方法，分别在 128 像素和 1125 像素处创建参考线，如图 8-5 所示。

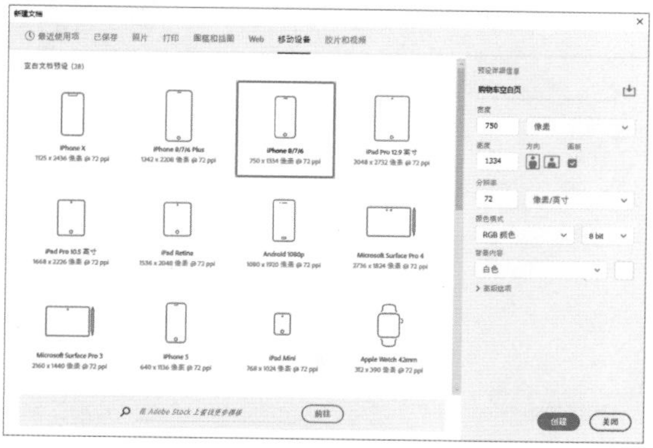

图 8-4

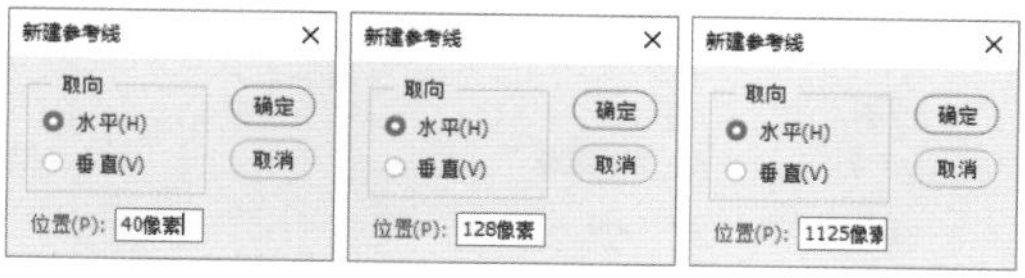

图 8-5

03 选择【新建】|【新建参考线】命令，打开【新建参考线】对话框。在该对话框中，选中【垂直】单选按钮，设置【位置】数值为 375 像素，然后单击【确定】按钮创建参考线，如图 8-6 所示。

04 选择【矩形】工具，在选项栏选择工作模式为【形状】，【填充】颜色为R:244 G:213 B:0，【描边】为无。使用【矩形】工具在画板左上角单击，打开【创建矩形】对话框。在该对话框中，设置【宽度】数值为750像素，【高度】数值为128像素，然后单击【确定】按钮创建矩形，如图8-7所示。

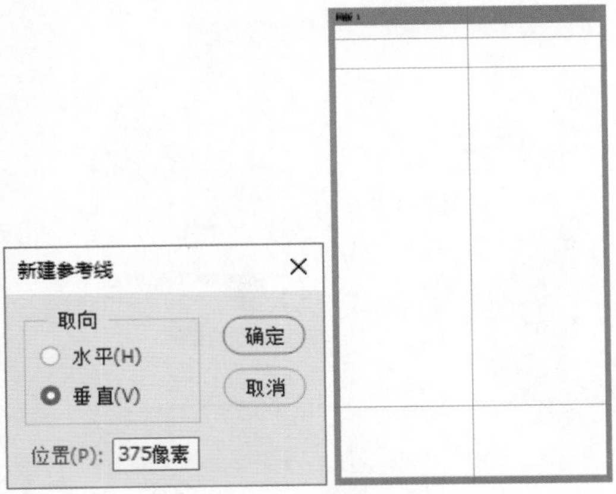

图8-6

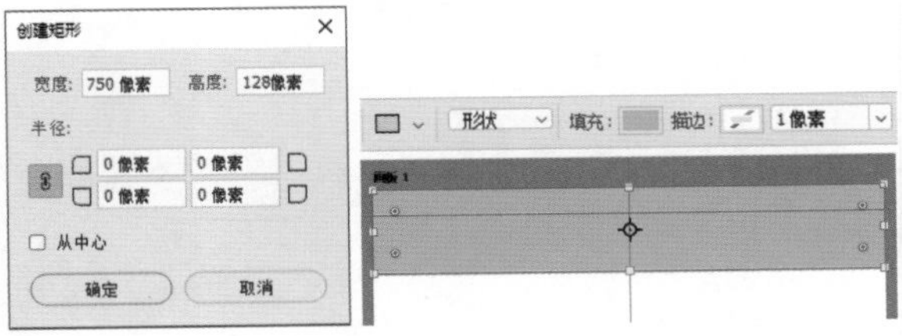

图8-7

05 选择【文件】|【置入嵌入对象】命令，分别置入状态栏素材和返回按钮，如图8-8所示。

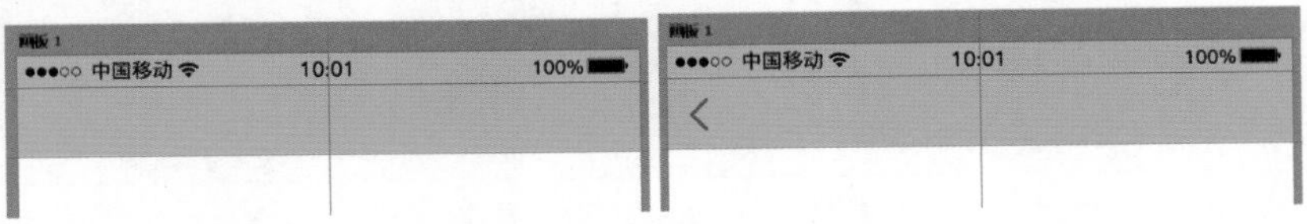

图8-8

06 选择【横排文字】工具在画板中单击，在【属性】面板中设置字体系列为【苹方】，字体大小为36点，字体颜色为R:93 G:93 B:93，单击【居中对齐文本】按钮，然后使用【横排文字】工具输入文字内容，如图8-9所示。

07 在【图层】面板中选中步骤05至步骤06创建的图层，在面板菜单中选择【从图层新建组】命令，打开【从图层新建组】对话框。在对话框的【名称】文本框中输入“导航栏”，然后单击【确定】按钮新建组，如图8-10所示。

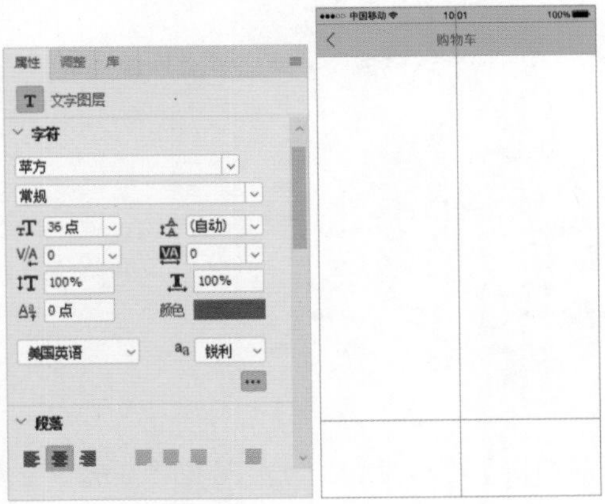

图8-9

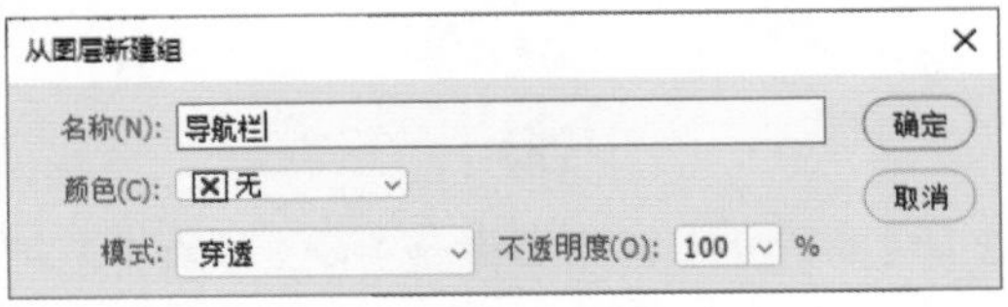

图8-10

08 选择【文件】|【置入嵌入对象】命令，置入所需的购物篮素材图像，如图 8-11 所示。

09 选择【横排文字】工具在画板中单击，在【属性】面板中设置字体系列为【苹方】，字体大小为36点，字体颜色为R:114 G:114 B:114，单击【居中对齐文本】按钮，然后使用【横排文字】工具输入文字内容，如图 8-12 所示。

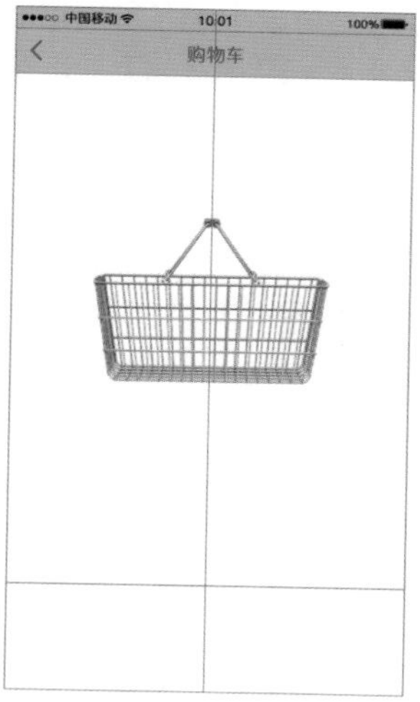

图8-11

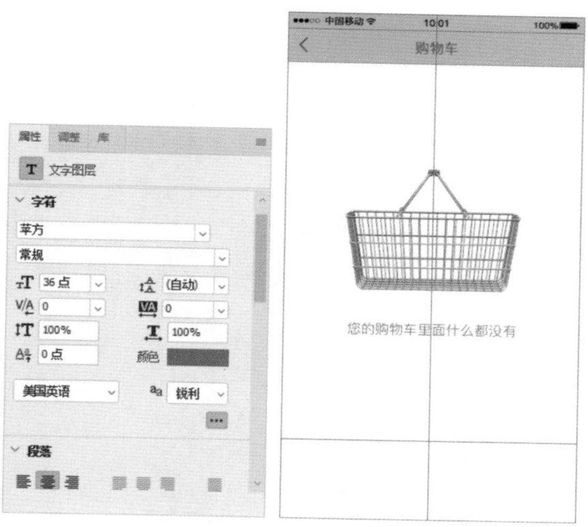

图8-12

10 选择【矩形】工具，在选项栏中设置【填充】颜色为R:244 G:213 B:0，【描边】为无。使用【矩形】工具在画板中单击，打开【创建矩形】对话框。在该对话框中，设置【宽度】数值为340像素，【高度】数值为80像素，选中【从中心】复选框，然后单击【确定】按钮，如图 8-13 所示。

11 选择【横排文字】工具在画板中单击，在【属性】面板中设置字体系列为【苹方】，字体大小为36点，字符间距为100，基线偏移为-25点，字体颜色为R:93 G:93 B:93，单击【居中对齐文本】按钮，然后使用【横排文字】工具输入文字内容，如图 8-14 所示完成购物车空白页的制作。

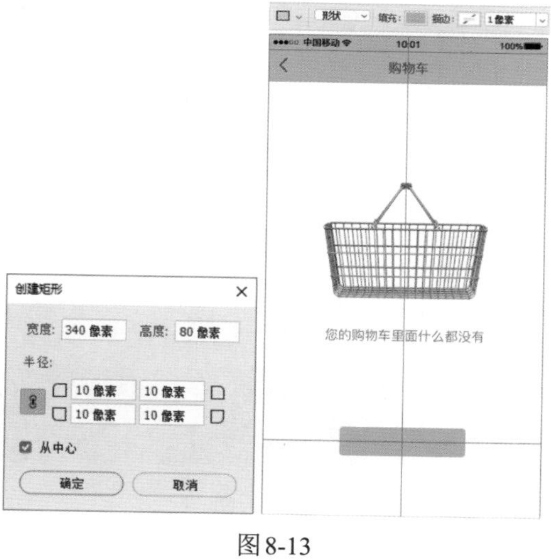

图8-13

图8-14

案例——制作页面丢失提示空白页

视频名称	制作页面丢失提示空白页
案例文件	案例文件 \ 第 8 章 \ 制作页面丢失提示空白页

01 启动Photoshop，选择【文件】|【新建】命令，打开【新建文档】对话框。在该对话框中，选中【移动设备】选项，并在【空白文档预设】选项组中选中【iPhone 8/7/6】选项，输入新建文档的名称，然后单击【创建】按钮，如图8-15所示。

02 选择【视图】|【新建参考线】命令，打开【新建参考线】对话框。在该对话框中，选中【水平】单选按钮，设置【位置】数值为40像素，单击【确定】按钮创建参考线。然后使用相同方法，分别在128像素和1125像素处创建参考线，如图8-16所示。

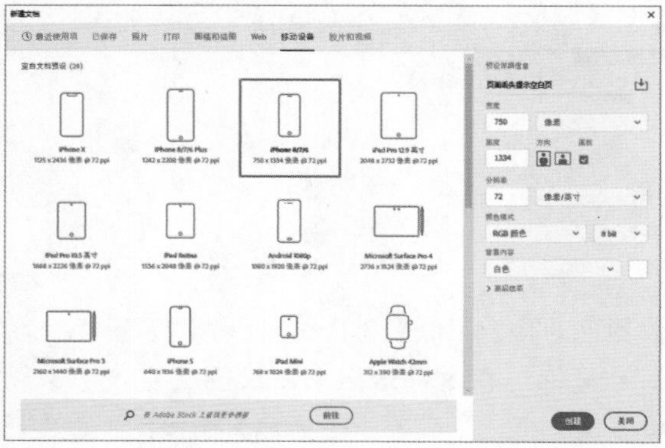

图8-15

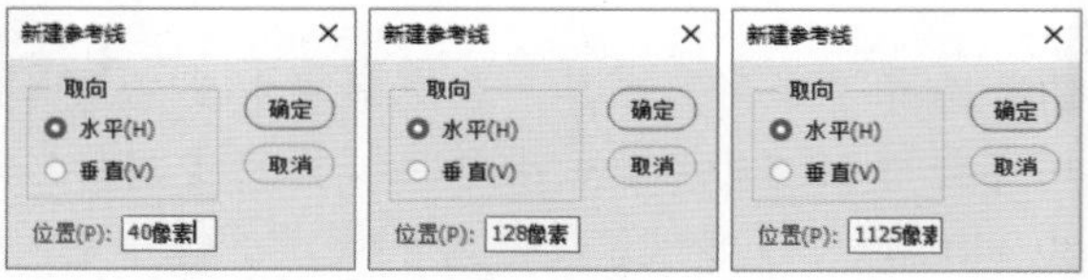

图8-16

03 选择【新建】|【新建参考线】命令，打开【新建参考线】对话框。在该对话框中，选中【垂直】单选按钮，设置【位置】数值为375像素，然后单击【确定】按钮创建参考线，如图8-17所示。

04 选择【矩形】工具，在选项栏选择工作模式为【形状】，【填充】颜色为R:90 G:72 B:165，【描边】为无。使用【矩形】工具在画板左上角单击，打开【创建矩形】对话框。在该对话框中，设置【宽度】数值为750像素，【高度】数值为128像素，然后单击【确定】按钮创建矩形，如图8-18所示。

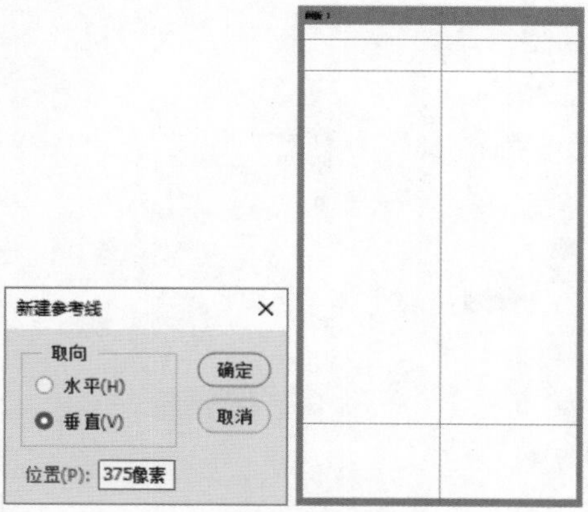

图8-17

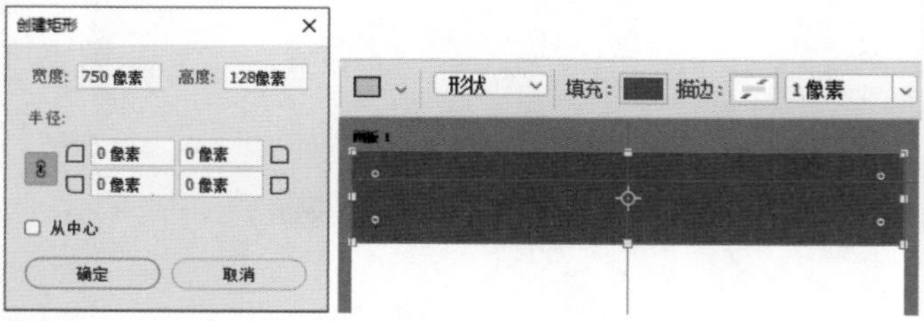

图8-18

05 选择【文件】|【置入嵌入对象】命令，分别置入状态栏素材和返回按钮，如图 8-19 所示。

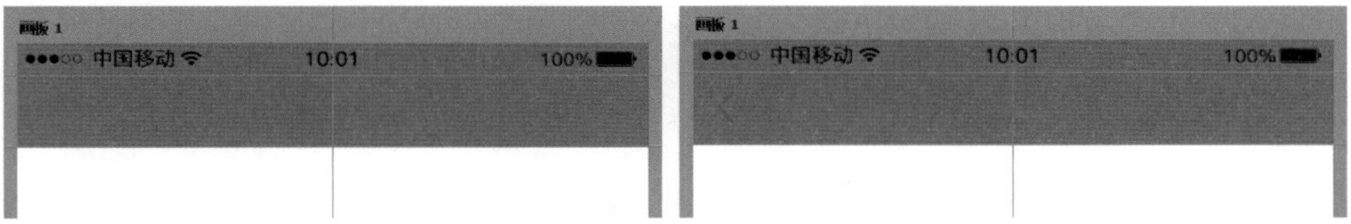

图 8-19

06 在【图层】面板中，选中置入的素材图像图层，按Ctrl+G键进行编组，创建【组 1】。双击【组 1】图层组，打开【图层样式】对话框。在该对话框中，选中【颜色叠加】选项，设置叠加颜色为白色，【混合模式】为【正常】，【不透明度】数值为 100%，然后单击【确定】按钮，如图 8-20 所示。

07 选择【横排文字】工具在画板中单击，在【属性】面板中设置字体系列为【苹方】，字体大小为 36 点，字体颜色为白色，单击【居中对齐文本】按钮，然后使用【横排文字】工具输入文字内容，如图 8-21 所示。

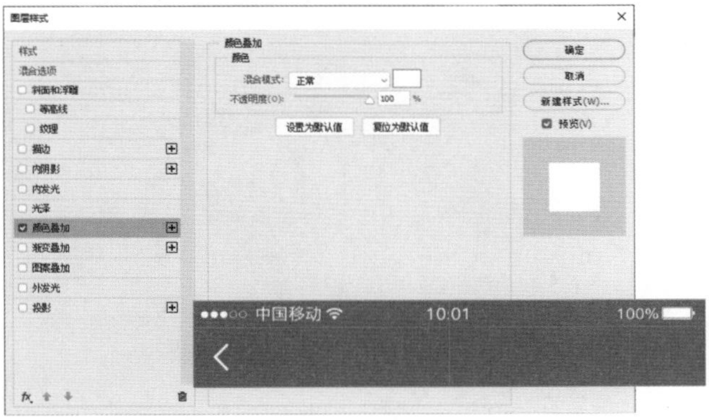

图 8-20

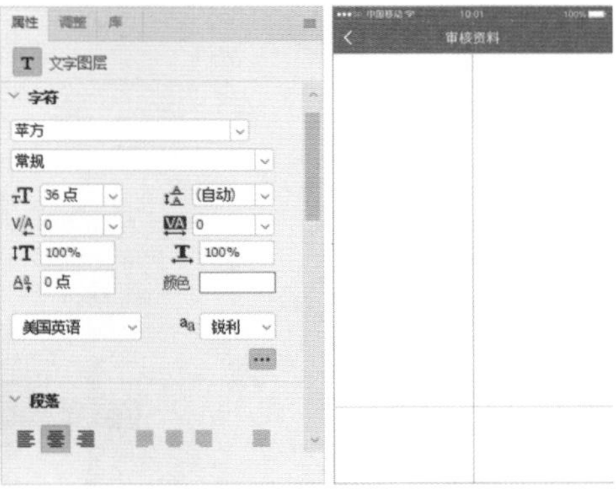

图 8-21

08 在【图层】面板中选中步骤 05 至步骤 07 创建的图层，在面板菜单中选择【从图层新建组】命令，打开【从图层新建组】对话框。在该对话框的【名称】文本框中输入“导航栏”，然后单击【确定】按钮新建组，如图 8-22 所示。

09 选择【文件】|【置入嵌入对象】命令，置入所需的素材图像，如图 8-23 所示。

10 选择【横排文字】工具在画板中单击，在【属性】面板中设置字体系列为【苹方】，字体大小为 34 点，字体颜色为R:102 G:114 B:114，单击【居中对齐文本】按钮，然后使用【横排文字】工具输入文字内容，如图 8-24 所示。

11 选择【矩形】工具，在选项栏中设置【填充】颜色为R: R:90 G:72 B:165，【描边】为无。使用【矩形】工具在画板中单击，打开【创建矩形】对话框。在该对话框中，设置【宽度】数值为 340 像素，【高度】数值为 80 像素，选中【从中心】复选框，然后单击【确定】按钮，如图 8-25 所示。

12 选择【横排文字】工具在画板中单击，在【属性】面板中设置字体系列为【苹方】，字体大小为 34 点，字符间距为 100，基线偏移为-25 点，字体颜色为白色，单击【居中对齐文本】按钮，然后使用【横排文字】工具输入文字内容，如图 8-26 所示完成购物车空白页的制作。

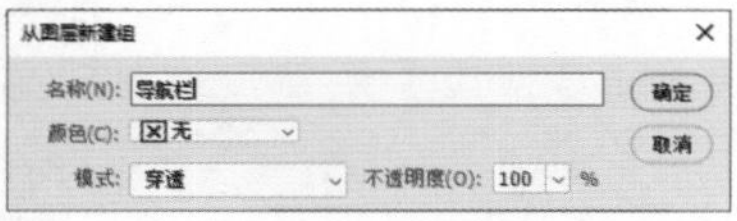

图 8-22

图 8-23

图 8-24

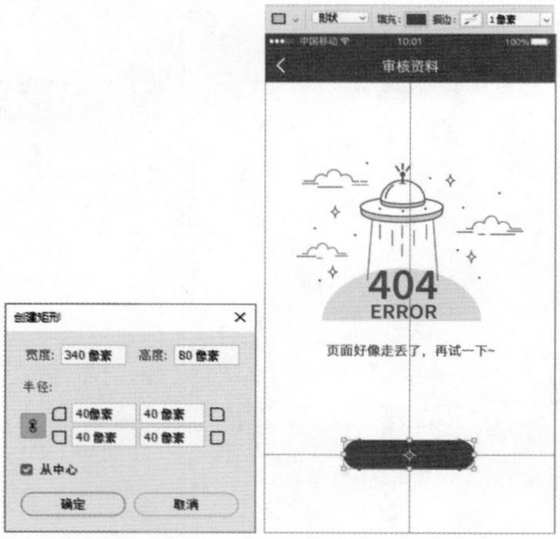

图 8-25

图 8-26

案例——制作消息中心空白页

视频名称	制作消息中心空白页
案例文件	案例文件 \ 第 8 章 \ 制作消息中心空白页

01 启动Photoshop，选择【文件】|【新建】命令，打开【新建文档】对话框。在该对话框中，选中【移动设备】选项，并在【空白文档预设】选项组中选中【iPhone 8/7/6】选项，输入新建文档的名称，然后单击【创建】按钮，如图8-27所示。

02 选择【视图】|【新建参考线】命令，打开【新建参考线】对话框。在该对话框中，选中【水平】单选按钮，设置【位置】为40像素，单击【确定】按钮创建参考线。然后使用相同方法，分别在128像素和208像素处创建参考线，如图8-28所示。

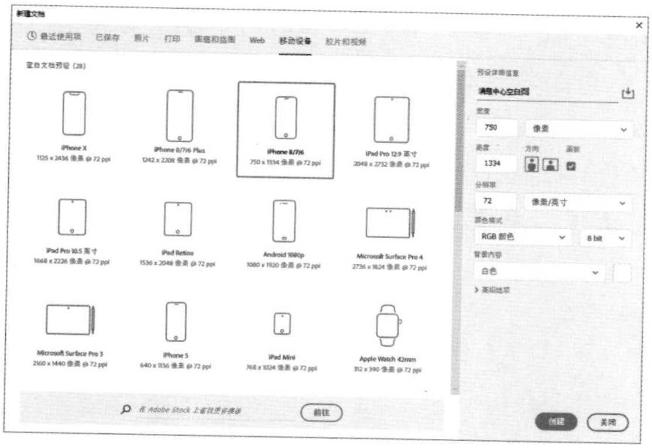

图 8-27

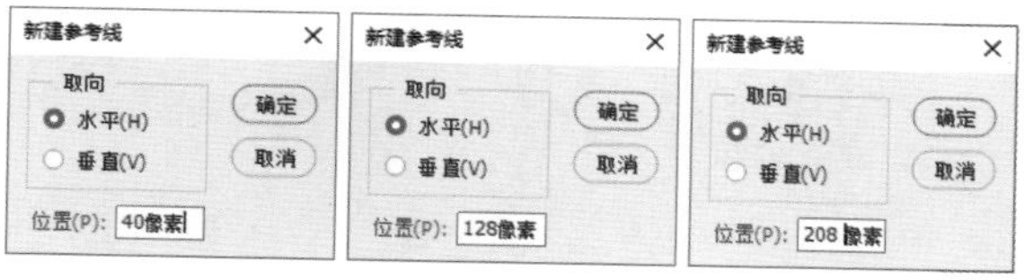

图 8-28

03 选择【新建】|【新建参考线】命令，打开【新建参考线】对话框。在该对话框中，选中【垂直】单选按钮，设置【位置】数值为375像素，然后单击【确定】按钮创建参考线，如图 8-29 所示。

04 在【颜色】面板中，设置前景色为R:235 G:238 B:245，然后按Alt+Delete键使用前景色填充画板，如图 8-30 所示。

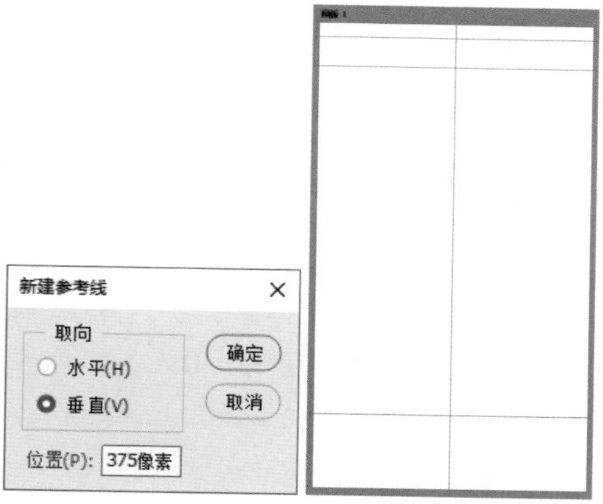

图 8-29

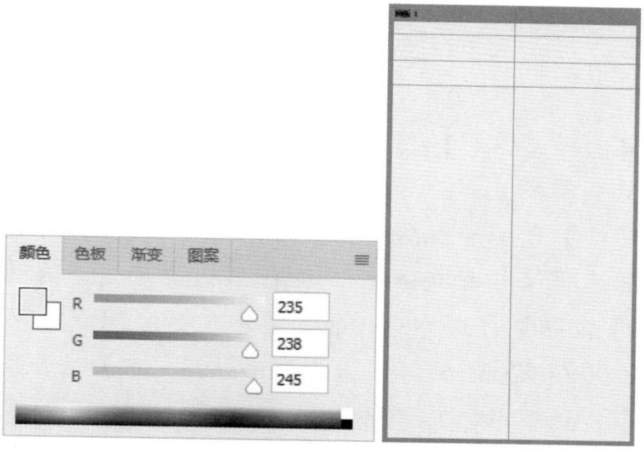

图 8-30

05 选择【矩形】工具，在选项栏选择工作模式为【形状】，【填充】颜色为R:90 G:72 B:165，【描边】为无。使用【矩形】工具在画板左上角单击，打开【创建矩形】对话框。在该对话框中，设置【宽度】数值为750像素，【高度】数值为128像素，然后单击【确定】按钮创建矩形，如图 8-31 所示。

06 选择【文件】|【置入嵌入对象】命令，分别置入状态栏素材和返回按钮，如图 8-32 所示。

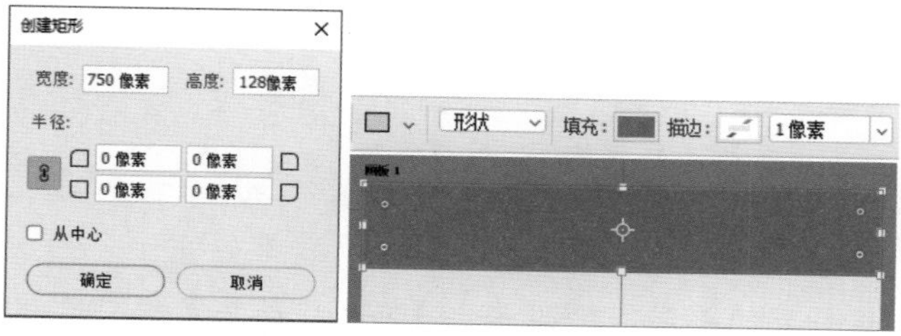

图 8-31

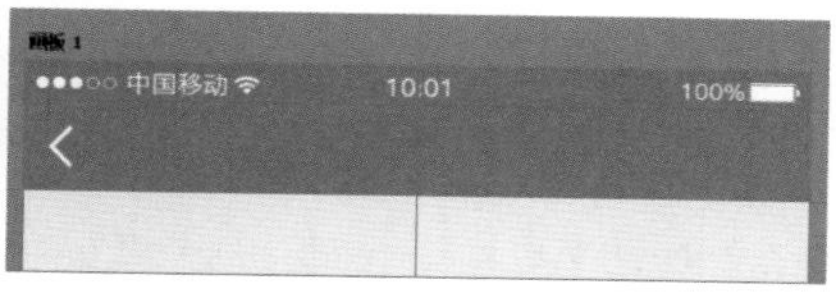

图 8-32

07 选择【横排文字】工具在画板中单击，在【属性】面板中设置字体系列为【思源黑体CN】，字体样式为Regular，字体大小为36点，字体颜色为白色，单击【居中对齐文本】按钮，然后使用【横排文字】工具输入文字内容，如图8-33所示。

08 在【图层】面板中选中步骤05和步骤06创建的图层，在面板菜单中选择【从图层新建组】命令，打开【从图层新建组】对话框。在该对话框的【名称】文本框中输入“导航栏”，然后单击【确定】按钮新建组，如图8-34所示。

图8-33

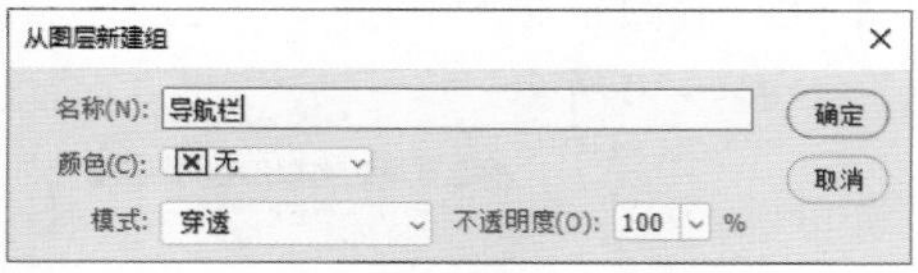

图8-34

09 选择【矩形】工具，在选项栏中设置【填充】颜色为白色，【描边】为无。使用【矩形】工具在画板上单击，打开【创建矩形】对话框。在该对话框中，设置【宽度】数值为375像素，【高度】数值为80像素，然后单击【确定】按钮创建矩形，如图8-35所示。

10 选择【横排文字】工具在画板中单击，在【属性】面板中设置字体系列为【思源黑体CN】，字体样式为Normal，字体大小为28点，字符间距为200，基线偏移为-30点，字体颜色为R:90 G:72 B:165，单击【居中对齐文本】按钮，然后使用【横排文字】工具输入文字内容，如图8-36所示。

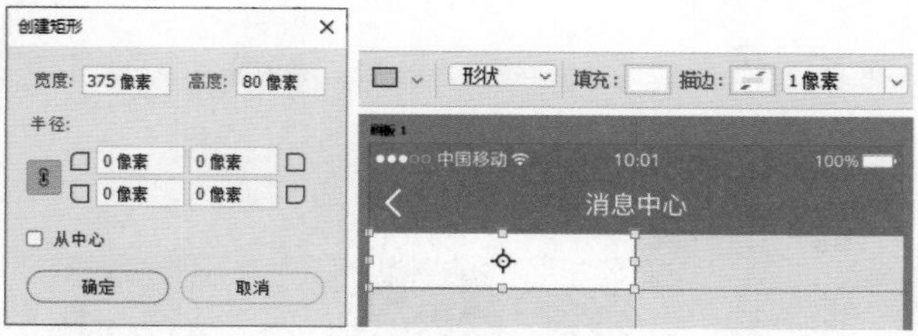

图8-35

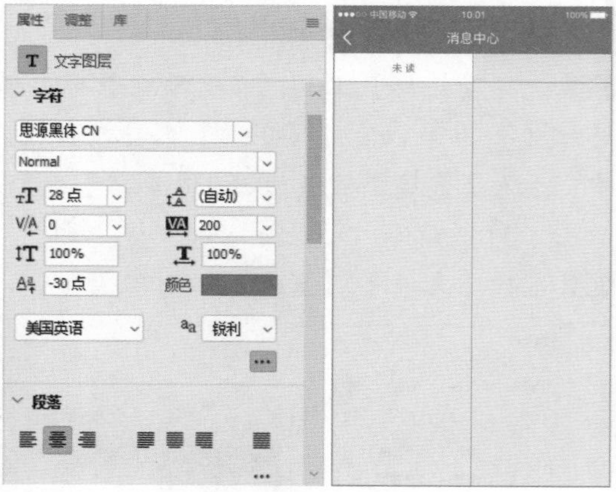

图8-36

11 在【图层】面板中选中步骤08和步骤09创建的图层，选择【移动】工具移动并复制图层内容，如图8-37所示。

12 使用【横排文字】工具更改文字内容，并在【属性】面板中设置字体颜色为R:112 G:112 B:112，如图8-38所示。

图8-37

图8-38

13 选择【矩形】工具，在选项栏选择工作模式为【形状】，【填充】颜色为R:90 G:72 B:165，【描边】为无。使用【矩形】工具在画板左上角单击，打开【创建矩形】对话框。在该对话框中，设置【宽度】数值为375像素，【高度】数值为5像素，然后单击【确定】按钮创建矩形，如图8-39所示。

14 在【图层】面板中选中步骤08至步骤12创建的图层，在面板菜单中选择【从图层新建组】命令，打开【从图层新建组】对话框。在该对话框的【名称】文本框中输入“分组按钮”，然后单击【确定】按钮新建组，如图8-40所示。

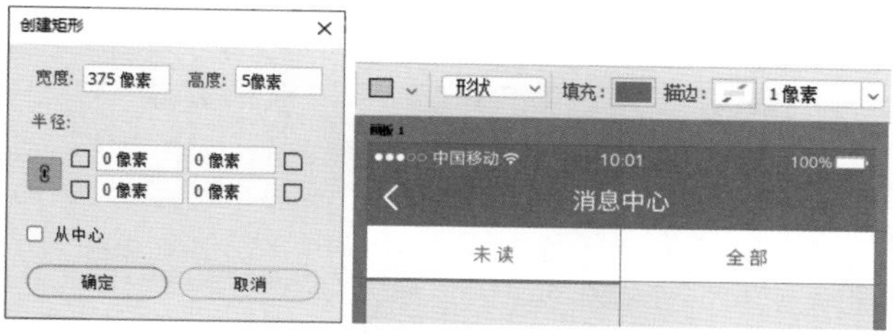

图8-39

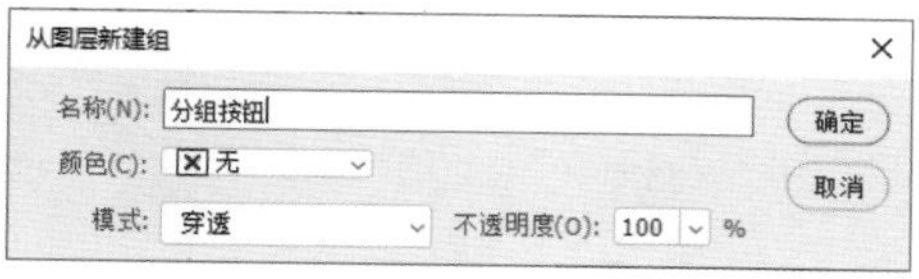

图8-40

15 选择【文件】|【置入嵌入对象】命令，置入所需的素材图像，如图8-41所示。

16 选择【横排文字】工具在画板中单击，在【属性】面板中设置字体系列为【思源黑体CN】，字体样式为Regular，字体大小为36点，字体颜色为R:29 G:197 B:255，单击【居中对齐文本】按钮，然后使用【横排文字】工具输入文字内容，如图8-42所示完成消息中心空白页制作。

图8-41

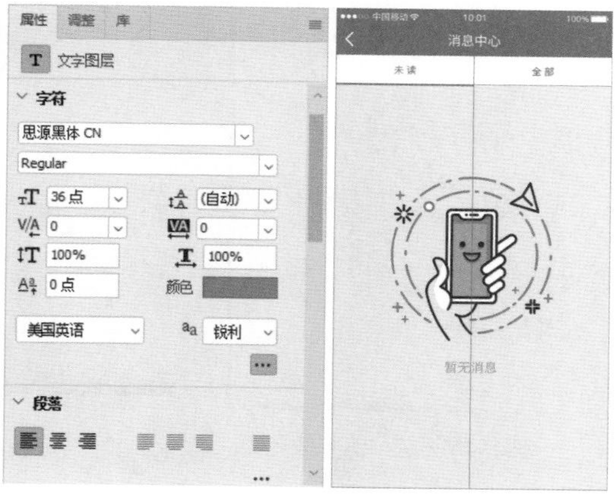

图8-42

案例——制作资料审核空白页

视频名称	制作资料审核空白页
案例文件	案例文件 \ 第 8 章 \ 制作资料审核空白页

01 启动Photoshop，选择【文件】|【新建】命令，打开【新建文档】对话框。在该对话框中，选中【移动设备】选项，并在【空白文档预设】选项组中选中【iPhone 8/7/6】选项，输入新建文档的名称，然后单击【创建】按钮，如图8-43所示。

02 选择【视图】|【新建参考线】命令，打开【新建参考线】对话框。在该对话框中，选中【水平】单选按钮，设置【位置】数值为40像素，单击【确定】按钮创建参考线。然后使用相同方法，分别在128像素和1125像素处创建参考线，如图8-44所示。

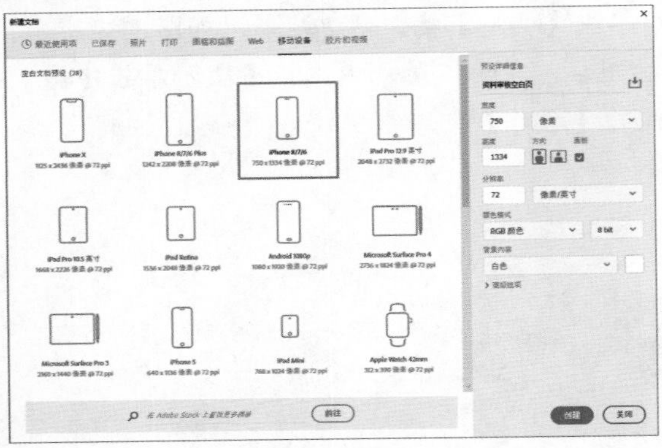

图8-43

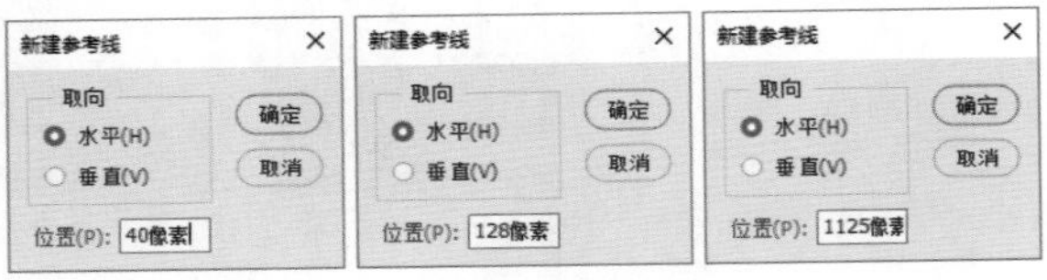

图8-44

03 选择【新建】|【新建参考线】命令，打开【新建参考线】对话框。在该对话框中，选中【垂直】单选按钮，设置【位置】数值为375像素，然后单击【确定】按钮创建参考线，如图8-45所示。

04 在【颜色】面板中，设置前景色为R:242 G:239 B:255，然后按Alt+Delete键使用前景色填充画板，如图8-46所示。

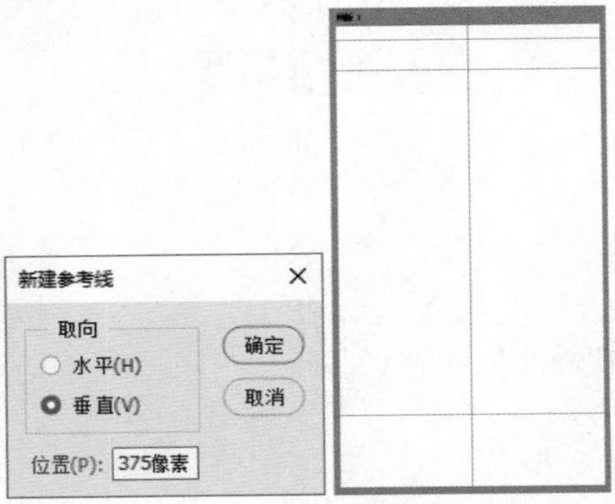

图8-45

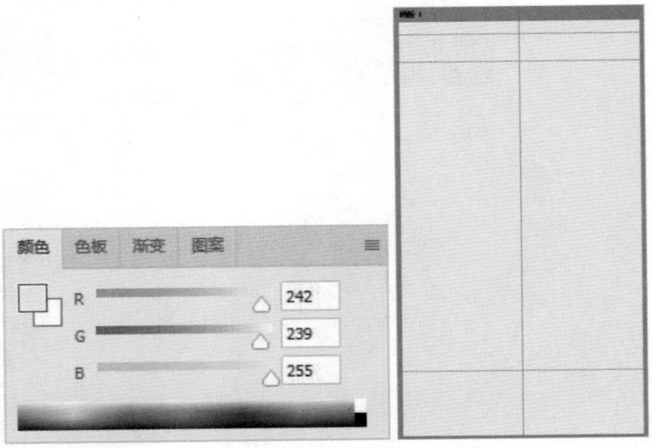

图8-46

05 选择【矩形】工具，在选项栏选择工作模式为【形状】，【填充】颜色为R:90 G:72 B:165，【描边】为无。使用【矩形】工具在画板左上角单击，打开【创建矩形】对话框。在该对话框中，设置【宽度】数值为750像素，【高度】数值为128像素，然后单击【确定】按钮创建矩形，如图8-47所示。

06 选择【文件】|【置入嵌入对象】命令，分别置入状态栏素材和返回按钮，如图8-48所示。

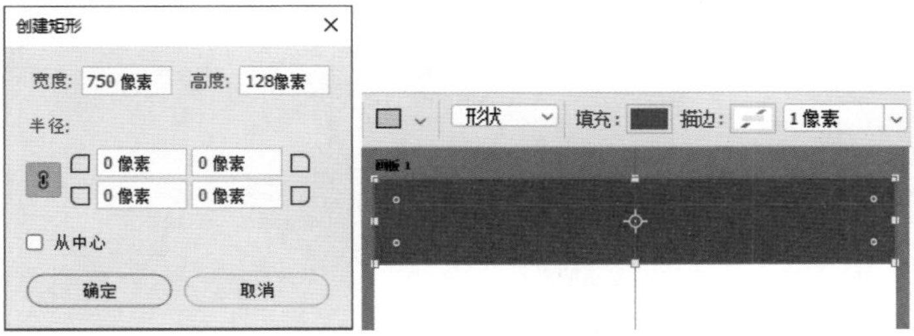

图8-47

图8-48

07 选择【横排文字】工具在画板中单击，在【属性】面板中设置字体系列为【苹方】，字体大小为36点，字体颜色为白色，单击【居中对齐文本】按钮，然后使用【横排文字】工具输入文字内容，如图8-49所示。

08 在【图层】面板中选中步骤06至步骤07创建的图层，在面板菜单中选择【从图层新建组】命令，打开【从图层新建组】对话框。在该对话框的【名称】文本框中输入“导航栏”，然后单击【确定】按钮新建组，如图8-50所示。

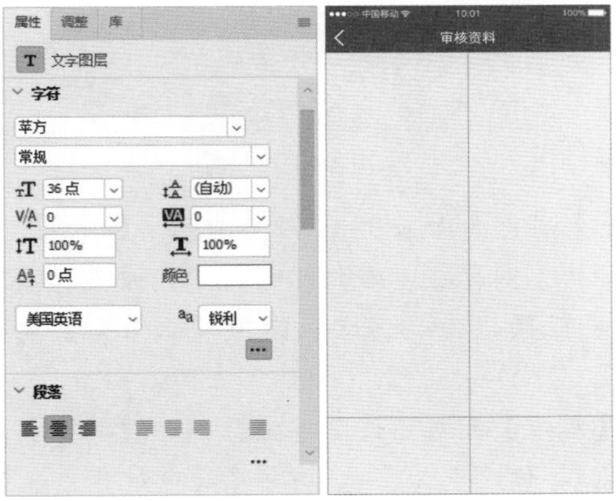

图8-49

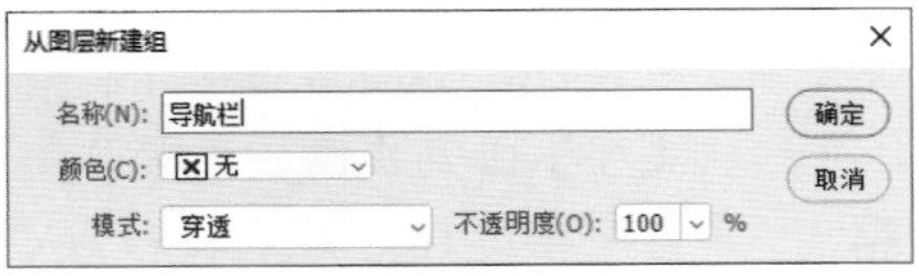

图8-50

09 选择【文件】|【置入嵌入对象】命令，置入所需的素材图像，如图8-51所示。

10 选择【横排文字】工具在画板中单击，在【属性】面板中设置字体系列为【苹方】，字体大小为34点，字体颜色为R:102 G:102 B:102，单击【居中对齐文本】按钮，然后使用【横排文字】工具输入文字内容，如图8-52所示。

11 继续使用【横排文字】工具在画板中单击，在【属性】面板中设置字体系列为【苹方】，字体大小为30点，字体颜色为R:153 G:153 B:153，单击【居中对齐文本】按钮，然后使用【横排文字】工具输入文字内容，如图8-53所示。

12 在【图层】面板中选中步骤09至步骤11创建的图层，在面板菜单中选择【从图层新建组】命令，打开【从图层新建组】对话框。在该对话框的【名称】文本框中输入“内容”，然后单击【确定】按钮新建组，如图8-54所示。

图 8-51

图 8-52

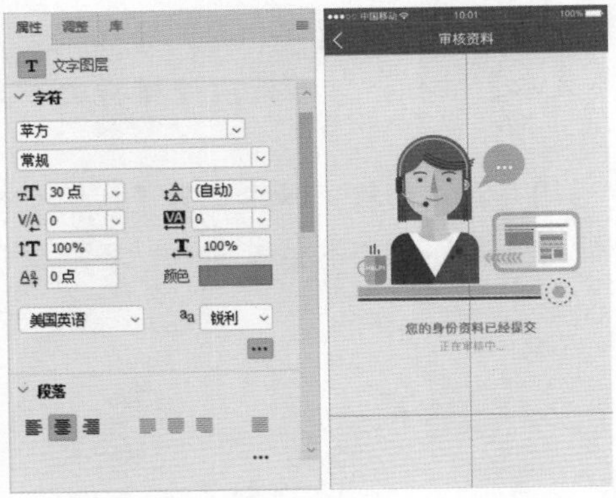

图 8-53

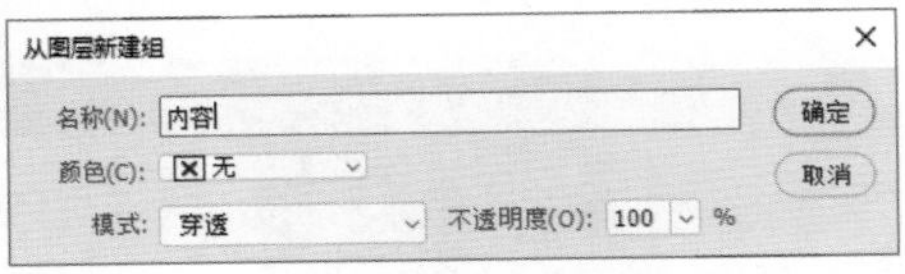

图 8-54

13 选择【矩形】工具，在选项栏中设置【填充】颜色为R: R:90 G:72 B:165，【描边】为无。使用【矩形】工具在画板中单击，打开【创建矩形】对话框。在该对话框中，设置【宽度】数值为450像素，【高度】数值为80像素，圆角半径数值为40像素，选中【从中心】复选框，然后单击【确定】按钮，如图8-55所示。

14 选择【横排文字】工具在画板中单击，在【属性】面板中设置字体系列为【苹方】，字体大小为34点，字符间距为100，基线偏移为-26点，字体颜色为白色，单击【居中对齐文本】按钮，然后使用【横排文字】工具输入文字内容，如图8-56所示完成资料审核空白页的制作。

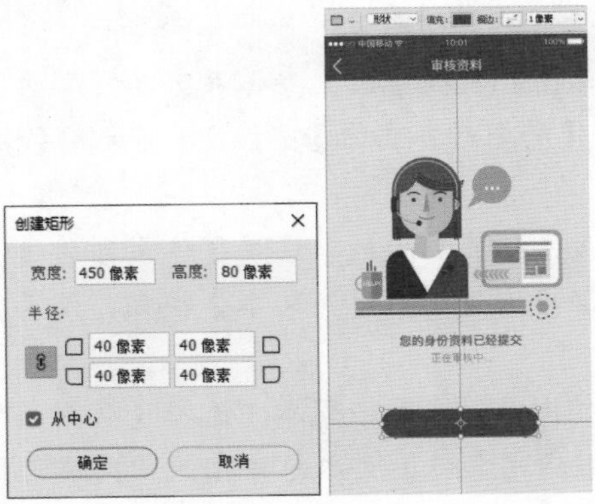

图 8-55

图 8-56

第 9 章

首页设计

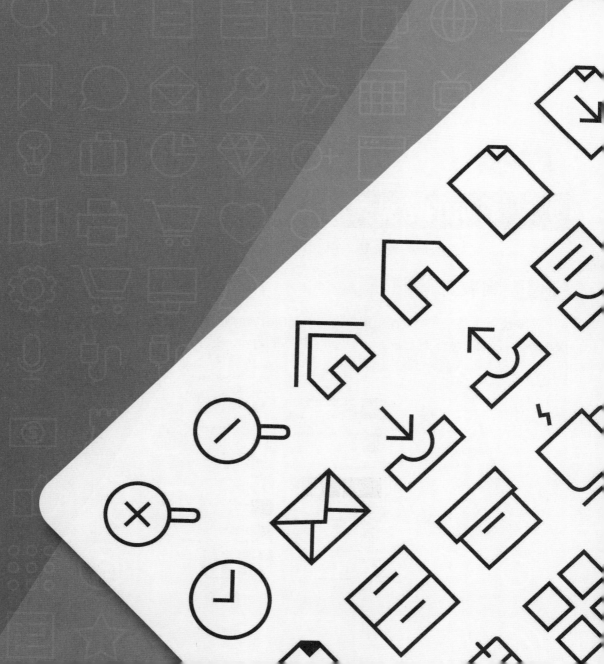

9.1 首页的概念

首页是App的第一交互界面，主要用来体现产品属性、展示主要功能、传达品牌形象，是App的门面，如图9-1所示。首页不仅能加深用户对品牌的认知，还能帮助用户快速了解App的主要内容。因此，选择合适的首页展示方式是非常重要的。

图9-1

9.2 首页的常见类型

首页的类型大致可分为列表型、图标型、卡片型和综合型4类。

9.2.1 列表型

列表型首页是在一个页面上展示同一个级别内容的分类模块。模块由文案和图像组成，如图9-2所示。列表型首页上下划动可以查看更多的内容，更方便点击操作。

图9-2

9.2.2 图标型

当首页主要展示几个主要的功能时，可以采用图标的形式进行展示，如图9-3所示。图标型首页最好在第一屏完整展示，且尽量保证操作简单。

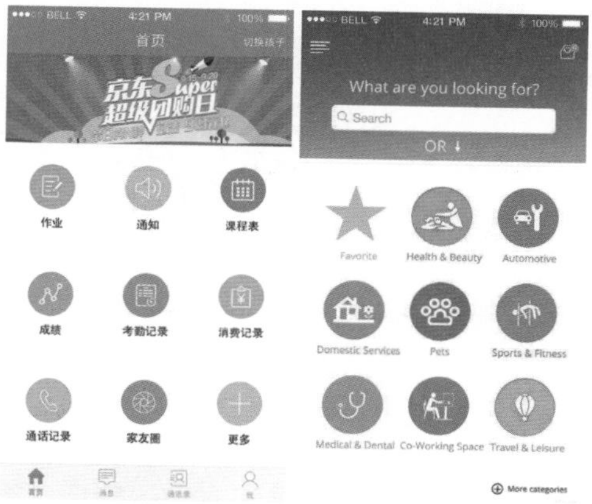

图9-3

9.2.3 卡片型

当遇到操作信息较为复杂时，可以选用卡片型首页，如图9-4所示。卡片型首页可以让分类中的按钮、信息、图像紧密联系在一起，让用户一目了然，还能有效地强调信息内容，方便操作。

图9-4

9.2.4 综合型

综合型首页大多用于电商类App，既有图标形式，又有卡片形式。综合型首页要让多块的内容在页面中显示得有条不紊、清晰易读，因此设计师要特别注意分割线和背景颜色的反差不宜过大，这样可以保证页面模块的整体性，如图9-5所示。

图 9-5

案例——制作外卖 App 首页

视频名称	制作外卖 App 首页
案例文件	案例文件 \ 第 9 章 \ 制作外卖 App 首页

01 启动Photoshop，选择【文件】|【新建】命令，打开【新建文档】对话框。在该对话框中，选中【移动设备】选项，并在【空白文档预设】选项组中选中【iPhone 8/7/6】选项，输入新建文档的名称，然后单击【创建】按钮，如图9-6所示。

02 选择【视图】|【新建参考线版面】命令，打开【新建参考线版面】对话框。在该对话框中，设置【列】的【数字】数值为2，【装订线】数值为20；【行数】的【数字】数值为1，【高度】数值为88像素；设置【边距】的【上】数值为40像素，【左】【下】【右】数值为20像素，然后单击【确定】按钮，如图9-7所示。

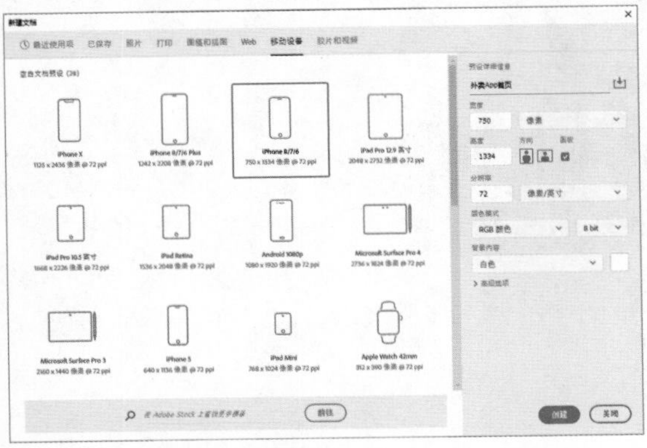

图9-6

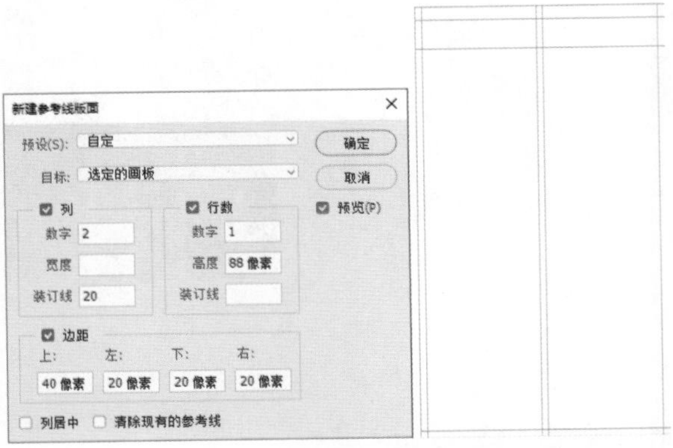

图9-7

03 在【图层】面板中，单击【创建新的填充或调整图层】按钮，在弹出的快捷菜单中选择【纯色】命令，打开【拾色器(纯色)】对话框。在对话框中，设置填充色为R:238 G:238 B:238，然后单击【确定】按钮填充，如图9-8所示。

04 选择【矩形】工具，在选项栏中选择工具模式为【形状】，设置【填充】颜色为白色，然后使用【矩形】工具依据参考线绘制矩形，如图9-9所示。

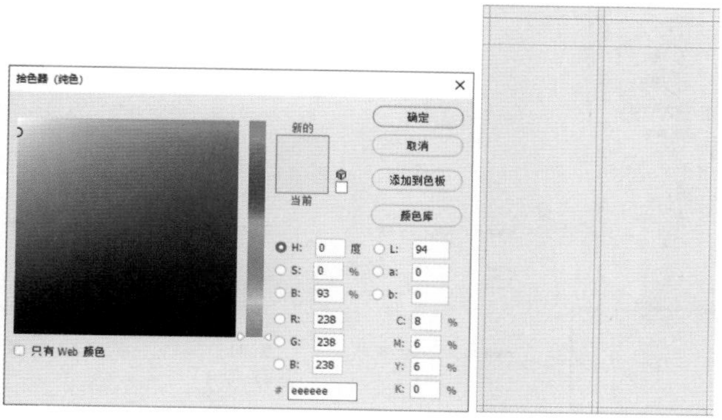

图9-8

图9-9

05 选择【文件】|【置入嵌入对象】命令，置入所需的状态栏素材图像，如图9-10所示。

06 选择【矩形】工具在画板中单击，打开【创建矩形】对话框。在该对话框中，设置【宽度】数值为560像素，【高度】数值为56像素，圆角半径数值为5像素，单击【确定】按钮创建圆角矩形，并在选项栏中设置【填充】颜色为R:238 G:238 B:238，如图9-11所示。

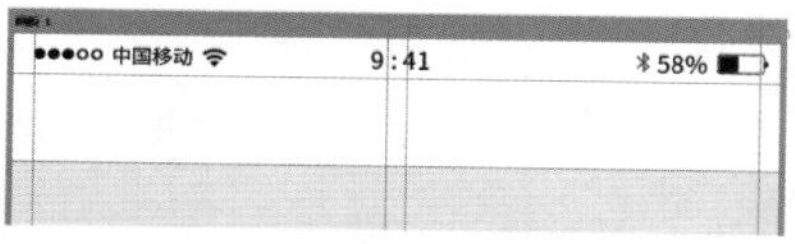

图9-10

图9-11

07 选择【横排文字】工具在刚绘制的圆角矩形中单击，在【属性】面板中设置字体系列为【苹方】，字体大小为24点，字符间距为50，基线偏移为-20点，字体颜色为R:188 G:188 B:188，单击【居中对齐文本】按钮，然后输入文字内容，如图9-12所示。

08 选择【文件】|【置入嵌入对象】命令，置入所需的搜索图标，如图9-13所示。

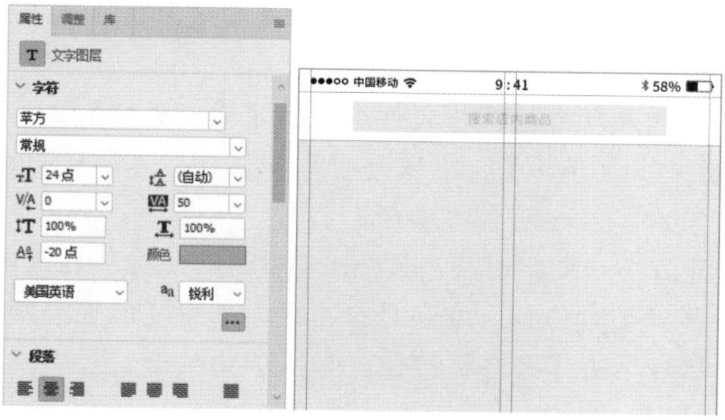

图9-12

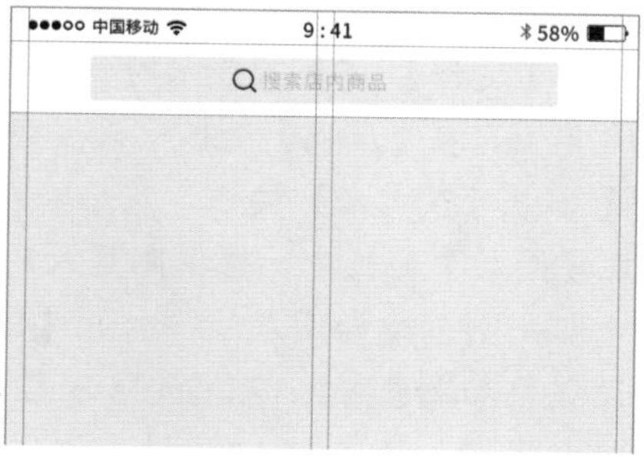

图9-13

09 在【图层】面板中双击刚置入的图标图层，打开【图层样式】对话框。在该对话框中，选中【颜色叠加】选项，设置叠加颜色为R:188 G:188 B:188，然后单击【确定】按钮，如图9-14所示。

10 选择【文件】|【置入嵌入对象】命令，分别置入所需的图标文件，并拷贝、粘贴上一步中添加的图层样式，如图9-15所示。

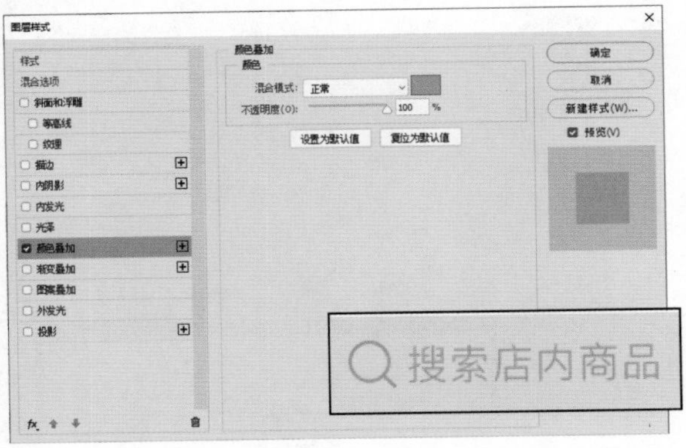

图9-14

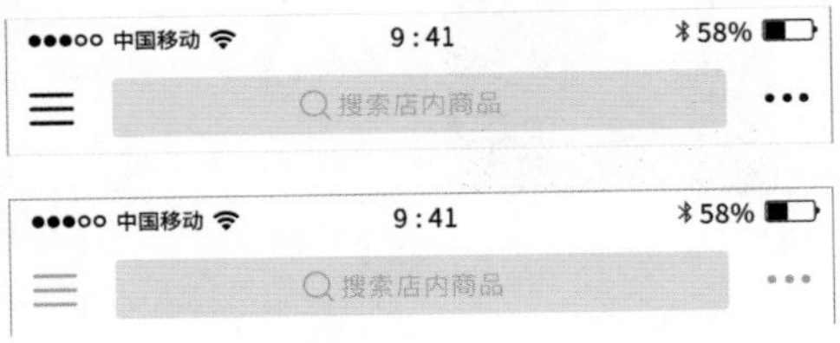

图9-15

11 在【图层】面板中，选中步骤06至步骤10创建的图层，在面板菜单中选择【从图层新建组】命令，打开【从图层新建组】对话框。在该对话框的【名称】文本框中输入“搜索栏”，然后单击【确定】按钮创建图层组，如图9-16所示。

12 选择【文件】|【置入嵌入对象】命令，置入提前制作完成的广告主图文件，如图9-17所示。

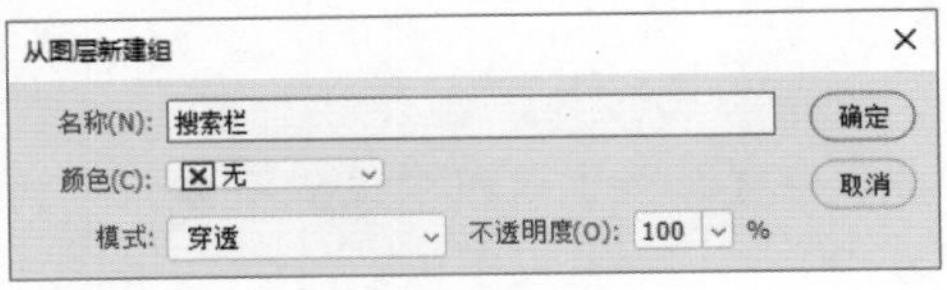

图9-16

图9-17

13 选择【矩形】工具在画板底部单击，打开【创建矩形】对话框。在该对话框中，设置【宽度】数值为750像素，【高度】数值为105像素，圆角半径数值为0像素，单击【确定】按钮创建矩形，并在选项栏中设置【填充】颜色为白色，如图9-18所示。

14 选择【文件】|【置入嵌入对象】命令，置入所需的图标文件。选择【横排文字】工具在图标下方单击，在【属性】面板中设置字体系列为【苹方】，字体大小为20点，字体颜色为黑色，单击【居中对齐文本】按钮，然后输入文字内容，如图9-19所示。

15 在【图层】面板中，选中刚置入的图标图层和文字图层，按Ctrl+G键进行编组。在【图层】面板中双击刚创建的图层组，打开【图层样式】对话框。在该对话框中，选中【颜色叠加】选项，设置叠加颜色为R:125 G:125 B:125，然后单击【确定】按钮，如图9-20所示。

16 使用步骤14至步骤15的操作方法创建其他图标组，并设置首页图标组的叠加颜色为R:236 G:101 B:25。在【图层】面板中，选中创建的图标组，选择【移动】工具，在选项栏中单击【居中分布】按钮，如图9-21所示。

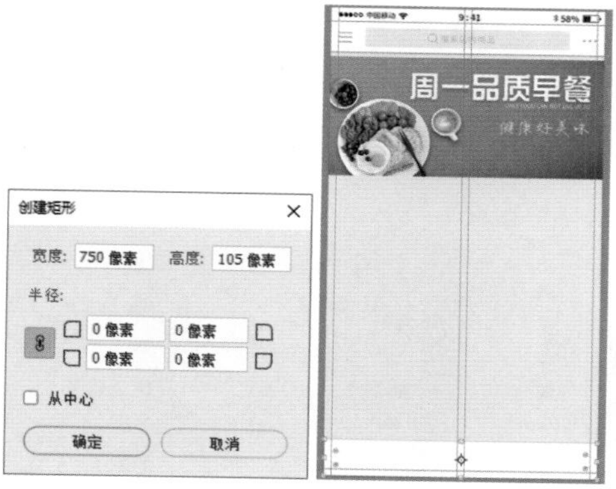

图9-18

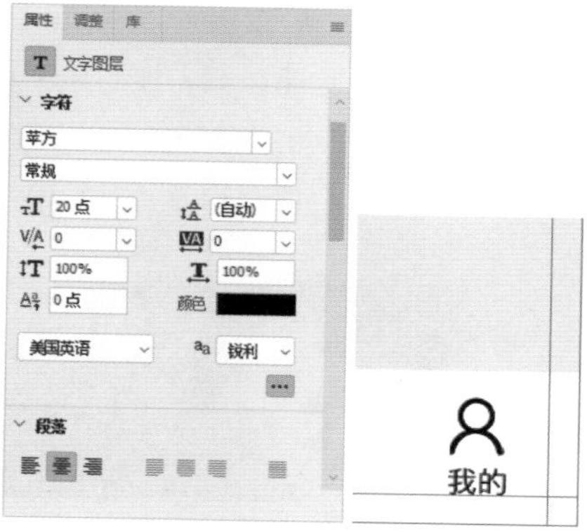

图9-19

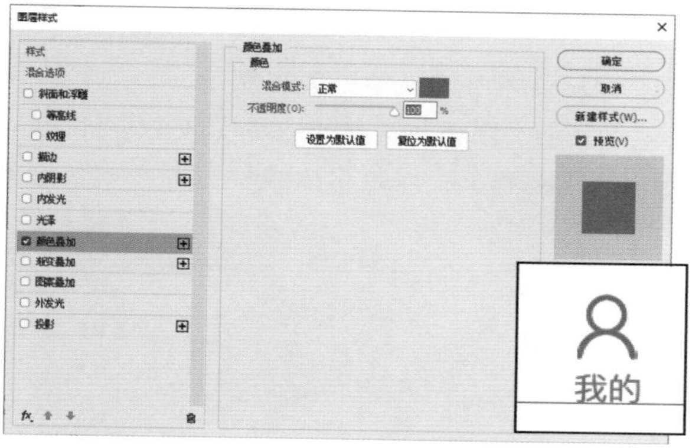

图9-20

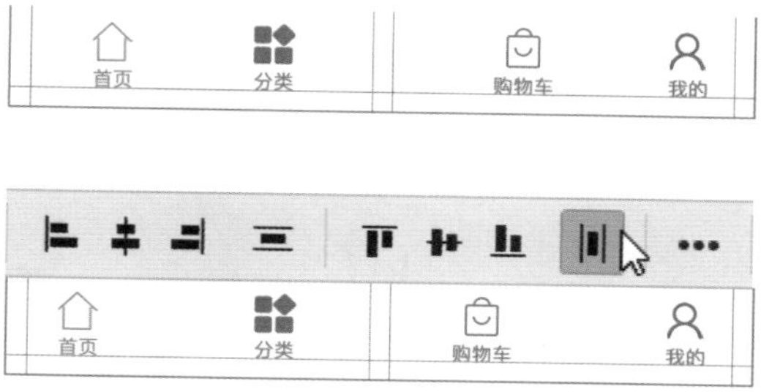

图9-21

17 在【图层】面板中，单击【创建新图层】按钮，新建【图层1】。选择【铅笔】工具，在选项栏中设置画笔大小为2像素，【不透明度】数值为10%，然后按Shift键拖动绘制直线，如图9-22所示。

18 在【图层】面板中，选中步骤13至步骤17创建的图层，在面板菜单中选择【从图层新建组】命令，打开【从图层新建组】对话框。在该对话框的【名称】文本框中输入“标签栏”，然后单击【确定】按钮创建图层组，如图9-23所示。

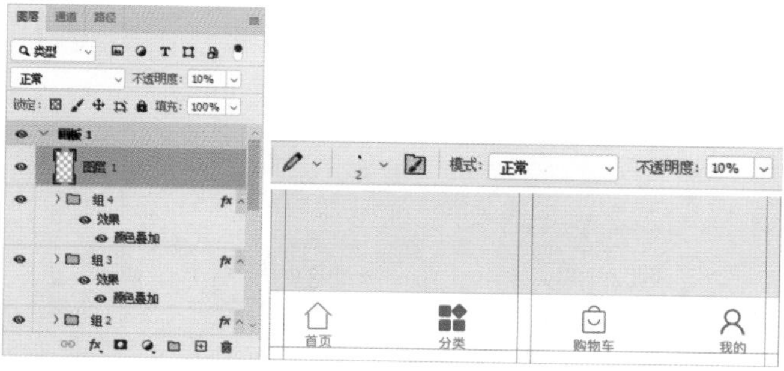

图9-22

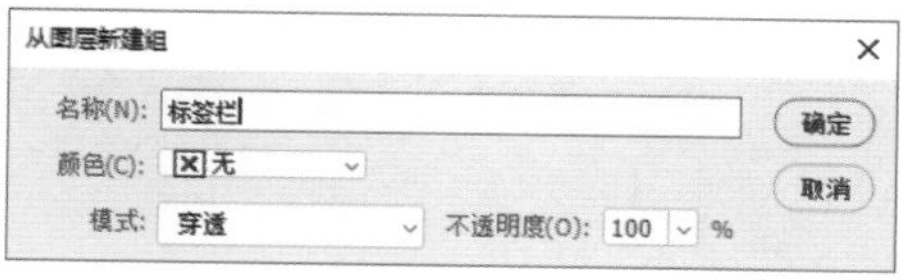

图9-23

19 选择【文件】|【置入嵌入对象】命令，置入所需的图标文件。选择【移动】工具，在选项栏中单击【水平分布】和【垂直居中对齐】按钮，如图9-24所示。

20 选择【横排文字】工具在图标下方单击，在【属性】面板中设置字体系列为【苹方】，字体大小为22点，字体颜色为R:118 G:118 B:118，单击【居中对齐文本】按钮，然后输入文字内容，如图9-25所示。

图9-24

图9-25

21 继续使用【横排文字】工具，在其他图标下方输入文字内容，如图9-26所示。

22 在【图层】面板中，选中步骤19至步骤21创建的图层，在面板菜单中选择【从图层新建组】命令，打开【从图层新建组】对话框。在该对话框的【名称】文本框中输入“图标”，然后单击【确定】按钮创建图层组，如图9-27所示。

图9-26

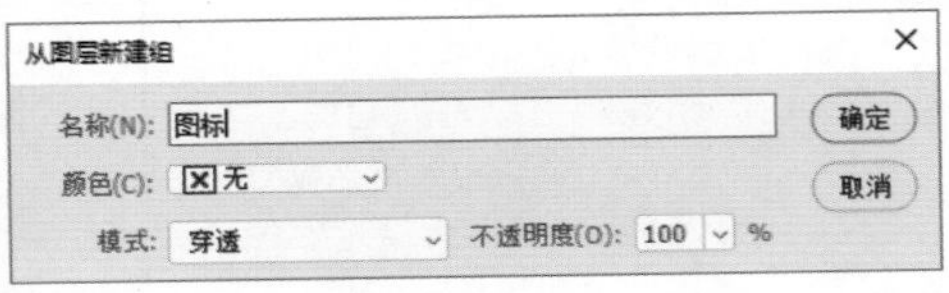

图9-27

23 选择【横排文字】工具在图标下方单击，在【属性】面板中设置字体系列为【方正黑体简体】，字体大小为32点，字体颜色为R:64 G:64 B:64，单击【左对齐文本】按钮，然后输入文字内容，如图9-28所示。

24 选择【矩形】工具在画板中单击，打开【创建矩形】对话框。在该对话框中，设置【宽度】数值为148像素，【高度】数值为32像素，圆角半径数值为15像素，选中【从中心】复选框，然后单击【确定】按钮创建圆角矩形，并在选项栏中将【填充】颜色设置为R:245 G:75 B:85，如图9-29所示。

图9-28

图9-29

25 选择【横排文字】工具在绘制的圆角矩形中单击，在【属性】面板中设置字体系列为【SF Pro Text】，字体大小为30点，基线偏移为-4点，字体颜色为R:245 G:75 B:85，单击【居中对齐文本】按钮，然后输入文字内容，如图9-30所示。

26 选择【矩形】工具在画板中单击，打开【创建矩形】对话框。在该对话框中，设置【宽度】数值为325像素，【高度】数值为215像素，圆角半径数值为10像素，取消选中【从中心】复选框，然后单击【确定】按钮创建圆角矩形，如图9-31所示。

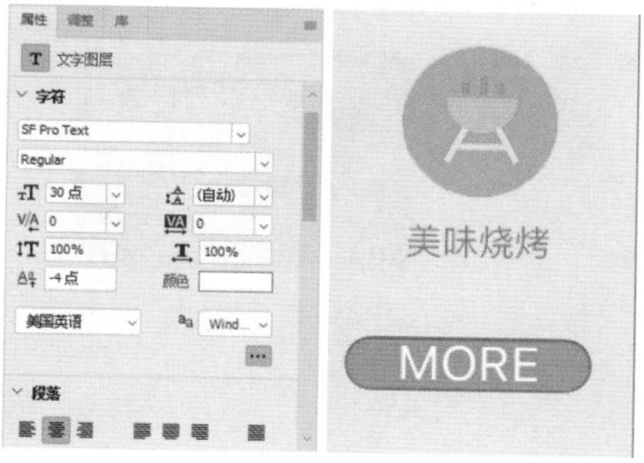

图9-30

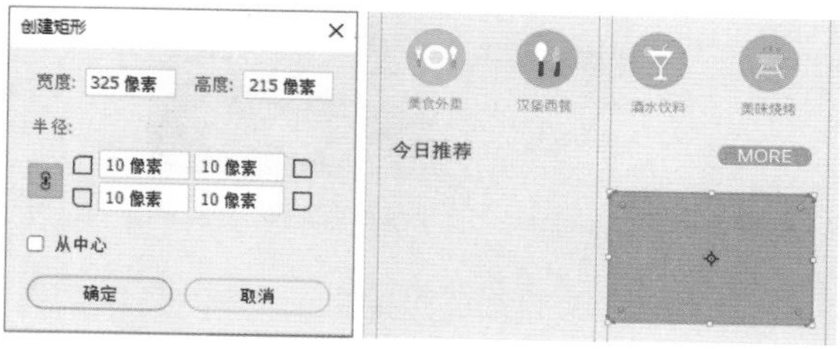

图9-31

27 选择【文件】|【置入嵌入对象】命令，置入所需的素材图像。然后在【图层】面板中右击刚创建的图层，在弹出的快捷菜单中选择【创建剪贴蒙版】命令创建剪贴蒙版，如图9-32所示。

28 选择【横排文字】工具在图像下方单击，在【属性】面板中设置字体系列为【苹方】，字体大小为32点，字体颜色为R:64 G:64 B:64，单击【左对齐文本】按钮，然后输入文字内容，如图9-33所示。

图9-32

图9-33

29 继续使用【横排文字】工具在图像下方单击，在【属性】面板中设置字体系列为【苹方】，字体大小为20点，字体颜色为R:128 G:128 B:128，单击【右对齐文本】按钮，然后输入文字内容，如图9-34所示。

30 选择【多边形】工具，在选项栏中选择工具模式为【形状】，设置【填充】和【描边】颜色为R:229 G:144 B:2，然后使用【多边形】工具在画板中单击，打开【创建多边形】对话框。在该对话框中，设置【宽度】和【高度】数值为20像素，【边数】为5，【星形比例】数值为50%，选中【从中心】复选框，单击【确定】按钮创建星形，如图9-35所示。

31 选择【移动】工具，按Ctrl+Alt键移动并复制刚创建的星形，并通过重新设置填充调整星形，如图9-36所示。

32 在【图层】面板中，选中步骤26至步骤31创建的图层，在面板菜单中选择【从图层新建组】

命令，打开【从图层新建组】对话框。在该对话框的【名称】文本框中输入“今日推荐”，然后单击【确定】按钮创建图层组，如图9-37所示。

图9-34

图9-35

图9-36

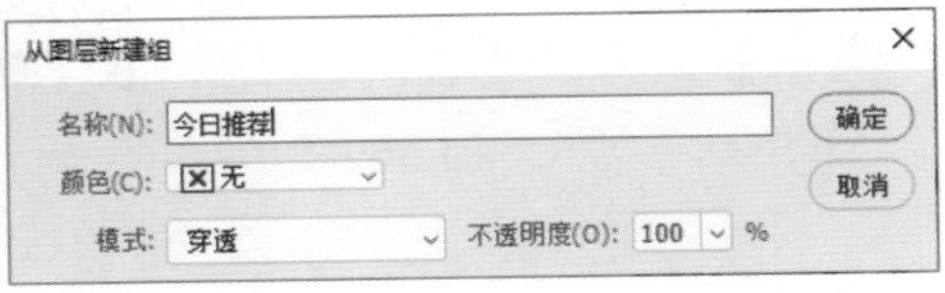

图9-37

33 在【图层】面板中，将刚创建的图层组移动至【标签栏】图层组下方，然后选择【移动】工具，按Ctrl+Alt键移动并复制刚创建的图层组，如图9-38所示。

34 分别替换复制图层组中的图片素材，使用【横排文字】工具修改相应文字内容。在【图层】面板中选中【广告主图】图层，选择【矩形】工具在画板中绘制矩形，并在【属性】面板中设置【填充】颜色为白色，圆角半径数值为10像素，如图9-39所示完成外卖App首页的设计。

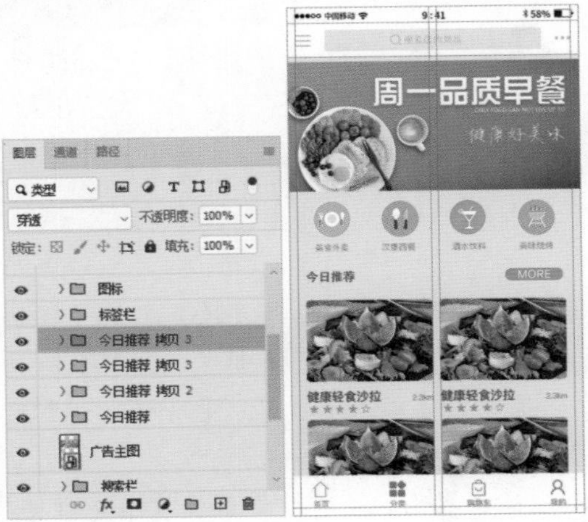

图9-38

图9-39

案例——制作健身 App 首页

视频名称	制作健身 App 首页
案例文件	案例文件 \ 第 9 章 \ 制作健身 App 首页

01 启动Photoshop，选择【文件】|【新建】命令，打开【新建文档】对话框。在该对话框中，选中【移动设备】选项，并在【空白文档预设】选项组中选中【iPhone 8/7/6】选项，输入新建文档的名称，然后单击【创建】按钮，如图9-40所示。

02 选择【视图】|【新建参考线版面】命令，打开【新建参考线版面】对话框。在该对话框中，设置【列】的【数字】数值为1；设置【行数】的【数字】数值为1，【高度】数值为88像素；设置【边距】的【上】数值为40像素，【左】【下】【右】数值为20像素，然后单击【确定】按钮，如图9-41所示。

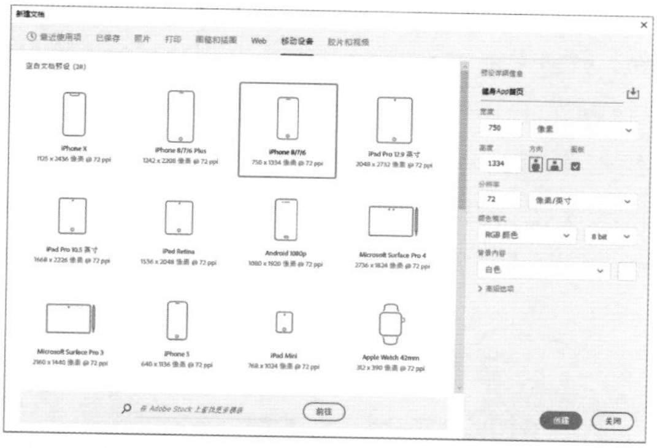

图9-40

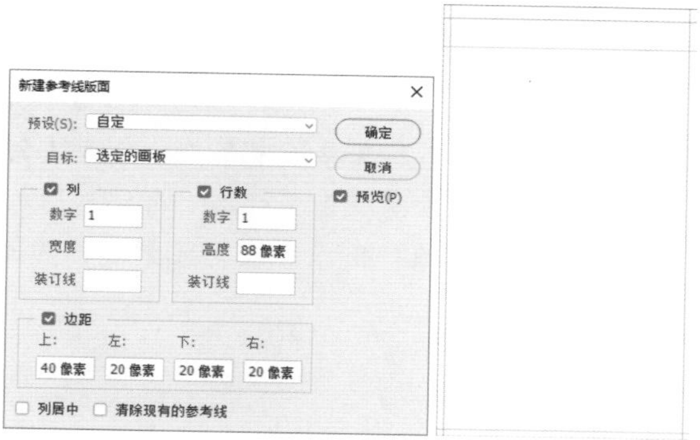

图9-41

03 在【图层】面板中，单击【创建新的填充或调整图层】按钮，在弹出的快捷菜单中选择【纯色】命令，打开【拾色器(纯色)】对话框。在该对话框中，设置填充色为R:123 G:108 B:213，然后单击【确定】按钮填充。在【图层】面板中，设置刚创建的【颜色填充 1】图层的【填充】数值为10%，如图9-42所示。

04 选择【文件】|【置入嵌入对象】命令，置入提前制作的广告主图，如图9-43所示。

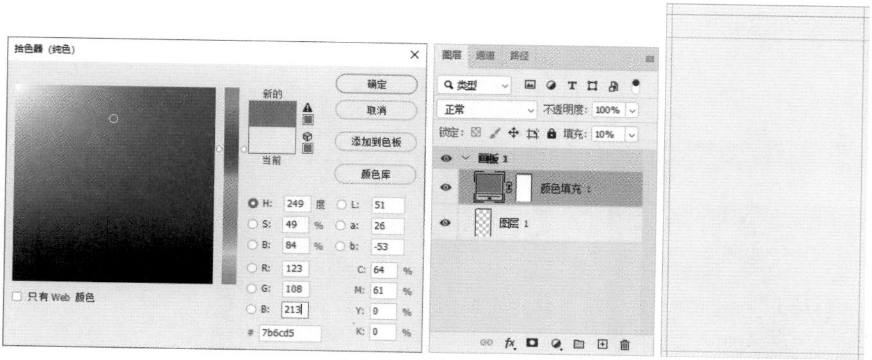

图9-42

图9-43

05 选择【文件】|【置入嵌入对象】命令，置入所需的状态栏图像，如图9-44所示。

06 在【图层】面板中双击刚置入的状态栏图层，打开【图层样式】对话框。在该对话框中，选中【颜色叠加】选项，设置叠加颜色为R:255 G:255 B:255，然后单击【确定】按钮，如图9-45所示。

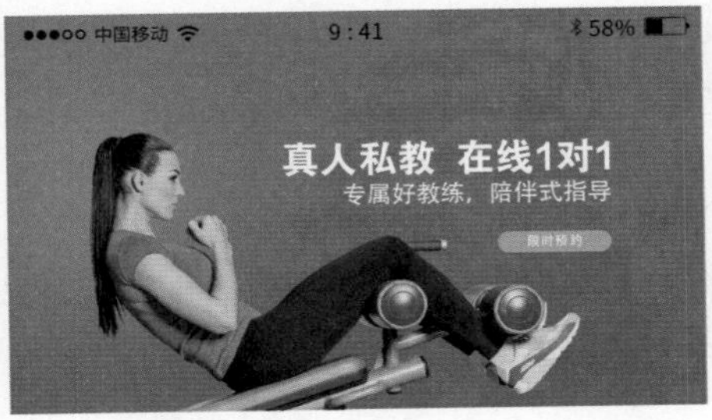

图9-44

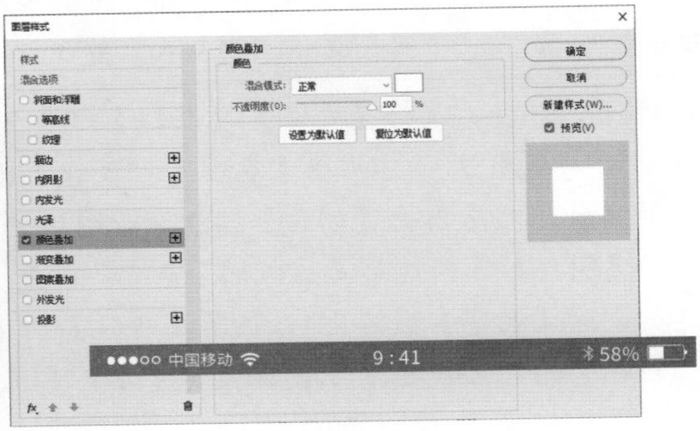

图9-45

07 在【图层】面板中，按Alt键单击【创建新组】按钮，打开【新建组】对话框。在该对话框的【名称】文本框中输入“搜索栏”，然后单击【确定】按钮，如图9-46所示。

08 使用【矩形】工具在画板中单击，打开【创建矩形】对话框。在该对话框中，设置【宽度】数值为560像素，【高度】数值为56像素，圆角半径数值为28像素，单击【确定】按钮创建圆角矩形，并在选项栏中设置【填充】颜色为R:255 G:255 B:255，如图9-47所示。

图9-46

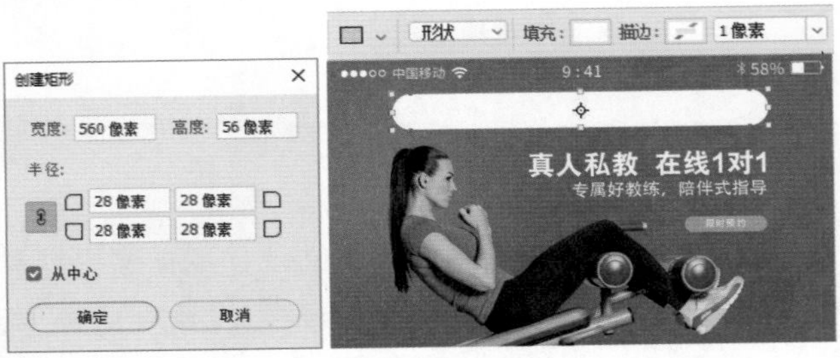

图9-47

09 选择【文件】|【置入嵌入对象】命令，置入所需的搜索图标，如图9-48所示。

10 在【图层】面板中双击刚置入的图标图层，打开【图层样式】对话框。在该对话框中，选中【颜色叠加】选项，设置叠加颜色为R:188 G:188 B:188，然后单击【确定】按钮，如图9-49所示。

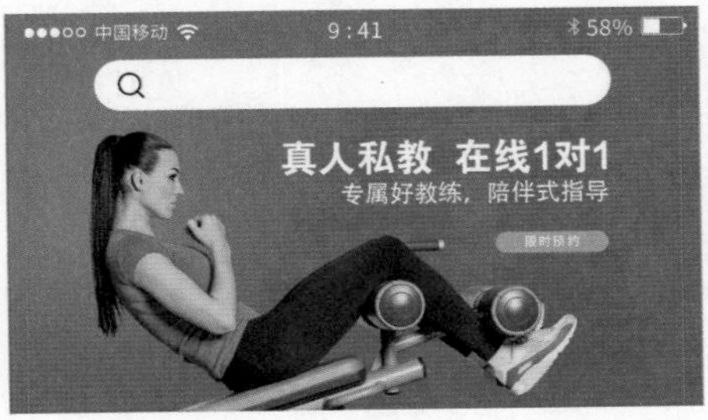

图9-48

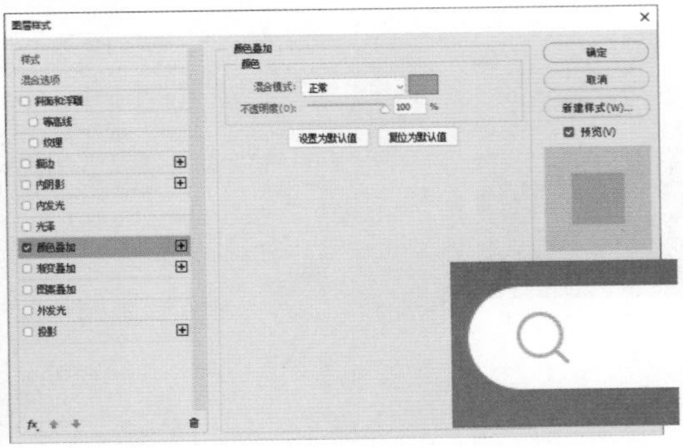

图9-49

11 选择【文件】|【置入嵌入对象】命令，分别置入所需的设置和签到图标文件，并选中两个图标图层，按Ctrl+G键进行编组，如图9-50所示。

12 在【图层】面板中双击刚创建的编组图层，打开【图层样式】对话框。在该对话框中，选中【颜色叠加】选项，设置叠加颜色为白色，然后单击【确定】按钮，如图9-51所示。

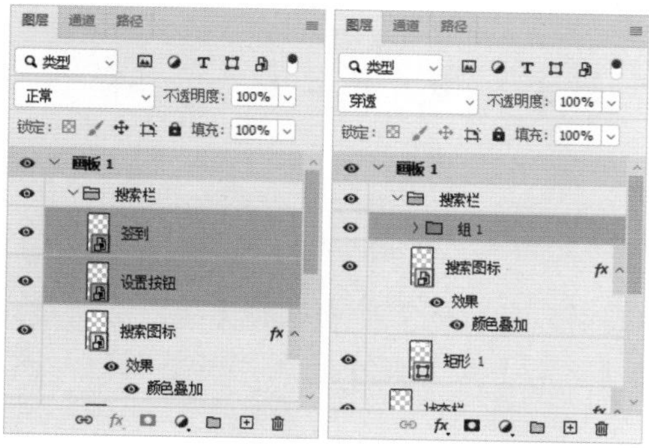

图9-50

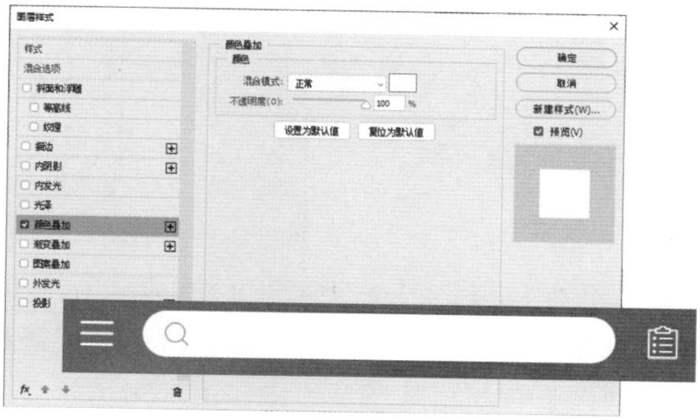

图9-51

13 在【图层】面板中选中最上方图层组，选择【矩形】工具在画板底部单击，打开【创建矩形】对话框。在该对话框中，设置【宽度】数值为750像素，【高度】数值为130像素，圆角半径数值为0像素，单击【确定】按钮创建矩形，并在选项栏中设置【填充】颜色为白色，如图9-52所示。

14 选择【文件】|【置入嵌入对象】命令，置入所需的图标文件。选择【横排文字】工具在图标下方单击，在【属性】面板中设置字体系列为【苹方】，字体大小为20点，字体颜色为黑色，单击【居中对齐文本】按钮，然后输入文字内容，如图9-53所示。

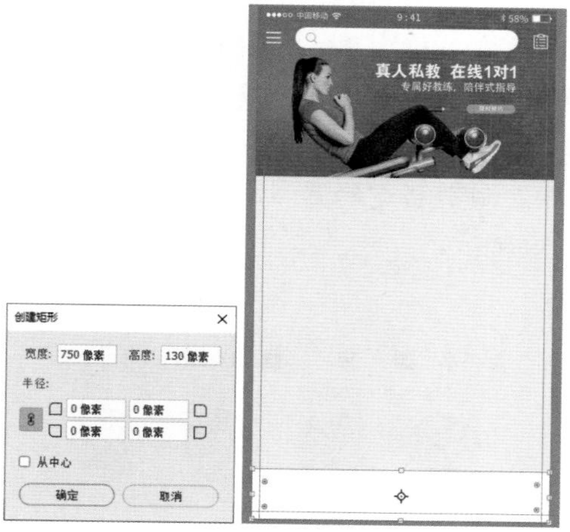

图9-52

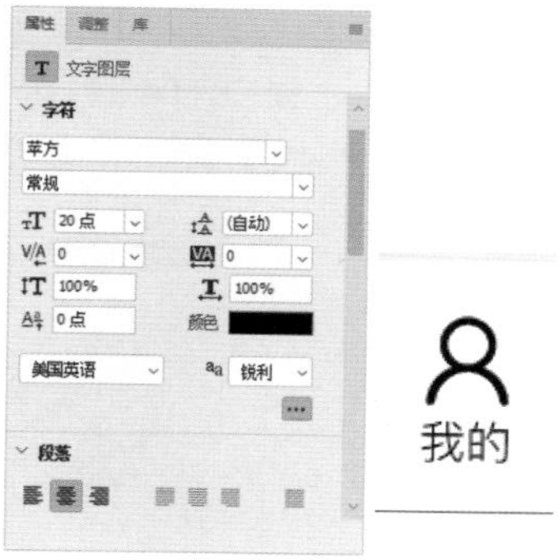

图9-53

15 在【图层】面板中，选中刚置入的图标图层和文字图层，按Ctrl+G键进行编组。在【图层】面板中双击刚创建的图层组，打开【图层样式】对话框。在该对话框中，选中【颜色叠加】选项，设置叠加颜色为R:125 G:125 B:125，然后单击【确定】按钮，如图9-54所示。

16 使用步骤14至步骤15的操作方法创建其他图标组，并设置首页图标组的叠加颜色为R:123 G:108 B:213。在【图层】面板中，选中创建的图标组，选择【移动】工具，在选项栏中单击【居中分布】按钮，如图9-55所示。

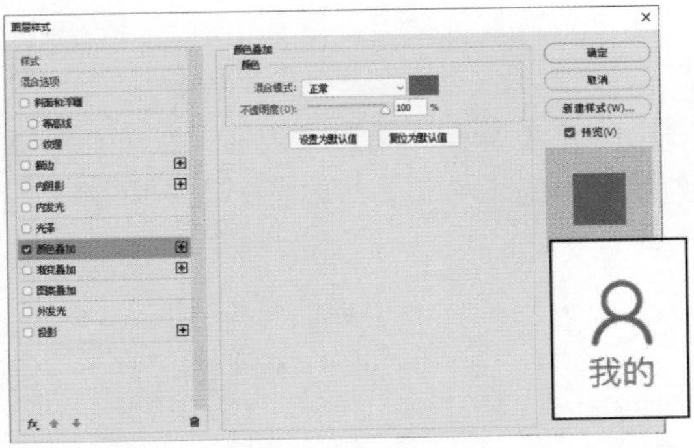

图9-54

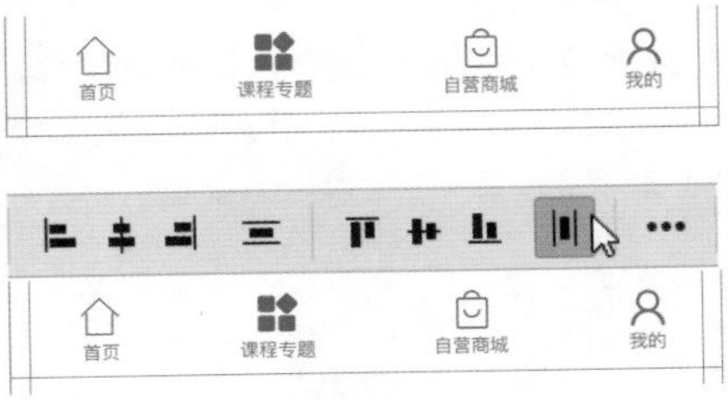

图9-55

17 在【图层】面板中，选中步骤13至步骤16创建的图层，在面板菜单中选择【从图层新建组】命令，打开【从图层新建组】对话框。在该对话框的【名称】文本框中输入“标签栏”，然后单击【确定】按钮创建图层组，如图9-56所示。

18 按Alt键，单击【图层】面板底部的【创建新组】按钮，打开【新建组】对话框。在该对话框的【名称】文本框中输入“图标栏”，然后单击【确定】按钮创建新组，如图9-57所示。

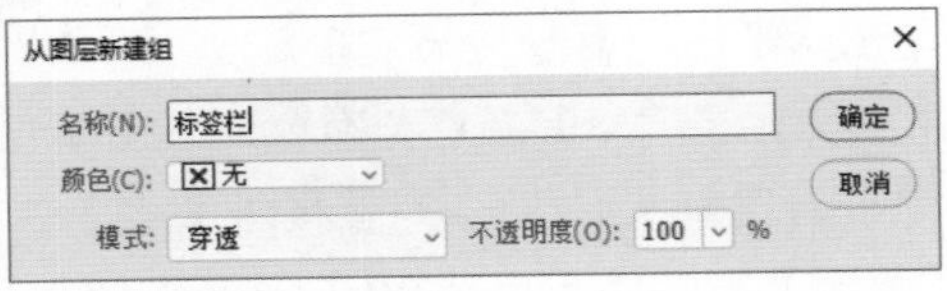

图9-56

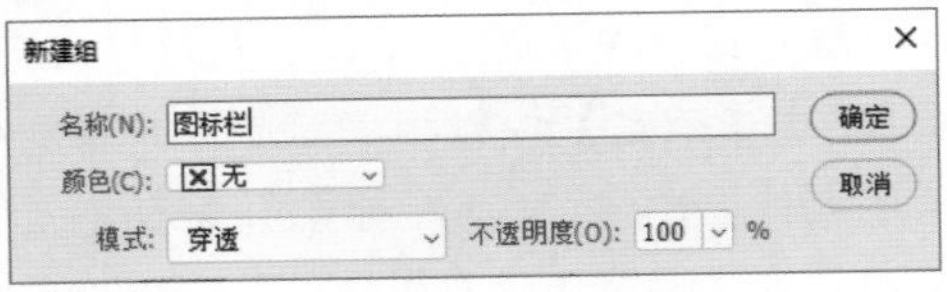

图9-57

19 选择【椭圆】工具，在选项栏中选择工具模式为【形状】，设置【填充】颜色为R:123 G:108 B:213，【描边】为无，然后使用【椭圆】工具在画板中单击，打开【创建椭圆】对话框。在该对话框中，设置【宽度】和【高度】均为107像素，单击【确定】按钮创建圆形，如图9-58所示。

20 选择【移动】工具，按Ctrl+Alt键移动并复制刚创建的圆形，并选中刚创建的全部圆形，在选项栏中单击【水平分布】按钮，如图9-59所示。

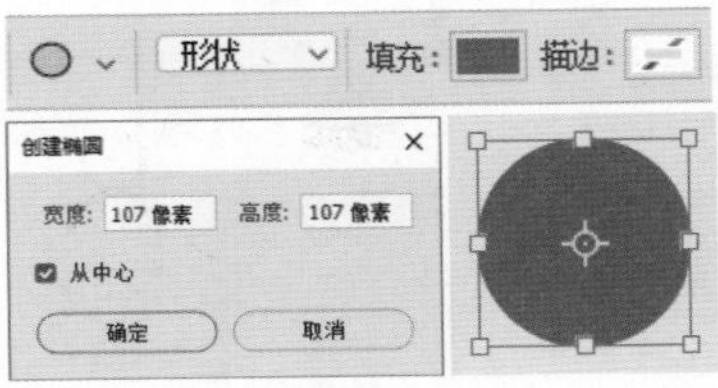

图9-58

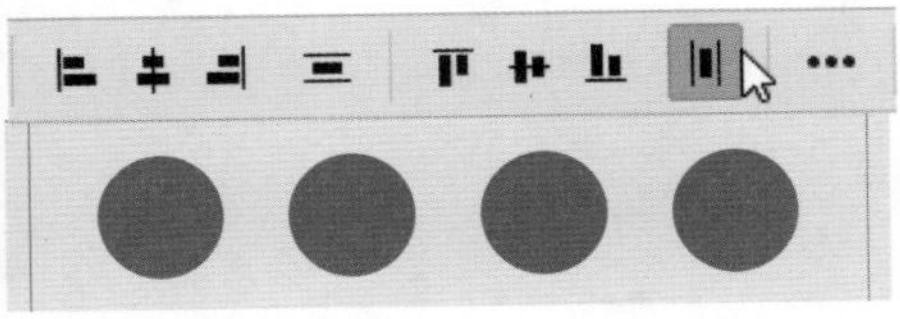

图9-59

21 在【图层】面板中双击复制的圆形图层缩览图，在【拾色器】对话框中将填充色分别更改为R:143 G:107 B:210，R:169 G:107 B:205和R:189 G:106 B:202，如图9-60所示。

22 选择【文件】|【置入嵌入对象】命令，置入所需的图标文件，如图9-61所示。

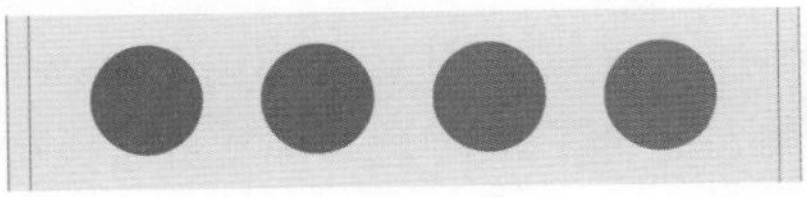

图9-60

图9-61

23 在【图层】面板中，选中上一步中所有置入的图标图层，按Ctrl+G键进行编组。然后双击编组后的对象，打开【图层样式】对话框。在该对话框中，选中【颜色叠加】选项，设置叠加颜色为白色，然后单击【确定】按钮，如图9-62所示。

24 选择【文件】|【置入嵌入对象】命令，置入另一组所需的图标文件，如图9-63所示。

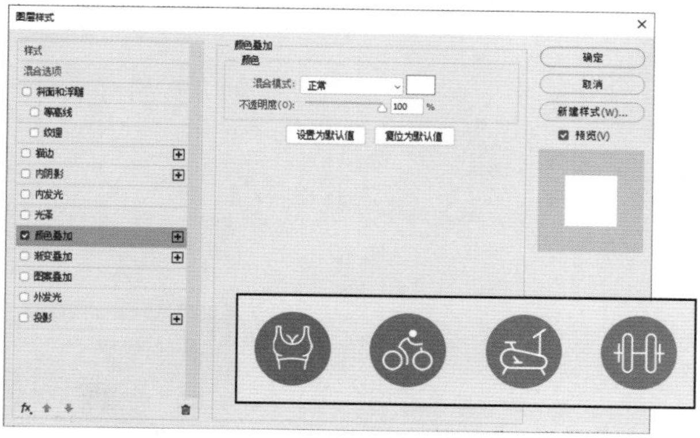

图9-62

图9-63

25 在【图层】面板中，选中上一步中所有置入的图标图层，按Ctrl+G键进行编组。然后双击编组后的对象，打开【图层样式】对话框。在该对话框中，选中【颜色叠加】选项，设置叠加颜色为R:123 G:108 B:213，然后单击【确定】按钮，如图9-64所示。

26 选择【横排文字】工具在图标下单击，在【属性】面板中设置字体系列为【苹方】，字体样式为【中等】，字体大小为22点，字体颜色为R:133G :133 B:133，单击【居中对齐文本】按钮，然后输入文字内容，如图9-65所示。

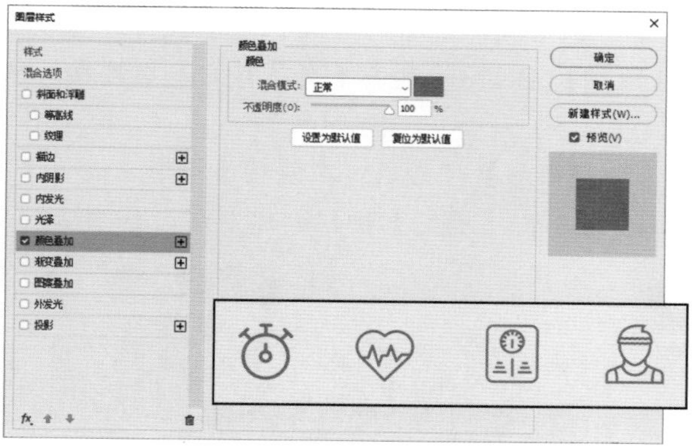

图9-64

图9-65

27 使用【移动】工具移动并复制刚创建的文字，然后使用【横排文字】工具修改文字内容，如图9-66所示。

28 在【图层】面板中，选中【状态栏】图层，按Alt键，单击【图层】面板底部的【创建新组】按钮，打开【新建组】对话框。在该对话框的【名称】文本框中输入“内容”，然后单击【确定】按钮创建新组，如图9-67所示。

29 在【图层】面板中，单击【创建新图层】按钮新建【图层2】。选择【铅笔】工具，在选项栏中设置画笔大小数值为2像素，【不透明度】数值为10%，将前景色设置为R:123 G:108 B:213，然后按Shift键拖动绘制直线，如图9-68所示。

30 选择【横排文字】工具在画板中单击，在【属性】面板中设置字体系列为【方正大黑简体】，字体大小为34点，字体颜色为R:123 G:108 B:213，单击【左对齐文本】按钮，然后输入文字内容，如图9-69所示。

图9-66

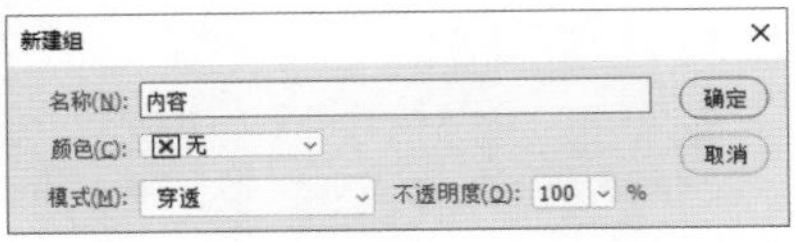

图9-67

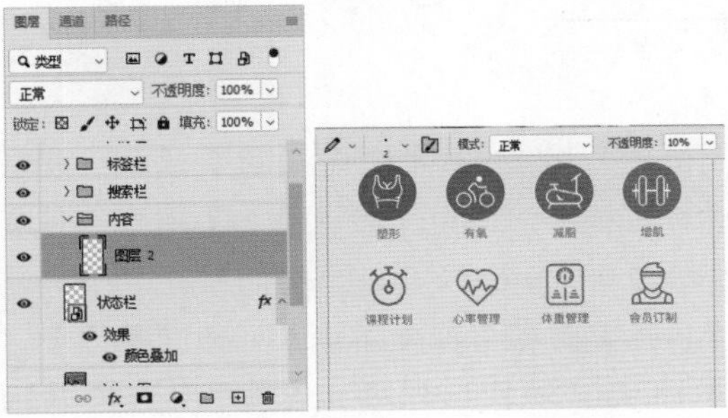

图9-68

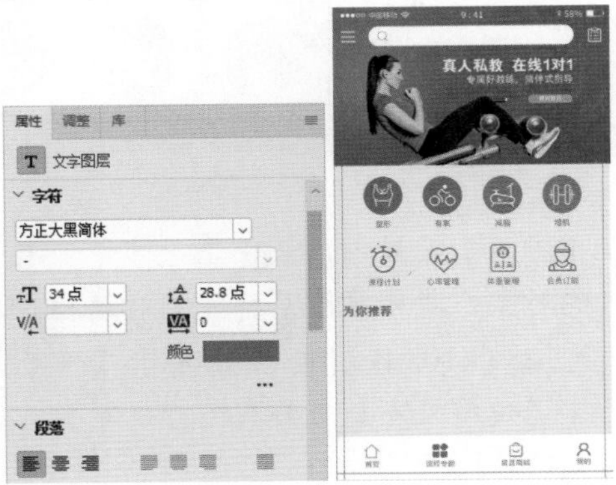

图9-69

31 继续使用【横排文字】工具在画板中单击，在【属性】面板中设置字体系列为【方正黑体简体】，字体大小为22点，字体颜色为R:113 G:113 B:113，单击【左对齐文本】按钮，然后输入文字内容，如图9-70所示。

32 选择【矩形】工具在画板中单击，打开【创建矩形】对话框。在该对话框中，设置【宽度】数值为225像素，【高度】数值为161像素，然后单击【确定】按钮创建矩形，如图9-71所示。

图9-70

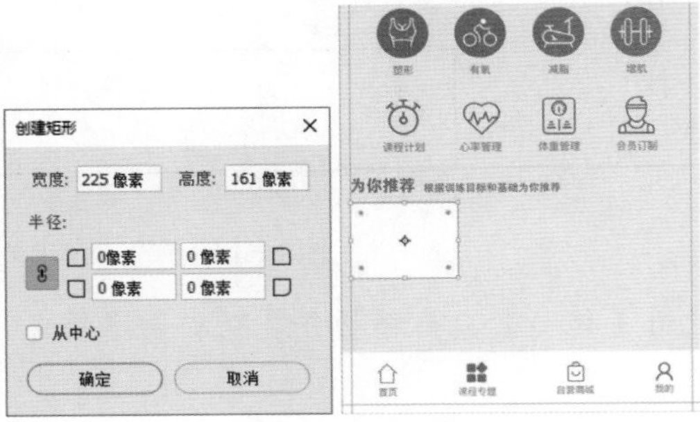

图9-71

33 选择【文件】|【置入嵌入对象】命令，置入所需的素材图像。然后在【图层】面板中右击刚置入的图像图层，在弹出的快捷菜单中选择【创建剪贴蒙版】命令，如图9-72所示。

34 选择【矩形】工具在画板中单击，打开【创建矩形】对话框。在该对话框中，设置【宽度】

数值为225像素，【高度】数值为70像素，然后单击【确定】按钮创建矩形，如图9-73所示。

图9-72

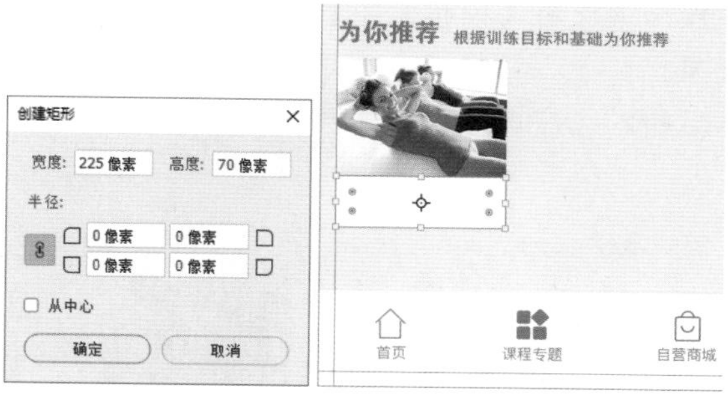

图9-73

35 选择【横排文字】工具在画板中单击，在【属性】面板中设置字体系列为【苹方】，字体样式为【中等】，字体大小为22点，行距为30点，基线偏移为-15点，字体颜色为R:123 G:108 B:213，单击【居中对齐文本】按钮，然后输入文字内容，如图9-74所示。

36 使用【横排文字】工具选中第二行文字内容，在【属性】面板中更改字体大小为16点，行距为24点，字体颜色为R:133 G:133 B:133，如图9-75所示。

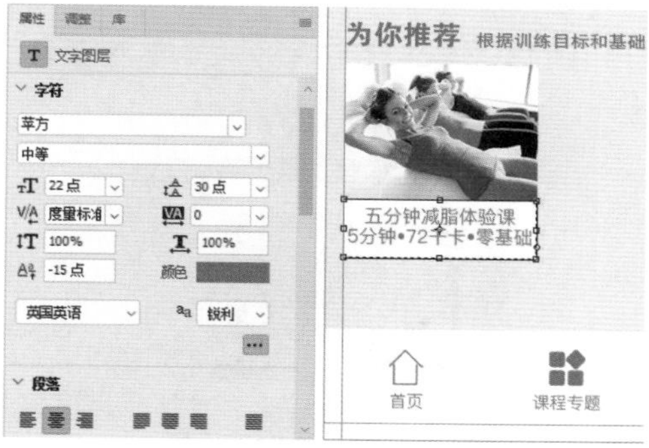

图9-74

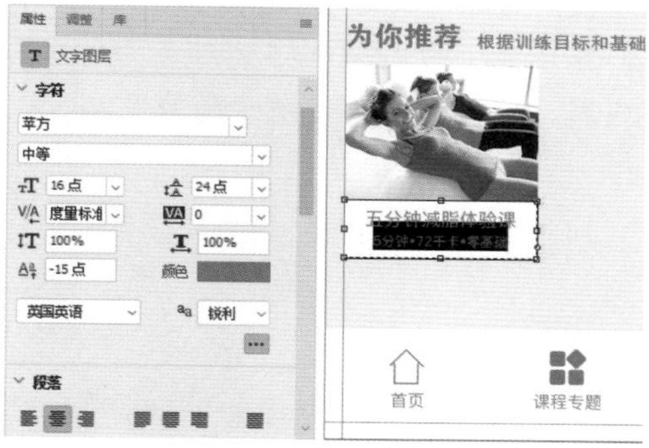

图9-75

37 在【图层】面板中，选中步骤32至步骤36创建的图层，按Alt键单击【创建新组】按钮，打开【从图层新建组】对话框。在该对话框的【名称】文本框中输入“课程”，然后单击【确定】按钮创建图层组，如图9-76所示。

38 选择【移动】工具，按Ctrl+Alt键移动并复制刚创建的图层组，如图9-77所示。

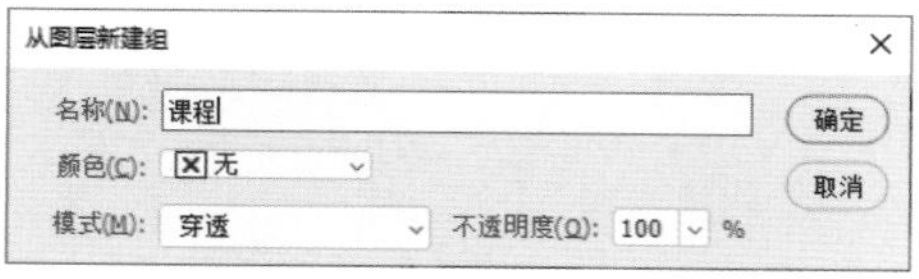

图9-76

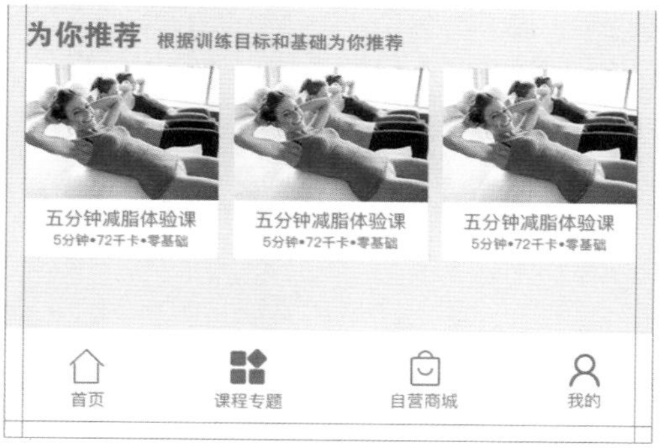

图9-77

39 选择【横排文字】工具，分别修改复制的图层组中的文字内容，如图 9-78 所示。

40 继续使用【横排文字】工具在图层组下方单击，在【属性】面板中设置字体系列为【方正大黑简体】，字体大小为 34 点，字体颜色为R:123 G:108 B:213，单击【左对齐文本】按钮，然后输入文字内容，如图 9-79 所示。

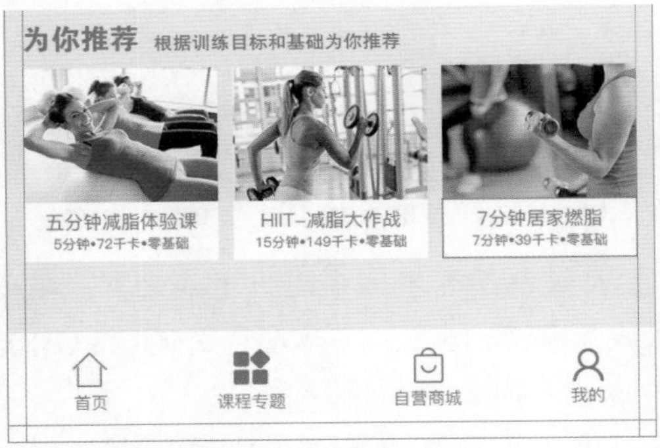

图 9-78

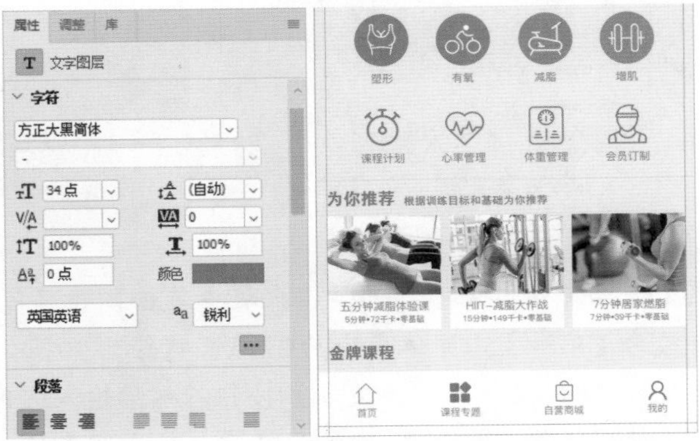

图 9-79

41 继续使用【横排文字】工具在画板中单击，在【属性】面板中设置字体系列为【方正黑体简体】，字体大小为 22 点，字体颜色为R:113 G:113 B:113，单击【右对齐文本】按钮，然后输入文字内容，完成如图 9-80 所示的健身App首页设计。

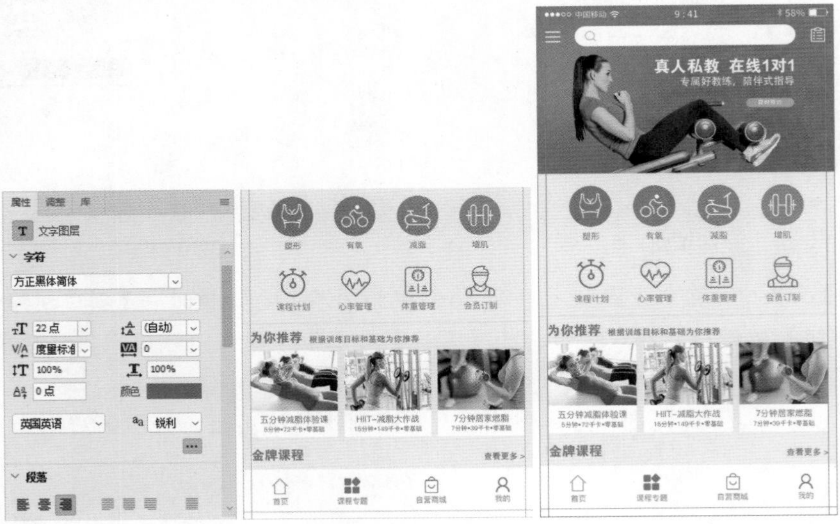

图 9-80

第 10 章

个人中心页设计

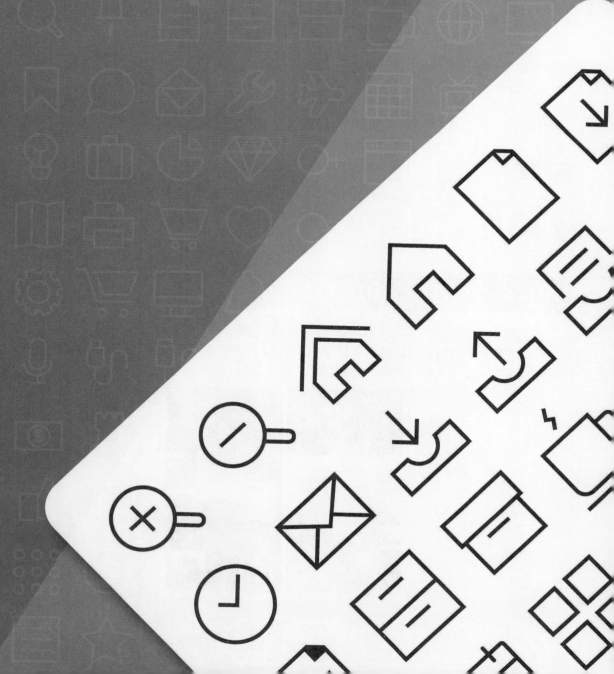

10.1 个人中心页的概念

在App中，个人中心页通常会显示用户的头像、昵称、个人信息、私信和关注等内容，如图10-1所示。个人中心页除了可以显示用户本身的一些信息，还可以修改App的一些系统设置，从而方便用户更好地使用应用程序。

图10-1

提示：

个人中心页大致可分为自己的个人中心页和他人的个人中心页。自己的个人中心页可以对其中的信息进行编辑，包括修改头像、昵称和发布的信息等。他人的个人中心页主要是供其他用户关注、私信交流和查看他人发布的信息。

10.2 个人中心页的常见形式

个人中心页主要由头像、个人信息和内容模块组成，通常会采用头像居中对齐的方式进行设计，目的是体现当前页门面的信息都与本人有关。头像一般会采用圆形，这样看起来更协调，同时画面会显得更为饱满，如图10-2所示。

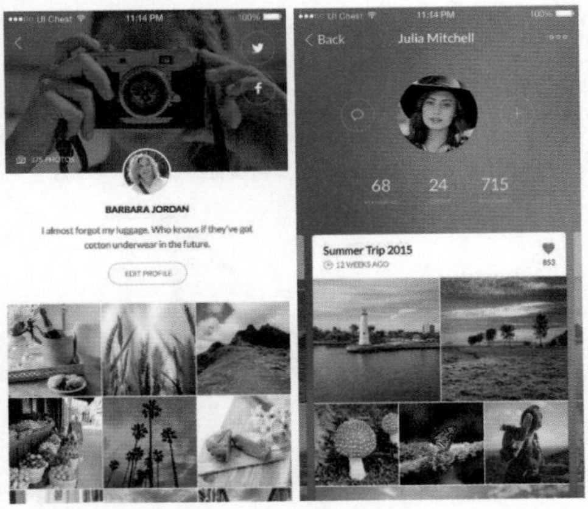

图10-2

提示：

在社交类应用中，个人中心页中“关注”和“粉丝”的数量是两个非常重要的信息，因此设计时应该着重凸显数字。

还有一种设计是以头像居左对齐为主，通常在信息较多的情况下会采用这种设计，这样不仅能更高效地利用版面空间，还能将内容在屏幕中条理清晰地进行展示，如图10-3所示。

图10-3

案例——制作个人中心页

视频名称	制作个人中心页
案例文件	案例文件 \ 第 10 章 \ 制作个人中心页

01 启动Photoshop，选择【文件】|【新建】命令，打开【新建文档】对话框。在该对话框中，选中【移动设备】选项，并在【空白文档预设】选项组中选中【iPhone 8/7/6】选项，输入新建文档的名称，然后单击【创建】按钮，如图10-4所示。

02 选择【视图】|【新建参考线版面】命令，打开【新建参考线版面】对话框。在该对话框中，设置【列】的【数字】数值为3；【行数】的【数字】数值为2，【高度】数值为40像素；设置边距【上】【左】【下】【右】数值为40像素，然后单击【确定】按钮创建参考线，如图10-5所示。

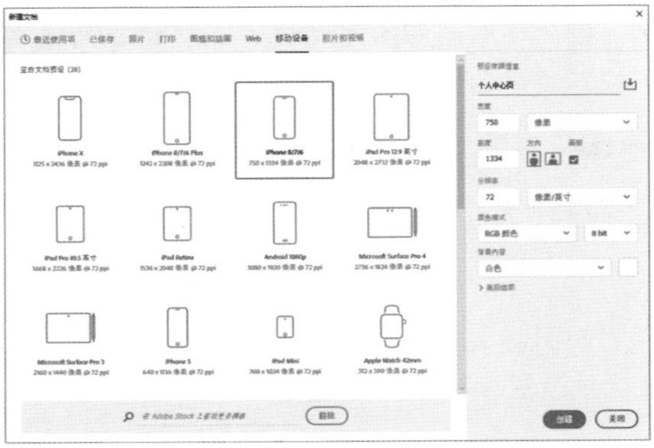

图10-4

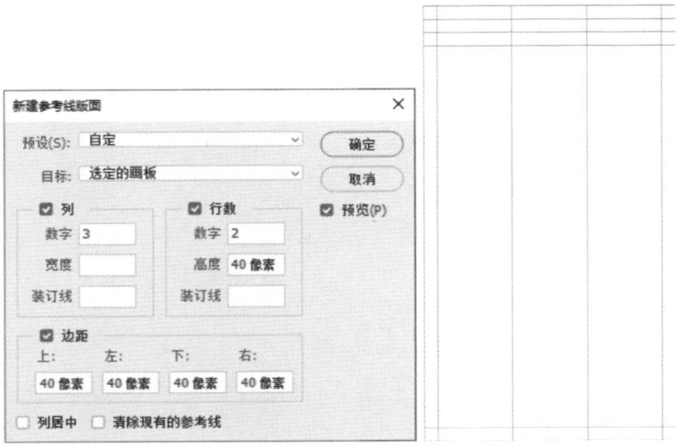

图10-5

03 选择【视图】|【新建参考线】命令，打开【新建参考线】对话框。在该对话框中，选中【水平】单选按钮，设置【位置】数值为480像素，然后单击【确定】按钮创建参考线。使用相同的操作方法，分别在位置600像素和1244像素处创建参考线，如图10-6所示。

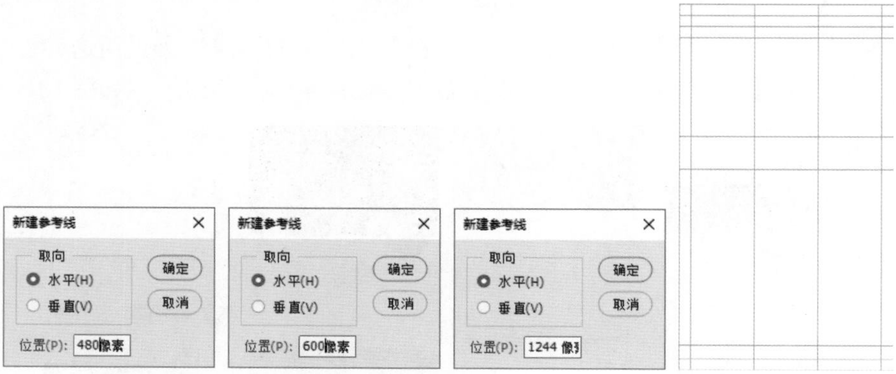

图10-6

04 选择【文件】|【置入嵌入对象】命令，置入所需的素材图像文件。在【图层】面板中，双击刚置入的图像图层，打开【图层样式】对话框。在该对话框中，选中【渐变叠加】选项，设置【混合模式】为【正片叠底】，【不透明度】数值为60%，渐变填充颜色为R:255 G:127 B:102至R: 237 G:236 B:203，【角度】数值为45度，然后单击【确定】按钮，如图10-7所示。

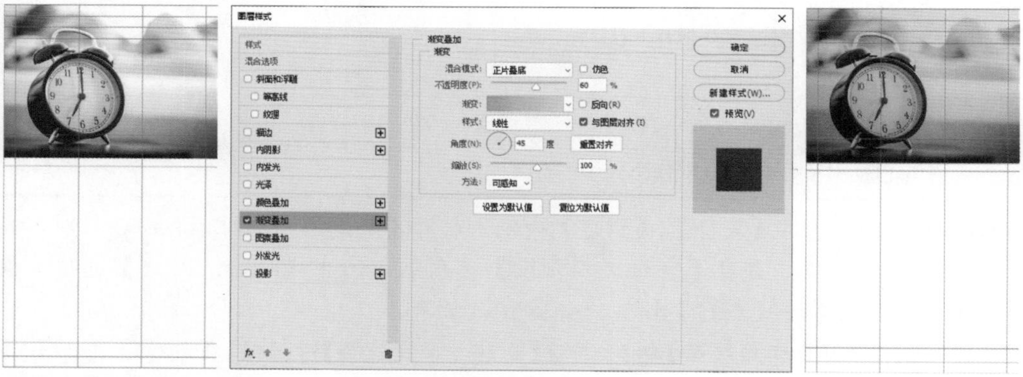

图10-7

05 选择【文件】|【置入嵌入对象】命令，置入所需的状态栏图像，如图10-8所示。

06 在【图层】面板菜单中，选择【新建组】命令，打开【新建组】对话框。在对话框的【名称】文本框中输入“导航栏”，然后单击【确定】按钮新建组，如图10-9所示。

图10-8

图10-9

07 选择【文件】|【置入嵌入对象】命令，置入所需的图标文件，如图10-10所示。

08 选择【横排文字】工具在画板中单击，在选项栏中设置字体系列为SF Pro Display，字体大小为36点，然后输入文字内容，如图10-11所示。

图10-10

图10-11

09 在【图层】面板中，双击【导航栏】图层组，打开【图层样式】对话框。在该对话框中，选择【颜色叠加】选项，设置叠加颜色为R:93 G:54 B:46，然后单击【确定】按钮应用图层样式，如图10-12所示。

10 选择【矩形】工具，在选项栏中设置【填充】颜色为R:242 G:242 B:242，【描边】为无，然后使用【矩形】工具依据参考线在画板底部拖动绘制矩形，如图10-13所示。

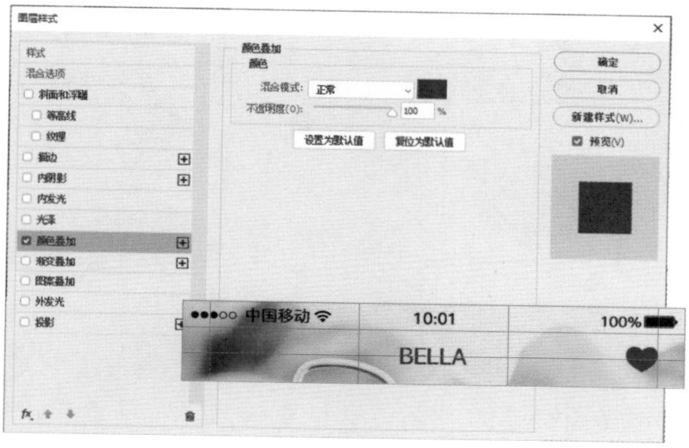

图10-12

图10-13

11 选择【椭圆】工具，在选项栏中选择工具模式为【形状】，设置【填充】颜色为R:255 G:127 B:102。然后使用工具在画板中单击，打开【创建椭圆】对话框。在该对话框中，设置【宽度】和【高度】均为96像素，选中【从中心】复选框，然后单击【确定】按钮创建圆形，如图10-14所示。

12 在【图层】面板中，双击刚创建的图层，打开【图层样式】对话框。在该对话框中，选中【投影】选项，设置【混合模式】为【正片叠底】，【不透明度】数值为35%，【距离】数值为4像素，【大小】数值为9像素，然后单击【确定】按钮应用图层样式，如图10-15所示。

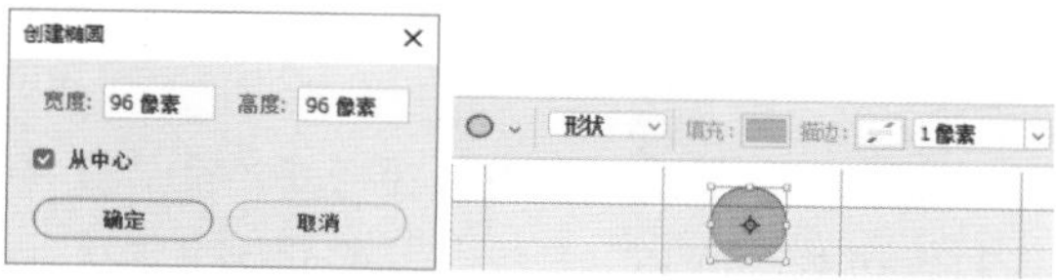

图10-14

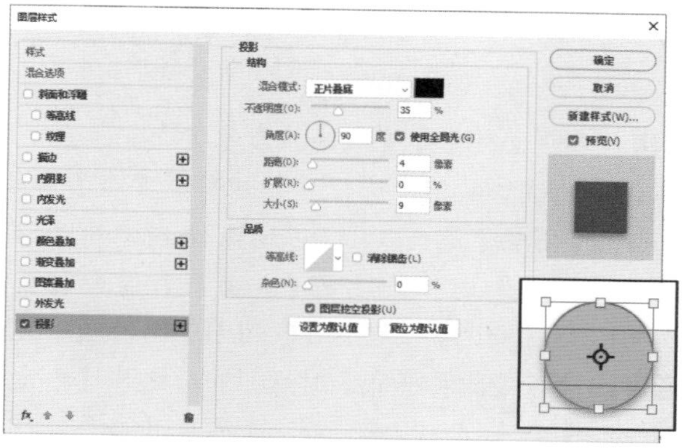

图10-15

13 选择【文件】|【置入嵌入对象】命令，置入所需的素材图标文件。在【图层】面板中，双击刚创建的图层，打开【图层样式】对话框。在该对话框中，选中【颜色叠加】选项，设置叠加颜色为白色，然后单击【确定】按钮应用图层样式，如图10-16所示。

14 选择【文件】|【置入嵌入对象】命令，置入所需的图标文件。在【图层】面板中，双击刚创建的图层，打开【图层样式】对话框。在该对话框中，选中【颜色叠加】选项，分别设置叠加颜色为R:212 G:218 B:228和R:255 G:127 B:102，然后单击【确定】按钮应用图层样式，如图10-17所示。

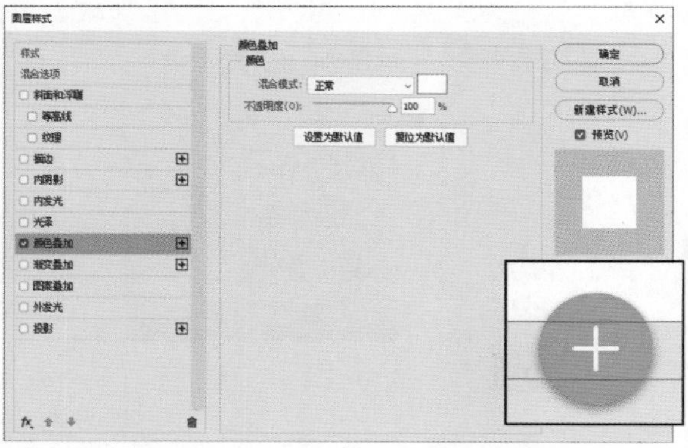

图10-16

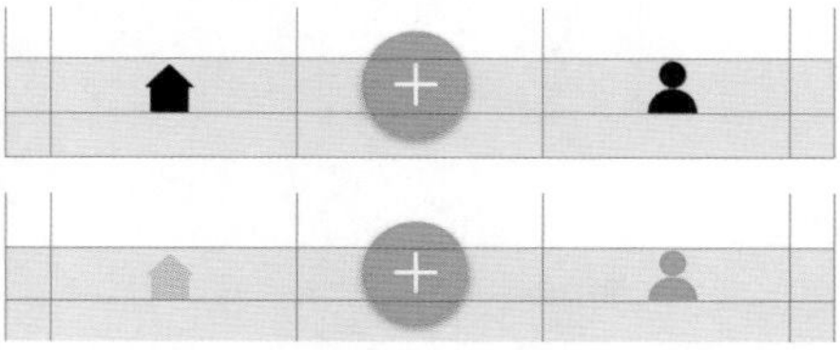

图10-17

15 在【图层】面板中，选中步骤10至步骤14中创建的图层，按Alt键单击【创建新组】按钮，打开【从图层新建组】对话框。在该对话框的【名称】文本框中输入“标签栏”，然后单击【确定】按钮创建新组，如图10-18所示。

16 选择【椭圆】工具在画板中单击，打开【创建椭圆】对话框。在该对话框中，设置【宽度】和【高度】均为155像素，选中【从中心】复选框，然后单击【确定】按钮创建圆形，如图10-19所示。

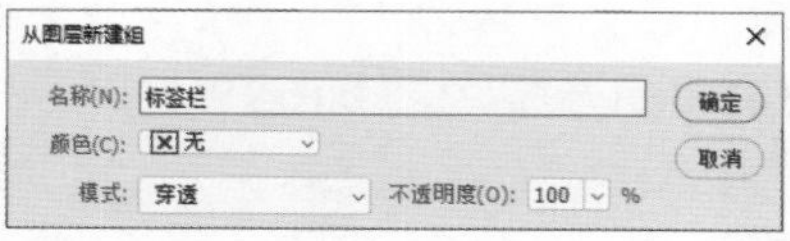

图10-18

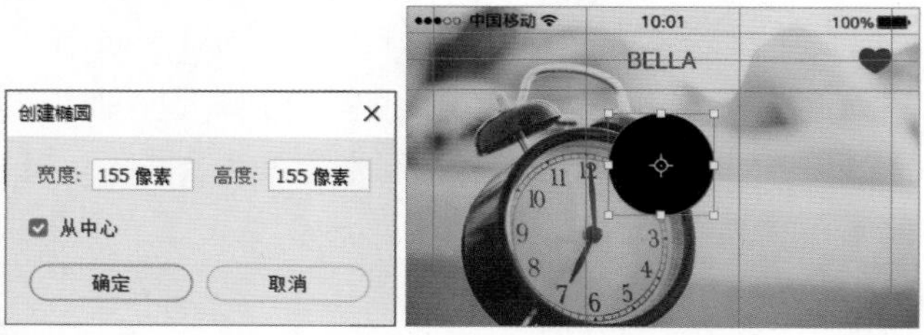

图10-19

17 选择【文件】|【置入嵌入对象】命令，置入素材图像。然后在【图层】面板中右击图像图层，在弹出的快捷菜单中选择【创建剪贴蒙版】命令创建剪贴蒙版，如图10-20所示。

18 在【图层】面板中，双击步骤16创建的圆形图层，打开【图层样式】对话框。在该对话框中，选中【描边】选项，设置【大小】数值为15像素，【位置】为【外部】，【不透明度】数值为10%，【颜色】为R:250 G:91 B:54，如图10-21所示。

19 继续在【图层样式】对话框中，选中【内发光】选项，设置【混合模式】为【正常】，【不透明度】数值为100%，内发光颜色为白色，【阻塞】数值为100%，【大小】数值为4像素，然后单击【确定】按钮应用图层样式，如图10-22所示。

20 在【图层】面板中，选中最上方图层，选择【横排文字】工具在画板中单击，在【属性】面板中设置字体系列为【苹方】，字体样式为【粗体】，字体大小为26点，字体颜色为白色，单击【左对齐文本】按钮，然后输入文字内容，如图10-23所示。

图10-20

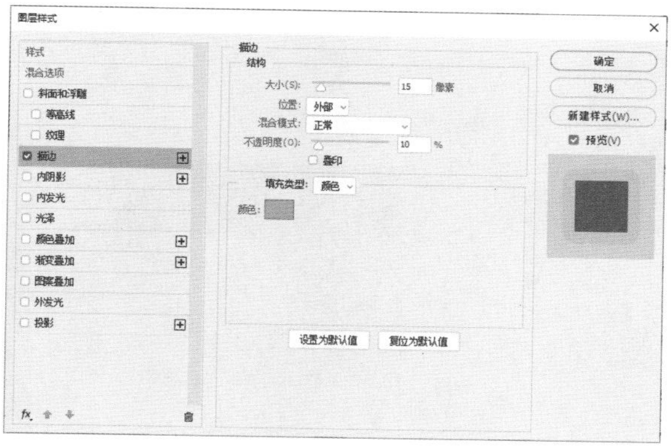

图10-21

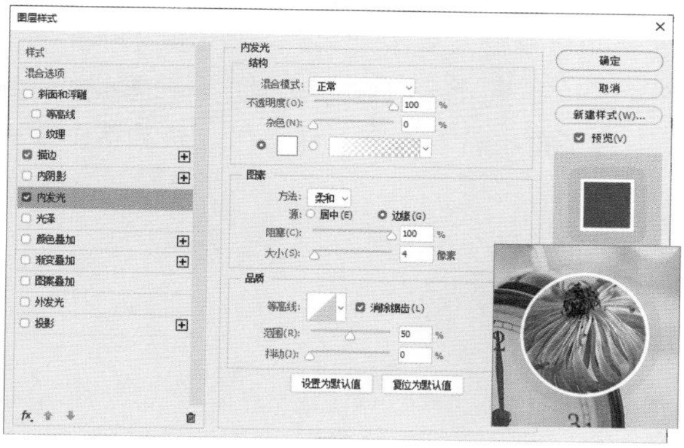

图10-22

图10-23

21 选择【矩形】工具，在选项栏中设置【填充】颜色为R:248 G:172 B:143，【描边】颜色为白色，描边粗细数值为3像素。使用【矩形】工具依据参考线在画板边缘单击，打开【创建矩形】对话框。在该对话框中，设置【宽度】数值为250像素，【高度】数值为120像素，圆角半径数值为0像素，然后单击【确定】按钮创建矩形，如图10-24所示。

22 选择【移动】工具，按Ctrl+Alt键移动并复制刚创建的矩形，然后更改中间的矩形填充颜色为R:255 G:127 B:102，如图10-25所示。

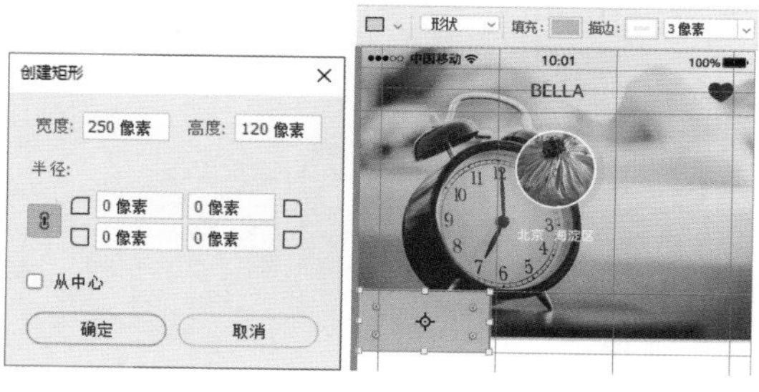

图10-24

图10-25

23 选择【横排文字】工具在矩形中单击，在【属性】面板中设置字体系列为【苹方】，字体大小为22点，行距为36点，基线偏移为-32点，字体颜色为白色，单击【居中对齐文本】按钮，然后输入文字内容，如图10-26所示。

24 使用【横排文字】工具选中第一行文字，在【属性】面板中设置字体样式为【粗体】，字体大小36点，如图10-27所示。

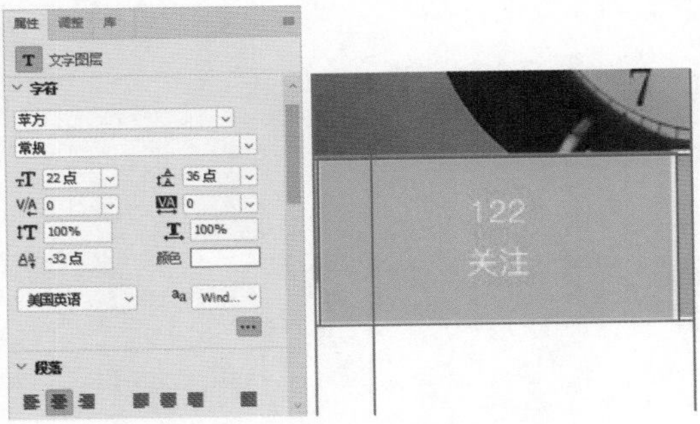

图10-26

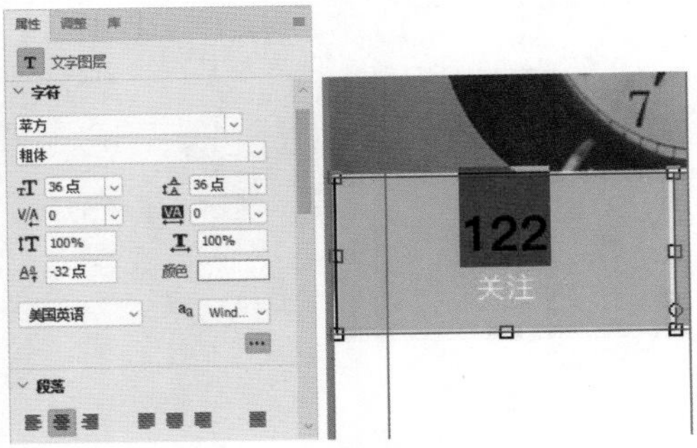

图10-27

25 使用步骤23至步骤24的操作方法，在其他矩形中输入文字内容，如图10-28所示。

26 在【图层】面板中，选中步骤16至步骤25创建的图层，按Alt键单击【创建新组】按钮，打开【从图层新建组】对话框。在该对话框的【名称】文本框中输入“个人信息”，然后单击【确定】按钮新建组，如图10-29所示。

图10-28

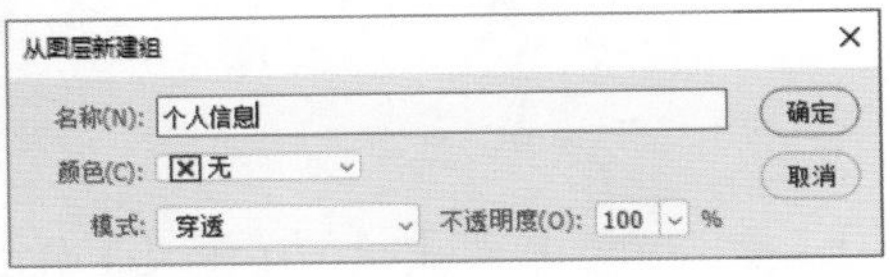

图10-29

27 选择【视图】|【显示】|【网格】命令，显示网格。选择【横排文字】工具在画板中单击，在选项栏中设置字体系列为【苹方】，字体大小为24点，单击【左对齐文本】按钮，字体颜色为R:0 G:138 B:255，然后输入文字内容，如图10-30所示。

28 继续使用【横排文字】工具在画板中单击，在选项栏中设置字体系列为【苹方】，字体大小为24点，单击【左对齐文本】按钮，字体颜色为R:63 G:63 B:63，然后输入文字内容，如图10-31所示。

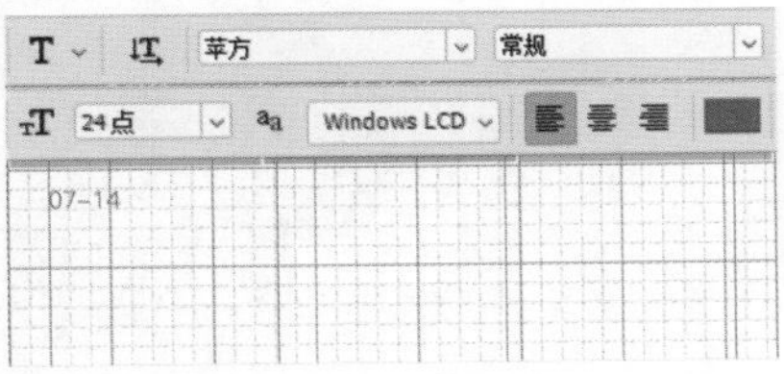

图10-30

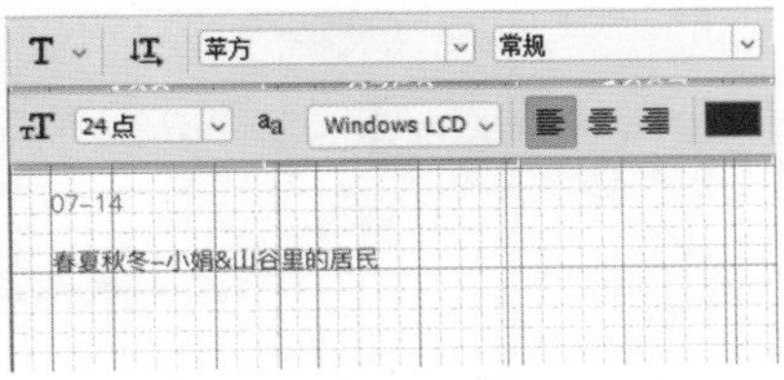

图10-31

29 选择【文件】|【置入嵌入对象】命令，置入播放控件和暂停按钮图标，并使用【移动】工具调整控件位置，如图 10-32 所示。

30 选择【文件】|【置入嵌入对象】命令，置入点赞按钮图标。然后使用【横排文字】工具在画板中单击，在选项栏中设置字体系列为【苹方】，字体大小为20点，单击【左对齐文本】按钮，字体颜色为R:63 G:63 B:63，然后输入文字内容，如图 10-33 所示。

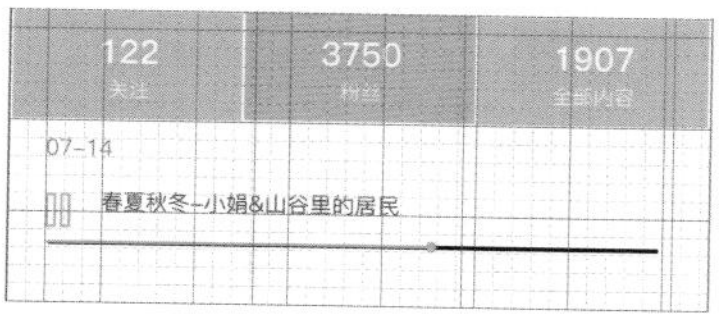

图 10-32

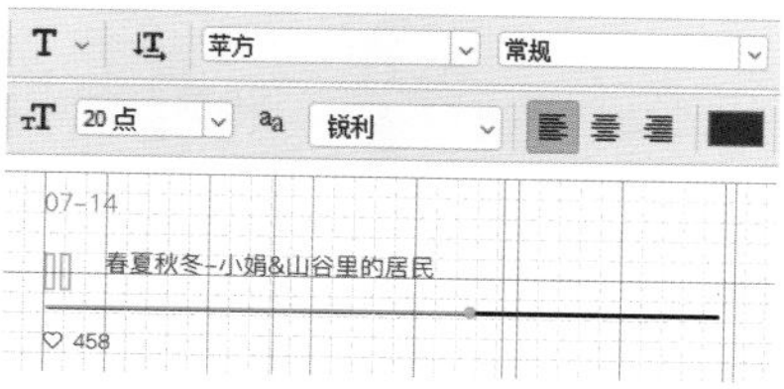

图 10-33

31 在【图层】面板中，选中【个人信息】图层组。选择【矩形】工具，在选项栏中设置【填充】颜色为R:242 G:239 B:239，然后使用工具依据网格绘制矩形，如图 10-34 所示。

32 在【图层】面板中，再次选中最上方图层。使用步骤27至步骤30的操作方法，添加文字内容与图片，如图 10-35 所示完成个人中心页的制作。

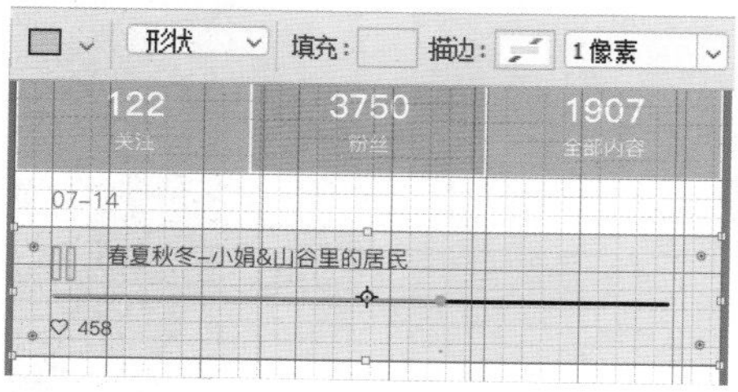

图 10-34

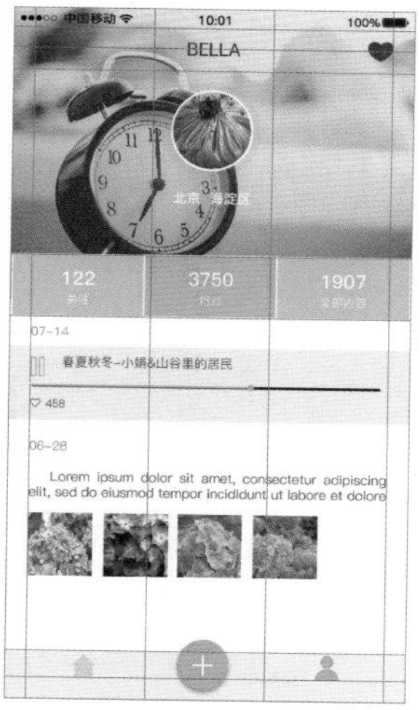

图 10-35

案例——制作学习类 App 个人中心页

视频名称	制作学习类 App 个人中心页
案例文件	案例文件 \ 第 10 章 \ 制作学习类 App 个人中心页

01 启动Photoshop，选择【文件】|【新建】命令，打开【新建文档】对话框。在该对话框中，选中【移动设备】选项，并在【空白文档预设】选项组中选中【iPhone 8/7/6】选项，输入新建文档的名称，然后单击【创建】按钮，如图 10-36 所示。

02 选择【视图】|【新建参考线版面】命令，打开【新建参考线版面】对话框。在该对话框中，

设置【列】的【数字】数值为1，【宽度】数值为230像素；设置【行数】的【数字】数值为2，【高度】数值为40像素；设置边距【上】【左】【下】【右】数值为40像素，然后单击【确定】按钮创建参考线，如图10-37所示。

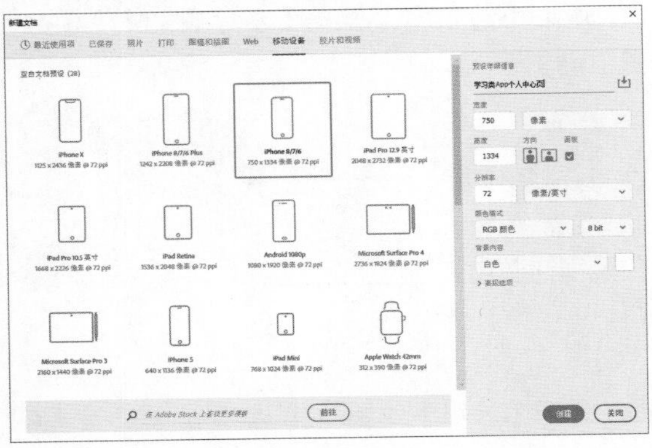

图10-36

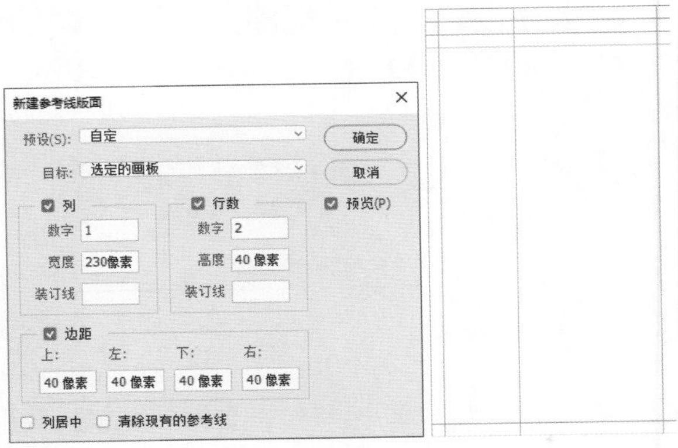

图10-37

03 在【图层】面板中，单击【创建新的填充或调整图层】按钮，在弹出的菜单中选择【渐变】命令，打开【渐变填充】对话框。在该对话框中，设置【渐变】颜色为R:0 G:110 B:96至R:8 G:175 B:90，【角度】数值为-90度，然后单击【确定】按钮，如图10-38所示。

04 选择【矩形】工具，在选项栏中选择工具模式为【形状】，【填充】颜色为黑色，然后使用工具依据参考线绘制矩形，如图10-39所示。

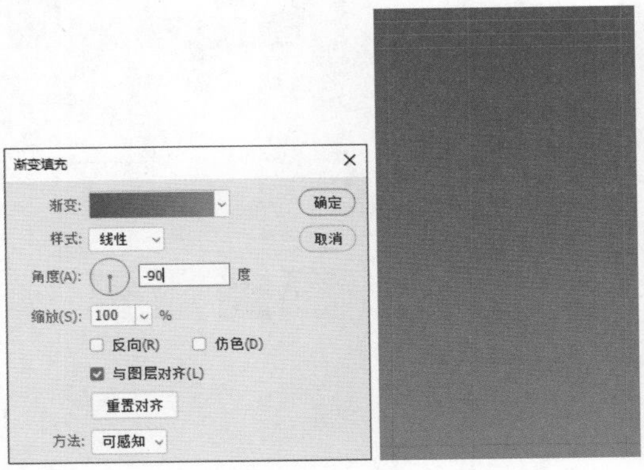

图10-38

图10-39

05 在【图层】面板中，双击刚创建的矩形图层，打开【图层样式】对话框。在该对话框中，选中【渐变叠加】选项，设置【混合模式】为【正常】，【不透明度】数值为100%，【渐变】颜色为R:7 G:175 B:90至R:1 G:105 B:70，如图10-40所示。

06 继续在【图层样式】对话框中，选中【投影】选项，设置【混合模式】为【正常】，【不透明度】数值为55%，【大小】数值为25像素，然后单击【确定】按钮应用图层样式，如图10-41所示。

07 选择【文件】|【置入嵌入对象】命令，置入状态栏素材图像，如图10-42所示。

08 选择【文件】|【置入嵌入对象】命令，置入返回按钮和设置按钮图标文件，如图10-43所示。

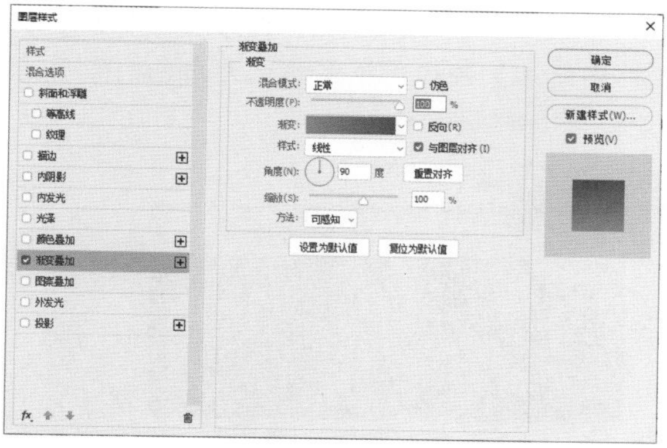

图 10-40

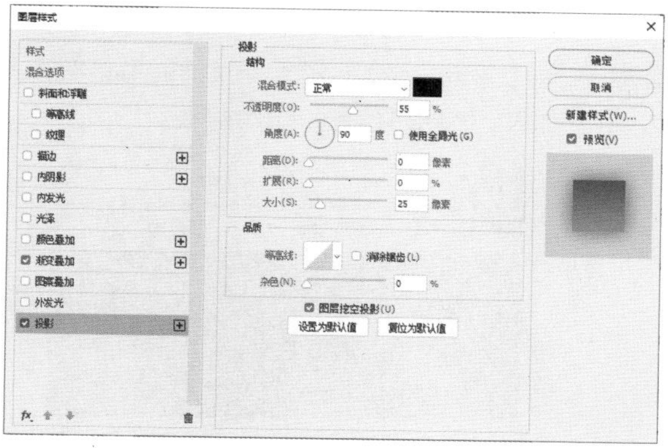

图 10-41

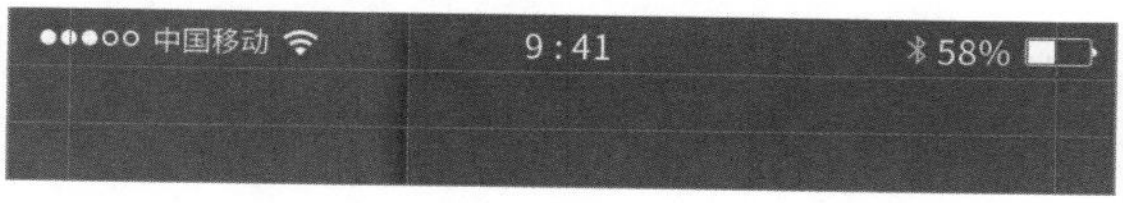

图 10-42

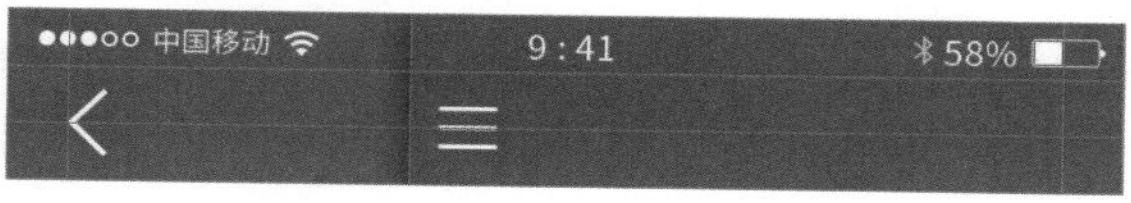

图 10-43

09 选择【横排文字】工具在画板中单击，在选项栏中设置字体系列为【苹方】，字体大小为32点，单击【左对齐文本】按钮，字体颜色为白色，然后输入文字内容，如图 10-44 所示。

10 在【图层】面板中，选中步骤07至步骤09创建的图层，按Alt键单击【创建新组】按钮，打开【从图层新建组】对话框。在该对话框的【名称】文本框中输入“导航栏”，然后单击【确定】按钮创建图层组，如图 10-45 所示。

图 10-44

图 10-45

11 选择【椭圆】工具，在选项栏中选择工具模式为【形状】，【填充】颜色为黑色，【描边】颜色为白色，描边粗细数值为4像素。然后使用【椭圆】工具在画板中单击，打开【创建椭圆】对话框。在该对话框中，设置【宽度】和【高度】均为132像素，选中【从中心】复选框，然后单击【确定】按钮创建圆形，如图 10-46 所示。

12 选择【文件】|【置入嵌入对象】命令，置入素材图像文件，并创建剪贴蒙版，如图 10-47 所示。

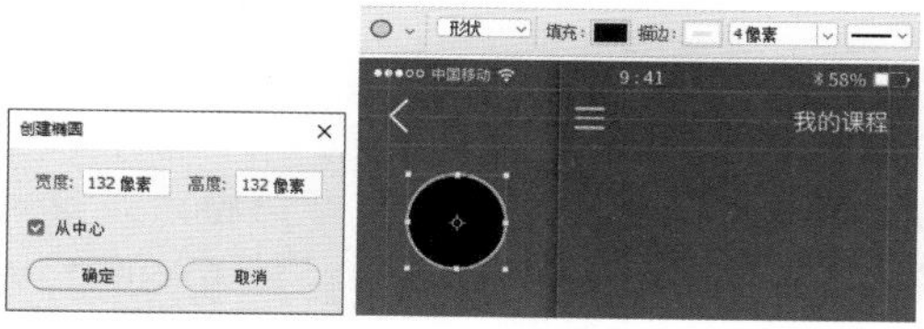

图 10-46

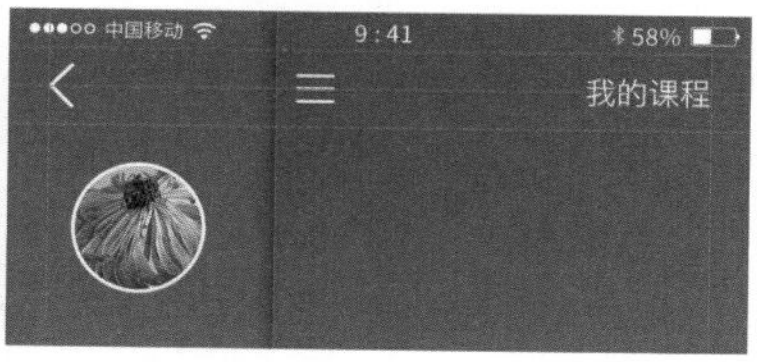

图 10-47

13 选择【横排文字】工具在画板中单击，在选项栏中设置字体系列为【苹方】，字体样式为【中等】，字体大小为46点，单击【左对齐文本】按钮，字体颜色为白色，然后输入文字内容，如图 10-48 所示。

14 继续使用选择【横排文字】工具在画板中单击，在选项栏中设置字体系列为【苹方】，字体样式为【常规】，字体大小为20点，单击【左对齐文本】按钮，字体颜色为白色，然后输入文字内容，如图10-49所示。

图10-48

图10-49

15 继续使用【横排文字】工具在画板中单击，选项栏中设置字体系列为【苹方】，字体样式为【中等】，字体大小为28点，单击【左对齐文本】按钮，字体颜色为白色，然后输入文字内容，如图10-50所示。

16 选择【移动】工具，按Ctrl+Alt键移动并复制刚创建的文字图层，然后使用【横排文字】工具修改文字内容，如图10-51所示。

图10-50

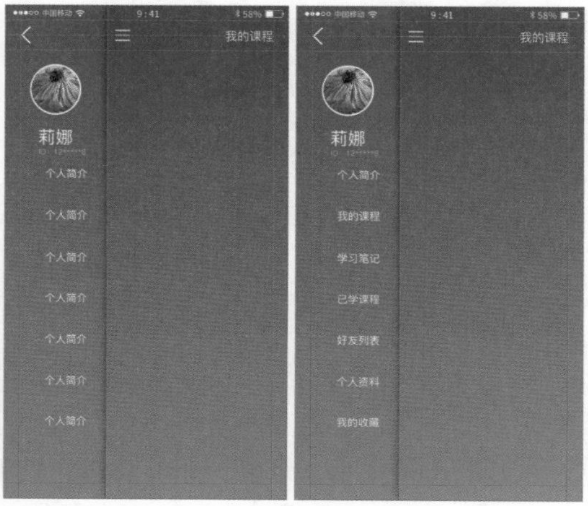

图10-51

17 选择【文件】|【置入嵌入对象】命令，分别置入图标素材，如图10-52所示。

18 在【图层】面板中，选中最下方图层。选择【矩形】工具，在选项栏中选择工具模式为【形状】，【填充】颜色为黑色，【描边】为无，然后在画板中绘制矩形，并在【图层】面板中设置刚创建的矩形图层的【不透明度】数值为25%，如图10-53所示。

19 在【图层】面板中，双击刚创建的矩形图层，打开【图层样式】对话框。在该对话框中，选中【描边】选项，设置【大小】数值为1像素，【位置】为【外部】，【颜色】为白色，然后单击【确定】按钮应用图层样式，如图10-54所示。

20 继续使用【矩形】工具在画板边缘绘制矩形，并在选项栏中设置【填充】颜色为R:47 G:225 B:38，如图10-55所示。

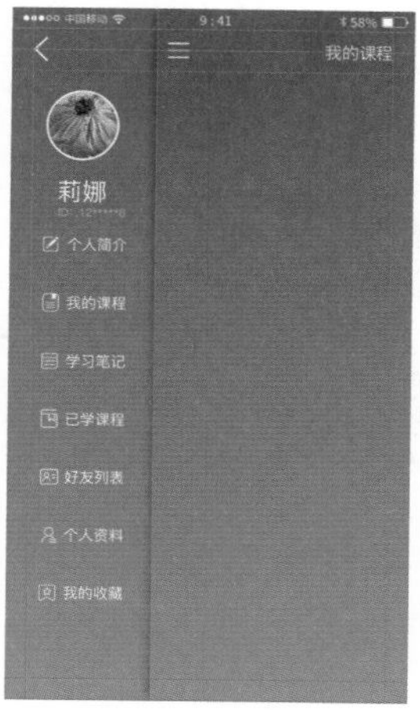

图 10-52

图 10-53

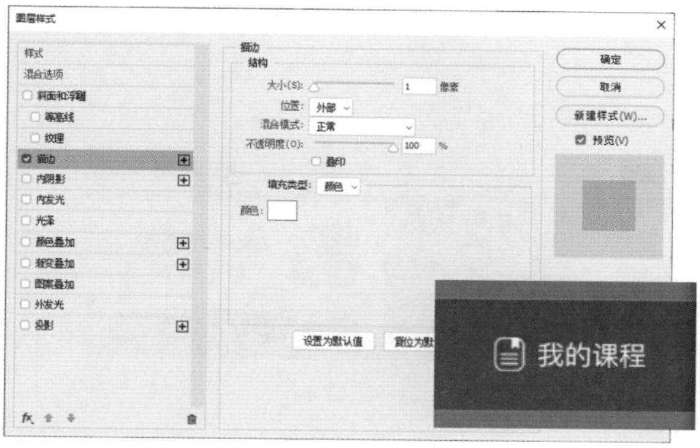

图 10-54

图 10-55

21 在【图层】面板中，选中步骤 15 至步骤 17 创建的图层，按Alt键单击【创建新组】按钮，打开【从图层新建组】对话框。在该对话框的【名称】文本框中输入“标签栏”，然后单击【确定】按钮，如图 10-56 所示。

22 选择【矩形】工具在画板中单击，打开【创建矩形】对话框。在该对话框中，设置【宽度】数值为 462 像素，【高度】数值为 175 像素，设置左侧圆角半径数值为 10 像素，然后单击【确定】按钮创建矩形，并设置图形填充色为白色，如图 10-57 所示。

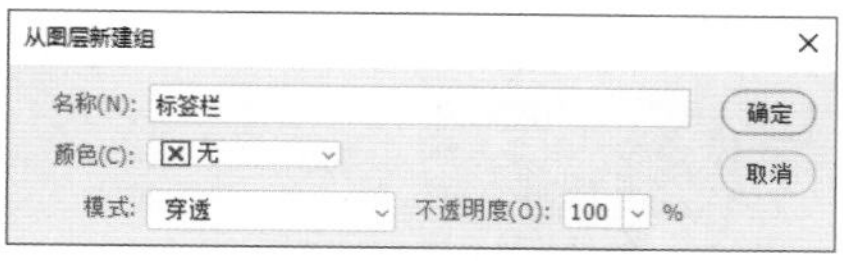

图 10-56

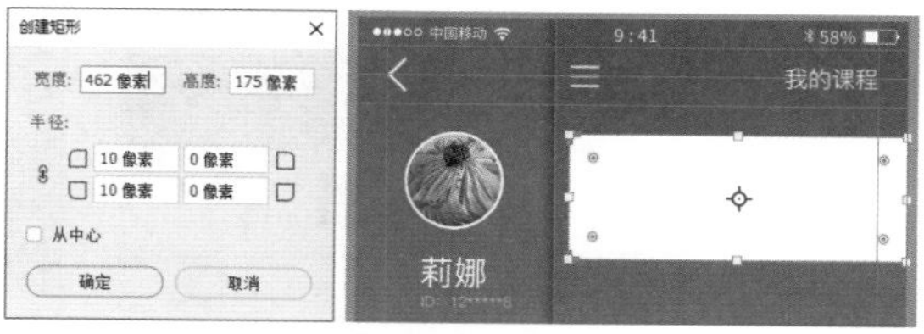

图 10-57

23 继续使用【矩形】工具在画板中单击，打开【创建矩形】对话框。在该对话框中，设置【宽度】和【高度】均为 100 像素，圆角半径数值为 10 像素，选中【从中心】复选框，然后单击【确定】按钮创建圆角矩形，如图 10-58 所示。

24 选择【文件】|【置入嵌入对象】命令，置入素材图像文件，并创建剪贴蒙版，如图 10-59 所示。

图 10-58

图 10-59

25 选择【横排文字】工具在画板中单击，选项栏中设置字体系列为【苹方】，字体样式为【中等】，字体大小为30点，单击【左对齐文本】按钮，字体颜色为黑色，然后输入文字内容，如图 10-60 所示。

26 继续使用【横排文字】工具在画板中单击，选项栏中设置字体系列为【苹方】，字体样式为【常规】，字体大小为20点，单击【左对齐文本】按钮，字体颜色为R:135 G:135 B:135，然后输入文字内容，如图 10-61 所示。

图 10-60

图 10-61

27 选择【移动】工具，按Ctrl+Alt键移动并复制步骤22至步骤26创建的图层，然后使用【横排文字】工具修改文字内容，并替换图像素材，完成如图 10-62 所示的学习类App个人中心页的制作。

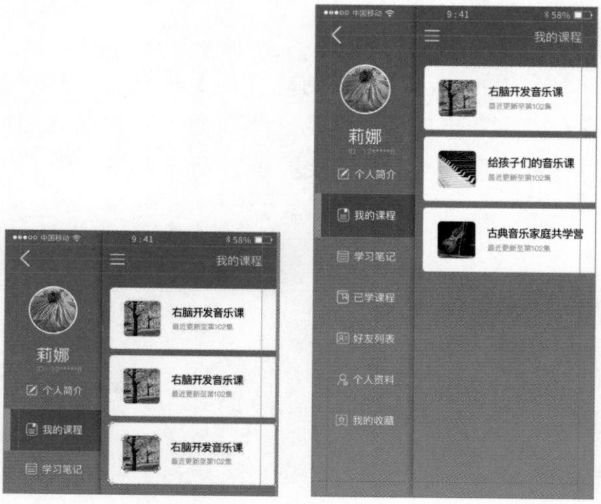

图 10-62

第 11 章

列表页设计

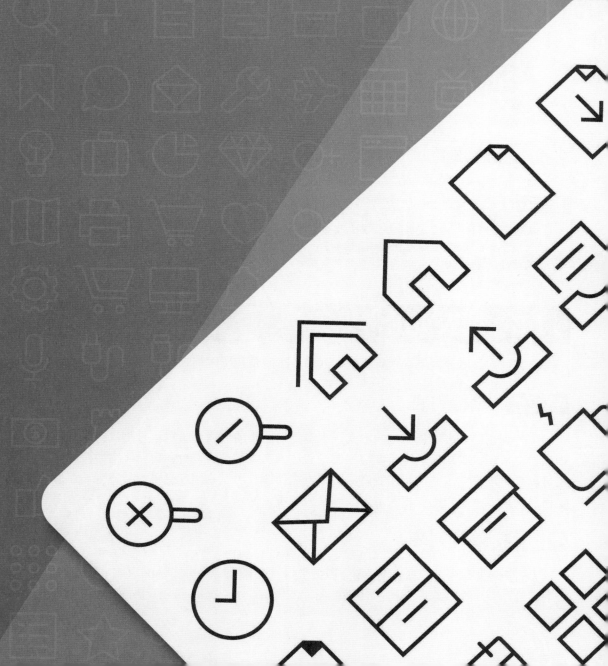

11.1 列表页的概念

列表页通常是在应用程序中搜索或点击分类查找后跳转的页面，页面中会呈现搜索后的信息内容，如图11-1所示。列表页最常见的模式是“图片+名称+介绍”。另外，还可以用时间轴和图库的形式来设计列表页。

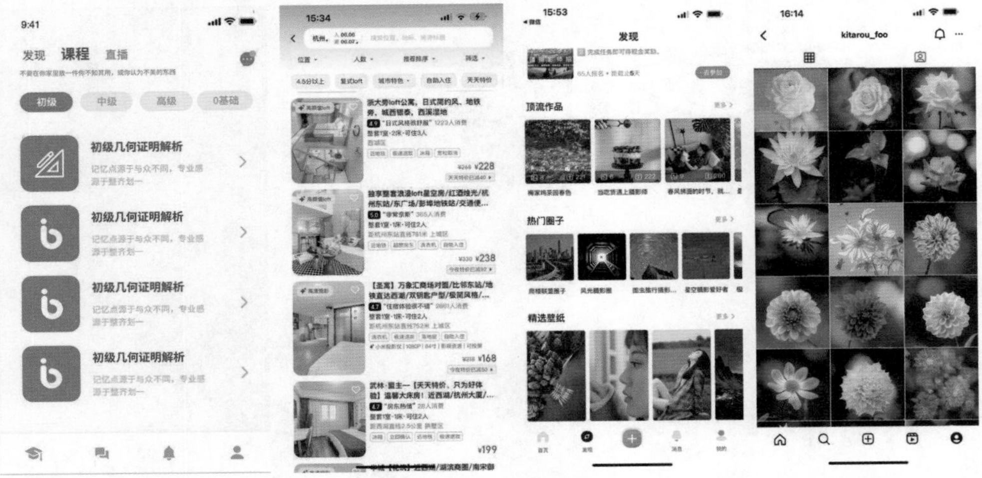

图11-1

> **提示：**
>
> 设计列表页时，需要遵循以下原则：留白空间要张弛有度，且要有亲疏之分；对齐方式要规整；粗细元素的组合要有节奏感；需要重点突出的元素，其颜色要明亮；列表的层次感要分明；在用虚实方式进行结合设计时，要保证实的对象在前，虚的对象在后。

11.2 列表页的常见类型

列表页大致可分为单行列表、双行列表、时间轴和图库列表4种类型。

11.2.1 单行列表

单行列表是列表页最常见的形式，大多数消费类的页面都会以单行列表的形式进行展示，如图11-2所示。其形式通常是左边为图，右边为文字信息、评价和价格等内容，清晰明了的列表可以吸引用户点击并购买相关产品。列表中的图片可以为用户提供消费内容的直观感受，文字信息则可以为用户提供相关的重要信息和参考依据。

11.2.2 双行列表

双行列表相比于单行列表更为节省版面空间，常出现在购物类的App中，如图11-3所示。双行列表通常以卡片的形式进行排列，上面是图片，下面是文字介绍，可以让页面显得更为紧凑、饱满。

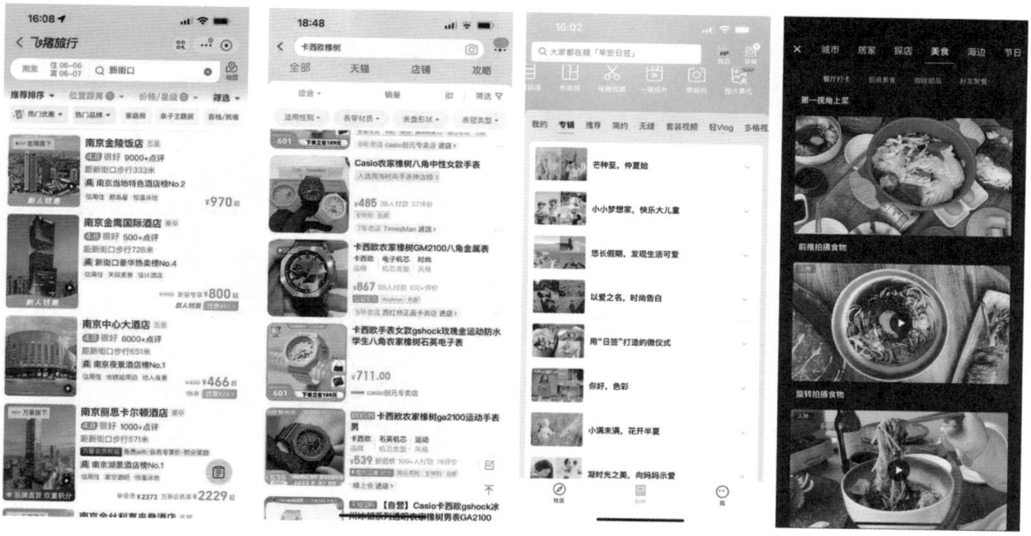

图 11-2

图 11-3

11.2.3　时间轴

使用时间轴方式设计的列表页可以加强内容信息之间的前后关系，让用户在阅读时更有条理性，如图11-4所示。时间轴列表页通常是在左边展示时间节点，右边是与之对应的内容。

11.2.4　图库列表

图库列表主要使用于相册、图库或图片编辑类的App中，有文档和图片平铺两种显示方式，如图11-5所示。为了让页面分布更加均匀，通常会采用正方形的外框显示图片。

图 11-4

图 11-5

案例——制作图库列表页

视频名称	制作图库列表页
案例文件	案例文件 \ 第 11 章 \ 制作图库列表页

01 启动Photoshop，选择【文件】|【新建】命令，打开【新建文档】对话框。在该对话框中，选中【移动设备】选项，并在【空白文档预设】选项组中选中【iPhone 8/7/6】选项，输入新建文档的名称，然后单击【创建】按钮，如图 11-6 所示。

02 选择【视图】|【新建参考线版面】命令，打开【新建参考线版面】对话框。在该对话框中，设置【列】的【数字】数值为5；设置【行数】的【数字】数值为2，【高度】数值40像素；设置边距【上】数值为40像素，【左】【下】【右】数值为20像素，然后单击【确定】按钮创建参考线，如图 11-7 所示。

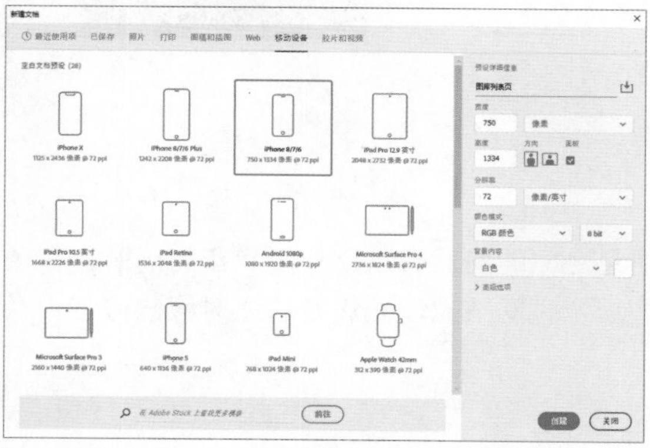

图 11-6

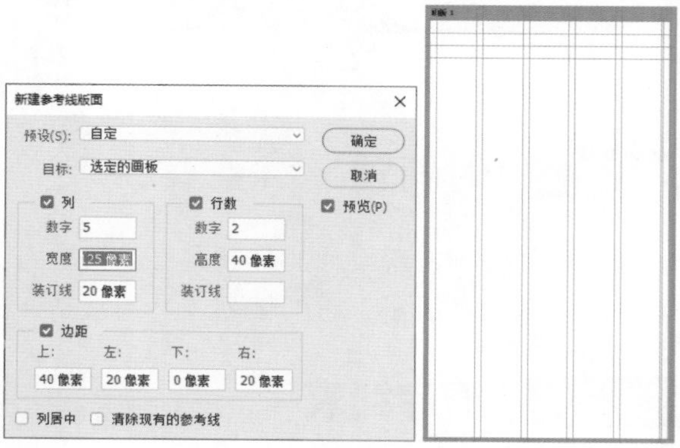

图 11-7

03 选择【矩形】工具，在选项栏中选择工具模式为【形状】，【填充】颜色为R:255 G:96 B:96，【描边】为无，然后使用【矩形】工具依据参考线拖动绘制矩形，如图 11-8 所示。

04 选择【文件】|【置入嵌入对象】命令，置入所需的状态栏及图标素材文件，如图 11-9 所示。

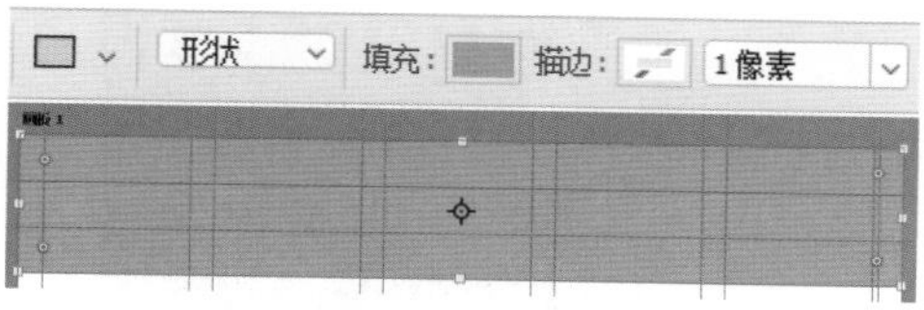

图 11-8

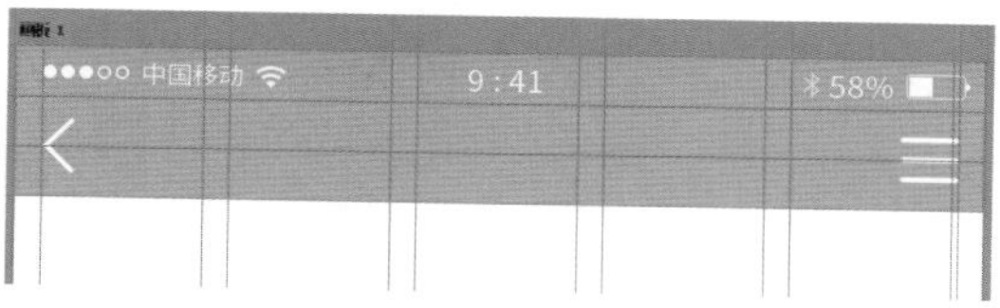

图 11-9

05 选择【横排文字】工具在画板中单击，在选项栏中设置字体系列为【苹方】，字体大小为38点，单击【居中对齐文本】按钮，设置字体颜色为白色，然后输入文字内容，如图 11-10 所示。

06 在【图层】面板中，选中步骤04至步骤05创建的图层，按Alt键单击【创建新组】按钮，打开【从图层新建组】对话框。在该对话框的【名称】文本框中输入“导航栏”，单击【确定】按钮创建新组，如图 11-11 所示。

图 11-10

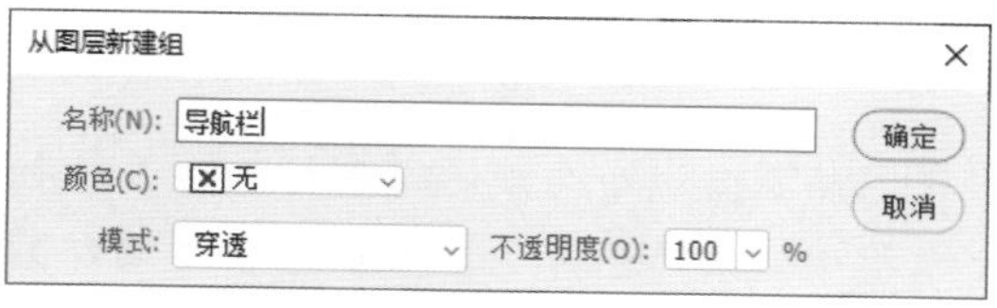

图 11-11

07 选择【矩形】工具，依据参考线绘制矩形，并在选项栏中设置【填充】数值为R:54 G:54 B:54，如图 11-12 所示。

08 选择【文件】|【置入嵌入对象】命令，置入所需的素材图标文件，如图 11-13 所示。

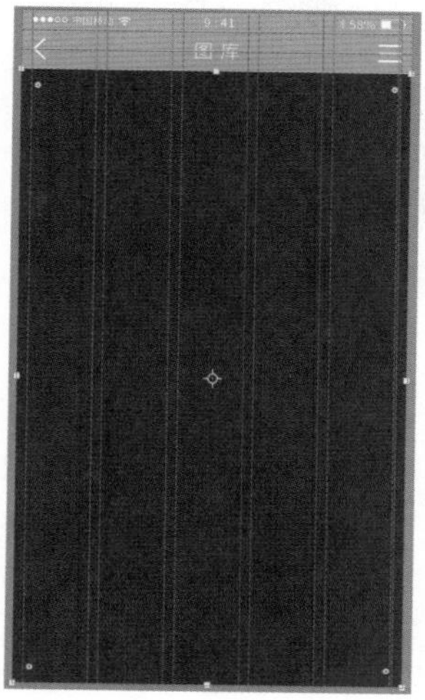

图 11-12

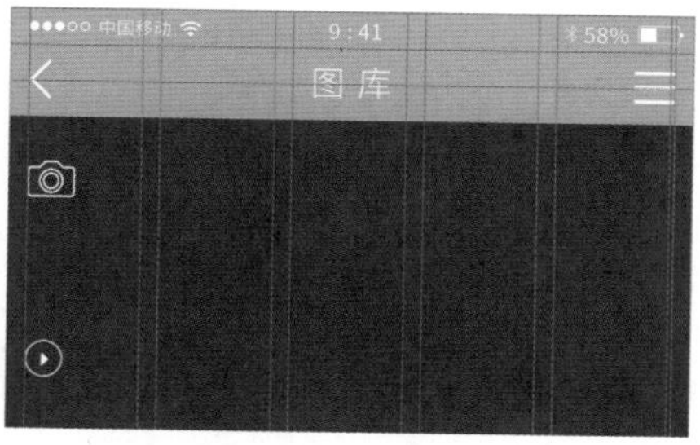

图 11-13

09 选择【横排文字】工具在上一步置入的图标下方单击，在选项栏中设置字体系列为【苹方】，字体大小为24点，单击【左对齐文本】按钮，字体颜色为白色，然后输入文字内容，如图 11-14 所示。

10 在【图层】面板中，选中【矩形 2】图层。选择【矩形】工具，在选项栏中设置【填充】颜色为R:65 G:65 B:65，然后使用【矩形】工具拖动绘制矩形，如图 11-15 所示。

图11-14

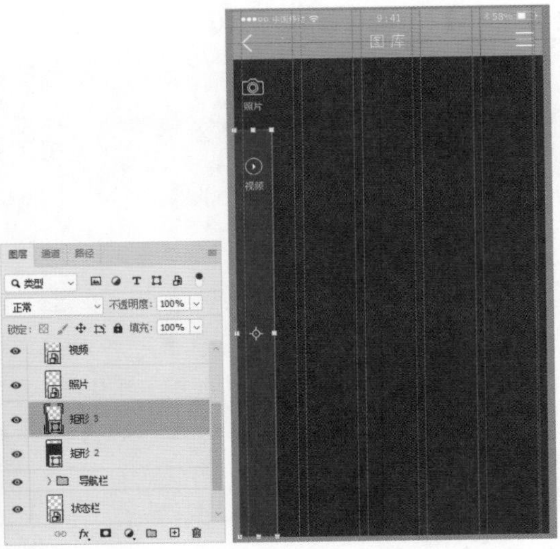

图11-15

11 在【图层】面板中，单击【创建新组】按钮，打开【新建组】对话框。在该对话框的【名称】文本框中输入“图库”，然后单击【确定】按钮创建新组，如图11-16所示。

12 选择【矩形】工具，在选项栏中选择工具模式为【形状】，设置【填充】颜色为白色，【描边】为无，圆角半径数值为10像素，然后按Shift键拖动【矩形】工具绘制圆角矩形，如图11-17所示。

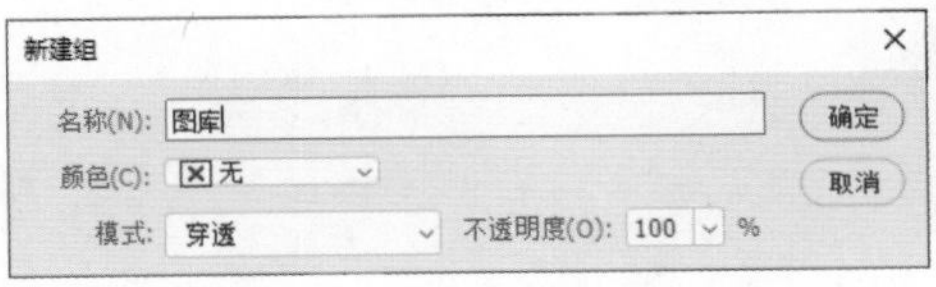

图11-16

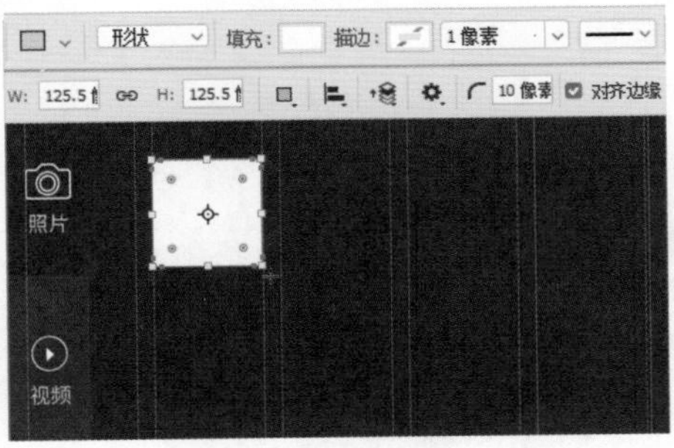

图11-17

13 选择【文件】|【置入嵌入对象】命令，置入所需的素材图像文件，并创建剪贴蒙版，如图11-18所示。

14 选择【移动】工具移动并复制步骤12至步骤13创建的对象，然后替换素材图像，如图11-19所示。

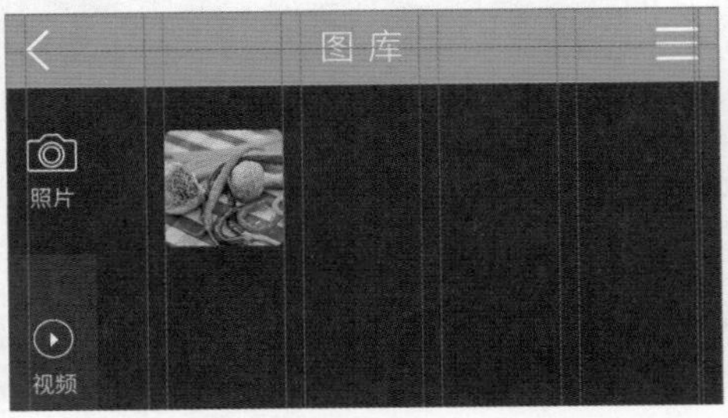

图11-18

图11-19

15 在【图层】面板中，选中步骤12至步骤14创建的图层，按Ctrl+G键进行编组。然后使用【移动】工具移动并复制编组后的图层组，如图11-20所示。

16 使用【移动】工具选择图像图层，并替换素材图像，完成如图11-21所示的图库列表页制作。

图11-20

图11-21

提示

UI设计中常用的图片尺寸和版式设置并不是任意的，而是按照统一的图片尺寸进行排版和设计。根据App的定位与风格，图片可以横置或竖置，不同的图片尺寸也可以同时使用，以增强画面的丰富性，常用的图片尺寸比例为1:1、3:4、2:3、16:9、16:10等。

案例——制作天气预报 App 列表页

视频名称	制作天气预报 App 列表页
案例文件	案例文件 \ 第 11 章 \ 制作天气预报 App 列表页

01 启动Photoshop，选择【文件】|【新建】命令，打开【新建文档】对话框。在该对话框中，选中【移动设备】选项，并在【空白文档预设】选项组中选中【iPhone 8/7/6】选项，输入新建文档的名称，然后单击【创建】按钮，如图11-22所示。

02 选择【视图】|【新建参考线版面】命令，打开【新建参考线版面】对话框。在该对话框中，设置【列】的【数字】数值为1，【宽度】数值为120像素；【行数】的【数字】数值为1；设置边距【上】【左】【下】【右】数值均为40像素，然后单击【确定】按钮创建参考线，如图11-23所示。

03 选择【视图】|【新建参考线】命令，打开【新建参考线】对话框。在对话框中，选中【水平】单选按钮，设置【位置】数值为494像素，然后单击【确定】按钮创建参考线，如图11-24所示。

04 选择【矩形】工具，在选项栏中选择工具模式为【形状】，设置【填充】颜色为R:245 G:245

B:245。使用【矩形】工具在画板左侧边缘依据参考线单击，打开【创建矩形】对话框。在该对话框中，设置【宽度】数值为750像素，【高度】数值为120像素，圆角半径为0像素，然后单击【确定】按钮创建矩形，如图11-25所示。

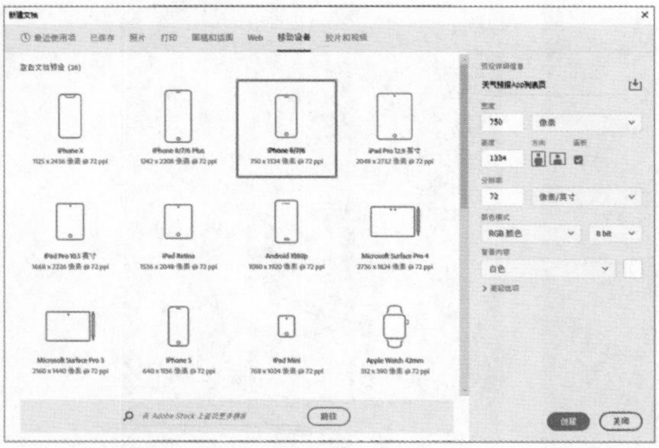

图11-22

图11-23

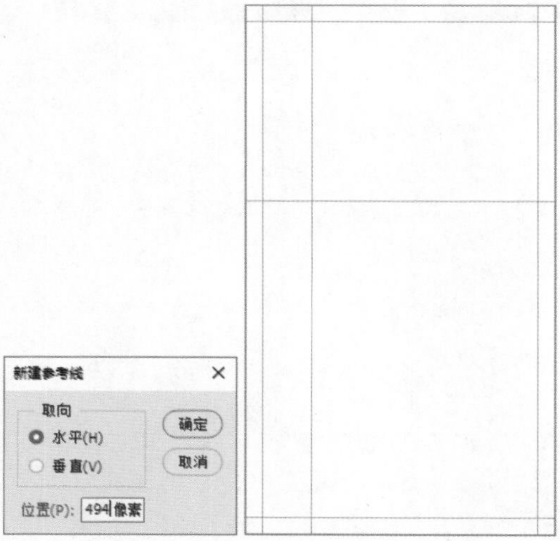

图11-24

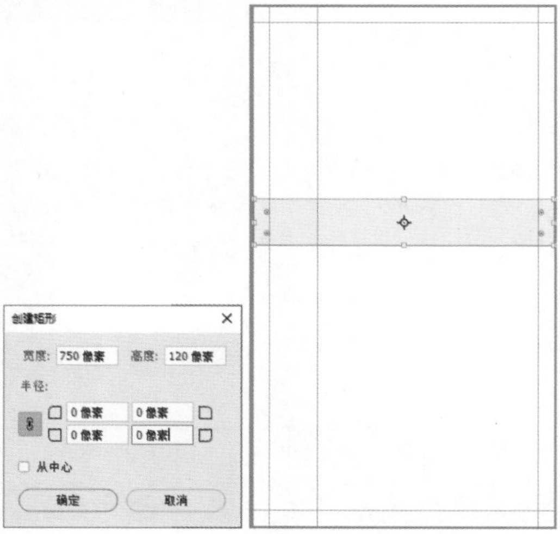

图11-25

05 选择【视图】|【通过形状新建参考线】命令，根据绘制的矩形创建参考线。然后选择【移动】工具向下移动矩形，继续使用【通过形状新建参考线】命令添加参考线，并根据需要复制矩形，如图11-26所示。

06 选择【矩形】工具依据参考线，在画板顶部绘制矩形。选择【文件】|【置入嵌入对象】命令，置入所需的素材图像，并在【图层】面板中右击刚置入的图像图层，在弹出的快捷菜单中选择【创建剪贴蒙版】命令创建剪贴蒙版，如图11-27所示。

07 在【图层】面板中，选中步骤04至步骤06创建的图层，按Alt键单击【创建新组】按钮，打开【从图层新建组】对话框。在该对话框的【名称】文本框中输入“背景”，然后单击【确定】按钮创建新组，如图11-28所示。

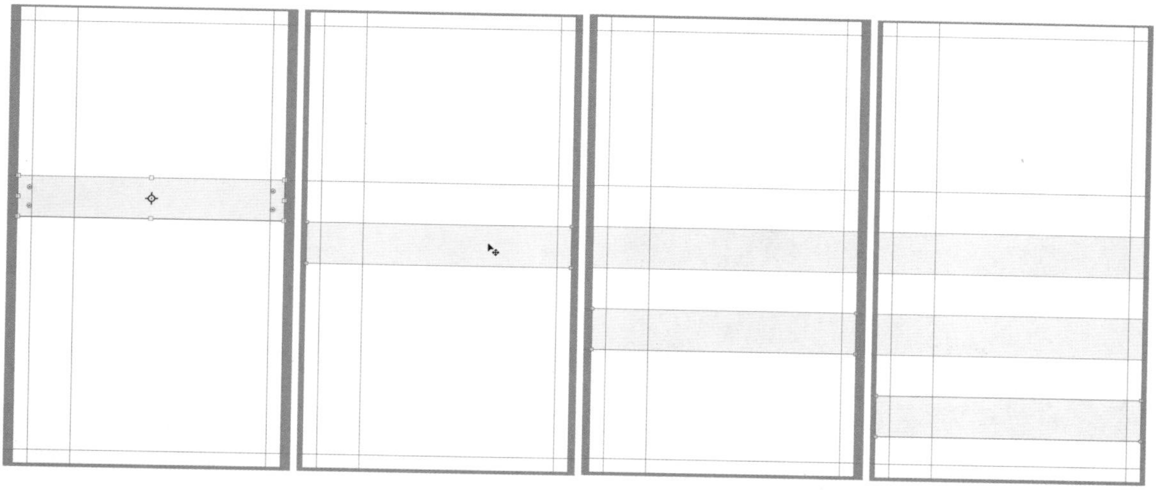

图 11-26

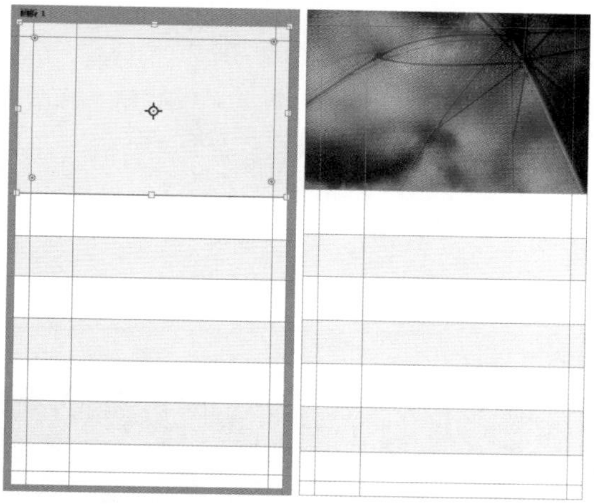

图 11-27

图 11-28

08 选择【文件】|【置入嵌入对象】命令，置入状态栏素材图像，如图 11-29 所示。

09 选择【横排文字】工具在画板中拖动创建文本框，在选项栏中设置字体系列为【苹方】，字体样式为【中等】，字体大小为48点，单击【居中对齐文本】按钮，设置字体颜色为白色，然后输入文字内容，如图 11-30 所示。

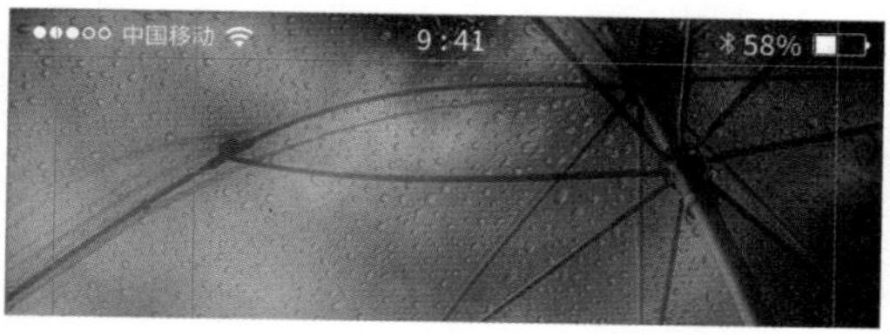

图 11-29

图 11-30

10 选择【文件】|【置入嵌入对象】命令，置入所需的天气图标，并在选项栏中设置W数值为200%，如图 11-31 所示。

11 在【图层】面板中，双击刚置入的图标图层，打开【图层样式】对话框。在该对话框中，选中【颜色叠加】选项，设置【混合模式】为【正常】，叠加颜色为白色，然后单击【确定】按钮应用图层样式，如图 11-32 所示。

图 11-31

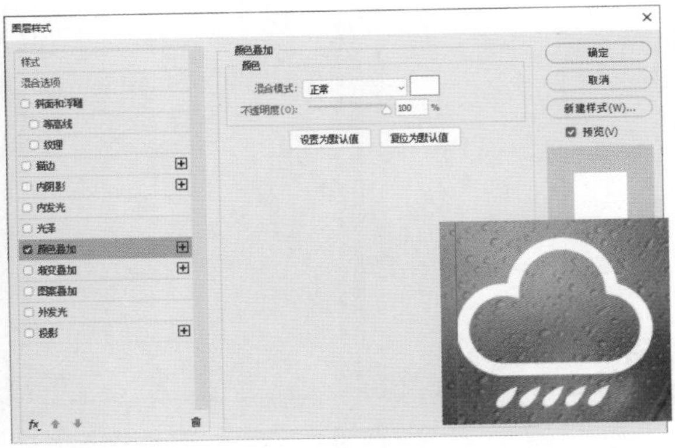

图 11-32

12 选择【横排文字】工具在画板中单击，在选项栏中设置字体系列为SF Pro Text，字体样式为Medium，字体大小为180点，单击【右对齐文本】按钮，字体颜色为白色，然后输入文字内容，如图 11-33 所示。

13 继续使用【横排文字】工具在画板中创建文本框，设置字体系列为【苹方】，字体大小为30点，单击【居中对齐文本】按钮，字体颜色为白色，然后输入文字内容，如图 11-34 所示。

图 11-33

图 11-34

14 选择【文件】|【置入嵌入对象】命令，置入天气图标。按Ctrl+G键将刚置入的天气图标进行编组，并在【图层】面板中将组名称更改为“天气图标”，如图 11-35 所示。

15 在【图层】面板中，双击刚创建的图层组，打开【图层样式】对话框。在该对话框中，选中【颜色叠加】选项，设置叠加颜色为R:255 G:128 B:128，然后单击【确定】按钮，如图 11-36 所示。

16 选择【横排文字】工具在画板中单击，在选项栏中设置字体系列为【苹方】，字体样式为【粗体】，字体大小为36点，单击【左对齐文本】按钮，字体颜色为R:88 G:88 B:88，然后输入文字内容，如图 11-37 所示。

17 使用【横排文字】工具选中第二行文字内容，在选项栏中更改字体大小为24点，字体颜色为R:158 G:158 B:158，如图 11-38 所示。

图 11-35

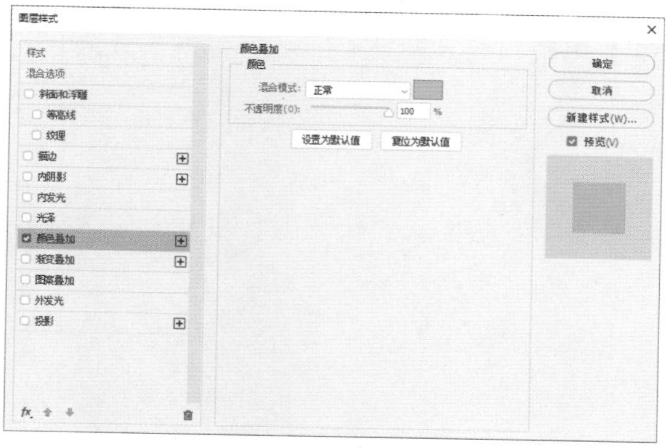

图 11-36

图 11-37

图 11-38

18 继续使用【横排文字】工具在画板中单击，在【属性】面板中设置字体系列为SF Pro Text，字体样式为Light，字体大小为72点，基线偏移为-37点，字体颜色为R:88 G:88 B:88，单击【右对齐文本】按钮，然后输入文字内容。使用【横排文字】工具选中前半部分文字内容，更改字体颜色为R:255 G:128 B:128，如图11-39所示。

19 选择【移动】工具，按Ctrl+Alt键连续移动并复制刚创建的文字对象，如图11-40所示。

图 11-39

图 11-40

20 在【图层】面板中，选中步骤14至步骤19创建的图层，按Alt键单击【创建新组】按钮，打开【从图层新建组】对话框。在该对话框的【名称】文本框中输入“天气列表”，单击【确定】按钮创建图层组。然后使用【横排文字】工具，分别修改步骤19创建的文字内容，完成如图11-41所示的列表页制作。

图 11-41

第 12 章

播放页设计

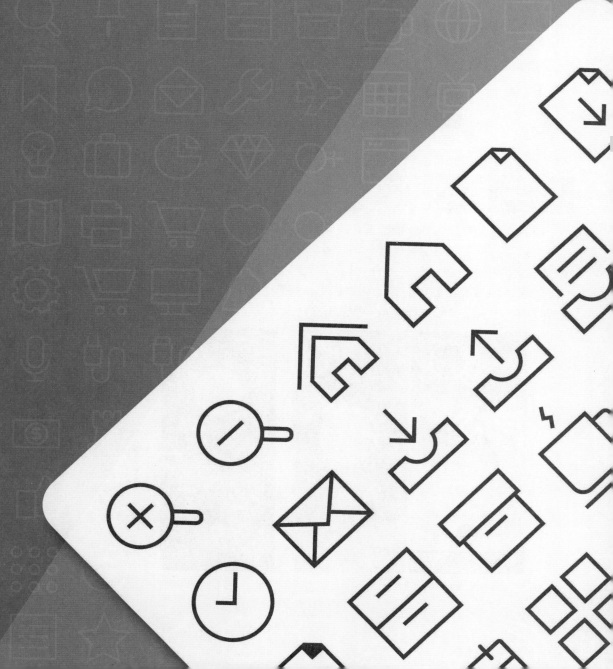

12.1 播放页的概念

在音乐类和视频类的App中会有相应的播放页面，如图12-1所示。不同类型的App，在播放页的设计上会有所不同。

图12-1

12.2 播放页的分类

播放页面大致分为音频播放页和视频播放页两种类型。

音频播放页主要用于播放音乐、广播、评书等音频类文件。音乐播放页中，通常会将歌手或CD的大图居中对齐放在页面的中上部，底部摆放进度条和可操作的按钮，如图12-2所示。

广播、评书类播放页的设计相对简单，操作性按钮是必不可少的部分，如图12-3所示。这类界面在手机录音和广播类App中比较常见。

图12-2

图12-3

视频播放页通常会采用两种播放形式：一种是在信息流或详情页中直接预览；另一种是全屏预览视频，如图12-4所示。前者在内容页面中进行播放可加强界面的操作性，如选集、评论和分享等功能，而全屏播放视频能让用户得到更佳的沉浸式观赏效果，增强用户体验的舒适感。

图12-4

案例——制作音乐播放页

视频名称	制作音乐播放页
案例文件	案例文件 \ 第 12 章 \ 制作音乐播放页

01 启动Photoshop，选择【文件】|【新建】命令，打开【新建文档】对话框。在该对话框中，选中【移动设备】选项，并在【空白文档预设】选项组中选中【iPhone 8/7/6】选项，输入新建文档的名称，然后单击【创建】按钮，如图12-5所示。

02 选择【视图】|【新建参考线】命令，打开【新建参考线】对话框。在该对话框中，选中【水平】单选按钮，设置【位置】数值为40像素，单击【确定】按钮创建参考线。然后使用相同的操作方法分别在位置128像素、228像素和1214像素处创建参考线，如图12-6所示。

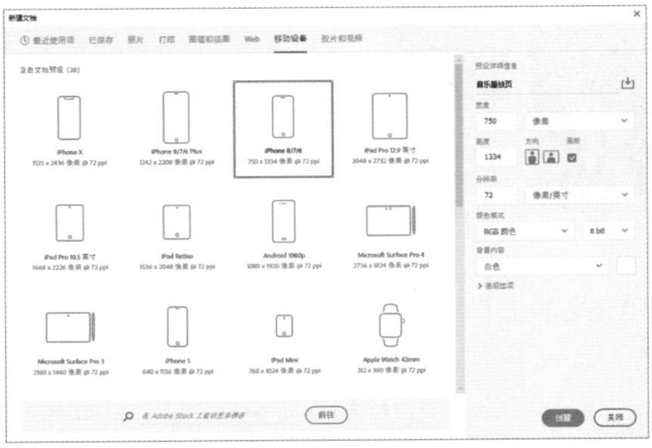

图12-5

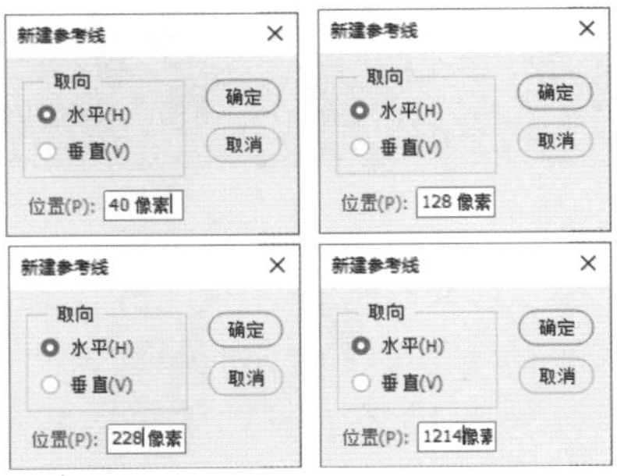

图12-6

03 选择【视图】|【锁定参考线】命令，锁定参考线。在【图层】面板中，单击【创建新的填充或调整图层】按钮，在弹出的快捷菜单中选择【纯色】命令，打开【拾色器(纯色)】对话框。在该对话框中设置填充颜色为R:230 G:230 B:230，然后单击【确定】按钮填充画板，如图12-7所示。

04 选择【矩形】工具，在选项栏中选择工具模式为【形状】，设置【填充】颜色为R:41 G:42 B:51，【描边】为无，然后使用【矩形】工具依据参考线绘制矩形，并在【图层】面板中设置【不透明度】数值为90%，如图12-8所示。

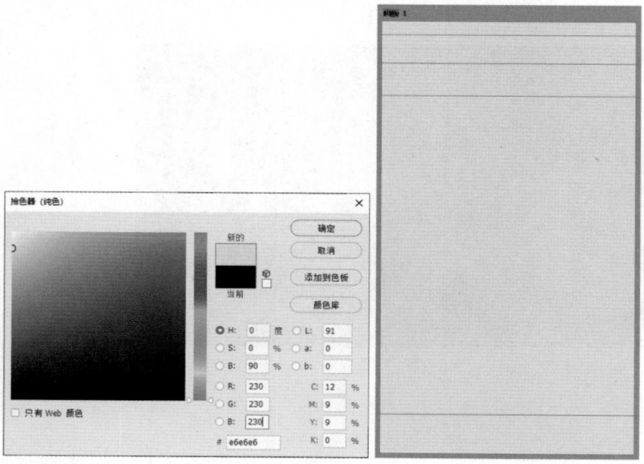

图 12-7

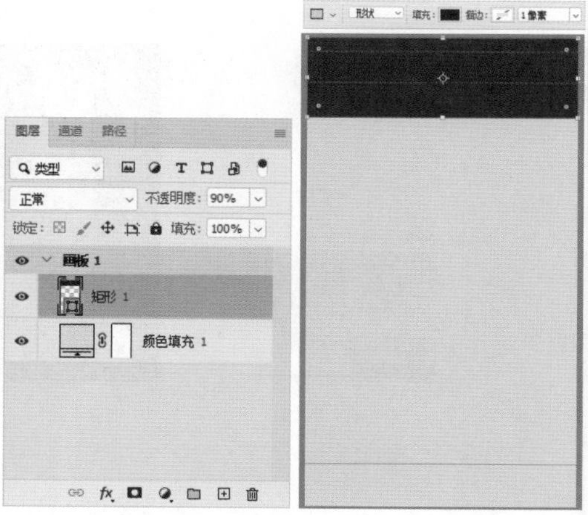

图 12-8

05 选择【文件】|【置入嵌入对象】命令，置入状态栏素材图像，如图12-9所示。

06 选择【视图】|【新建参考线】命令，打开【新建参考线】对话框。在该对话框中，选中【垂直】单选按钮，设置【位置】数值为375像素，然后单击【确定】按钮创建参考线，如图12-10所示。

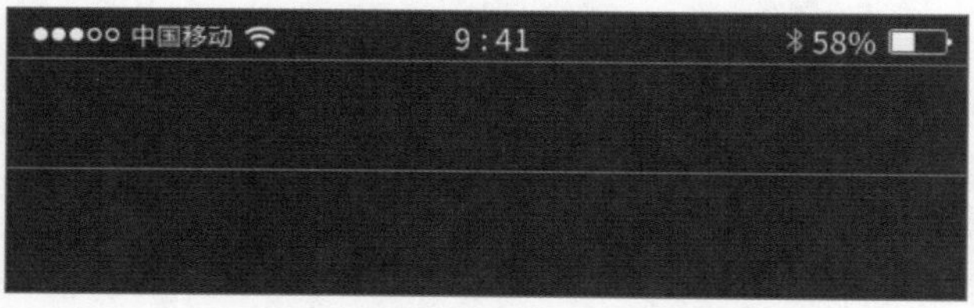

图 12-9

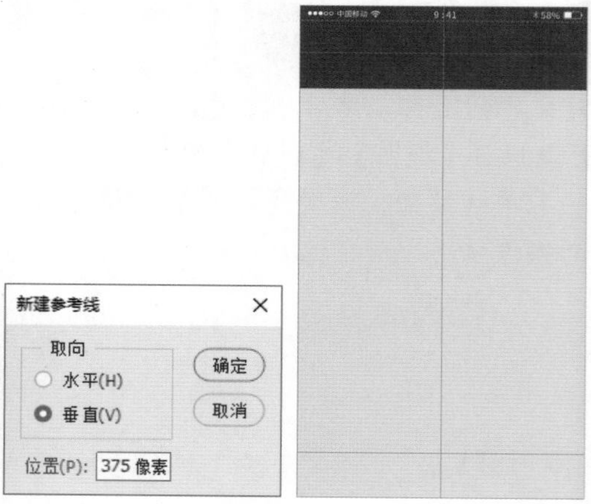

图 12-10

07 在【图层】面板中，选中最下方图层，按Alt键单击【创建新组】按钮，打开【新建组】对话框。在该对话框的【名称】文本框中输入“光盘”，然后单击【确定】按钮，如图12-11所示。

08 选择【视图】|【显示】|【网格】命令，显示网格。选择【椭圆】工具，在画板中单击，并按Shift+Alt键拖动绘制圆形，如图12-12所示。

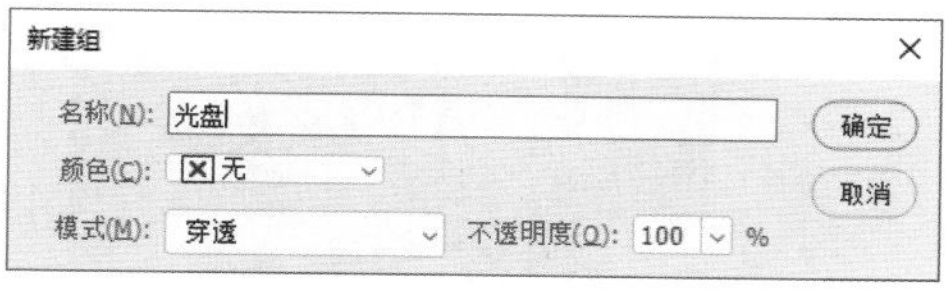

图 12-11

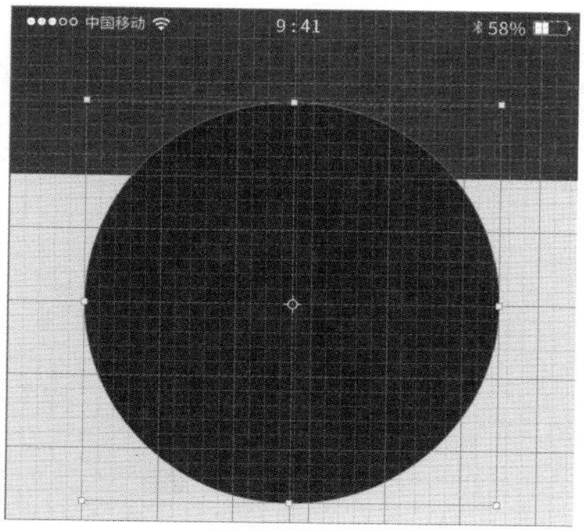

图 12-12

09 在【图层】面板中，双击刚创建的【椭圆 1】图层，打开【图层样式】对话框。在该对话框中，选中【渐变叠加】选项，设置【混合模式】为【正常】，【不透明度】数值为 100%，【渐变】为R:255 G:255 B:255 至R:132 G:132 B:132，【样式】为【径向】，如图 12-13 所示。

10 继续在【图层样式】对话框中，选中【描边】选项，设置【大小】数值为 1 像素，【位置】为【内部】，【颜色】为R:201 G:201 B:201，如图 12-14 所示。

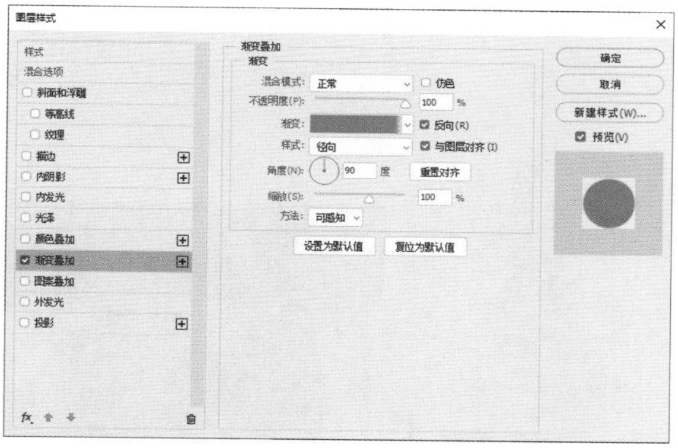

图 12-13

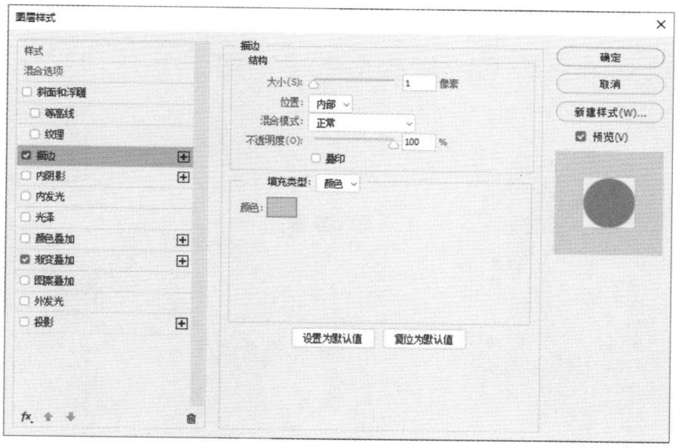

图 12-14

11 继续在【图层样式】对话框中，选中【投影】选项，设置【混合模式】为【正片叠底】，投影颜色为黑色，【不透明度】数值为 100%，【大小】数值为 10 像素，然后单击【确定】按钮，如图 12-15 所示。

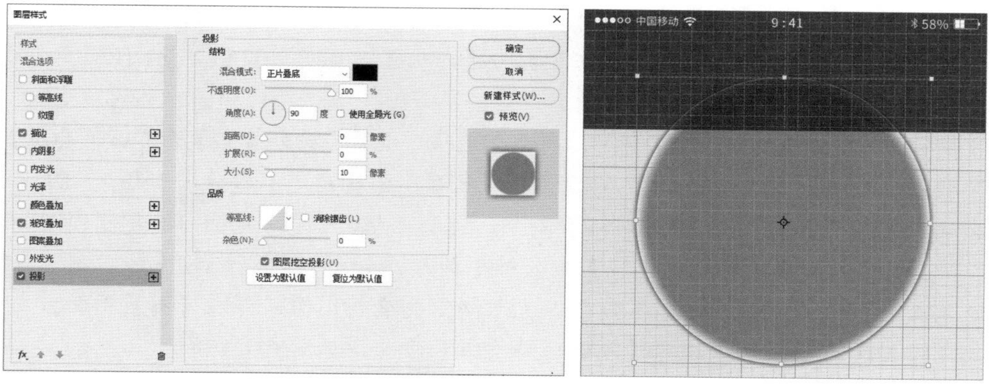

图 12-15

12 按Ctrl+J键复制【椭圆 1】图层，生成【椭圆 1 拷贝】图层，删除图层样式，按Ctrl+T键应用【自由变换】命令缩小圆形。双击刚复制的图层，打开【图层样式】对话框。在该对话框中，选中【描边】选项，设置【大小】数值为3像素，【位置】为【外部】，颜色为黑色，如图12-16所示。

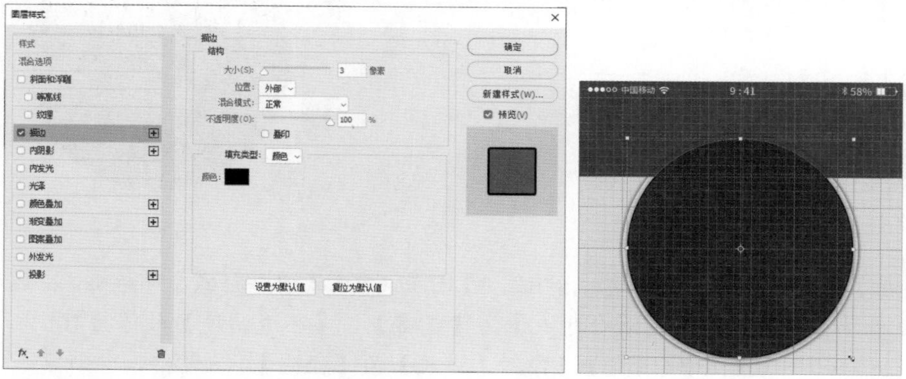

图12-16

13 继续在【图层样式】对话框中，再次选中【渐变叠加】选项，设置【混合模式】为【正常】，【不透明度】数值为30%，【样式】为【角度】，取消选中【反向】复选框，如图12-17所示设置渐变填充，然后单击【确定】按钮。

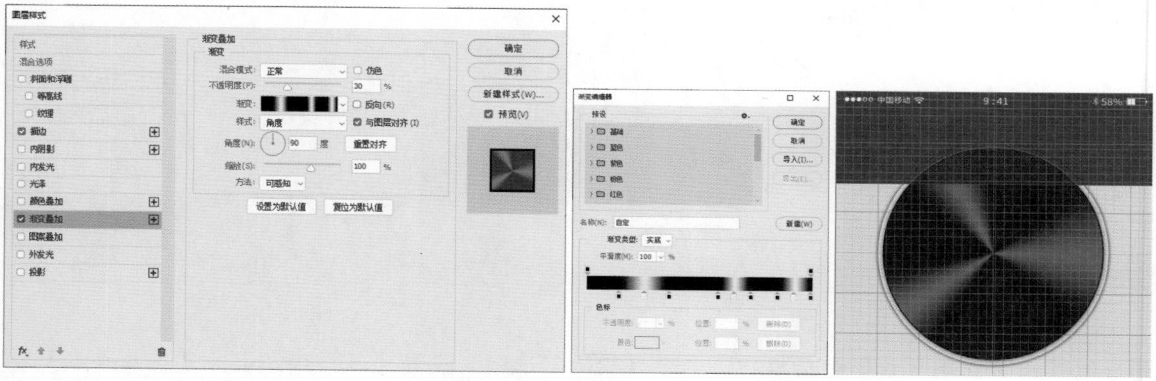

图12-17

14 按Ctrl+J键复制图层，生成【椭圆 1 拷贝 2】图层，删除图层样式，按Ctrl+T键应用【自由变换】命令缩小圆形。双击刚复制的图层，打开【图层样式】对话框。在该对话框中，选中【描边】选项，设置【大小】数值为2像素，【位置】为【内部】，颜色为R:81 G:81 B:81，如图12-18所示。

15 继续在【图层样式】对话框中，选中【投影】选项，设置【混合模式】为【正片叠底】，【不透明度】数值为45%，【大小】数值为10像素，然后单击【确定】按钮，如图12-19所示。

16 再次选择【视图】|【显示】|【网格】命令，隐藏网格。继续按Ctrl+J键复制图层，删除图层样式，并按Ctrl+T键应用【自由变换】命令缩小圆形，如图12-20所示。

17 选择【文件】|【置入嵌入对象】命令，置入所需的素材图像，并在【图层】面板中右击图像图层，从弹出的快捷菜单中选择【创建剪贴蒙版】命令，如图12-21所示。

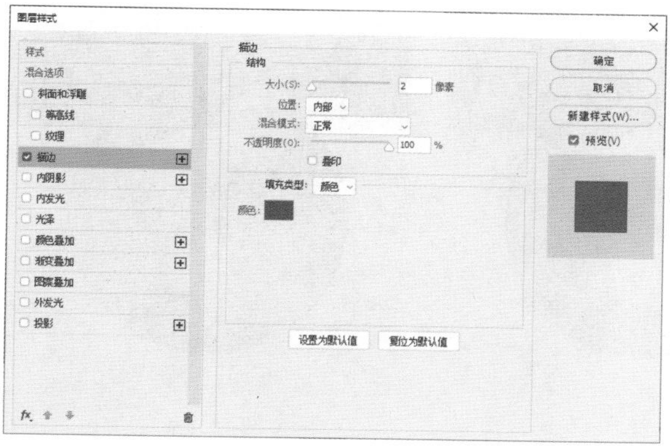

图 12-18

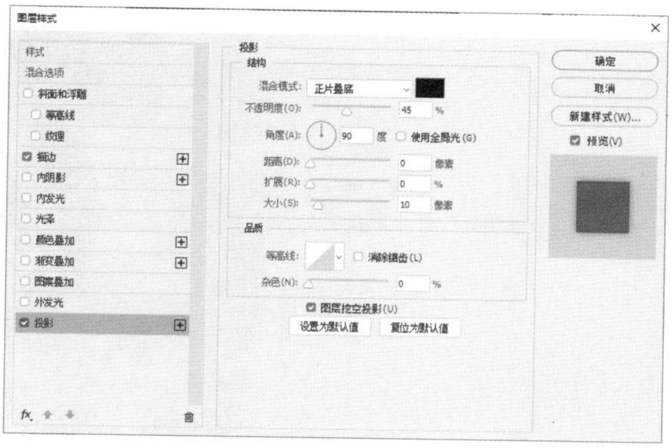

图 12-19

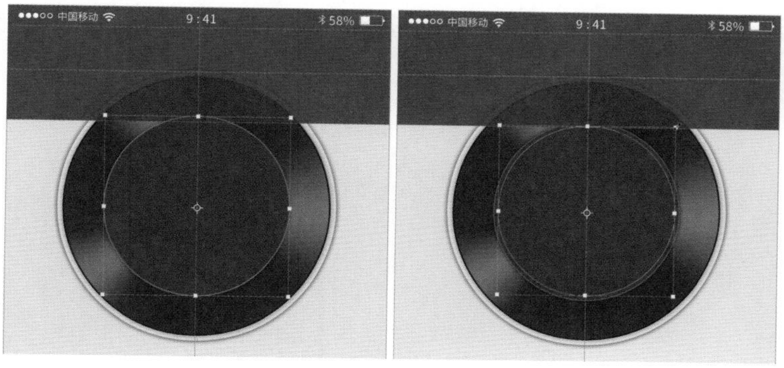

图 12-20

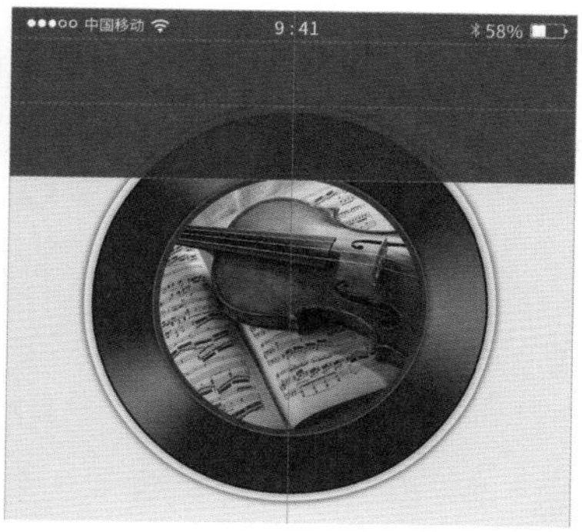

图 12-21

18 在【图层】面板中选中最上方图层，选择【横排文字】工具在画板中单击，在【属性】面板中设置字体系列为【苹方】，字体大小为 36 点，字体颜色为白色，单击【居中对齐文本】按钮，然后输入文字内容，如图 12-22 所示。

19 选择【文件】|【置入嵌入对象】命令，置入分享图标图像，如图 12-23 所示。

图 12-22

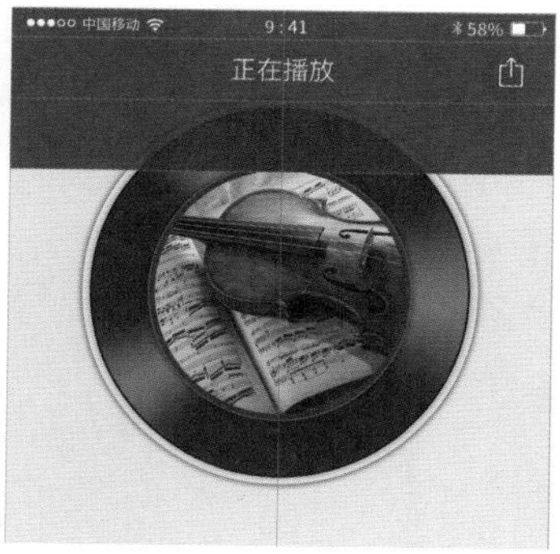

图 12-23

20 选择【矩形】工具依据参考线，在画板左侧单击，打开【创建矩形】对话框。在该对话框中，设置【宽度】数值为 750 像素，【高度】数值为 2 像素，单击【确定】按钮创建矩形，并在【图层】面板中设置【不透明度】数值为 30%，如图 12-24 所示。

21 选择【文件】|【置入嵌入对象】命令，置入制作完成的进度条控件，如图 12-25 所示。

图 12-24

图 12-25

22 在【图层】面板中，选中步骤18至步骤21创建的图层，在面板菜单中选择【从图层新建组】命令，打开【从图层新建组】对话框。在该对话框的【名称】文本框中输入“顶部栏”，然后单击【确定】按钮，如图12-26所示。

23 选择【矩形】工具，依据参考线在画板底部拖动绘制矩形，如图12-27所示。

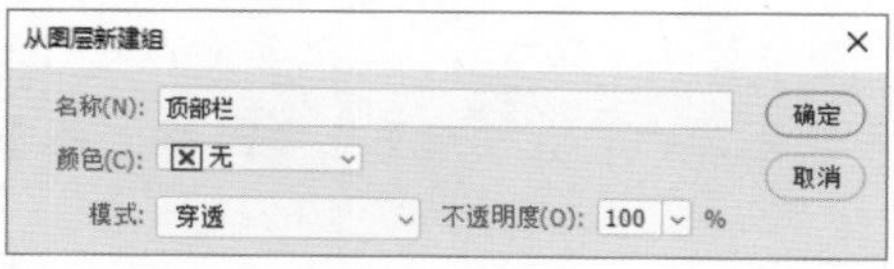

图 12-26

图 12-27

24 选择【文件】|【置入嵌入对象】命令，置入所需的图标。选择【横排文字】工具在图标下方单击，在【属性】面板中设置字体样式为【苹方】，字体大小数值为18点，字体颜色为R:158 G:158 B:159，单击【居中对齐文本】按钮，然后输入文字内容，如图12-28所示。

25 在【图层】面板中选中刚创建的文字图层和图标图层，按Ctrl+G键进行编组，生成【组 1】，如图12-29所示。

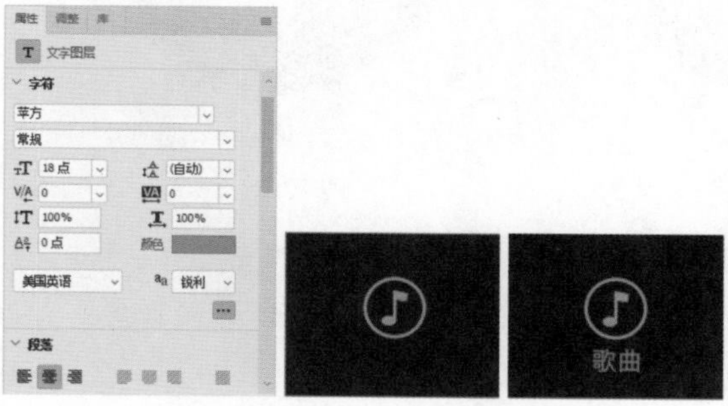

图 12-28

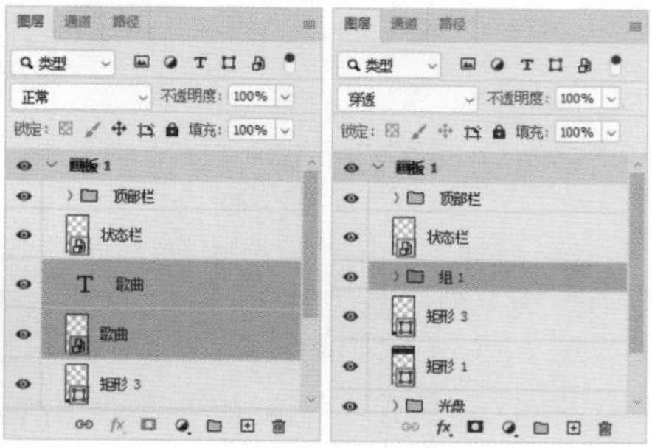

图 12-29

26 使用步骤24至步骤25的操作方法，添加其他图标及文字，如图12-30所示。

27 在【图层】面板中，选中刚创建的编组图层，选择【移动】工具，在选项栏中单击【水平分布】按钮，如图12-31所示。

图12-30

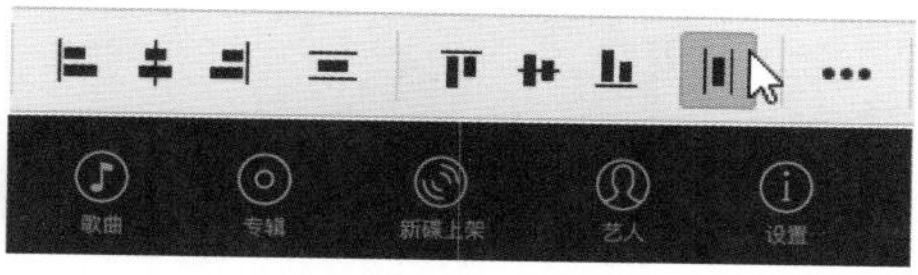

图12-31

28 保持选中图层组，在【图层】面板菜单中选择【从图层新建组】命令，打开【从图层新建组】对话框。在该对话框的【名称】文本框中输入“按钮”，再单击【确定】按钮。然后在选项栏中单击【水平水平居中】按钮，如图12-32所示。

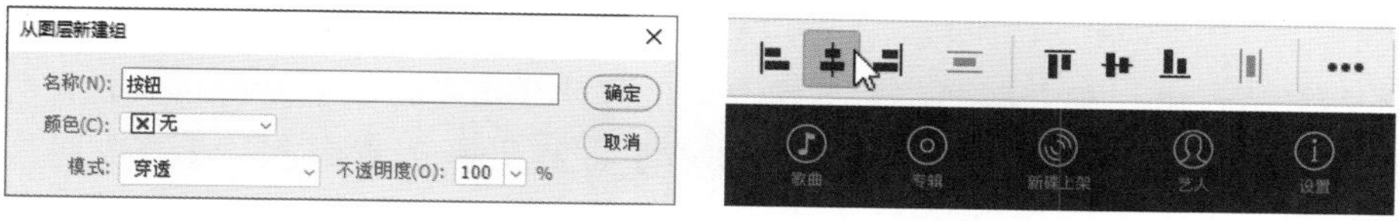

图12-32

29 在【图层】面板中选中“新碟上架”所在的图层组，双击图层组，打开【图层样式】对话框。在该对话框中，选中【颜色叠加】选项，设置叠加颜色为R:208 G:123 B:66，然后单击【确定】按钮，如图12-33所示。

30 在【图层】面板中，选中步骤23至步骤29创建的图层，在面板菜单中选择【从图层新建组】命令，打开【从图层新建组】对话框。在该对话框的【名称】文本框中输入“底部栏”，然后单击【确定】按钮，如图12-34所示。

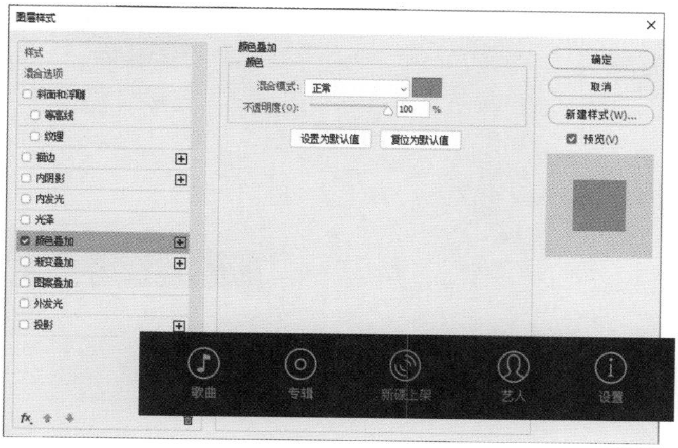

图12-33

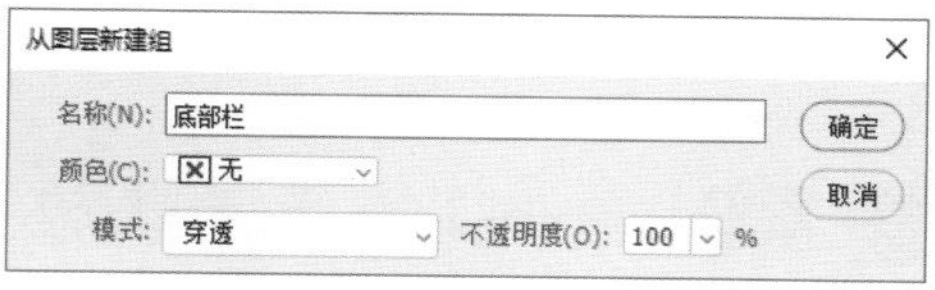

图12-34

31 选择【文件】|【置入嵌入对象】命令，分别置入音量调节控件和播放按钮控件，如图12-35所示。

32 选择【横排文字】工具在画板中单击，在【属性】面板中设置字体系列为【方正黑体简体】，字体大小为58点，字体颜色为R:65 G:68 B:72，单击【居中对齐文本】按钮，然后输入文字内容，如图12-36所示。

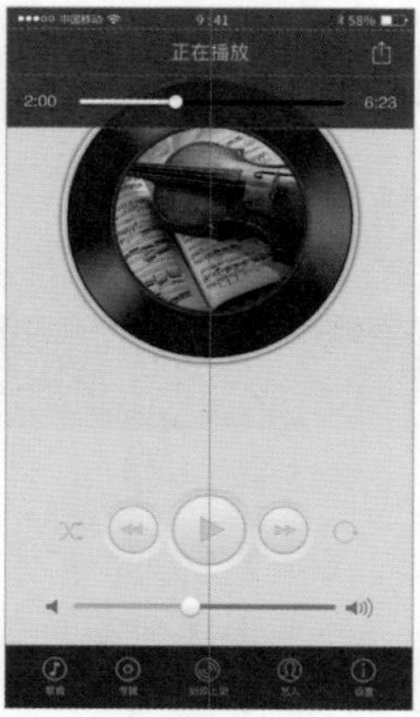

图 12-35

图 12-36

33 在【图层】面板中，双击刚创建的文字图层，打开【图层样式】对话框。在该对话框中，选中【投影】选项，设置【混合模式】为【正常】，投影颜色为白色，【不透明度】数值为75%，【距离】数值为2像素，然后单击【确定】按钮，如图 12-37 所示。

34 继续使用【横排文字】工具在画板中单击，在【属性】面板中设置字体系列为【苹方】，字体大小为30点，字符间距为100，字体颜色为R:120 G:120 B:120，然后输入文字内容，完成如图 12-38 所示的音乐播放页的制作。

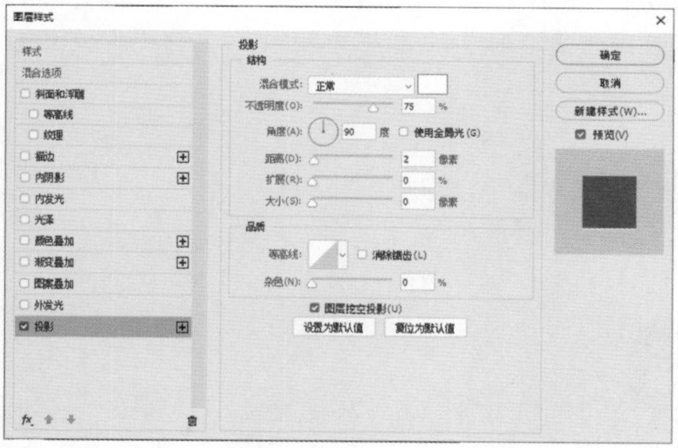

图 12-37

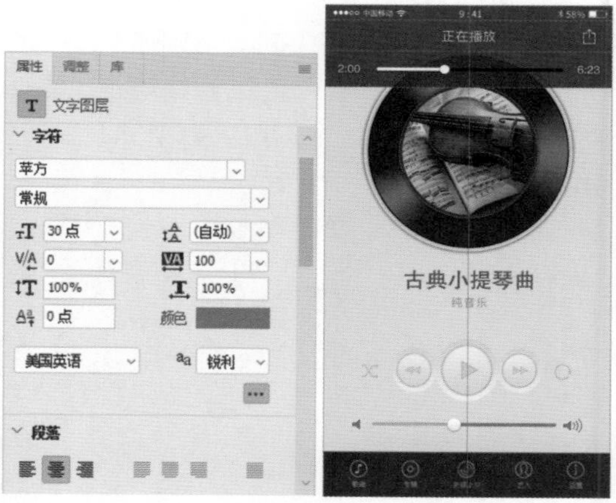

图 12-38

案例——制作音频播放页

视频名称	制作音频播放页
案例文件	案例文件 \ 第 12 章 \ 制作音频播放页

01 启动Photoshop，选择【文件】|【新建】命令，打开【新建文档】对话框。在该对话框中，选中【移动设备】选项，并在【空白文档预设】选项组中选中【iPhone 8/7/6】选项，输入新建文档的名称，然后单击【创建】按钮，如图 12-39 所示。

02 选择【视图】|【新建参考线版面】命令，打开【新建参考线版面】对话框。在该对话框中，设置【列】的【数字】数值为1；设置【行数】的【数字】数值为1，【高度】数值为816像素；设置边距的【上】数值为40像素，【左】数值为60像素，【下】数值为340像素，【右】数值为60像素，然后单击【确定】按钮创建参考线，如图12-40所示。

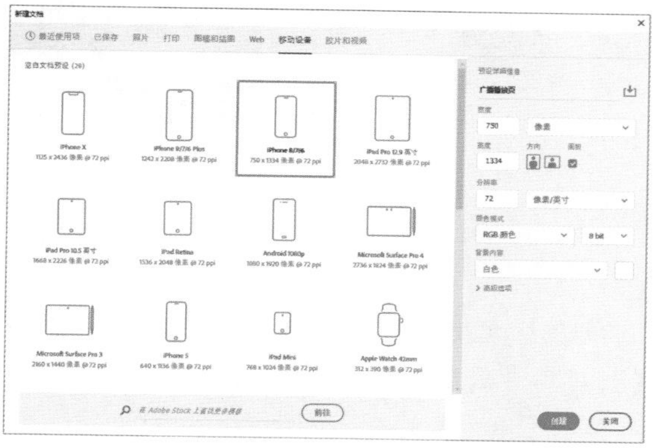

图12-39

图12-40

03 选择【视图】|【锁定参考线】命令，锁定参考线。在【图层】面板中，单击【创建新的填充或调整图层】按钮，在弹出的快捷菜单中选择【纯色】命令，打开【拾色器(纯色)】对话框。在该对话框中设置填充颜色为R:240 G:240 B:240，然后单击【确定】按钮填充画板，如图12-41所示。

04 选择【矩形】工具，在选项栏中选择工具模式为【形状】，设置【填充】颜色为R:62 G:58 B:68，【描边】颜色为无，然后使用【矩形】工具拖动绘制矩形，如图12-42所示。

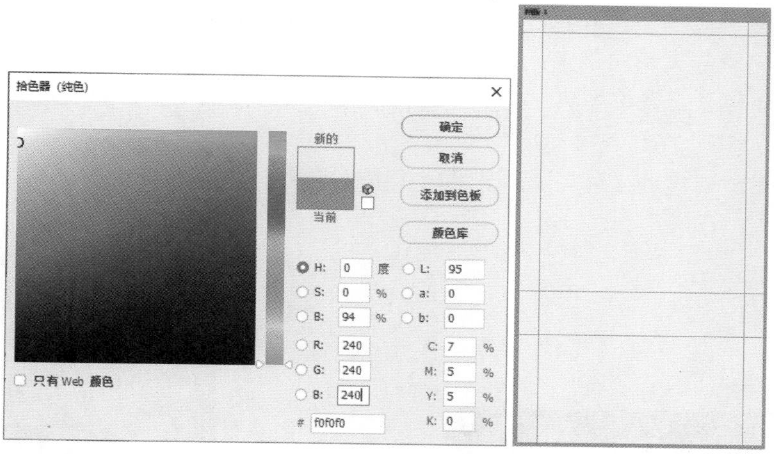

图12-41

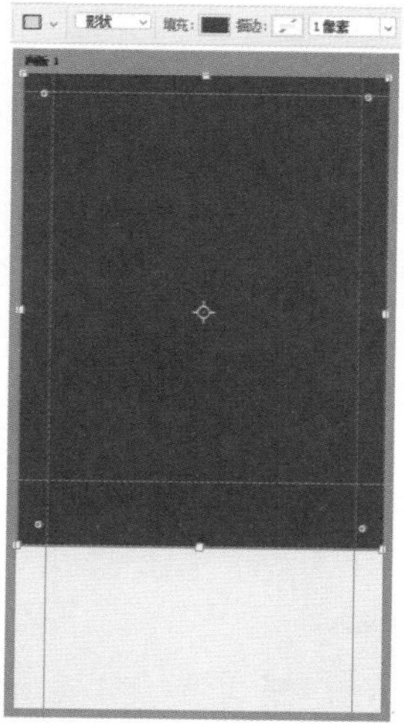

图12-42

05 双击刚创建的【矩形 1】图层，打开【图层样式】对话框。在该对话框中，选中【渐变叠加】选项，设置【混合模式】为【正常】，【不透明度】数值为75%，渐变颜色为R:80 G:59 B74至R:231 G:108 B:132，【样式】为【径向】，【角度】为45度，然后单击【确定】按钮，如图12-43所示。

06 继续使用【矩形】工具在画板顶部依据参考线绘制矩形，并在【图层】面板中设置【混合模式】为【正片叠底】，【不透明度】数值为20%，如图12-44所示。

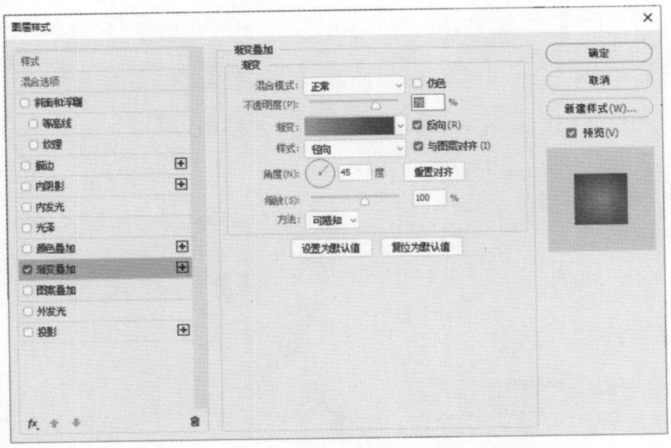

图 12-43

图 12-44

07 选择【文件】|【置入嵌入对象】命令，置入状态栏素材图像文件，如图 12-45 所示。

08 选择【视图】|【新建参考线】命令，打开【新建参考线】对话框。在该对话框中，选中【水平】单选按钮，设置【位置】数值为 138 像素，再单击【确定】按钮。然后使用相同操作，在【位置】为 708 像素处创建参考线，如图 12-46 所示。

图 12-45

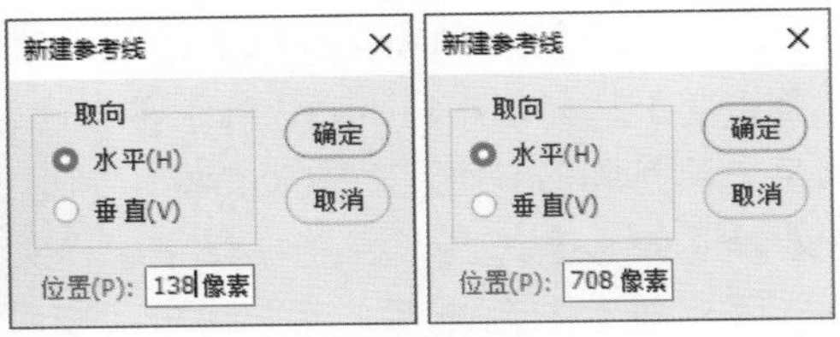

图 12-46

09 选择【椭圆】工具，在选项栏中选择工具模式为【形状】，【填充】颜色为R:255 G:243 B:194。然后使用【椭圆】工具在参考线的交接处单击，打开【创建椭圆】对话框。在该对话框中，设置【宽度】和【高度】均为 58 像素，选中【从中心】复选框，然后单击【确定】按钮创建圆形，如图 12-47 所示。

10 在【图层】面板中，设置刚创建的【椭圆 1】图层的【不透明度】数值为 10%，如图 12-48 所示。

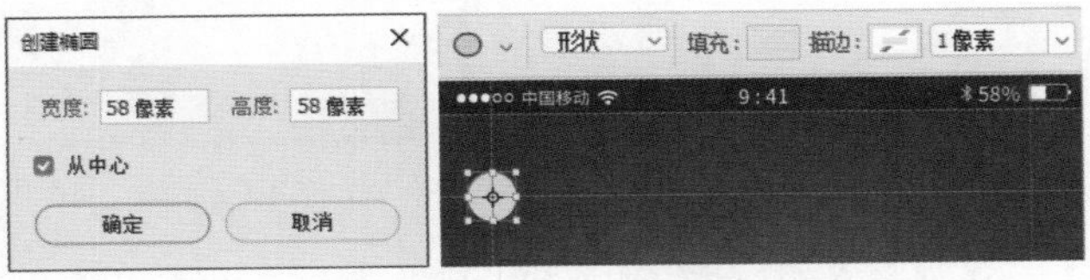

图 12-47

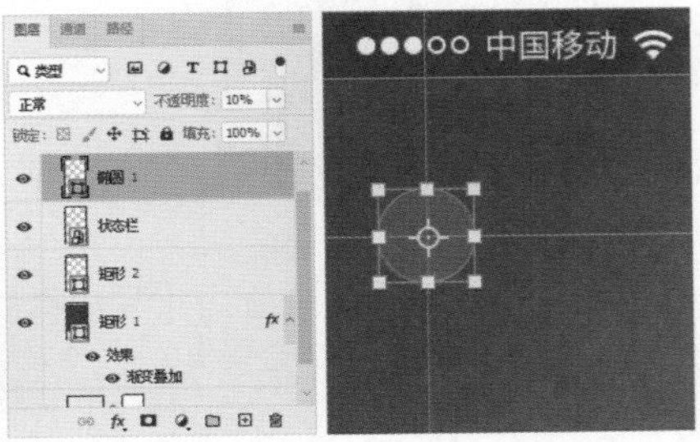

图 12-48

11 使用【移动】工具，按Ctrl+Alt键移动并复制刚创建的圆形至参考线的交接处，如图 12-49 所示。

12 在【图层】面板中，选中步骤09创建的图层，选择【文件】|【置入嵌入对象】命令，置入所需的列表按钮，如图12-50所示。

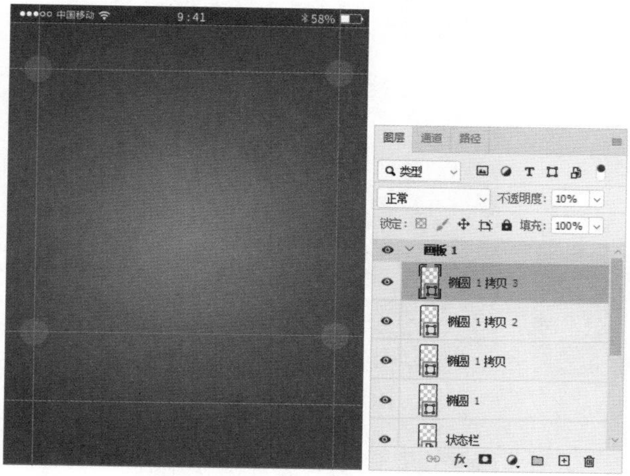

图12-49

图12-50

13 使用步骤12的操作方法，在其他圆形处置入相应的按钮图标，如图12-51所示。

14 在【图层】面板中，选中步骤09至步骤13创建的图层，在面板菜单中选择【从图层新建组】命令，打开【从图层新建组】对话框。在该对话框的【名称】文本框中输入“按钮”，然后单击【确定】按钮创建组，如图12-52所示。

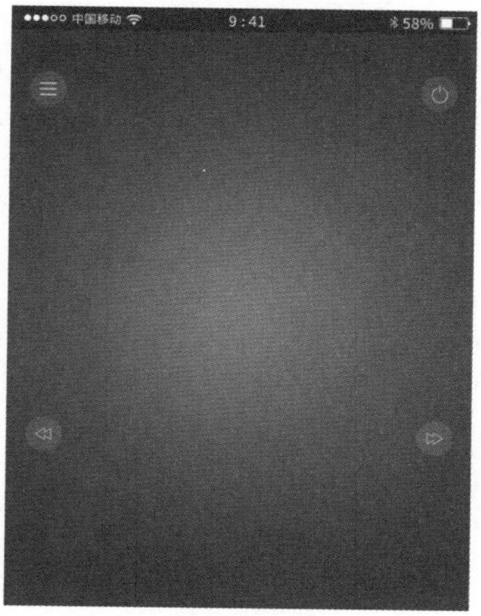

图12-51

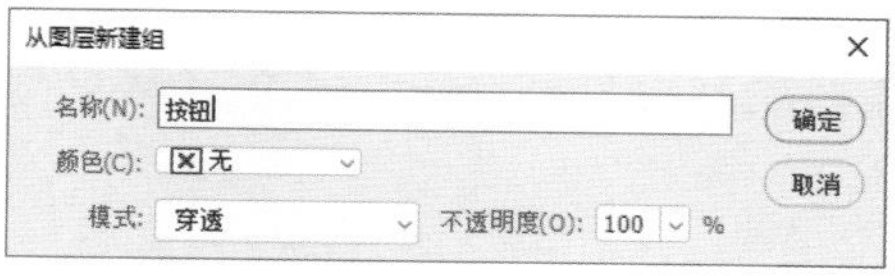

图12-52

15 选择【横排文字】工具在画板中单击，在选项栏中设置字体系列为SF Pro Text，字体大小为48点，单击【居中对齐文本】按钮，设置字体颜色为RGB，然后输入文字内容，如图12-53所示。

16 选择【文件】|【置入嵌入对象】命令，置入音频素材图像文件，如图12-54所示。

17 选择【椭圆】工具在画板中单击，打开【创建椭圆】对话框。在该对话框中，设置【宽度】和【高度】均为286像素，选中【从中心】复选框，单击【确定】按钮创建圆形。然后在【图层】面板中，设置【填充】数值为10%，如图12-55所示。

图12-53

图12-54

图12-55

18 在【图层】面板中双击刚创建的图层，打开【图层样式】对话框。在该对话框中，选中【描边】选项，设置【大小】数值为2像素，【位置】为外部，颜色为R:222 G:189 B:194，然后单击【确定】按钮，如图12-56所示。

19 选择【椭圆】工具在画板中单击，打开【创建椭圆】对话框。在该对话框中，设置【宽度】和【高度】均为15像素，选中【从中心】复选框，然后单击【确定】按钮，如图12-57所示。

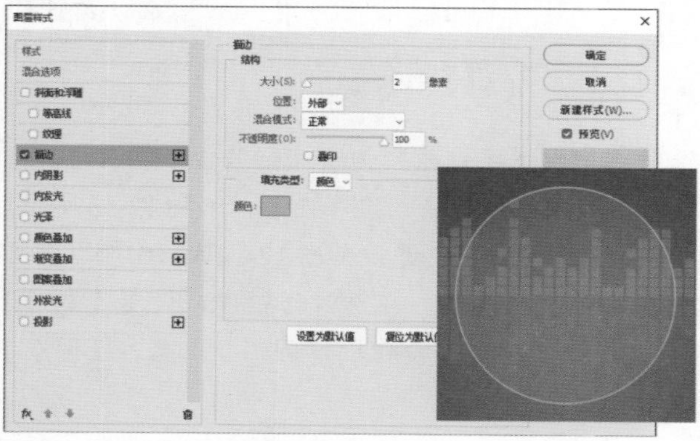

图12-56

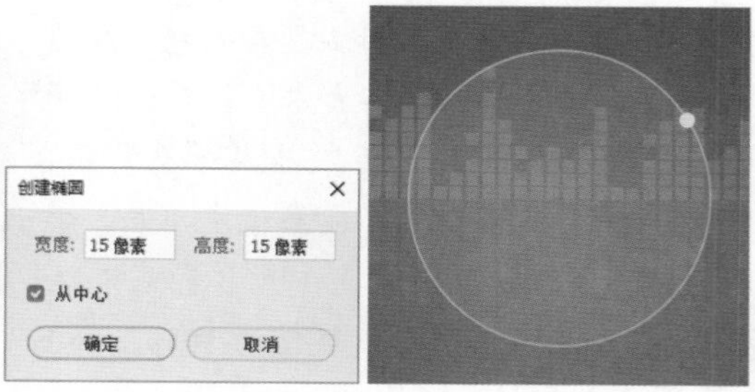

图12-57

20 在【图层】面板中，双击刚创建的图层，打开【图层样式】对话框。在该对话框中，选中【投影】选项，设置【混合模式】为【正片叠底】，【不透明度】数值为35%，【距离】数值为3像素，【大小】数值为5像素，然后单击【确定】按钮，如图12-58所示。

21 选择【横排文字】工具在画板中单击，在【属性】面板中设置字体系列为Microsoft YaHei UI，字体大小为90点，字体颜色为白色，单击【居中对齐文本】按钮，然后输入文字内容，如图12-59所示。

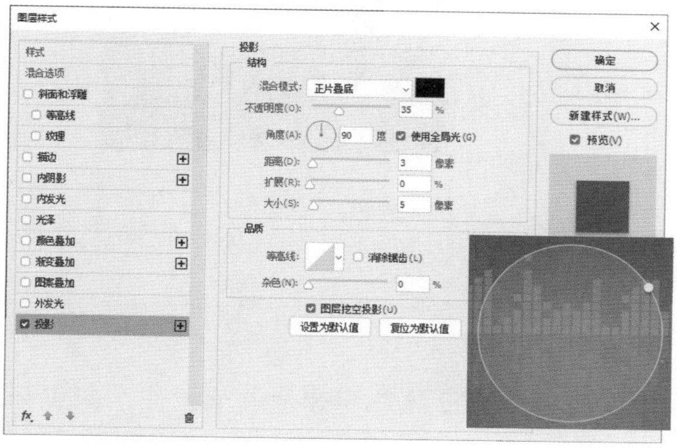

图12-58

图12-59

22 继续使用【横排文字】工具在画板中单击，在【属性】面板中设置字体系列为【方正黑色简体】，字体大小为36点，字符间距为50，字体颜色为白色，单击【居中对齐文本】按钮，然后输入文字内容，如图12-60所示。

23 选择【文件】|【置入嵌入对象】命令，置入所需的按钮图标，如图12-61所示。

图12-60

图12-61

24 在【图层】面板中，选中步骤09至步骤23创建的图层，在面板菜单中选择【从图层新建组】命令，打开【从图层新建组】对话框。在该对话框的【名称】文本框中输入“界面”，然后单击【确定】按钮创建组，如图12-62所示。

25 选择【矩形】工具，在选项栏中选择工具模式为【形状】，设置【填充】颜色为R:62 G:58 B:68，【描边】为无，然后使用【矩形】工具依据参考线绘制矩形，并在【图层】面板中设置【混合模式】为【正片叠底】，【不透明度】数值为10%，如图12-63所示。

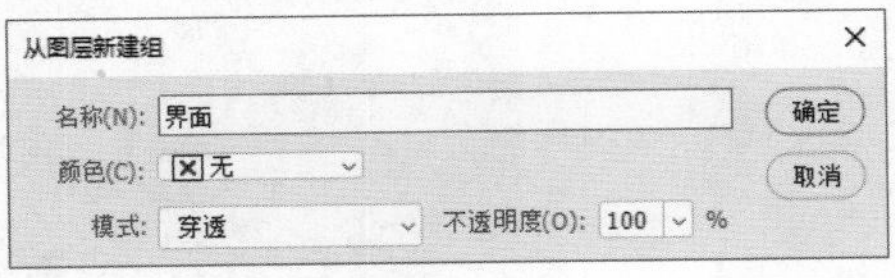

图 12-62

图 12-63

26 选择【文件】|【置入嵌入对象】命令，置入所需的频率调节控件和音量调节控件，完成如图 12-64 所示的音频播放页制作。

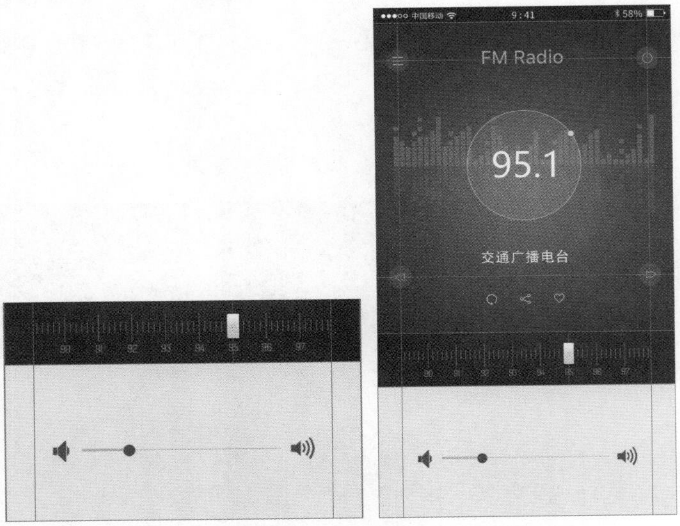

图 12-64

第 13 章

详情页设计

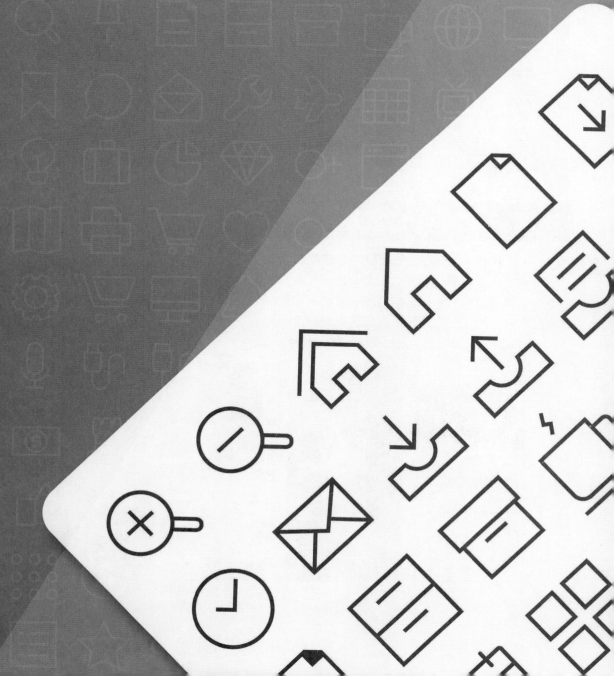

13.1 详情页的概念

详情页是整个App中详细展示信息内容的页面，采用图文结合的方式，注重文字的可读性，如图13-1所示。

图13-1

13.2 详情页的常见类型

详情页根据页面属性大致可分为普通型和销售型两种类型。

普通型详情页的页面样式较多，出现在各种类型的App中。日常生活中常见的新闻类、天气类，或者流媒体类和阅读类等App中大多采用这种普通的详情页，通过文字和图片向用户传达详细内容，如图13-2所示。在阅读类App中，详情页更注重文字信息的条理性和可读性。

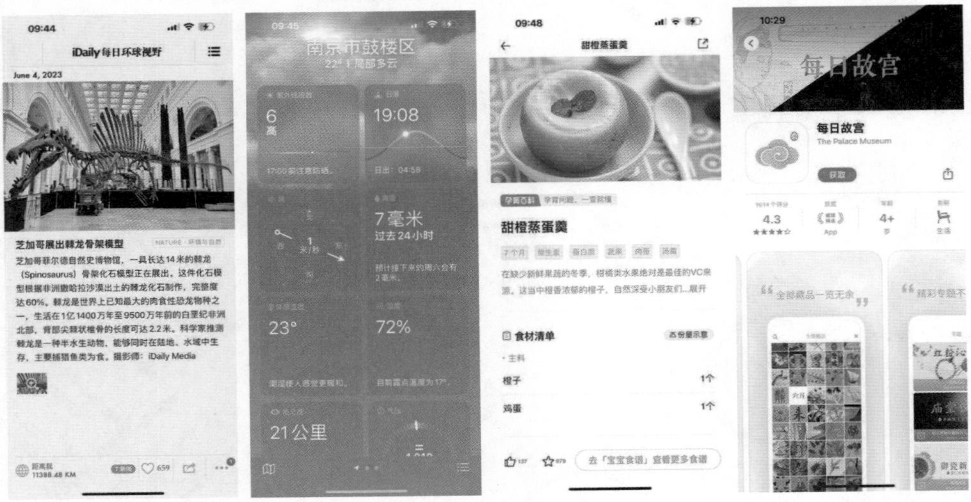

图13-2

销售型的详情页多出现在电商类App中。详情页会详细展示商品的款式、颜色、型号及其他属性以方便用户购买。为了引导用户快速下单，“购买”的按钮会一直呈现在界面中，突出显示，以方便用户将商品添加到购物车或一键下单，如图13-3所示。

图13-3

案例——制作购物 App 详情页

视频名称	制作购物 App 详情页
案例文件	案例文件 \ 第 13 章 \ 制作购物 App 详情页

01 启动Photoshop，选择【文件】|【新建】命令，打开【新建文档】对话框。在该对话框中，选中【移动设备】选项，并在【空白文档预设】选项组中选中【iPhone 8/7/6】选项，输入新建文档的名称，然后单击【创建】按钮，如图13-4所示。

02 选择【视图】|【新建参考线版面】命令，打开【新建参考线版面】对话框。在该对话框中，设置【列】的【数字】数值为2；设置【行数】的【数字】数值为2，【高度】数值为40像素；设置边距的【上】数值为40像素，【左】【下】【右】数值为20像素，然后单击【确定】按钮创建参考线，如图13-5所示。

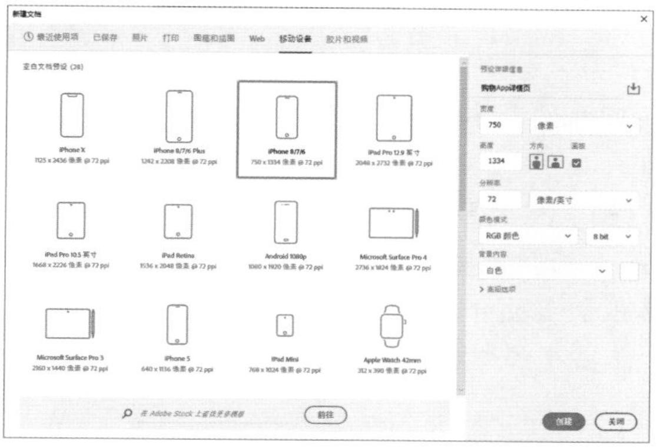

图13-4

图13-5

03 再选择【视图】|【新建参考线】命令，打开【新建参考线】对话框。在该对话框中，选中【水平】单选按钮，设置【位置】数值为140像素，单击【确定】按钮创建参考线。然后使用相同方法，在1234像素处创建参考线，如图13-6所示。

04 在【图层】面板中，单击【创建新的填充或调整图层】按钮，在弹出的菜单中选择【纯色】命令，打开【拾色器(纯色)】对话框。在该对话框中，设置颜色为R:227 G:233 B:239，然后单击【确定】按钮，如图13-7所示。

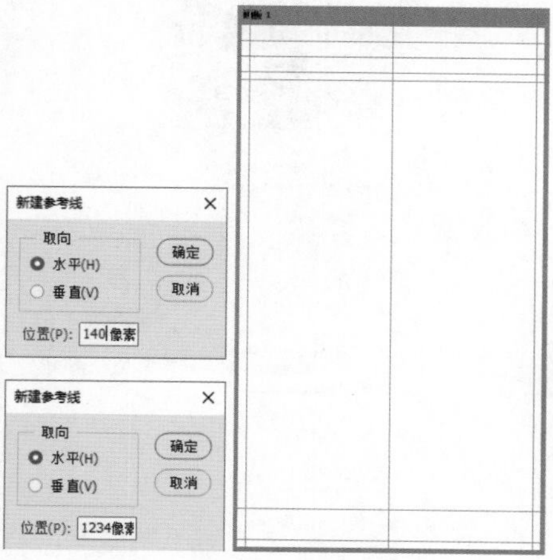

图13-6

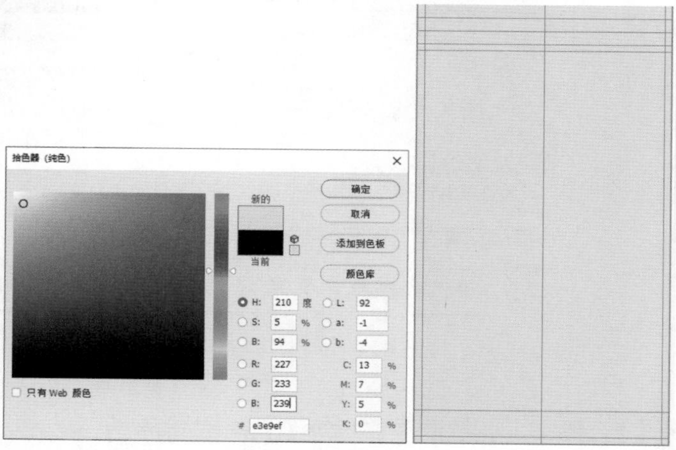

图13-7

05 选择【矩形】工具，在选项栏中选择工具模式为【形状】，设置【填充】颜色为R:44 G:44 B:44。使用【矩形】工具在画板左上角单击，打开【创建矩形】对话框。在该对话框中，设置【宽度】数值为750像素，【高度】数值为120像素，然后单击【确定】按钮，如图13-8所示。

06 选择【文件】|【置入嵌入对象】命令，置入状态栏素材图像，如图13-9所示。

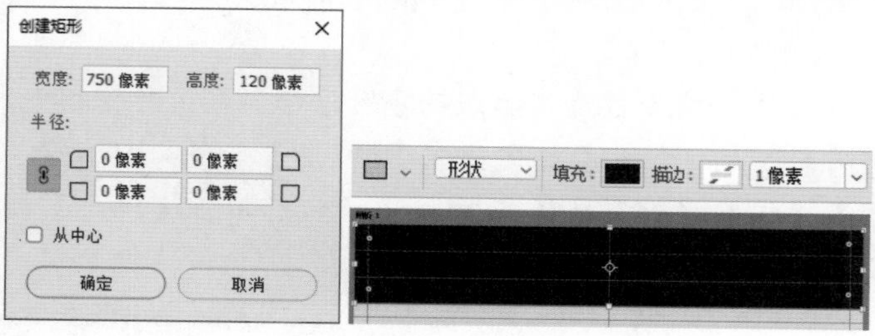

图13-8

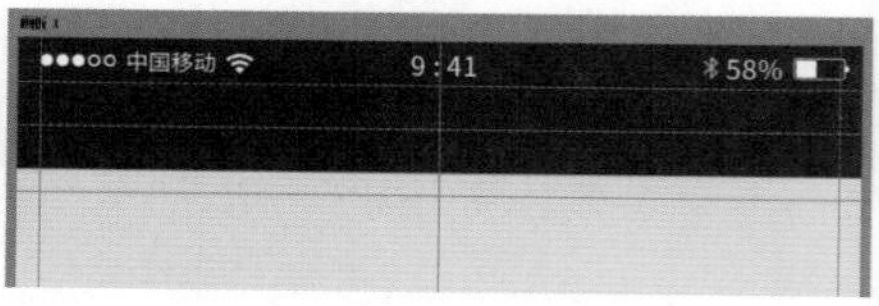

图13-9

07 选择【文件】|【置入嵌入对象】命令，置入返回和设置按钮图像，然后按Ctrl+G键进行编组，如图13-10所示。

08 在【图层】面板中双击刚创建的编组对象，打开【图层样式】对话框。在该对话框中，选中【颜色叠加】选项，设置叠加颜色为R:255 G:255 B:255，然后单击【确定】按钮，如图13-11所示。

09 选择【横排文字】工具在画板中单击，在【属性】面板中设置字体系列为【苹方】，字体大小为36点，字符间距为200，字体颜色为白色，单击【居中对齐文本】按钮，然后使用【横排文字】工具输入文字内容，如图13-12所示。

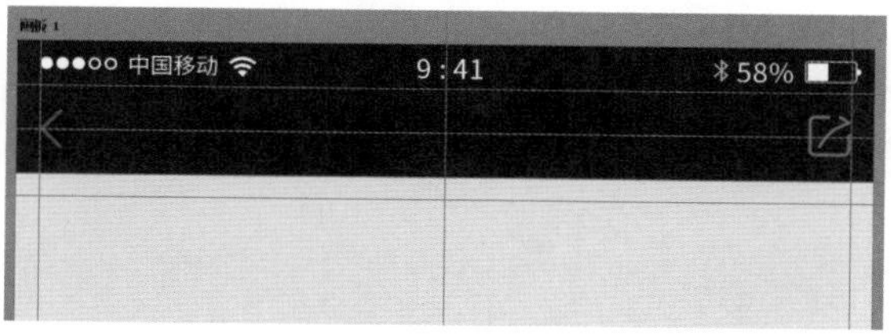

图 13-10

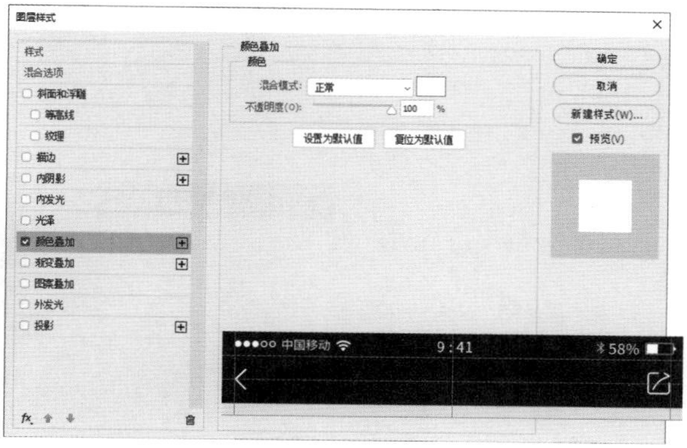

图 13-11

10 在【图层】面板中，选中步骤07至步骤09创建的图层，在面板菜单中选择【从图层新建组】命令，打开【从图层新建组】对话框。在该对话框的【名称】文本框中输入“导航栏”，然后单击【确定】按钮新建组，如图 13-13 所示。

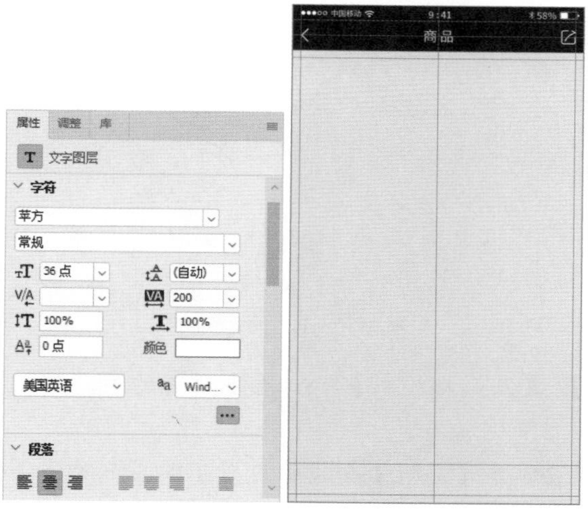

图 13-12

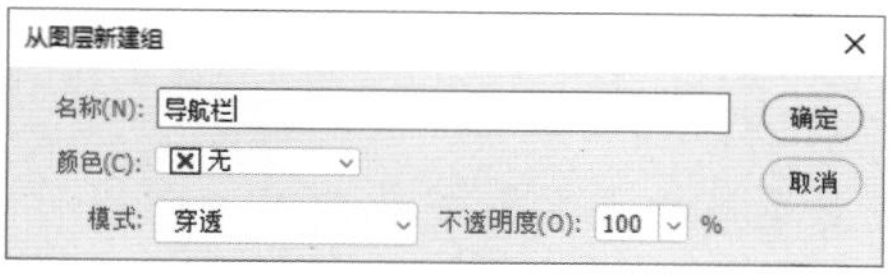

图 13-13

11 选择【矩形】工具，在选项栏中设置【填充】颜色为白色，然后使用【矩形】工具依据参考线单击，打开【创建矩形】对话框。在该对话框中，设置【宽度】数值为710像素，【高度】数值为455像素，圆角半径数值为25像素，单击【确定】按钮创建矩形，如图 13-14 所示。

12 在【图层】面板中，双击刚创建的矩形图层，打开【图层样式】对话框。在该对话框中，选中【投影】选项，设置【混合模式】为【正片叠底】，投影颜色为R:74 G:74 B:74，【不透明度】数值为20%，【距离】数值为2像素，【大小】数值为15像素，然后单击【确定】按钮，如图 13-15 所示。

13 选择【移动】工具，按Ctrl+Alt键移动并复制刚创建的矩形，然后在【属性】面板中取消选中【链接形状的宽度和高度】按钮，设置H数值为120像素，如图 13-16 所示。

14 继续使用【移动】工具，按Ctrl+Alt键连续移动并复制刚创建的矩形，然后修改最后一个复制的矩形的高度，如图 13-17 所示。

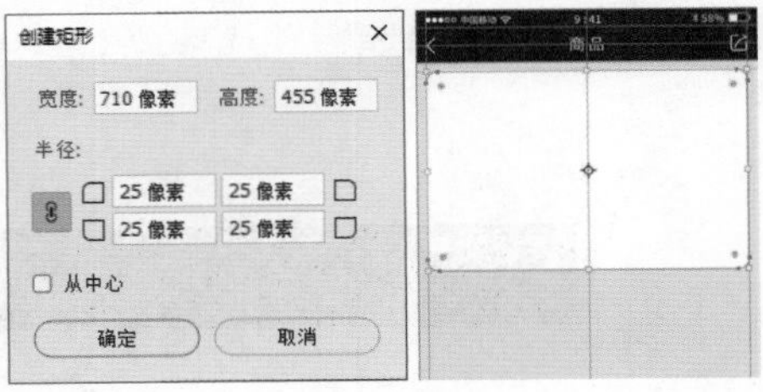

图 13-14

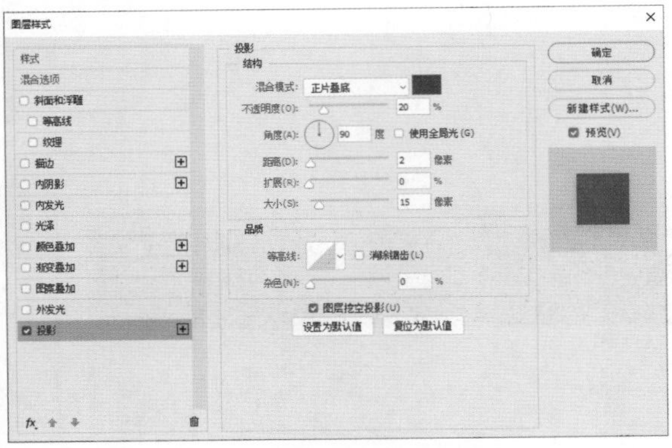

图 13-15

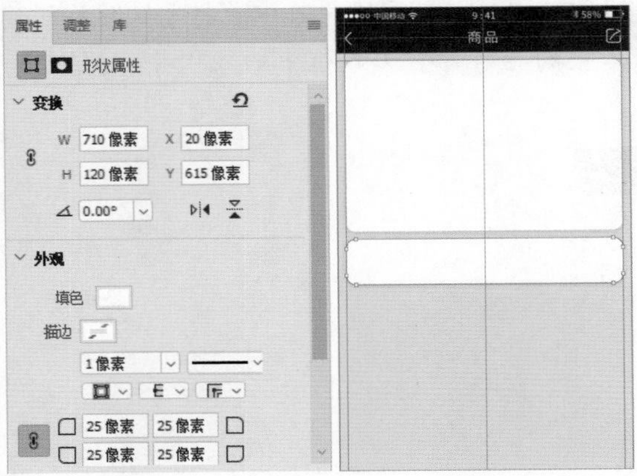

图 13-16

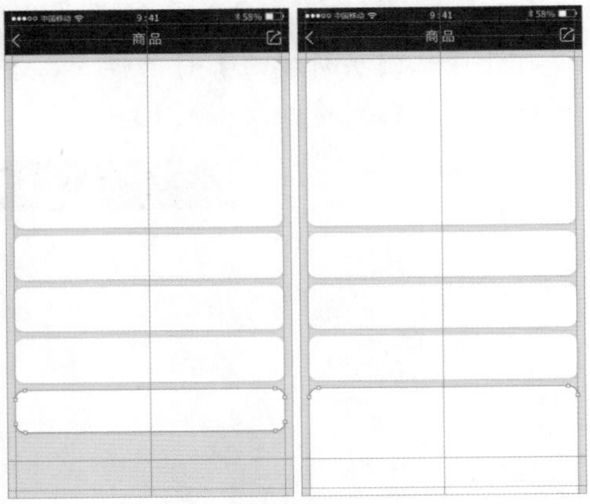

图 13-17

15 选中步骤 11 创建的圆角矩形，选择【文件】|【置入嵌入对象】命令，置入所需的商品素材图像，如图 13-18 所示。

16 使用【横排文字】工具在下一个矩形中单击，在【属性】面板中设置字体系列为【苹方】，字体大小为 34 点，字符间距为 100，基线偏移为-45 点，字体颜色为R:63 G:63 B:63，单击【居中对齐文本】按钮，然后使用文字工具输入内容，如图 13-19 所示。

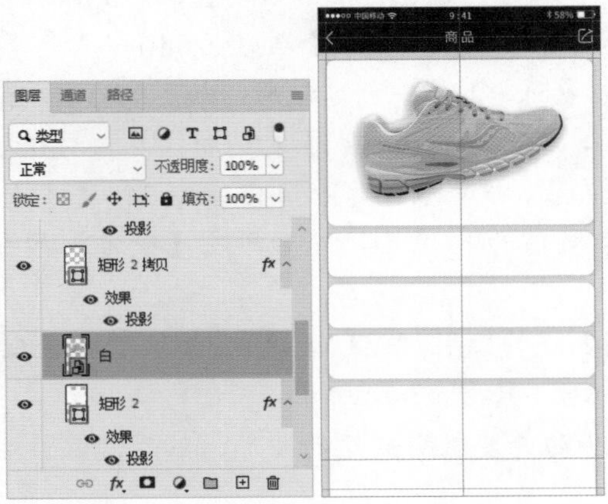

图 13-18

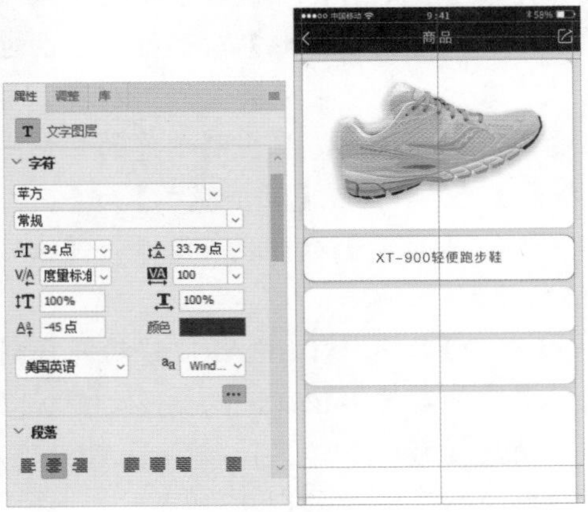

图 13-19

17 继续使用步骤16的操作方法，在下一个圆角矩形中输入文字内容，并在【属性】面板中设置字体样式为【中等】，字体大小为32点，单击【左对齐文本】按钮，设置【左缩进】数值为20点，如图13-20所示。

18 选择【椭圆】工具，在选项栏中设置【填充】和【描边】颜色为R:44 G:44 B:44，然后使用【椭圆】工具在圆角矩形中单击，打开【创建椭圆】对话框。在该对话框中设置【宽度】和【高度】均为58像素，选中【从中心】复选框，单击【确定】按钮创建圆形，如图13-21所示。

图13-20

图13-21

19 选择【横排文字】工具在刚创建的圆形中单击，在【属性】面板中设置字体系列为【苹方】，字体大小为24点，字符间距为0，基线偏移为8点，字体颜色为白色，单击【居中对齐文本】按钮，【左缩进】数值为0点，然后使用文字工具输入内容，如图13-22所示。

20 在【图层】面板中，选中步骤18至步骤19创建的对象，再选择【移动】工具移动并复制。然后将复制的圆形【填充】设置为无，更改文字内容，如图13-23所示。

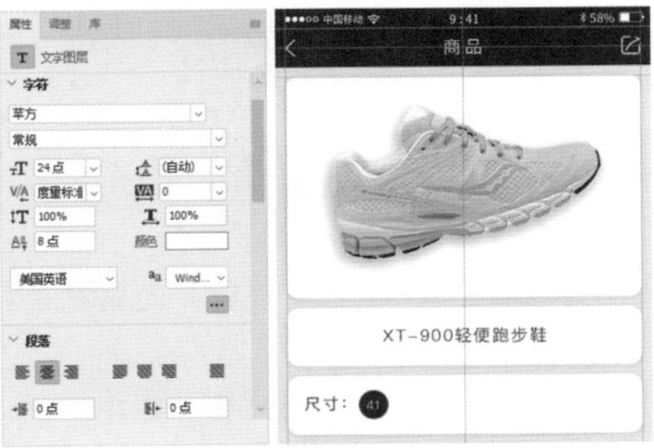

图13-22

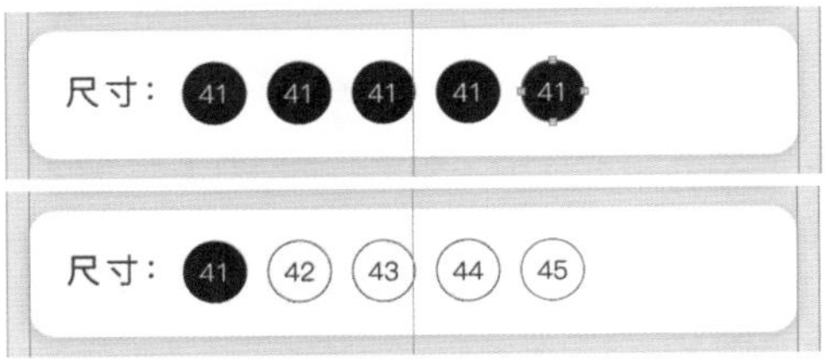

图13-23

21 选择【横排文字】工具在圆角矩形的右侧单击，在【属性】面板中设置字体系列为【苹方】，字体样式为【常规】，字体大小为20点，字符间距为50，字体颜色为R:44 G:44 B:44，单击【左对齐文本】按钮，然后使用文字工具输入内容，如图13-24所示。

22 在【图层】面板中，选中步骤17至步骤21创建的图层，在面板菜单中选择【从图层新建组】命令，打开【从图层新建组】对话框。在该对话框的【名称】文本框中输入“尺寸”，然后单击【确定】按钮新建组，如图13-25所示。

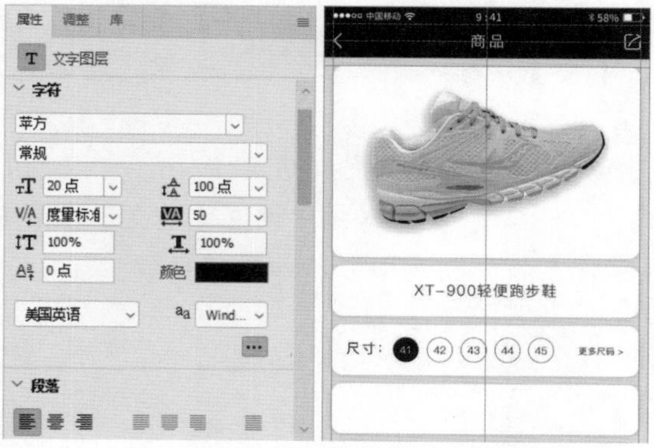

图 13-24

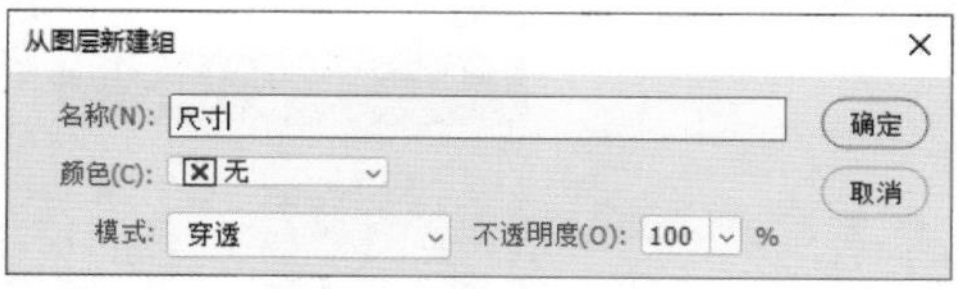

图 13-25

23 选中画板中的下一个白色圆角矩形框，选择【横排文字】工具在其中单击，在【属性】面板中设置字体样式为【中等】，字体大小为32点，单击【左对齐文本】按钮，设置【左缩进】数值为20点，如图13-26所示。

24 选择【矩形】工具，在选项栏中设置【填充】颜色为R:235 G:235 B:235，【描边】颜色为R:180 G:180 B:180，然后使用【矩形】工具在圆角矩形中单击，打开【创建矩形】对话框。在该对话框中设置【宽度】和【高度】数值为74像素，圆角半径数值为6像素，选中【从中心】复选框，单击【确定】按钮创建圆形，如图13-27所示。

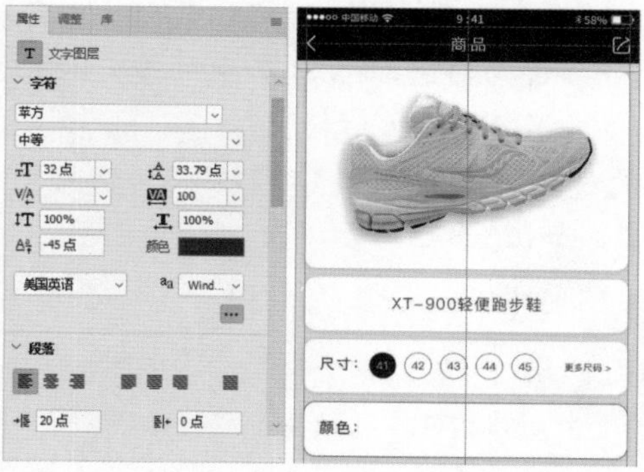

图 13-26

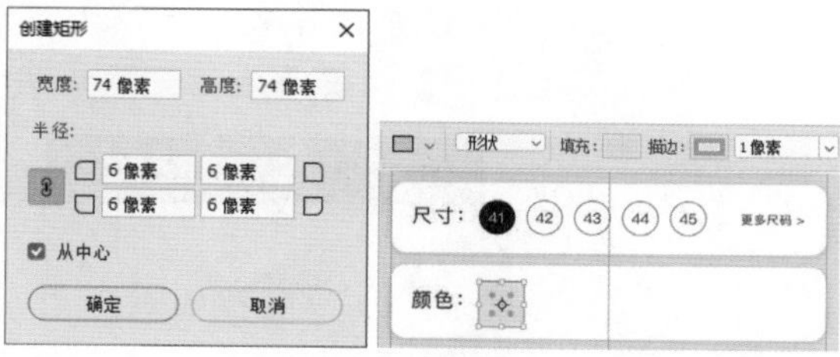

图 13-27

25 选中上一步创建的对象，选择【移动】工具，并按Ctrl+Alt键连续移动并复制对象，然后更改最后复制对象的描边颜色为R:44 G:44 B:44，如图13-28所示。

图 13-28

26 选中步骤24创建的矩形，选择【文件】|【置入嵌入对象】命令，置入所需的商品图像。然后在刚置入的图像图层上右击，在弹出的快捷菜单中选择【创建剪贴蒙版】命令创建剪贴蒙版，如图13-29所示。

27 使用步骤26的操作方法，置入其他商品图像，如图13-30所示。

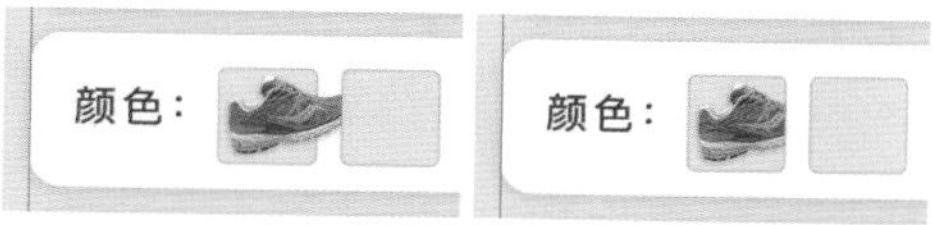

图 13-29

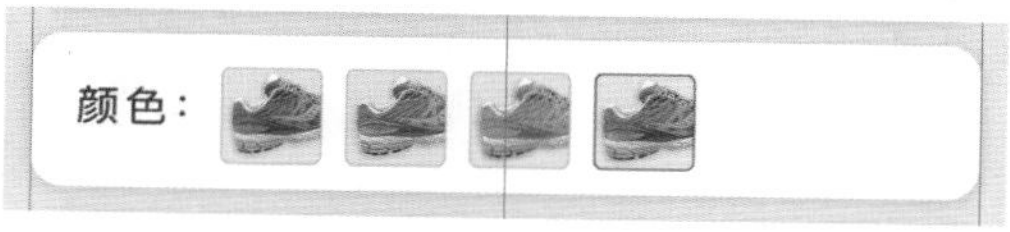

图 13-30

28 在【图层】面板中，选中步骤23至步骤27创建的图层，在面板菜单中选择【从图层新建组】命令，打开【从图层新建组】对话框。在该对话框的【名称】文本框中输入“颜色”，然后单击【确定】按钮新建组，如图13-31所示。

29 在【图层】面板中选中最上方图层，选择【横排文字】工具在画板中单击，在【属性】面板中设置字体样式为【中等】，字体大小为32点，单击【左对齐文本】按钮，如图13-32所示。

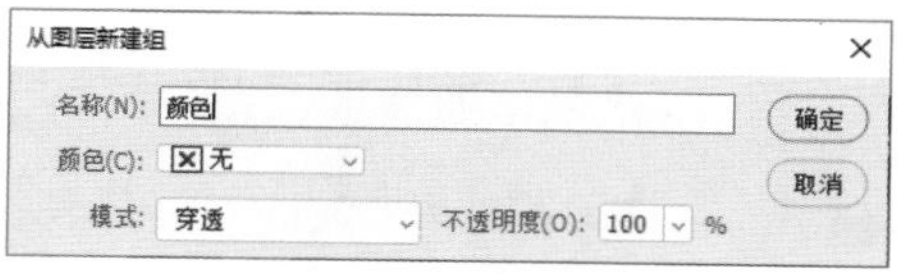

图 13-31

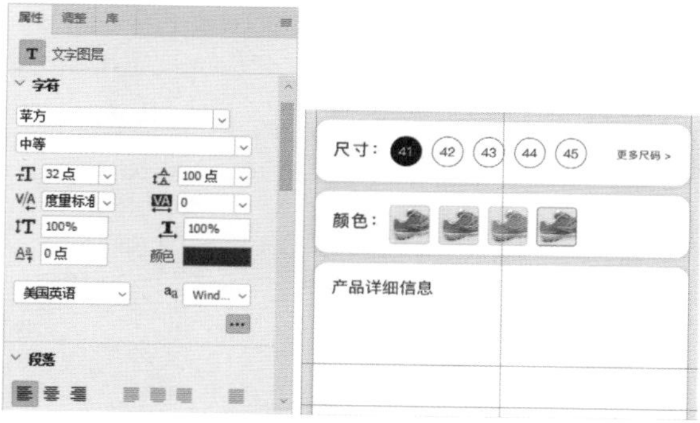

图 13-32

30 继续使用【横排文字】工具在画板中单击，在【属性】面板中设置字体系列为【苹方】，字体样式为【常规】，字体大小为24点，行距为40点，字符间距为25，字体颜色为R:63 G:63 B:63，单击【左对齐文本】按钮，然后输入文字内容，如图13-33所示。

31 在【图层】面板中，选中步骤29至步骤30创建的图层，在面板菜单中选择【从图层新建组】命令，打开【从图层新建组】对话框。在该对话框的【名称】文本框中输入“产品信息”，然后单击【确定】按钮新建组，如图13-34所示。

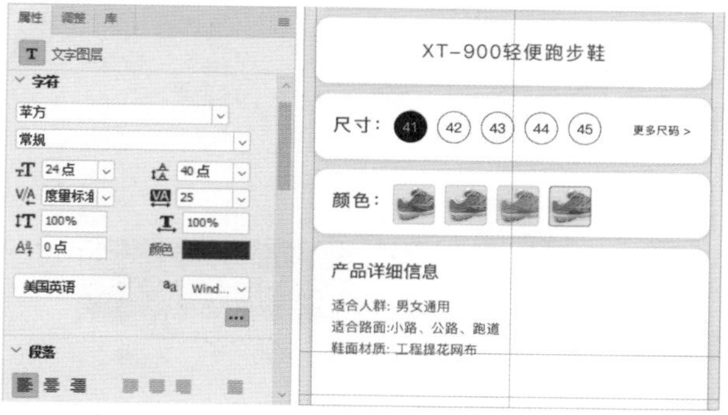

图 13-33

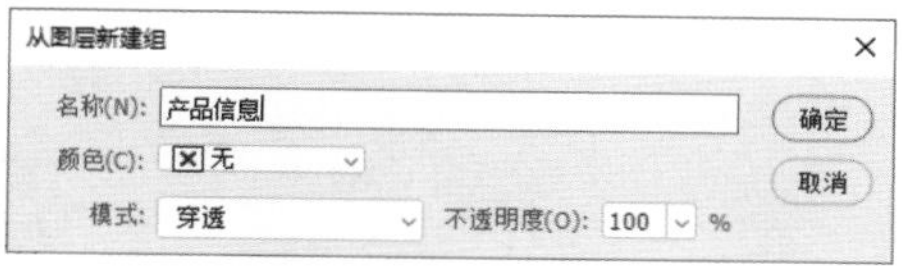

图 13-34

32 继续在【图层】面板菜单中选择【新建组】命令，打开【新建组】对话框。在该对话框的【名称】文本框中输入“标签栏”，然后单击【确定】按钮，如图13-35所示。

33 选择【矩形】工具，在选项栏中设置【填充】为白色，然后使用【矩形】工具依据参考线在画板底部绘制矩形，如图13-36所示。

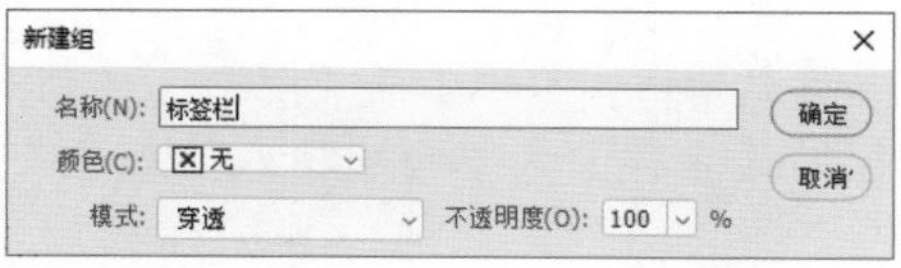

图13-35

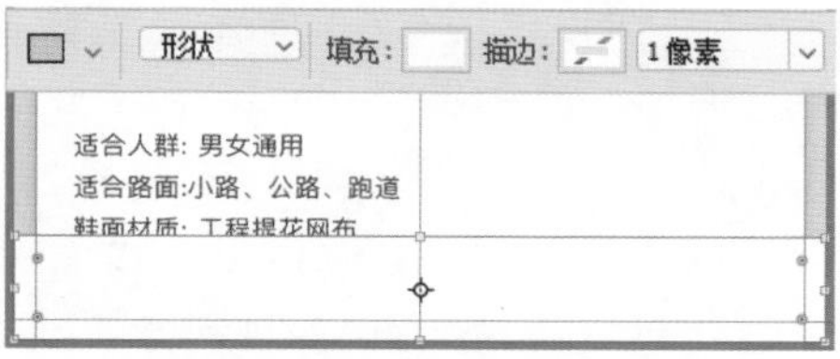

图13-36

34 选择【文件】|【置入嵌入对象】命令，置入所需的店铺图标，如图13-37所示。

35 选择【横排文字】工具在店铺图标下方单击，在【属性】面板中设置字体系列为【苹方】，字体样式为【常规】，字体大小为16点，字符间距为25，字体颜色为R:63 G:63 B:63，单击【居中对齐文本】按钮，然后输入文字内容，如图13-38所示。

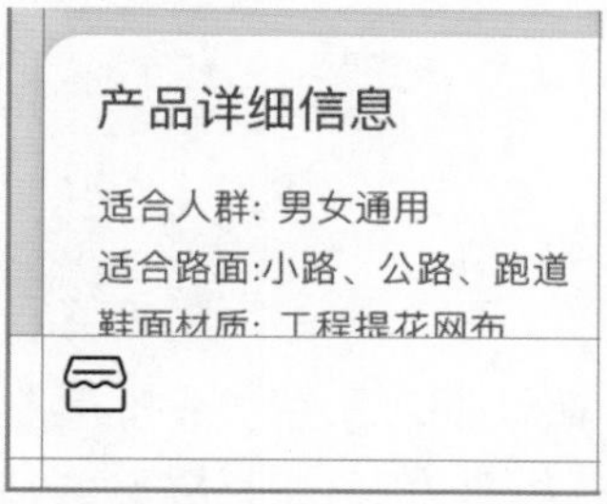

图13-37

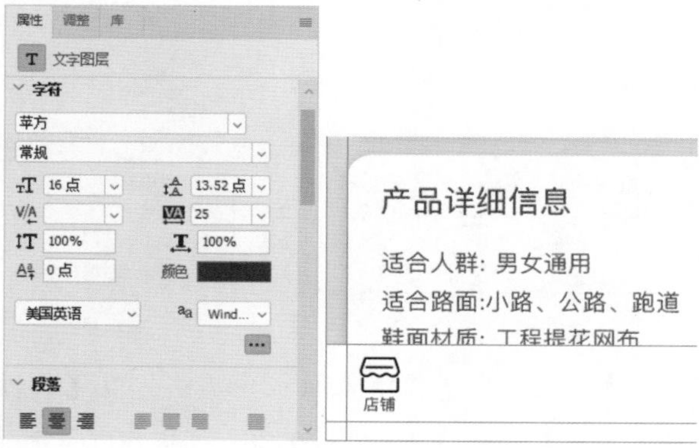

图13-38

36 使用步骤34至步骤35的操作方法，分别置入客服、购物车图标及文字，如图13-39所示。

37 选择【矩形】工具，在选项栏中设置【填充】颜色为R:44 G:44 B:44，然后使用【矩形】工具依据参考线绘制矩形，如图13-40所示。

图13-39

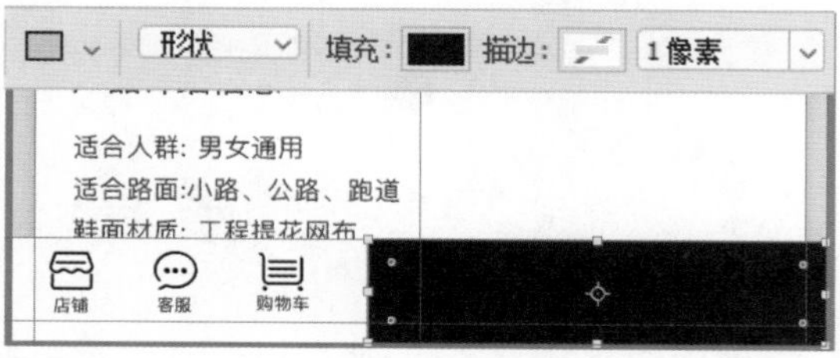

图13-40

38 选择【横排文字】工具在刚绘制的矩形中单击，在【属性】面板中设置字体系列为【苹方】，字体样式为【常规】，字体大小为24点，字符间距为50，字体颜色为R:44 G:44 B:44，单击【居中对齐文本】按钮，然后使用文字工具输入内容，如图13-41所示完成购物App详情页的制作。

图13-41

案例——制作相册 App 详情页

视频名称	制作相册 App 详情页
案例文件	案例文件 \ 第 13 章 \ 制作相册 App 详情页

01 启动Photoshop，选择【文件】|【新建】命令，打开【新建文档】对话框。在该对话框中，选中【移动设备】选项，并在【空白文档预设】选项组中选中【iPhone 8/7/6】选项，输入新建文档的名称，然后单击【创建】按钮，如图13-42所示。

02 选择【视图】|【新建参考线版面】命令，打开【新建参考线版面】对话框。在该对话框中，设置【列】的【数字】数值为2；设置【行数】的【数字】数值为6，【高度】数值为44像素；设置边距的【上】数值为40像素，【左】【下】【右】数值为20像素，然后单击【确定】按钮创建参考线，如图13-43所示。

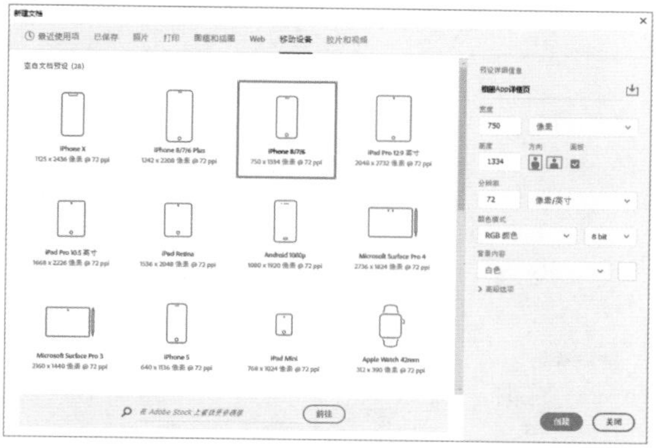

图13-42

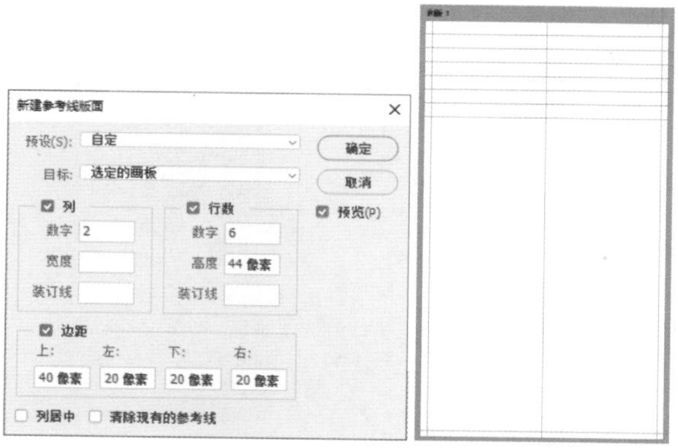

图13-43

03 再选择【视图】|【新建参考线】命令，打开【新建参考线】对话框。在该对话框中，选中【水平】单选按钮，设置【位置】数值为1006像素，单击【确定】按钮创建参考线。然后使用相同方法，在1206像素处创建参考线，如图13-44所示。

04 选择【矩形】工具，在选项栏中设置【填充】颜色为R:255 G:96 B:96，【描边】为无。然后使用【矩形】工具在画板中依据参考线创建矩形，如图13-45所示。

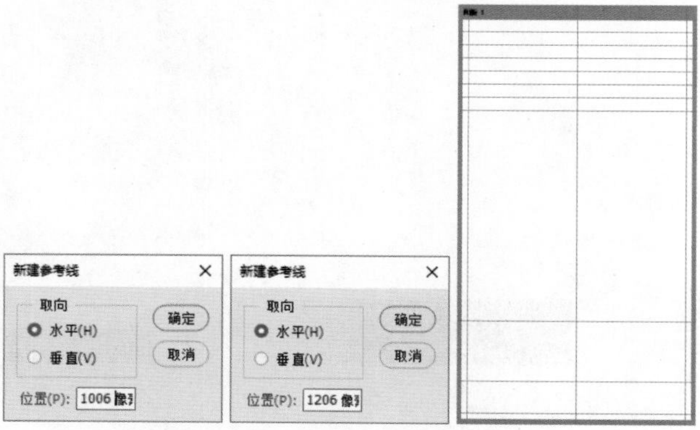

图13-44

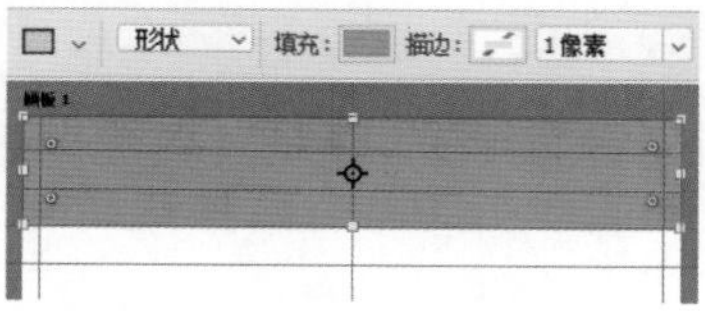

图13-45

05 选择【文件】|【置入嵌入对象】命令，置入状态栏素材图像，如图13-46所示。

06 选择【文件】|【置入嵌入对象】命令，置入返回和设置按钮图像，如图13-47所示。

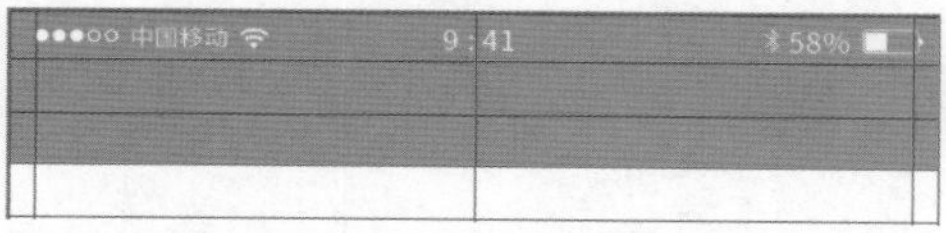

图13-46

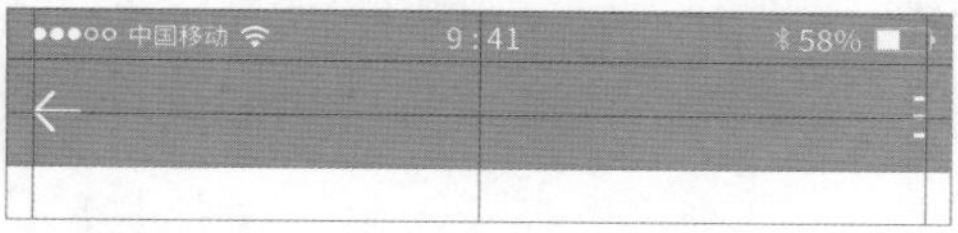

图13-47

07 选择【横排文字】工具在画板中单击，在【属性】面板中设置字体系列为【苹方】，字体大小为36点，字体颜色为白色，单击【居中对齐文本】按钮，然后使用【横排文字】工具输入文字内容，如图13-48所示。

08 在【图层】面板中，选中步骤06至步骤07创建的图层，在面板菜单中选择【从图层新建组】命令，打开【从图层新建组】对话框。在该对话框的【名称】文本框中输入“导航栏”，然后单击【确定】按钮新建组，如图13-49所示。

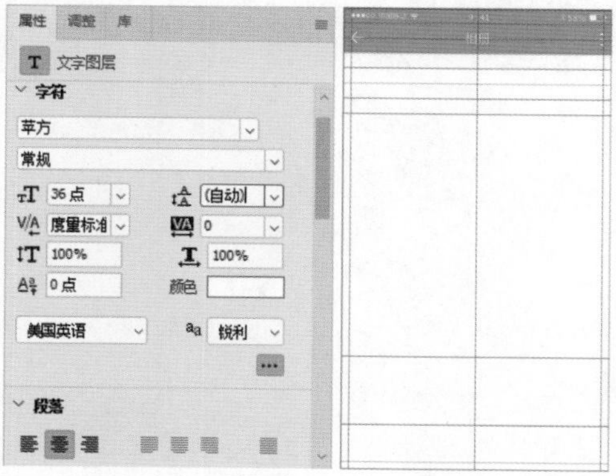

图13-48

图13-49

09 选择【矩形】工具，在选项栏中单击【填充】选项，在弹出的下拉面板中单击【渐变】按钮，设置渐变颜色为R:166 G:166 B:166至R:22 G:22 B:22，渐变样式为【径向】，【缩放】数值为80%，然后使用【矩形】工具在画板中依据参考线创建矩形，如图13-50所示。

10 继续使用【矩形】工具依据参考线在画板底部创建矩形，并在选项栏中修改【填充】颜色为R:55 G:55 B:55，如图13-51所示。

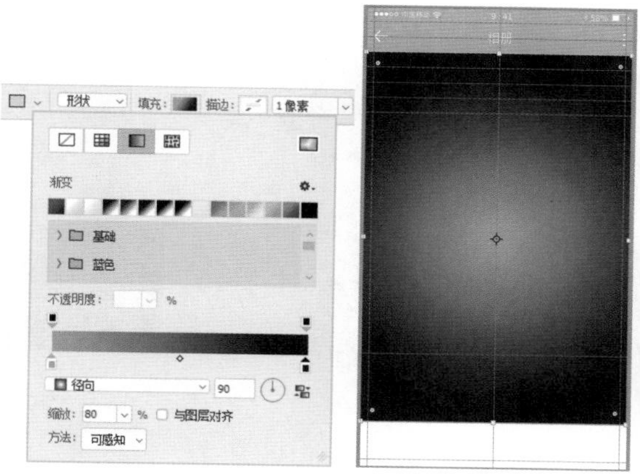

图13-50

图13-51

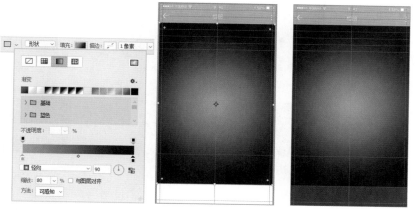

11 选择【矩形】工具，在选项栏中设置填充颜色为白色，然后使用【矩形】工具在画板中单击，打开【创建矩形】对话框。在该对话框中，设置【宽度】数值为455像素，【高度】数值为702像素，然后单击【确定】按钮创建矩形，如图13-52所示。

12 在【图层】面板中，双击刚创建的矩形图层，打开【图层样式】对话框。在该对话框中，选中【外发光】选项，设置【混合模式】为【正片叠底】，【不透明度】数值为50%，发光颜色为黑色，【大小】数值为20像素，然后单击【确定】按钮，如图13-53所示。

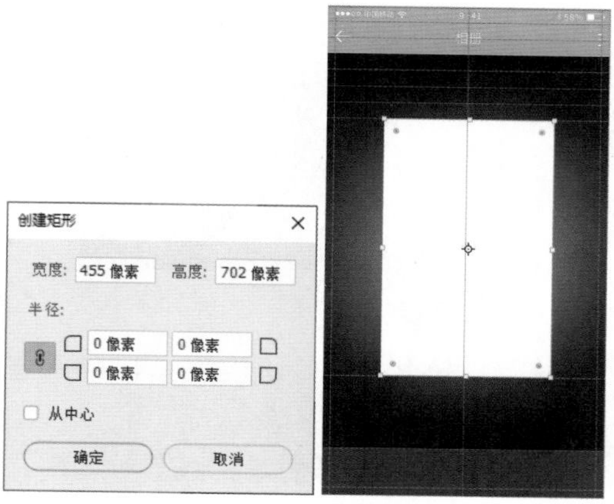

图13-52

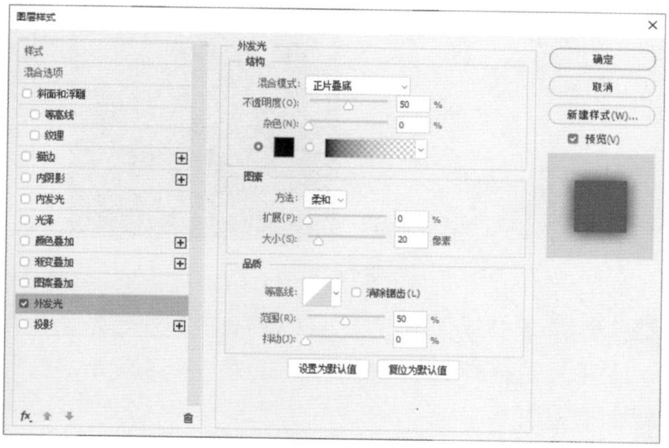

图13-53

13 选择【移动】工具，按Ctrl+Alt键移动并复制刚创建的矩形，如图13-54所示。

14 选中步骤11创建的矩形，选择【文件】|【置入嵌入对象】命令，置入所需的照片素材图像。然后在刚置入的图像图层上右击，在弹出的快捷菜单中选择【创建剪贴蒙版】命令创建剪贴蒙版，如图13-55所示。

15 使用与上一步相同的操作方法，在步骤13创建的矩形中分别置入照片素材图像，如图13-56所示。

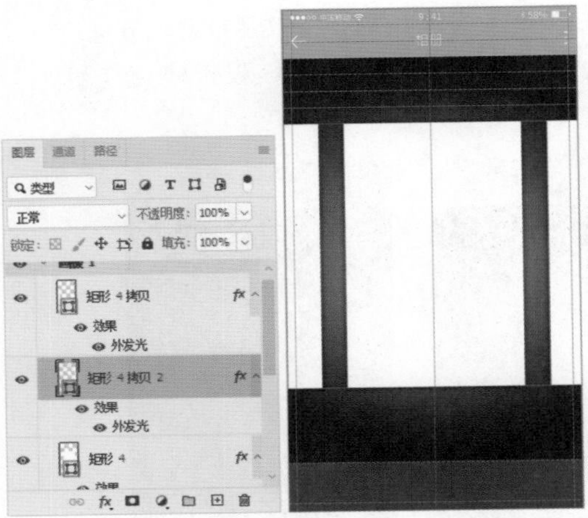

图 13-54

图 13-55

16 使用【矩形】工具，在选项栏中设置填充颜色为白色，使用【矩形】工具在画板中单击，打开【创建矩形】对话框。在该对话框中，设置【宽度】和【高度】均为88像素，圆角半径数值为6像素，然后单击【确定】按钮创建矩形，如图13-57所示。

图 13-56

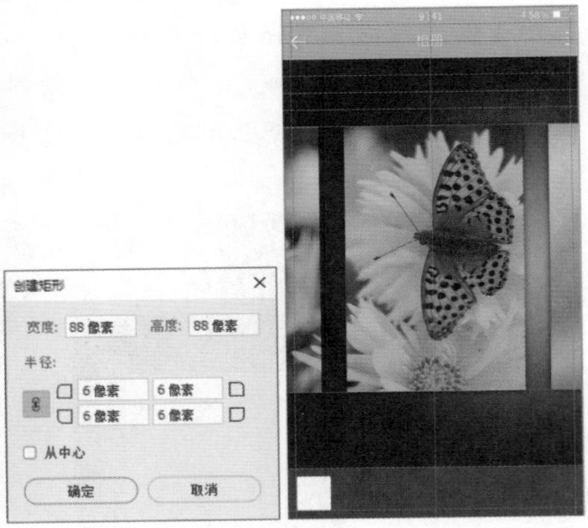

图 13-57

17 选择【移动】工具，按Ctrl+Alt键移动并复制刚创建的圆角矩形。然后使用步骤14的操作方法置入其他照片素材图像，如图13-58所示。

18 在【图层】面板中，双击上一步中创建的一个圆角矩形图层，打开【图层样式】对话框。在该对话框中，选中【描边】选项，设置【大小】数值为6像素，【位置】为【外部】，【不透明度】数值为90，颜色为白色，然后单击【确定】按钮，如图13-59所示。

19 在【图层】面板中，选中步骤09至步骤18创建的图层，在面板菜单中选择【从图层新建组】命令，打开【从图层新建组】对话框。在该对话框的【名称】文本框中输入“相册”，然后单击【确定】按钮新建组，如图13-60所示。

20 选择【横排文字】工具在画板中单击，在【属性】面板中设置字体系列为【苹方】，字体大小为24点，字体颜色为白色，单击【居中对齐文本】按钮，然后输入文字内容，如图13-61所示。

图 13-58

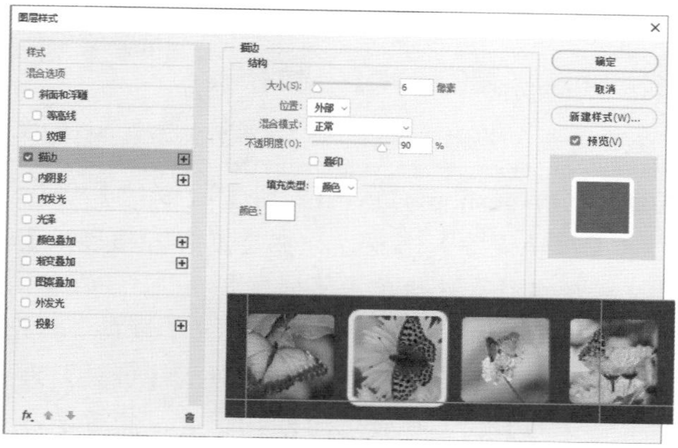

图 13- 59

图 13-60

图 13-61

21 继续使用【横排文字】工具在画板中单击，在【属性】面板中设置字体系列为【苹方】，字体大小为48点，字体颜色为白色，单击【居中对齐文本】按钮，然后输入文字内容，如图 13-62 所示。

22 选择【文件】|【置入嵌入对象】命令，置入分享和收藏图标图像，如图 13-63 所示完成相册App详情页的制作。

图 13-62

图 13-63

案例——制作旅游景点介绍详情页

视频名称	制作旅游景点介绍详情页
案例文件	案例文件 \ 第 13 章 \ 制作旅游景点介绍详情页

01 启动Photoshop，选择【文件】|【新建】命令，打开【新建文档】对话框。在该对话框中，选中【移动设备】选项，并在【空白文档预设】选项组中选中【iPhone 8/7/6】选项，输入新建文档的名称，然后单击【创建】按钮，如图13-64所示。

02 选择【视图】|【新建参考线版面】命令，打开【新建参考线版面】对话框。在该对话框中，设置【列】的【数字】数值为1；设置【行数】的【数字】数值为1，【高度】数值为420像素；设置【边距】的各项数值均为40像素，然后单击【确定】按钮创建参考线，如图13-65所示。

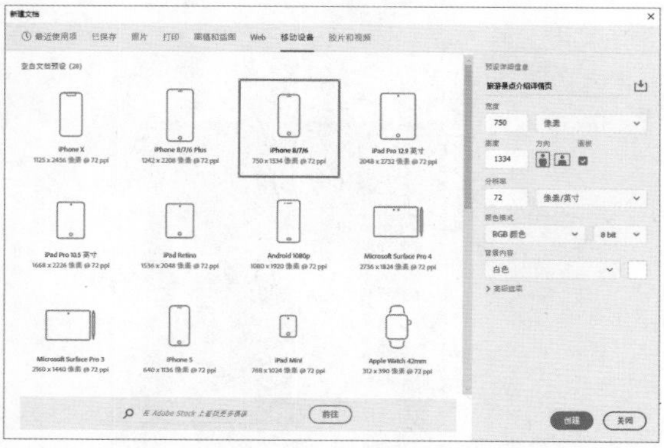

图13-64

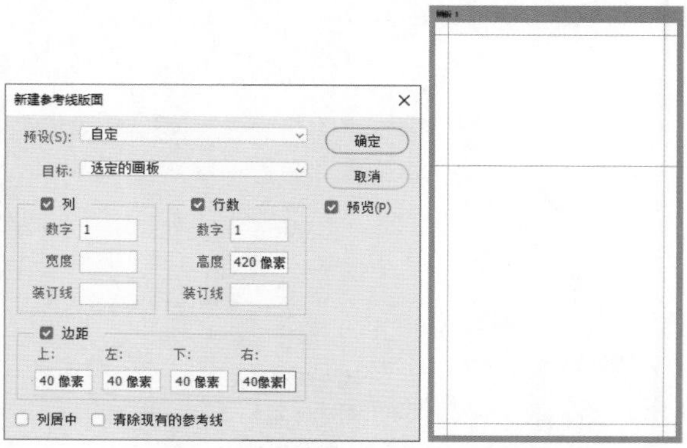

图13-65

03 选择【矩形】工具，在选项栏中选择工具模式为【形状】，【填充】颜色为R:255 G:154 B:0，【描边】为无。然后使用【矩形】工具在画板左上角单击，打开【创建矩形】对话框。在该对话框中，设置【宽度】数值为750像素，【高度】数值为40像素，然后单击【确定】按钮创建矩形，如图13-66所示。

04 选择【文件】|【置入嵌入对象】命令，置入状态栏素材图像，如图13-67所示。

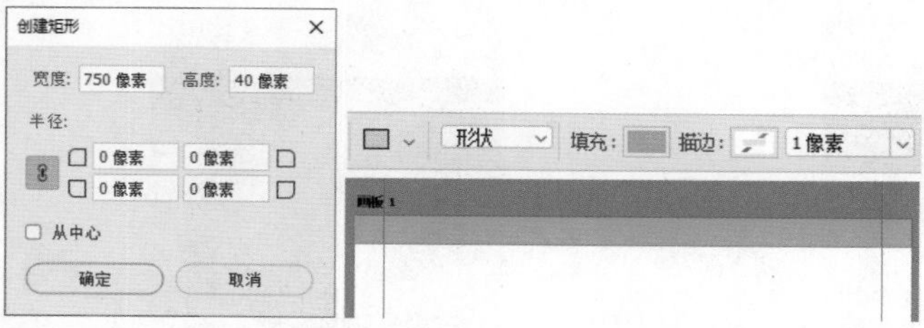

图13-66

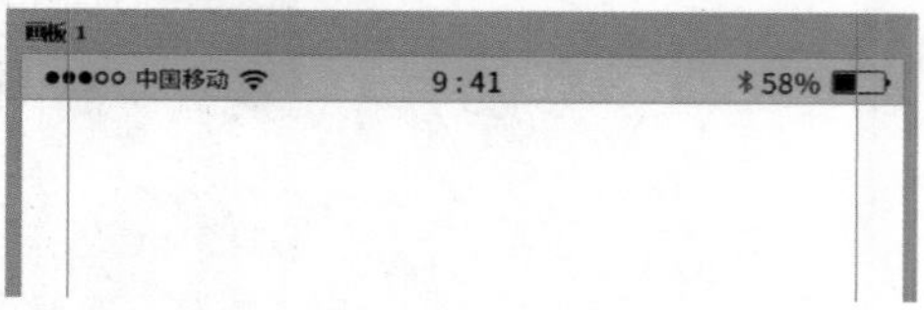

图13-67

05 选择【文件】|【置入嵌入对象】命令，置入所需的景点素材图像，如图13-68所示。

06 选择【矩形】工具，在选项栏中设置【填充】颜色为白色。然后使用【矩形】工具在画板左侧单击，打开【创建矩形】对话框。在该对话框中，设置【宽度】数值为750像素，【高度】数值为874像素，取消选中【将角半径值链接到一起】按钮，设置左上和右上圆角半径数值为40像素，然后单击【确定】按钮，如图13-69所示。

图 13-68

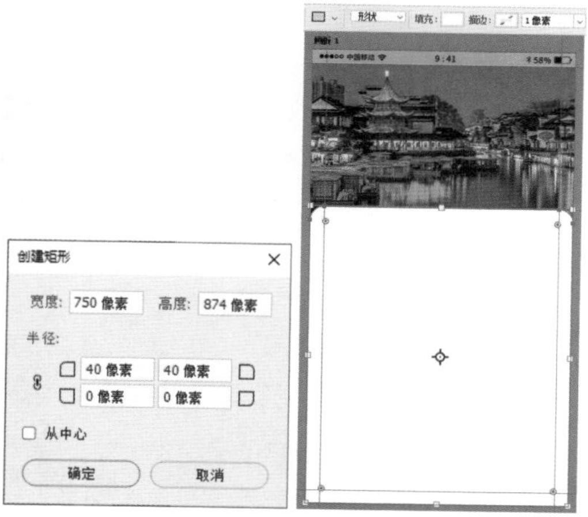

图 13-69

07 继续使用【矩形】工具在画板中单击，打开【创建矩形】对话框。在该对话框中，设置【宽度】数值为710像素，【高度】数值为300像素，设置左下和右下圆角半径数值为20像素，然后单击【确定】按钮创建圆角矩形，如图13-70所示。

08 在【图层】面板中，双击刚创建的圆角矩形图层，打开【图层样式】对话框。在该对话框中，选中【投影】选项，设置【混合模式】为【正常】，投影颜色为R:179 G:198 B:207，【不透明度】数值为40%，【距离】数值为30像素，【大小】数值为40像素，然后单击【确定】按钮应用图层样式，如图13-71所示。

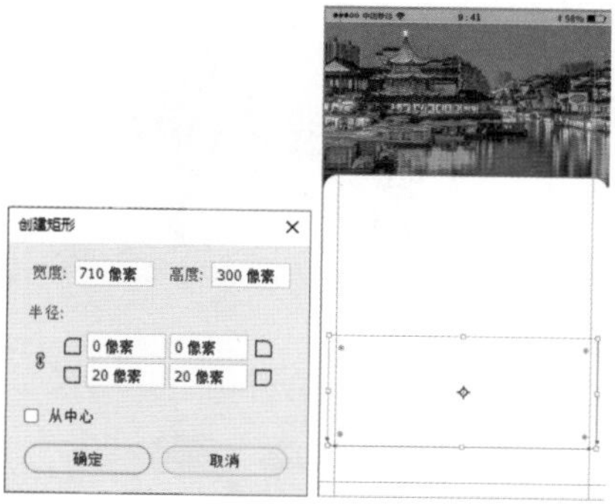

图 13-70

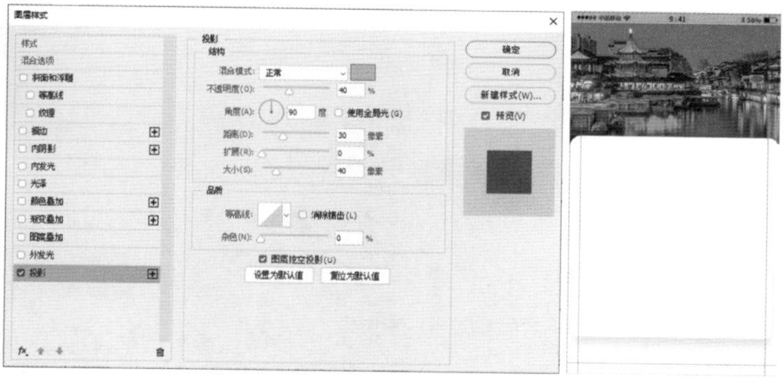

图 13-71

09 在【图层】面板中，选中步骤05至步骤08创建的图层，在面板菜单中选择【从图层新建组】命令，打开【从图层新建组】对话框。在该对话框的【名称】文本框中输入“背景”，然后单击【确定】按钮新建组，如图13-72所示。

10 选择【文件】|【置入嵌入对象】命令，置入所需的返回和分享图标图像，如图13-73所示。

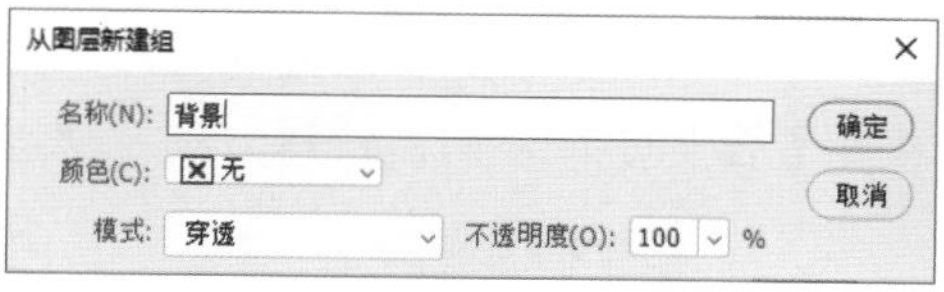

图 13-72

图 13-73

11 在【图层】面板中，选中上一步创建置入图像图层，按Ctrl+G键进行编组，生成【组 1】图层组。双击【组 1】图层组，打开【图层样式】对话框。在该对话框中，选中【颜色叠加】选项，设置【混合模式】为【正常】，叠加颜色为白色，然后单击【确定】按钮，如图 13-74 所示。

12 选择【横排文字】工具在画板中单击，在【属性】面板中设置字体系列为【方正黑体简体】，字体大小为36点，单击【左对齐文本】按钮，然后使用【横排文字】工具输入文字内容，如图 13-75 所示。

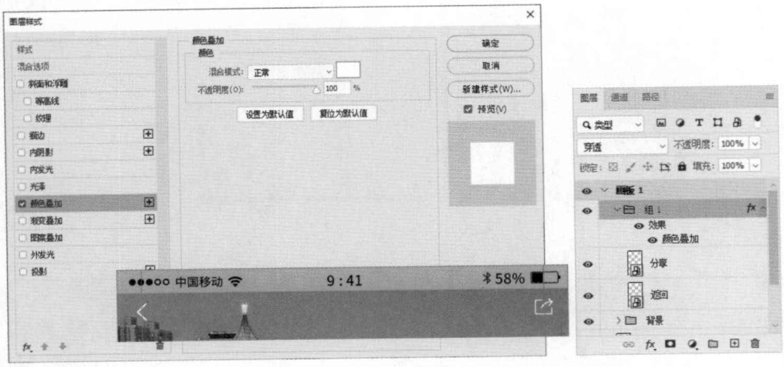

图 13-74

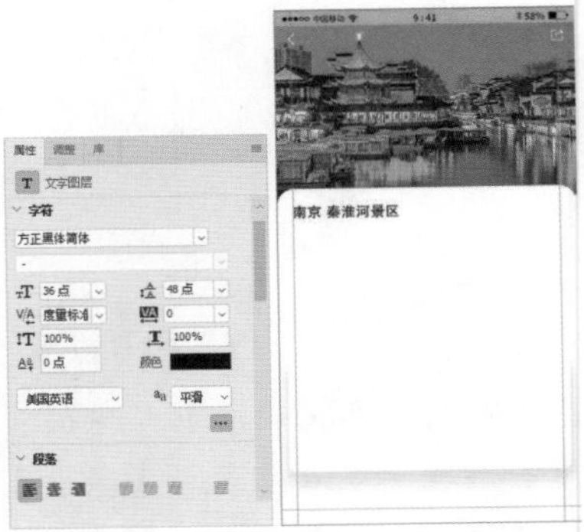

图 13-75

13 继续使用【横排文字】工具在画板中拖动创建文本框，在【属性】面板中设置字体系列为【思源黑体CN】，字体大小为24点，行距为48点，字体颜色为R:34 G:34 B:34；单击【最后一行左对齐】按钮，设置【首行缩进】数值为24点；设置【避头尾设置】为【JIS严格】，【标点挤压】为【间距组合 1】；然后使用【横排文字】工具输入文字内容，如图 13-76 所示。

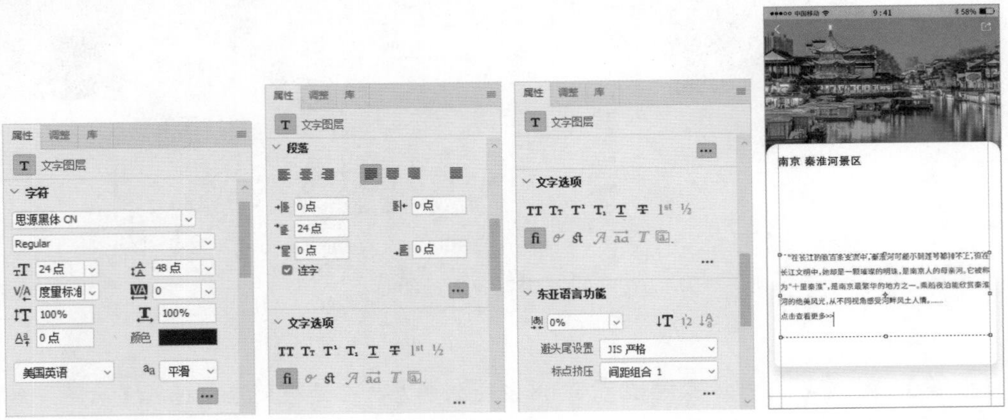

图 13-76

14 使用【横排文字】工具选中末行文字，在【属性】面板中更改字体颜色为R:255 G:172 B:49，如图 13-77 所示。

15 继续使用【横排文字】工具在画板中单击，在【属性】面板中设置字体系列为【思源黑体CN】，字体大小为26点，字体颜色为R:34 G:34 B:34，单击【居中对齐文本】按钮。然后使用【横排文字】工具输入文字内容，如图 13-78 所示。

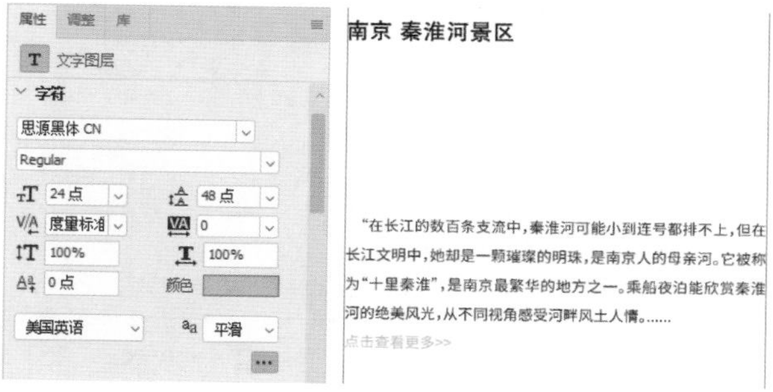

图 13-77

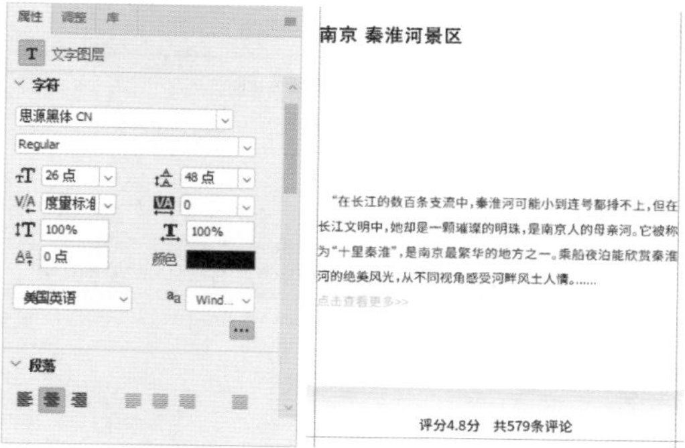

图 13-78

16 使用【横排文字】工具选中数字部分，在【属性】面板中更改字体颜色为R:255 G:172 B:49，如图 13-79 所示。

17 选择【矩形】工具，在选项栏中设置【填充】颜色为无，【描边】颜色为R:202 G:202 B:202。然后使用【矩形】工具在画板中单击，打开【创建矩形】对话框。在该对话框中，设置【宽度】数值为 220 像素，【高度】数值为 46 像素，圆角半径数值为 4 像素，然后单击【确定】按钮创建圆角矩形，如图 13-80 所示。

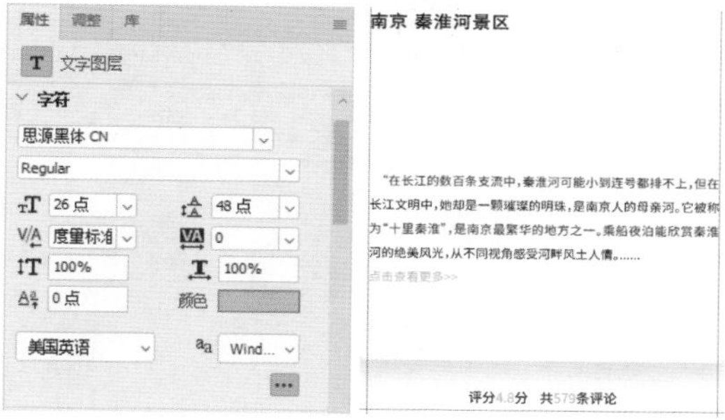

图 13-79

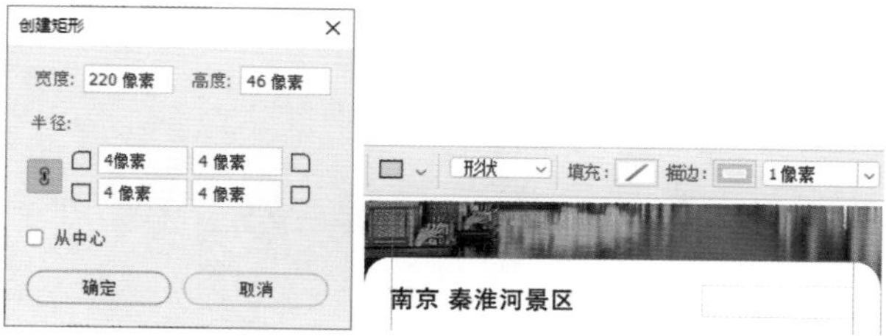

图 13-80

18 使用【横排文字】工具在画板中单击，在【属性】面板中设置字体系列为【思源黑体 CN】，字体大小为 24 点，字体颜色为R:34 G:34 B:34，单击【居中对齐文本】按钮，左缩进为 40 点。然后使用【横排文字】工具输入文字内容，如图 13-81 所示。

19 选择【文件】|【置入嵌入对象】命令，置入所需的爱心图标图像。然后双击该图层，打开【图层样式】对话框。在该对话框中，选中【颜色叠加】选项，设置叠加颜色为R:255 G:172 B:49，然后单击【确定】按钮，如图 13-82 所示。

20 在【图层】面板中，选中步骤 12 至步骤 19 创建的图层，在面板菜单中选择【从图层新建组】命令，打开【从图层新建组】对话框。在该对话框的【名称】文本框中输入“文案”，然后单击【确定】按钮新建组，如图 13-83 所示。

21 选择【矩形】工具在画板中单击，打开【创建矩形】对话框。在该对话框中，设置【宽度】和【高度】均为 170 像素，圆角半径数值为 8 像素，单击【确定】按钮，如图 13-84 所示。

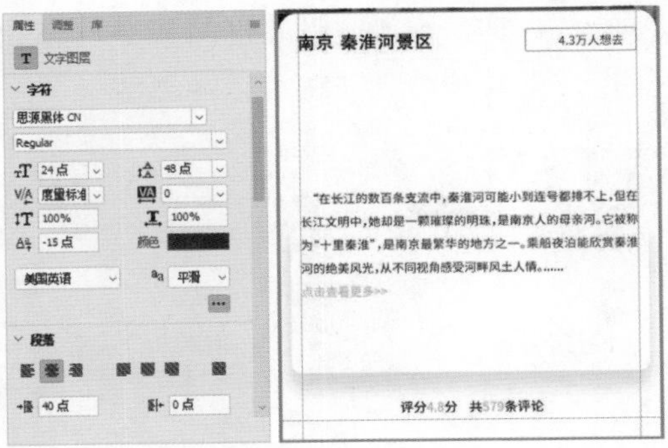

图 13-81

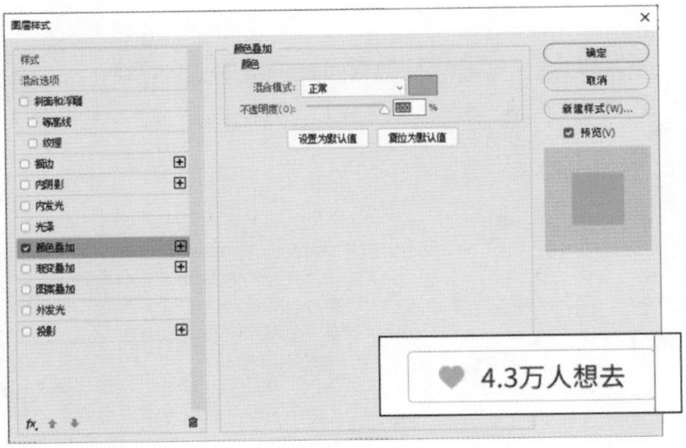

图 13-82

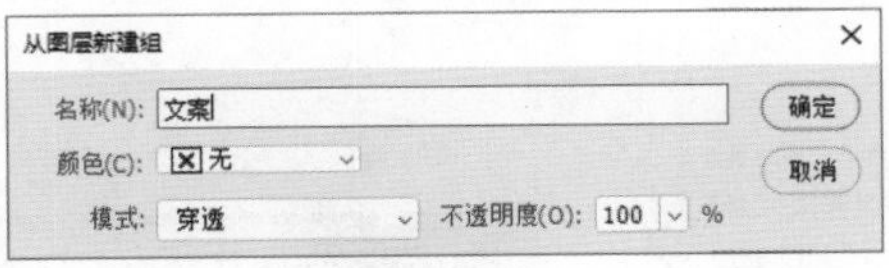

图 13-83

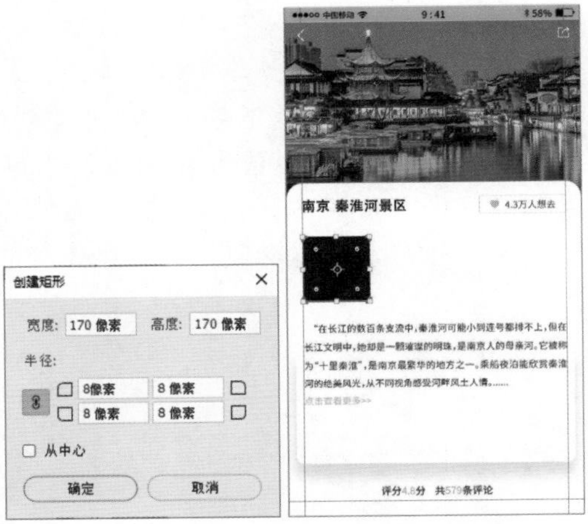

图 13-84

22 选择【移动】工具，按Ctrl+Alt键移动并复制刚创建的圆角矩形。然后选择【文件】|【置入嵌入对象】命令，置入所需的箭头图标图像，如图 13-85 所示。

23 选中步骤21创建的图层，选择【文件】|【置入嵌入对象】命令，置入所需的素材图像，如图 13-86 所示。

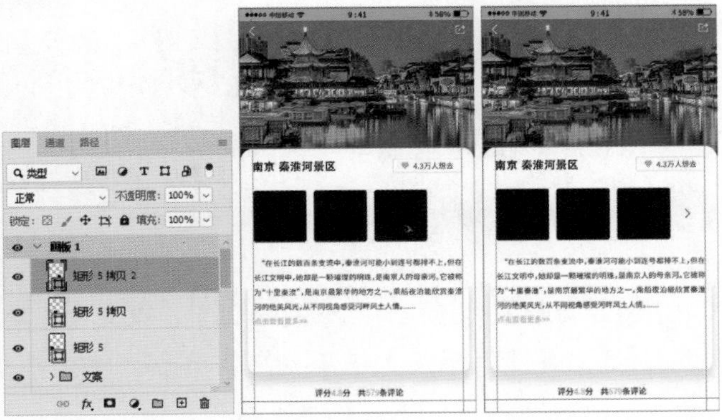

图 13-85

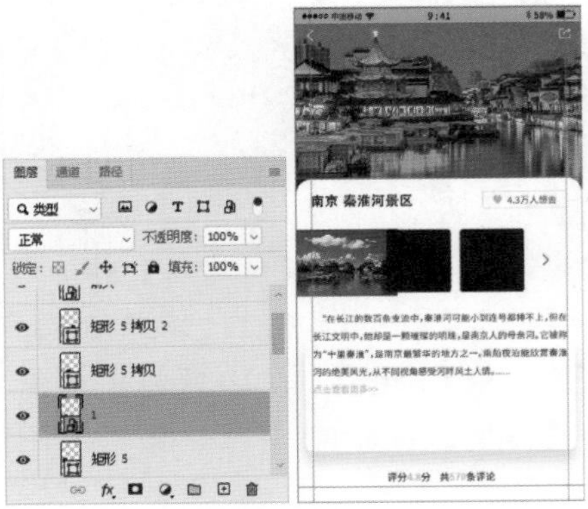

图 13-86

24 在刚置入的图像图层上右击，在弹出的快捷菜单中选择【创建剪贴蒙版】命令，创建剪贴蒙版，如图 13-87 所示。

25 使用步骤 23 至步骤 24 的操作方法，置入其他图像素材，并创建剪贴蒙版，如图 13-88 所示完成制作旅游景点介绍详情页。

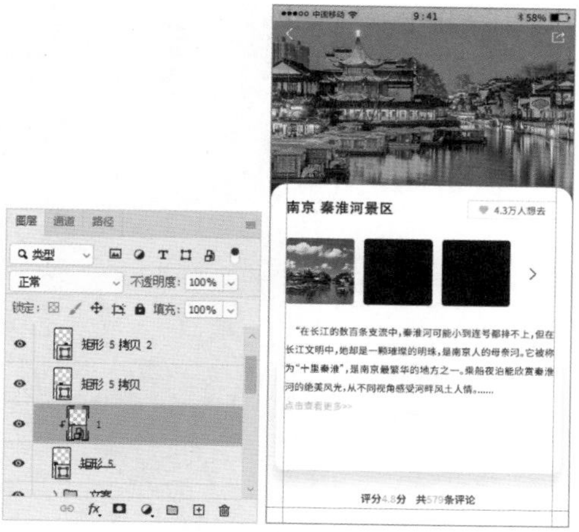

图 13-87

图 13-88

案例——制作食谱详情页

视频名称	制作食谱详情页
案例文件	案例文件 \ 第 13 章 \ 制作食谱详情页

01 启动Photoshop，选择【文件】|【新建】命令，打开【新建文档】对话框。在该对话框中，选中【移动设备】选项，并在【空白文档预设】选项组中选中【iPhone 8/7/6】选项，输入新建文档的名称，然后单击【创建】按钮，如图 13-89 所示。

02 选择【视图】|【新建参考线】命令，打开【新建参考线】对话框。在该对话框中，选中【水平】单选按钮，设置【位置】数值为 40 像素，单击【确定】按钮创建参考线。然后使用相同的方法，在 640 像素处创建参考线，如图 13-90 所示。

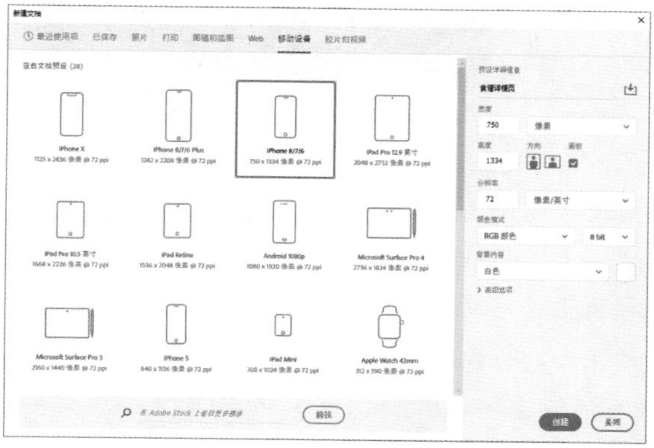

图 13-89

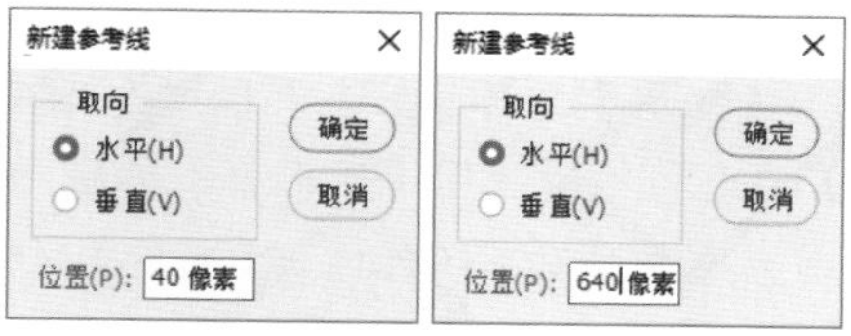

图 13-90

03 在【图层】面板中，单击【创建新的填充或调整图层】按钮，在弹出的菜单中选择【渐变】命令，打开【渐变填充】对话框。在该对话框中，单击【渐变】选项，打开【渐变编辑器】对话框。在该对话框中，设置渐变颜色为R:78 G:87 B:92至R:37 G:46 B:51，然后单击【确定】按钮，如图13-91所示。

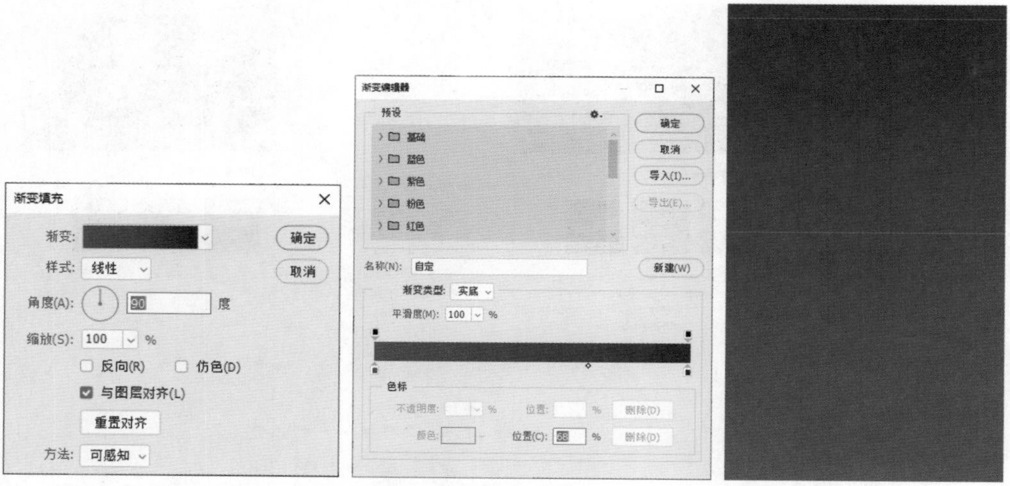

图13-91

04 选择【文件】|【置入嵌入对象】命令，置入状态栏素材图像。然后在【图层】面板中双击状态栏图层，打开【图层样式】对话框。在该对话框中，选中【颜色叠加】选项，设置叠加颜色为白色，【混合模式】为【正常】，【不透明度】数值为100%，再单击【确定】按钮，如图13-92所示。

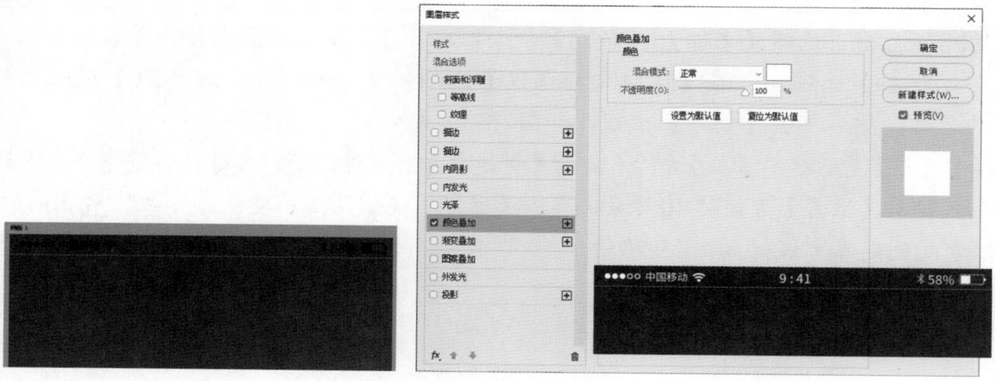

图13-92

05 选择【文件】|【置入嵌入对象】命令，置入所需的菜品素材图像文件，并依据先前创建的参考线调整图像大小，如图13-93所示。

06 选择【矩形】工具，在选项栏中选择工具模式为【形状】，【填充】颜色为R:255 G:225 B:23，【描边】为无。然后使用【矩形】工具在画板中单击，打开【创建矩形】对话框。在该对话框中，设置【宽度】数值为636像素，【高度】数值为684像素，圆角半径数值为20像素，然后单击【确定】按钮创建圆角矩形，如图13-94所示。

07 在【图层】面板中，选中刚创建的【矩形 1】和【画板 1】。选择【移动】工具，在选项栏中单击【水平居中对齐】按钮，如图 13-95 所示。

08 在【图层】面板中，选中刚创建的【矩形 1】。按Ctrl+J键复制图层，并按Ctrl+T键应用【自由变换】命令，在选项栏中选中【保持长宽比】按钮，设置W数值为 90%，如图 13-96 所示。

图 13-93

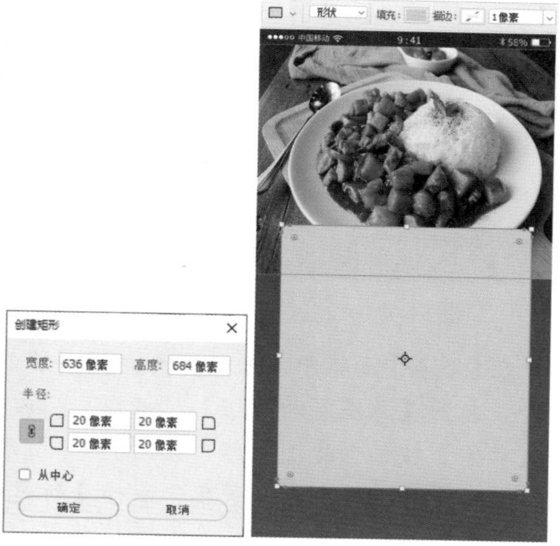

图 13-94

图 13-95

图 13-96

09 选择【视图】|【通过形状新建参考线】命令，通过刚创建的圆角矩形创建参考线，如图 13-97 所示。

10 在【图层】面板中，双击【矩形 1】图层，打开【图层样式】对话框。在该对话框中，选中【投影】选项，设置【混合模式】为【正片叠底】，投影颜色为黑色，【不透明度】数值为 50%，【距离】数值为 5 像素，【大小】数值为 20 像素，然后单击【确定】按钮应用图层样式，如图 13-98 所示。

图 13-97

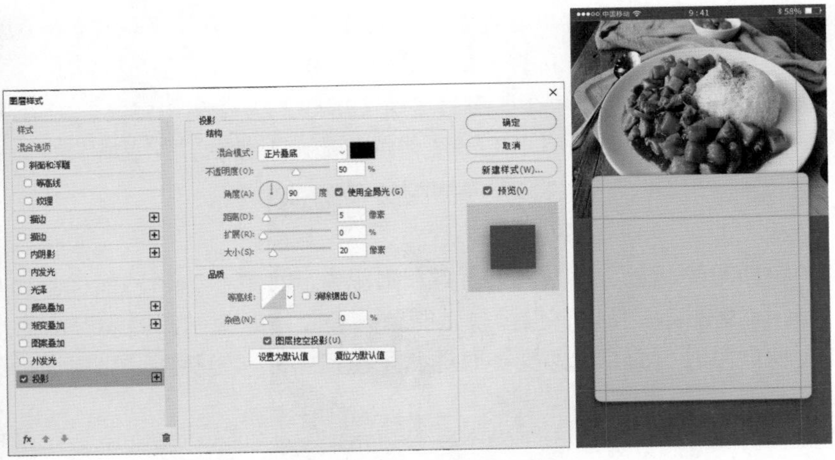

图 13-98

11 在【图层】面板中，选中步骤05至步骤10创建的图层，在面板菜单中选择【从图层新建组】命令，打开【从图层新建组】对话框。在该对话框的【名称】文本框中输入“版式”，然后单击【确定】按钮创建图层组，如图13-99所示。

12 继续在【图层】面板菜单中选择【新建组】命令，打开【新建组】对话框。在该对话框的【名称】文本框中输入“文案”，然后单击【确定】按钮创建图层组，如图13-100所示。

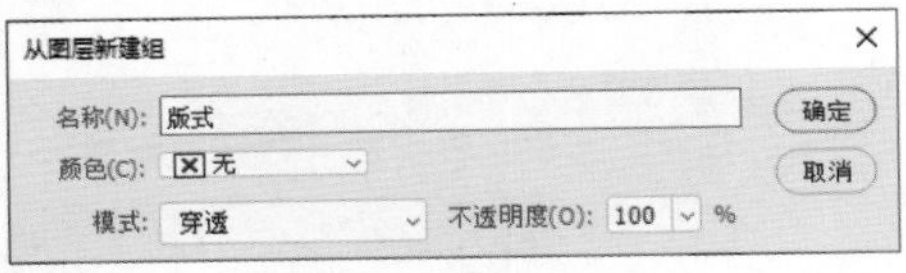

图 13-99

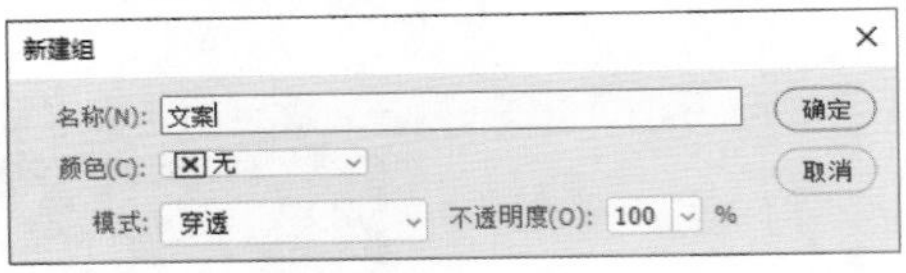

图 13-100

13 选择【横排文字】工具，在画板中依据参考线拖动创建文本框，在【属性】面板中设置字体系列为【方正正黑简体】，字体大小为58点，字体颜色为黑色，单击【左对齐文本】按钮，然后使用【横排文字】工具在文本框中输入文字内容，如图13-101所示。

14 继续使用【横排文字】工具在画板中拖动创建文本框，在【属性】面板中设置字体系列为【苹方】，字体大小为24点，行距为48点，字符间距为200，字体颜色为黑色，单击【居中对齐文本】按钮，然后使用【横排文字】工具在文本框中输入文字内容，如图13-102所示。

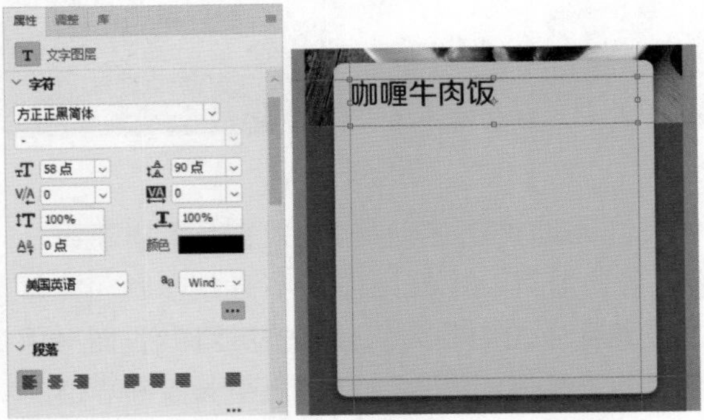

图 13-101

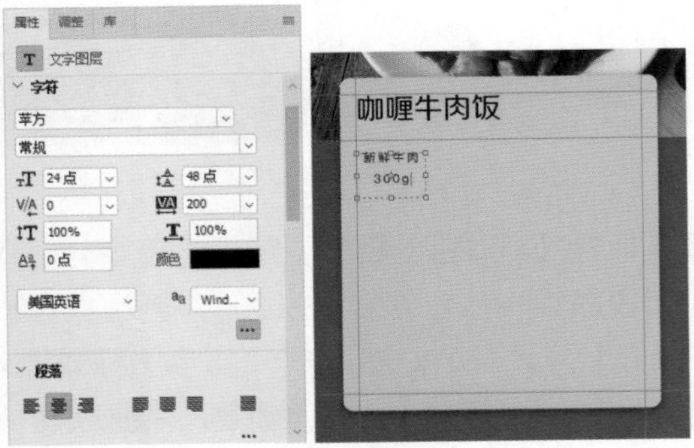

图 13-102

15 使用【横排文字】工具选中刚创建的文本第二行，在【属性】面板中更改字体大小为36点，字符间距为0，如图13-103所示。

16 选择【矩形】工具，在选项栏中设置【填充】颜色为黑色，然后使用【矩形】工具在画板中拖动绘制矩形，如图13-104所示。

图 13-103

图 13-104

17 在【图层】面板中，选中步骤04至步骤06创建的图层，单击【链接图层】按钮。选择【移动】工具，按Ctrl+Alt键移动并复制对象。然后使用【横排文字】工具修改文字内容，如图13-105所示。

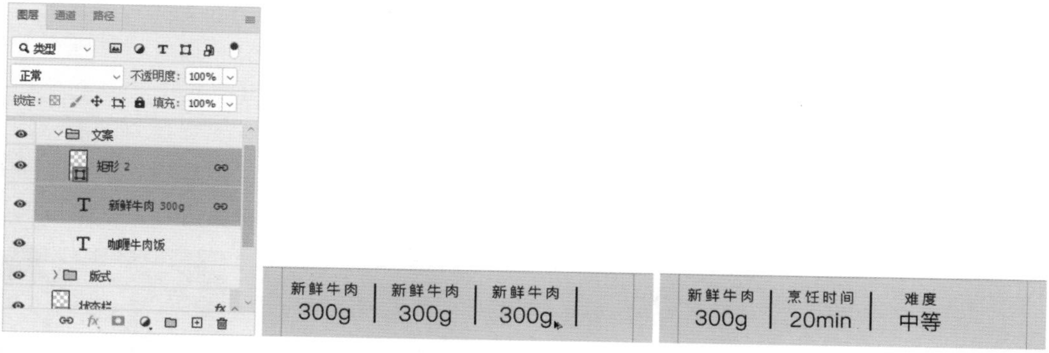

图 13-105

18 继续使用【横排文字】工具在画板中拖动创建文本框，在【属性】面板中设置字体系列为【苹方】，字体大小为22点，行距为36点，字符间距为0，字体颜色为黑色；单击【最后一行左对齐】按钮；设置【避头尾设置】为【JIS严格】，【标点挤压】为【间距组合1】，然后使用【横排文字】工具在文本框中输入文字内容，如图13-106所示。

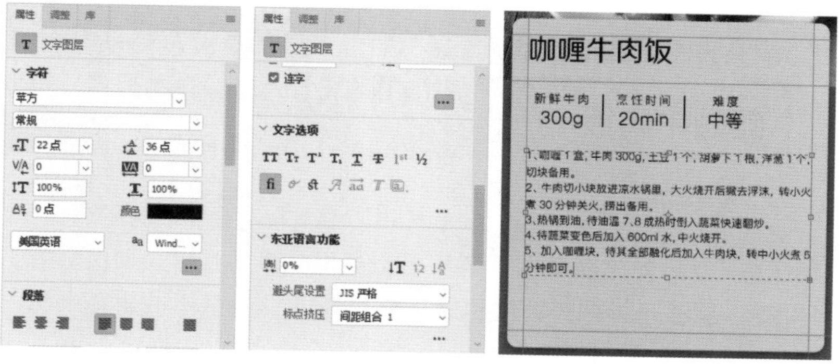

图 13-106

19 继续使用【横排文字】工具在画板中拖动创建文本框，在【属性】面板中设置字体系列为【苹方】，字体大小为24点，字符间距为200，字体颜色为黑色，单击【右对齐文本】按钮，然后使用【横排文字】工具在文本框中输入文字内容，如图13-107所示。

20 在【图层】面板中选中最上方的图层组，在面板菜单中选择【新建组】命令，打开【新建组】对话框。在该对话框的【名称】文本框中输入“圆点提示”，然后单击【确定】按钮创建图层组，如图13-108所示。

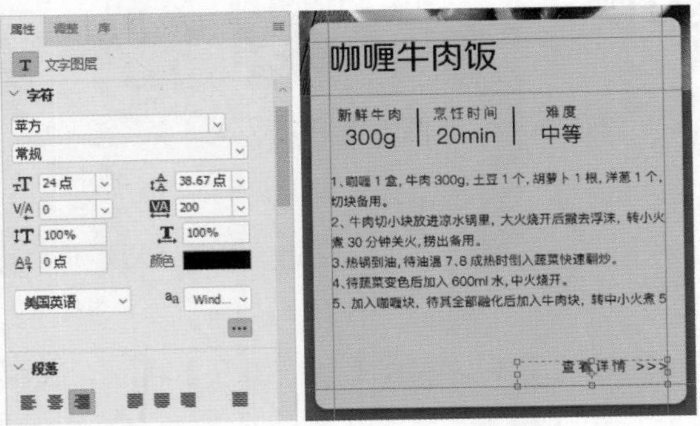

图 13-107

图 13-108

21 选择【椭圆】工具，在选项栏中选择工具模式为【形状】，设置【填充】颜色为黑色，【描边】为无。选择【椭圆】工具在画板中单击，打开【创建椭圆】对话框。在该对话框中，设置【宽度】和【高度】均为17像素，选中【从中心】复选框，然后单击【确定】按钮创建圆形，如图13-109所示。

22 选择【移动】工具，按Ctrl+Alt键移动并复制刚绘制的圆形，然后在【图层】面板中选中复制的图形图层，设置【不透明度】数值为20%，如图13-110所示完成食谱详情页的制作。

图 13-109

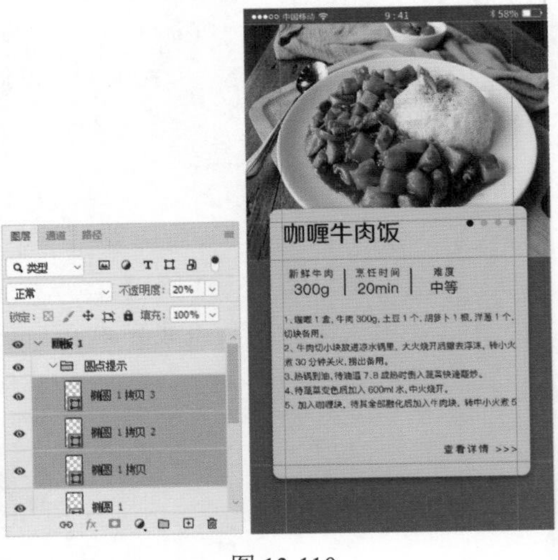

图 13-110